"十二五"江苏省高等学校重点教材(编号：2014-1-072)

大学数学系列教材

线性代数与解析几何

（第二版）

赵礼峰　李　雷　张爱华　王晓平　万彩云　编

科学出版社

北　京

内 容 简 介

本书系统介绍了线性代数与解析几何的基本理论和方法，主要内容包括行列式、矩阵、空间解析几何与向量运算、n 维向量、线性方程组、矩阵相似对角化、二次型、MATLAB 简述与应用。本书注重代数与几何的有机结合，强调矩阵初等变换的作用，将数学建模思想融入教材，注重应用背景及实例的介绍，并精选了大量的例题和习题，便于学生自学。

本书可作为高等学校理工、经管类本科生教材，也可以作为教师的教学参考书及考研学生的复习参考书。

图书在版编目(CIP)数据

线性代数与解析几何/赵礼峰等编. —2 版 —北京: 科学出版社, 2016.3
(“十二五”江苏省高等学校重点教材. 大学数学系列教材)
ISBN 978-7-03-047911-2

Ⅰ. ①线… Ⅱ. ①赵… Ⅲ. ①线性代数-高等学校-教材 ②解析几何-高等学校-教材 Ⅳ. ①O151.2 ②O182

中国版本图书馆 CIP 数据核字(2016)第 058829 号

责任编辑: 黄 海 许 蕾 / 责任校对: 张怡君
责任印制: 霍 兵 / 封面设计: 许 瑞

科学出版社 出版
北京东黄城根北街 16 号
邮政编码: 100717
http://www.sciencep.com
三河市荣展印务有限公司印刷
科学出版社发行 各地新华书店经销
*
2012 年 5 月第 一 版 开本: 720×1000 1/16
2016 年 3 月第 二 版 印张: 18 1/4
2024 年12月第二十九次印刷 字数: 351 000
定价: 39.00 元
(如有印装质量问题, 我社负责调换)

第二版前言

《线性代数与解析几何》一书自出版以来，一直受到读者的欢迎和好评，同时也收到读者反馈的一些意见和建议。这次再版，是根据读者的意见与建议，在第一版的基础上进行适当的修改，把第一版中向量的正交性放到向量空间一章，并修正书中一些错误内容。同时，我们根据近几年来的教学实践，增加了部分习题，并删去部分难度较大且实用性不强的习题，使得整本教材难易得当，更加有利于教师的教学及学生的自学。

在本书编写过程中，始终得到了南京邮电大学教务处、理学院各位领导、以及工程数学教学中心各位老师的大力支持与帮助，在此表示诚挚的谢意，并向所有关心支持本书的读者表示衷心的感谢。

由于作者水平有限，此次再版一定还有不妥之处，恳请读者不吝赐教。

编　者

2015 年 8 月

第一版前言

本书根据国家教育部高等学校工科数学教学指导委员会拟定的线性代数课程教学基本要求和南京邮电大学对该课程的教学要求精心编写而成。本书共分 8 章，系统地介绍了线性代数与解析几何的基本理论与方法，内容包括行列式、矩阵、空间解析几何与向量运算、n 维向量、线性方程组、矩阵相似对角化、二次型、MATLAB 简述与应用。本书可作为高等学校理工科 (非数学类专业) 本科生线性代数课程的教材，也可作为经济、管理等相关专业本科生的线性代数课程教材 (第 3 章不作要求)。

本书有以下特点：①由浅入深、层次清晰、说理透彻、叙述详尽；②一些抽象概念从具体模型入手，便于学生接受，淡化抽象的概念与定理，用具体实例说明，便于学生自学；③把数学实验与数学建模思想引入教材，模型的建立与求解既突出了线性代数与解析几何的理论与方法，又提高了学生应用软件的能力，实现了理论和应用的有机结合，有助于提高学生分析问题和建立数学模型的能力；④每一章都给出本章小结，内容包括基本要求、内容提要，为学生自学和考研复习提供思路；⑤除每节附有练习题外，每一章后配有一定数量的总习题，便于学生复习巩固，书末附有参考答案，以便学生检查学习效果。

本书由赵礼峰、李雷、张爱华、王晓平、万彩云共同编写，由赵礼峰统稿。南京邮电大学理学院王友国、包刚、孔告化、丁秀梅等老师都对本书提出许多宝贵意见和建议，南京邮电大学教务处对本书的编写给予了极大的支持，在此一并致谢。

由于编者水平有限，书稿虽经多次认真修改与校对，但仍难免存在一些错误与不足，我们衷心地希望得到专家、同行和读者的批评指正，使本书能够不断完善。

编　者

2011 年 10 月于南京邮电大学

目　录

第1章　行　列　式

在生产实践与科学研究中，一些变量之间的关系可以直接或近似地表示为线性函数，因此研究线性函数就具有相当重要的意义。线性代数主要研究线性函数，其中线性方程组是最基本的内容，而行列式又是线性方程组的重要工具，它在数学及其他学科分支领域 (如通信、自动化、力学等) 都有着广泛的应用，在工程实践中也有着重要作用。由求解二元和三元线性方程组，引入了二阶和三阶行列式; 在此基础上引入 n 阶行列式的定义，并给出相关性质和计算方法。此外，在后面章节中还要介绍行列式的应用。

1.1　行列式的定义

在讨论 n 阶行列式之前，我们先介绍二阶、三阶行列式以及利用它们求解二元、三元线性方程组的方法。

1.1.1　二阶行列式

对于二元线性方程组

$$\begin{cases} a_{11}x_1 + a_{12}x_2 = b_1 \\ a_{21}x_1 + a_{22}x_2 = b_2 \end{cases}$$

当 $a_{11}a_{22} - a_{12}a_{21} \neq 0$ 时，用消元法解得

$$x_1 = \frac{b_1a_{22} - b_2a_{12}}{a_{11}a_{22} - a_{12}a_{21}},\quad x_2 = \frac{b_2a_{11} - b_1a_{21}}{a_{11}a_{22} - a_{12}a_{21}}$$

为了便于记忆，我们引进记号

$$D = \begin{vmatrix} a_{11} & a_{12} \\ a_{21} & a_{22} \end{vmatrix} = a_{11}a_{22} - a_{12}a_{21} \tag{1.1}$$

并称它为二阶行列式，也是线性方程组的系数行列式。它含有两行两列，横写的称为行，竖写的称为列。行列式中的数称为行列式的元素，a_{ij} 就是第 i 行第 j 列元素，a_{ij} 的第 1 个下标 i 称为行下标，表示该元素所在的行，第 2 个下标 j 称为列下标，表示该元素所在的列。

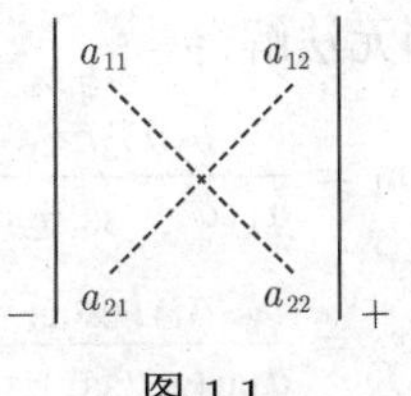

图 1.1

对于上述二阶行列式的定义，可用对角线法则来记忆，如图 1.1 所示。

从上述定义可知，二阶行列式就是两项的代数和：一项是从左上角到右下角(又称为行列式的主对角线) 两个元素的乘积，取正号；另一项是从右上角到左下角(又称为行列式的次对角线) 两个元素的乘积，取负号。

若记
$$D_1=\begin{vmatrix} b_1 & a_{12} \\ b_2 & a_{22} \end{vmatrix},\quad D_2=\begin{vmatrix} a_{11} & b_1 \\ a_{21} & b_2 \end{vmatrix}$$

则
$$x_1=\frac{D_1}{D}=\frac{\begin{vmatrix} b_1 & a_{12} \\ b_2 & a_{22} \end{vmatrix}}{\begin{vmatrix} a_{11} & a_{12} \\ a_{21} & a_{22} \end{vmatrix}},\quad x_2=\frac{D_2}{D}=\frac{\begin{vmatrix} a_{11} & b_1 \\ a_{21} & b_2 \end{vmatrix}}{\begin{vmatrix} a_{11} & a_{12} \\ a_{21} & a_{22} \end{vmatrix}}$$

像这样用行列式表示的解，形式简单、容易记忆。

例 1.1 求解二元线性方程组 $\begin{cases} 3x_1-2x_2=12 \\ 2x_1+x_2=1 \end{cases}$。

解 由于
$$D=\begin{vmatrix} 3 & -2 \\ 2 & 1 \end{vmatrix}=3-(-4)=7\neq 0$$

$$D_1=\begin{vmatrix} 12 & -2 \\ 1 & 1 \end{vmatrix}=12-(-2)=14,\quad D_2=\begin{vmatrix} 3 & 12 \\ 2 & 1 \end{vmatrix}=3-24=-21$$

因此
$$x_1=\frac{D_1}{D}=\frac{14}{7}=2,\quad x_2=\frac{D_2}{D}=\frac{-21}{7}=-3$$

1.1.2 三阶行列式

设三元线性方程组
$$\begin{cases} a_{11}x_1+a_{12}x_2+a_{13}x_3=b_1 \\ a_{21}x_1+a_{22}x_2+a_{23}x_3=b_2 \\ a_{31}x_1+a_{32}x_2+a_{33}x_3=b_3 \end{cases}$$

用消元法解得
$$x_1=\frac{b_1a_{22}a_{33}+a_{12}a_{23}b_3+a_{13}b_2a_{32}-b_1a_{23}a_{32}-a_{12}b_2a_{33}-a_{13}a_{22}b_3}{a_{11}a_{22}a_{33}+a_{12}a_{23}a_{31}+a_{13}a_{21}a_{32}-a_{11}a_{23}a_{32}-a_{12}a_{21}a_{33}-a_{13}a_{22}a_{31}}$$
$$x_2=\frac{a_{11}b_2a_{33}+b_1a_{23}a_{31}+a_{13}a_{21}b_3-a_{11}a_{23}b_3-b_1a_{21}a_{33}-a_{13}b_2a_{31}}{a_{11}a_{22}a_{33}+a_{12}a_{23}a_{31}+a_{13}a_{21}a_{32}-a_{11}a_{23}a_{32}-a_{12}a_{21}a_{33}-a_{13}a_{22}a_{31}}$$
$$x_3=\frac{a_{11}a_{22}b_3+a_{12}b_2a_{31}+b_1a_{21}a_{32}-a_{11}b_2a_{32}-a_{12}a_{21}b_3-b_1a_{22}a_{31}}{a_{11}a_{22}a_{33}+a_{12}a_{23}a_{31}+a_{13}a_{21}a_{32}-a_{11}a_{23}a_{32}-a_{12}a_{21}a_{33}-a_{13}a_{22}a_{31}}$$

其中，分母不为零。此表达式比二元线性方程组的解表达式要复杂得多，为了能够将解简单表达，我们引入三阶行列式的定义。

令

$$D=\begin{vmatrix} a_{11} & a_{12} & a_{13} \\ a_{21} & a_{22} & a_{23} \\ a_{31} & a_{32} & a_{33} \end{vmatrix}$$

$$=a_{11}a_{22}a_{33}+a_{12}a_{23}a_{31}+a_{13}a_{21}a_{32}$$
$$-a_{11}a_{23}a_{32}-a_{12}a_{21}a_{33}-a_{13}a_{22}a_{31} \tag{1.2}$$

称之为三阶行列式。三阶行列式的定义可以用对角线法则来记忆，图 1.2 中三条实线看做是平行于主对角线的连线。三条虚线看做是平行于负对角线的连线。实线上三元素乘积带正号，虚线上三元素乘积带负号。

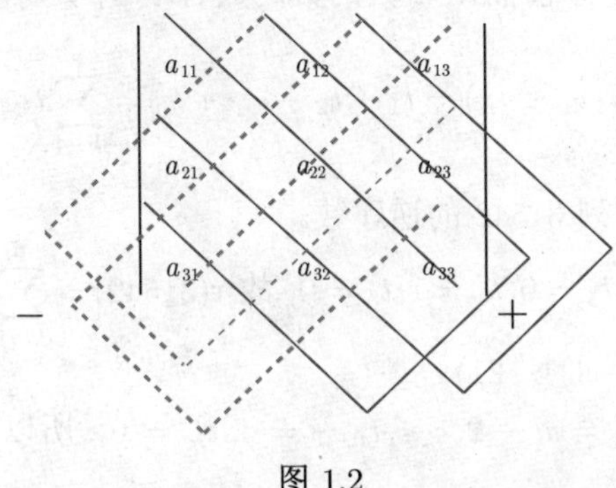

图 1.2

若记

$$D=\begin{vmatrix} a_{11} & a_{12} & a_{13} \\ a_{21} & a_{22} & a_{23} \\ a_{31} & a_{32} & a_{33} \end{vmatrix},\quad D_1=\begin{vmatrix} b_1 & a_{12} & a_{13} \\ b_2 & a_{22} & a_{23} \\ b_3 & a_{32} & a_{33} \end{vmatrix}$$

$$D_2=\begin{vmatrix} a_{11} & b_1 & a_{13} \\ a_{21} & b_2 & a_{23} \\ a_{31} & b_3 & a_{33} \end{vmatrix},\quad D_3=\begin{vmatrix} a_{11} & a_{12} & b_1 \\ a_{21} & a_{22} & b_2 \\ a_{31} & a_{32} & b_3 \end{vmatrix}$$

则

$$x_1=\frac{D_1}{D},\quad x_2=\frac{D_2}{D},\quad x_3=\frac{D_3}{D}$$

观察三阶行列式 (1.2) 发现，它有以下特点：共有 3!=6 项；每一项均是位于不同行、不同列的 3 个元素的乘积；各项行下标全为 123，而列下标分别为 123，231，312，132，213，321，前三项均为正号，后三项均为负号，这表明每一项前的符号与列下标的排序有关。为了给出 n 阶行列式的定义，下面给出全排列及其逆序数的概念及性质。

1.1.3　全排列及其逆序数

定义 1.1　由 n 个不同数 $1,2,\cdots,n$ 组成的有序数组称为一个 n 阶排列。排列 $1,2,\cdots,(n-1),n$ 称为标准排列或自然排列。

例如 1324，3241，4123 等都是 4 阶排列，15324 是一个 5 阶排列。对于两个 n 阶排列，如果它们的排列次序一样，就称这两个 n 阶排列相等，否则就称它们不相等。易知，n 阶排列共有 $n!$ 个。

定义 1.2　在一个排列中，如果一个较大的数排在了较小的数前面，就称这两个数构成一个**逆序**。一个排列逆序的总数称为该排列的**逆序数**。

我们用 $\tau(i_1i_2\cdots i_n)$ 表示排列 $i_1i_2\cdots i_n$ 的逆序数，例如 $\tau(31542)=5$。计算排列 $i_1i_2\cdots i_n$ 的逆序数方法如下：

设排列 $i_1i_2\cdots i_n$ 中 k 前面比 k 大的数码共有 t_k 个，则

$$\tau(i_1i_2\cdots i_n)=t_1+t_2+\cdots+t_n=\sum_{k=1}^{n}t_k$$

例 1.2　求 5 阶排列 31542 的逆序数。

解　$t_1=1,t_2=3,t_3=0,t_4=1,t_5=0$, 故 $\tau(31542)=\sum\limits_{k=1}^{5}t_k=5$。

例 1.3　求 $\tau(n(n-1)\cdots 21)$。

解　$t_1=n-1,t_2=n-2,\cdots,t_{n-1}=1,t_n=0$，所以 $\tau(n(n-1)\cdots 21)=\dfrac{n(n-1)}{2}$。

定义 1.3　设 $i_1i_2\cdots i_n$ 是 n 阶排列，如果 $\tau(i_1i_2\cdots i_n)$ 是奇数，则称 $i_1i_2\cdots i_n$ 是奇排列；如果 $\tau(i_1i_2\cdots i_n)$ 是偶数，则称 $i_1i_2\cdots i_n$ 是偶排列。

例如 5 阶排列 31542 就是奇排列，而对于排列 $n(n-1)\cdots 21$，当 $n=4k$ 或 $4k+1$ 时是偶排列，当 $n=4k+2$ 或 $4k+3$ 时是奇排列。

为了确定 n 阶排列中奇、偶排列的个数，我们引入对换的概念，并给出它的性质。

定义 1.4　把一个排列中某两个数字的位置互相调换，其余数字不变，这样一个调换称为一个对换。

定理 1.1　对换改变排列的奇偶性。

证　先讨论相邻对换的情形。设排列 $\overbrace{\cdots}^{A}ij\overbrace{\cdots}^{B}$，经过 i,j 对换变成 $\overbrace{\cdots}^{A}ji\overbrace{\cdots}^{B}$，显然这样的对换不影响 i,j 与其他数的次序关系，改变的仅是 i,j 的次序。若在前一式中 i,j 构成逆序，则后一式的逆序数比前一式的逆序数少 1；若在前一式中 i,j 不构成逆序，则后一式的逆序数比前一式的逆序数多 1，所以在此情况下，排列的奇偶性改变。

再讨论一般情形。设排列为 $\overbrace{\cdots}^{C} i j_1 j_2 \cdots j_s j \overbrace{\cdots}^{D}$，经过 i,j 对换得到排列 $\overbrace{\cdots}^{C} j j_1 j_2 \cdots j_s i \overbrace{\cdots}^{D}$，则后一排列可由前一排列经过 $2s+1$ 次相邻对换来实现，即 j 依次与 $j_s, j_{s-1}, \cdots, j_1, i$ 对换，共 $s+1$ 次，然后 i 再依次与 $j_1, j_2, \cdots, j_s$ 对换，共 s 次。由于 $2s+1$ 是奇数，故由相邻对换改变排列的奇偶性得到，前后两排列的奇偶性相反。

由此可得到以下结论：

推论 1.1　当 $n>1$ 时，在全体 n 阶排列中，奇排列的个数与偶排列的个数相等，各为 $\dfrac{n!}{2}$。

证　设奇排列共 s 个，偶排列共 t 个，把每一个奇排列都进行一次相同位置两数对换，则变成 s 个偶排列，从而 $s \leqslant t$，同理 $t \leqslant s$，故 $s=t=\dfrac{n!}{2}$。

推论 1.2　任一个 n 阶排列都可以经过一系列对换变成自然排列，并且所作的对换的次数与这个排列有相同的奇偶性。

证　首先将 1 与第一个数字对换，接下来将 2 与第二个数字对换，一直下去，就可以将一个排列对换成自然排列。由定理 1.1 知：对换改变排列的奇偶性，如果一个排列是奇排列，它对换成自然排列必经过奇数次对换，而偶排列对换成自然排列必经过偶数次对换，因此结论成立。

1.1.4　n 阶行列式

通过对二阶、三阶行列式进行分析，找出它们的共同规律，然后根据这些规律来定义 n 阶行列式。

我们可以看出式 (1.1) 可以写成

$$\begin{vmatrix} a_{11} & a_{12} \\ a_{21} & a_{22} \end{vmatrix} = \sum_{j_1 j_2} (-1)^{\tau(j_1 j_2)} a_{1j_1} a_{2j_2}$$

其中，$j_1 j_2$ 是任意一个二阶排列。

式 (1.2) 可以写成

$$\begin{vmatrix} a_{11} & a_{12} & a_{13} \\ a_{21} & a_{22} & a_{23} \\ a_{31} & a_{32} & a_{33} \end{vmatrix} = \sum_{j_1 j_2 j_3} (-1)^{\tau(j_1 j_2 j_3)} a_{1j_1} a_{2j_2} a_{3j_3}$$

其中，$j_1 j_2 j_3$ 是任意一个三阶排列。

现在我们根据上述规律来定义 n 阶行列式。

定义 1.5 将 n^2 个数 $a_{ij}, i, j = 1, 2, \cdots, n$ 排成 n 行 n 列，记为

$$\begin{vmatrix} a_{11} & a_{12} & \cdots & a_{1n} \\ a_{21} & a_{22} & \cdots & a_{2n} \\ \vdots & \vdots & & \vdots \\ a_{n1} & a_{n2} & \cdots & a_{nn} \end{vmatrix} \tag{1.3}$$

称之为 $\boldsymbol{n}$ **阶行列式**，它表示所有取自不同行不同列的 n 个元素的乘积

$$a_{1j_1} a_{2j_2} \cdots a_{nj_n} \tag{1.4}$$

的代数和，其中，$j_1 j_2 \cdots j_n$ 是 $1, 2, \cdots, n$ 的一个排列。当 $j_1 j_2 \cdots j_n$ 是偶排列时，式 (1.4) 前面带正号；当 $j_1 j_2 \cdots j_n$ 是奇排列时，式 (1.4) 前面带负号。因此行列式 (1.3) 可以表示成

$$\begin{vmatrix} a_{11} & a_{12} & \cdots & a_{1n} \\ a_{21} & a_{22} & \cdots & a_{2n} \\ \vdots & \vdots & & \vdots \\ a_{n1} & a_{n2} & \cdots & a_{nn} \end{vmatrix} = \sum_{j_1 j_2 \cdots j_n} (-1)^{\tau(j_1 j_2 \cdots j_n)} a_{1j_1} a_{2j_2} \cdots a_{nj_n} \tag{1.5}$$

其中，$\sum\limits_{j_1 j_2 \cdots j_n}$ 表示对所有 n 阶排列求和。

注 (1) 有时用 $D = |a_{ij}|_{n\times n}$ 或 $D = \det(a_{ij})_{n\times n}$ 表示 n 阶行列式 (1.3)，数 a_{ij} 称为行列式 $D = |a_{ij}|_{n\times n}$ 的第 i 行第 j 列元素。

(2) 当 $n = 1$ 时，$D = |a_{11}| = a_{11}$，不要与绝对值记号混淆。

(3) 当 $n = 2$ 或 $n = 3$ 时，这样定义的二阶、三阶行列式与对角线法则定义的是一致的。

例 1.4 形如

$$D = \begin{vmatrix} a_{11} & 0 & \cdots & 0 \\ a_{21} & a_{22} & \cdots & 0 \\ \vdots & \vdots & \ddots & \vdots \\ a_{n1} & a_{n2} & \cdots & a_{nn} \end{vmatrix}$$

的行列式，称为 n 阶下三角形行列式。证明：下三角形行列式 $D = a_{11} a_{22} \cdots a_{nn}$。

证 D 的项的一般形式为 $a_{1j_1} a_{2j_2} \cdots a_{nj_n}$，由于在这个行列式的第一行中，除 a_{11} 外，其他元素都等于 0，所以 $j_1 \neq 1$ 时，$a_{1j_1} = 0$，因而只要考虑含 a_{11} 的项；第二行除去 a_{21} 及 a_{22} 外，其余元素都等于 0，因此，只要考虑 $j_2 = 1, 2$ 的项，但因 $j_1 = 1$ 故 $j_2 \neq 1$，所以 $j_2 = 2$，这样逐步递推，知道 D 的展开式

中除 $a_{11}a_{22}\cdots a_{nn}$ 这一项外，其他的项都等于 0，又 $\tau(12\cdots(n-1)n)=0$，所以 $D=(-1)^{\tau(12\cdots n)}a_{11}a_{22}\cdots a_{nn}=a_{11}a_{22}\cdots a_{nn}$。

同理得

$$D=\begin{vmatrix} a_{11} & a_{12} & \cdots & a_{1n} \\ 0 & a_{22} & \cdots & a_{2n} \\ \vdots & \vdots & \ddots & \vdots \\ 0 & 0 & \cdots & a_{nn} \end{vmatrix}=a_{11}a_{22}\cdots a_{nn}$$

特别地，

$$D=\begin{vmatrix} a_{11} & 0 & \cdots & 0 \\ 0 & a_{22} & \cdots & 0 \\ \vdots & \vdots & \ddots & \vdots \\ 0 & 0 & \cdots & a_{nn} \end{vmatrix}=a_{11}a_{22}\cdots a_{nn}$$

例 1.5　计算行列式

$$D=\begin{vmatrix} 0 & 0 & \cdots & 0 & a_1 \\ 0 & 0 & \cdots & a_2 & 0 \\ \vdots & \vdots & ⋰ & \vdots & \vdots \\ 0 & a_{n-1} & \cdots & 0 & 0 \\ a_n & 0 & \cdots & 0 & 0 \end{vmatrix}$$

解　由行列式的定义，D 的一般项形式为 $a_{1j_1}a_{2j_2}\cdots a_{nj_n}$，由于该行列式第一行中，除 a_1 外，其他的元素都等于 0，所以 $j_1\neq n$ 时，$a_{1j_1}=0$，因此只需要考虑含 a_1 的项即可；在第二行中，除 a_2 外，其他元素都等于 0，所以 $j_2\neq n-1$ 时，$a_{2j_2}=0$，因此只要考虑含 a_2 的项即可；同理可知，只要考虑含 $a_3,\cdots,a_{n-1},a_n$ 的项即可，所以 D 的展开式中除了 $a_1a_2\cdots a_{n-1}a_n$ 这一项外，其余各项都等于 0，而 $\tau(n\,(n-1)\cdots 2\,1)=\dfrac{n(n-1)}{2}$，所以

$$D=(-1)^{\frac{n(n-1)}{2}}a_1a_2\cdots a_{n-1}a_n$$

行列式的另一定义:

定义 1.5'　n 阶行列式也可以定义为

$$\begin{vmatrix} a_{11} & a_{12} & \cdots & a_{1n} \\ a_{21} & a_{22} & \cdots & a_{2n} \\ \vdots & \vdots & \ddots & \vdots \\ a_{n1} & a_{n2} & \cdots & a_{nn} \end{vmatrix}=\sum_{i_1i_2\cdots i_n}(-1)^{\tau(i_1i_2\cdots i_n)}a_{i_11}a_{i_22}\cdots a_{i_nn}$$

由于此式也是 $n!$ 项取自不同行不同列 n 个元素乘积的代数和，因此此定义与定义 **1.5** 等价。

习　题　1.1

1. 写出第 2、3 位置分别是 4, 1 的所有 5 阶排列。

2. 设 $57i41j6$ 是 7 阶奇排列，求 i,j 的值。

3. 设排列 $j_1j_2\cdots j_n$ 的逆序数是 k，求排列 $j_nj_{n-1}\cdots j_2j_1$ 的逆序数。

4. 6 阶行列式中，下列各项应带什么符号？

(1) $a_{13}a_{26}a_{35}a_{41}a_{54}a_{62}$；　(2)$a_{21}a_{33}a_{56}a_{42}a_{65}a_{14}$。

5. 用行列式的定义计算下列行列式的值

(1) $\begin{vmatrix} 2 & -1 & 0 & 0 \\ -7 & 4 & 0 & 0 \\ 0 & 0 & 4 & 5 \\ 0 & 0 & 7 & 9 \end{vmatrix}$；　(2) $\begin{vmatrix} a & 0 & 0 & b \\ b & a & 0 & 0 \\ 0 & b & a & 0 \\ 0 & 0 & b & a \end{vmatrix}$；　(3) $\begin{vmatrix} a & 0 & 0 & b \\ 0 & c & d & 0 \\ 0 & e & f & 0 \\ g & 0 & 0 & h \end{vmatrix}$。

6. 如果 n 阶行列式中零元素的个数多于 n^2-n，证明该行列式的值等于 0。

1.2　行列式的性质

由行列式的定义可知，直接利用定义计算行列式是很困难的，特别当 n 较大时，直接由定义计算行列式几乎是不可能的。本节将讨论行列式的基本性质，利用这些性质可以简化行列式的计算。

为了方便行列式的变形，我们规定行列式变换符号如下：

(1) 行列式的 i 行 (列) 与 j 行 (列) 交换，记为 $r_i\leftrightarrow r_j(c_i\leftrightarrow c_j)$；

(2) 行列式的第 i 行 (列) 乘以常数 c，记为 $cr_i(cc_i)$；

(3) 行列式第 j 行 (列) 的 k 倍加到第 i 行 (列)，记为 $r_i+kr_j(c_i+kc_j)$。

性质 1.1　行列式行列互换，其值不变，即设

$$D=\begin{vmatrix} a_{11} & a_{12} & \cdots & a_{1n} \\ a_{21} & a_{22} & \cdots & a_{2n} \\ \vdots & \vdots & & \vdots \\ a_{n1} & a_{n2} & \cdots & a_{nn} \end{vmatrix},\quad D^{\mathrm{T}}=\begin{vmatrix} a_{11} & a_{21} & \cdots & a_{n1} \\ a_{12} & a_{22} & \cdots & a_{n2} \\ \vdots & \vdots & & \vdots \\ a_{1n} & a_{2n} & \cdots & a_{nn} \end{vmatrix}$$

则 $D=D^{\mathrm{T}}$(D^{T} 称为 D 的**转置行列式**)。

证　将 D 的转置行列式记为

$$D^{\mathrm{T}}=\begin{vmatrix} b_{11} & b_{12} & \cdots & b_{1n} \\ b_{21} & b_{22} & \cdots & b_{2n} \\ \vdots & \vdots & & \vdots \\ b_{n1} & b_{n2} & \cdots & b_{nn} \end{vmatrix}$$

其中，$b_{ij}=a_{ji}\ (i,j=1,2,\cdots,n)$。

由定义 1.5 及定义 1.5' 得

$$\begin{aligned} D^{\mathrm{T}} &= \sum_{j_1j_2\cdots j_n}(-1)^{\tau(j_1j_2\cdots j_n)}b_{1j_1}b_{2j_2}\cdots b_{nj_n} \\ &= \sum_{j_1j_2\cdots j_n}(-1)^{\tau(j_1j_2\cdots j_n)}a_{j_11}a_{j_22}\cdots a_{j_nn}=D \end{aligned}$$

此性质表明一个行列式与其转置行列式的值相等，从而凡是关于行成立的性质，对列也同样成立。

由性质 1.1 以及例 1.4 得到上三角形行列式

$$D=\begin{vmatrix} a_{11} & a_{12} & \cdots & a_{1n} \\ 0 & a_{22} & \cdots & a_{2n} \\ \vdots & \vdots & \ddots & \vdots \\ 0 & 0 & \cdots & a_{nn} \end{vmatrix}=a_{11}a_{22}\cdots a_{nn}$$

下面所提到的行列式性质，只对行的情况证明。

性质 1.2　把行列式的任一行 (列) 所有元素同乘以一个数 k，等于用数 k 乘以这个行列式，即

$$\begin{vmatrix} a_{11} & a_{12} & \cdots & a_{1n} \\ \vdots & \vdots & & \vdots \\ ka_{i1} & ka_{i2} & \cdots & ka_{in} \\ \vdots & \vdots & & \vdots \\ a_{n1} & a_{n2} & \cdots & a_{nn} \end{vmatrix}=k\begin{vmatrix} a_{11} & a_{12} & \cdots & a_{1n} \\ \vdots & \vdots & & \vdots \\ a_{i1} & a_{i2} & \cdots & a_{in} \\ \vdots & \vdots & & \vdots \\ a_{n1} & a_{n2} & \cdots & a_{nn} \end{vmatrix}$$

证　$$\begin{aligned} \text{左边} &= \sum_{j_1j_2\cdots j_n}(-1)^{\tau(j_1j_2\cdots j_n)}a_{1j_1}\cdots a_{i-1j_{i-1}}(ka_{ij_i})a_{i+1j_{i+1}}\cdots a_{nj_n} \\ &= k\sum_{j_1j_2\cdots j_n}(-1)^{\tau(j_1j_2\cdots j_n)}a_{1j_1}\cdots a_{i-1j_{i-1}}a_{ij_i}a_{i+1j_{i+1}}\cdots a_{nj_n} \\ &= \text{右边} \end{aligned}$$

由此，可以得到以下结论：

推论 1.3　一个行列式中某一行 (列) 的公因子可以提到行列式之外。

推论 1.4　如果行列式中有一行 (列) 的所有元素都为零，则此行列式的值等于零。

性质 1.3　如果行列式中某一行 (列) 的每一个元素都是两个元素的和，则此行列式等于两个行列式之和，即

$$\begin{vmatrix} a_{11} & a_{12} & \cdots & a_{1n} \\ \vdots & \vdots & & \vdots \\ a_{i1}+b_{i1} & a_{i2}+b_{i2} & \cdots & a_{in}+b_{in} \\ \vdots & \vdots & & \vdots \\ a_{n1} & a_{n2} & \cdots & a_{nn} \end{vmatrix}$$

$$= \begin{vmatrix} a_{11} & a_{12} & \cdots & a_{1n} \\ \vdots & \vdots & & \vdots \\ a_{i1} & a_{i2} & \cdots & a_{in} \\ \vdots & \vdots & & \vdots \\ a_{n1} & a_{n2} & \cdots & a_{nn} \end{vmatrix} + \begin{vmatrix} a_{11} & a_{12} & \cdots & a_{1n} \\ \vdots & \vdots & & \vdots \\ b_{i1} & b_{i2} & \cdots & b_{in} \\ \vdots & \vdots & & \vdots \\ a_{n1} & a_{n2} & \cdots & a_{nn} \end{vmatrix}$$

证　$$\begin{aligned} \text{左边} &= \sum_{j_1 j_2 \cdots j_n} (-1)^{\tau(j_1 j_2 \cdots j_n)} a_{1j_1} \cdots a_{i-1 j_{i-1}} (a_{ij_i} + b_{ij_i}) a_{i+1 j_{i+1}} \cdots a_{nj_n} \\ &= \sum_{j_1 j_2 \cdots j_n} (-1)^{\tau(j_1 j_2 \cdots j_n)} a_{1j_1} \cdots a_{i-1 j_{i-1}} a_{ij_i} a_{i+1 j_{i+1}} \cdots a_{nj_n} \\ &\quad + \sum_{j_1 j_2 \cdots j_n} (-1)^{\tau(j_1 j_2 \cdots j_n)} a_{1j_1} \cdots a_{i-1 j_{i-1}} b_{ij_i} a_{i+1 j_{i+1}} \cdots a_{nj_n} \\ &= \text{右边} \end{aligned}$$

此性质可以推广到某一行 (列) 为多组元素和的情况。

性质 1.4　交换一个行列式的某两行 (列)，行列式的值异号。

证　设所给行列式为

$$D = \begin{vmatrix} a_{11} & a_{12} & \cdots & a_{1n} \\ \vdots & \vdots & & \vdots \\ a_{i1} & a_{i2} & \cdots & a_{in} \\ \vdots & \vdots & & \vdots \\ a_{k1} & a_{k2} & \cdots & a_{kn} \\ \vdots & \vdots & & \vdots \\ a_{n1} & a_{n2} & \cdots & a_{nn} \end{vmatrix}$$

交换 D 的第 i 行与第 k 行得

$$D_1 = \begin{vmatrix} a_{11} & a_{12} & \cdots & a_{1n} \\ \vdots & \vdots & & \vdots \\ a_{k1} & a_{k2} & \cdots & a_{kn} \\ \vdots & \vdots & & \vdots \\ a_{i1} & a_{i2} & \cdots & a_{in} \\ \vdots & \vdots & & \vdots \\ a_{n1} & a_{n2} & \cdots & a_{nn} \end{vmatrix}$$

D 的任一项可以写成

$$a_{1j_1} \cdots a_{ij_i} \cdots a_{kj_k} \cdots a_{nj_n} \tag{1.6}$$

其中，各元素位于 D 的不同行不同列。显然，它们也位于 D_1 中的不同行不同列。因此式 (1.6) 也是 D_1 的项，反之，D_1 中的每一项也是 D 的一项，因此 D 与 D_1 含有相同的项。作为 D 中一项，式 (1.6) 的符号为 $(-1)^{\tau(j_1 \cdots j_i \cdots j_k \cdots j_n)}$，而作为 D_1 中的项，式 (1.6) 的符号为

$$\begin{aligned} &(-1)^{\tau(1 \cdots k \cdots i \cdots n) + \tau(j_1 \cdots j_i \cdots j_k \cdots j_n)} \\ =& (-1)(-1)^{\tau(1 \cdots i \cdots k \cdots n) + \tau(j_1 \cdots j_i \cdots j_k \cdots j_n)} \\ =& (-1)(-1)^{\tau(j_1 \cdots j_i \cdots j_k \cdots j_n)} \end{aligned}$$

因此，式 (1.6) 在 D 与 D_1 中的符号相反，所以 $D = -D_1$。

推论 1.5 如果一个行列式有两行 (列) 完全相同，则该行列式的值等于零。

由推论 1.3 和推论 1.5 可得

推论 1.6 如果一个行列式有两行 (列) 成比例，则该行列式的值等于零。

性质 1.5 把行列式的某一行 (列) 的倍数加到另一行 (列) 上，行列式的值不变。

证 由性质 1.3 及推论 1.6 得

$$\begin{vmatrix} a_{11} & a_{12} & \cdots & a_{1n} \\ \vdots & \vdots & & \vdots \\ a_{i1} + ra_{k1} & a_{i2} + ra_{k2} & \cdots & a_{in} + ra_{kn} \\ \vdots & \vdots & & \vdots \\ a_{k1} & a_{k2} & \cdots & a_{kn} \\ \vdots & \vdots & & \vdots \\ a_{n1} & a_{n2} & \cdots & a_{nn} \end{vmatrix}$$

$$= \begin{vmatrix} a_{11} & a_{12} & \cdots & a_{1n} \\ \vdots & \vdots & & \vdots \\ a_{i1} & a_{i2} & \cdots & a_{in} \\ \vdots & \vdots & & \vdots \\ a_{k1} & a_{k2} & \cdots & a_{kn} \\ \vdots & \vdots & & \vdots \\ a_{n1} & a_{n2} & \cdots & a_{nn} \end{vmatrix} + \begin{vmatrix} a_{11} & a_{12} & \cdots & a_{1n} \\ \vdots & \vdots & & \vdots \\ ra_{k1} & ra_{k2} & \cdots & ra_{kn} \\ \vdots & \vdots & & \vdots \\ a_{k1} & a_{k2} & \cdots & a_{kn} \\ \vdots & \vdots & & \vdots \\ a_{n1} & a_{n2} & \cdots & a_{nn} \end{vmatrix}$$

$$= \begin{vmatrix} a_{11} & a_{12} & \cdots & a_{1n} \\ \vdots & \vdots & & \vdots \\ a_{i1} & a_{i2} & \cdots & a_{in} \\ \vdots & \vdots & & \vdots \\ a_{k1} & a_{k2} & \cdots & a_{kn} \\ \vdots & \vdots & & \vdots \\ a_{n1} & a_{n2} & \cdots & a_{nn} \end{vmatrix}$$

行列式的性质对行列式计算起着至关重要的作用。一般的做法是把行列式化成上 (下) 三角形行列式来计算。此方法由于程序固定，因而适合在计算机上实现，且计算工作量比按定义展开的方法要少得多。

例 1.6 计算行列式的值

$$D = \begin{vmatrix} -1 & -2 & -3 & 6 \\ 2 & 1 & 3 & 5 \\ 3 & 5 & 7 & -3 \\ 1 & -4 & 0 & 3 \end{vmatrix}$$

解 $$D \xlongequal[r_4+r_1]{\substack{r_2+2r_1 \\ r_3+3r_1}} \begin{vmatrix} -1 & -2 & -3 & 6 \\ 0 & -3 & -3 & 17 \\ 0 & -1 & -2 & 15 \\ 0 & -6 & -3 & 9 \end{vmatrix} \xlongequal[r_2 \leftrightarrow r_3]{\substack{r_4-2r_2 \\ r_2-3r_3}} - \begin{vmatrix} -1 & -2 & -3 & 6 \\ 0 & -1 & -2 & -15 \\ 0 & 0 & 3 & -28 \\ 0 & 0 & 3 & -25 \end{vmatrix}$$

$$\xlongequal{r_4-r_3} - \begin{vmatrix} -1 & -2 & -3 & 6 \\ 0 & -1 & -2 & -15 \\ 0 & 0 & 3 & -28 \\ 0 & 0 & 0 & 3 \end{vmatrix} = -9$$

例 1.7 计算 n 阶行列式的值

$$D_n = \begin{vmatrix} a & b & b & \cdots & b \\ b & a & b & \cdots & b \\ b & b & a & \cdots & b \\ \vdots & \vdots & \vdots & & \vdots \\ b & b & b & \cdots & a \end{vmatrix}$$

解　注意到每一列除一个 a 之外，其余的 $n-1$ 个元素都是 b，故将其余各行都加到第一行，得

$$D_n = \begin{vmatrix} a+(n-1)b & a+(n-1)b & a+(n-1)b & \cdots & a+(n-1)b \\ b & a & b & \cdots & b \\ b & b & a & \cdots & b \\ \vdots & \vdots & \vdots & & \vdots \\ b & b & b & \cdots & a \end{vmatrix}$$

$$= [a+(n-1)b] \begin{vmatrix} 1 & 1 & 1 & \cdots & 1 \\ b & a & b & \cdots & b \\ b & b & a & \cdots & b \\ \vdots & \vdots & \vdots & & \vdots \\ b & b & b & \cdots & a \end{vmatrix}$$

$$\xlongequal[j=2,\cdots,n]{c_j+(-c_1)} [a+(n-1)b] \begin{vmatrix} 1 & 0 & 0 & \cdots & 0 \\ b & a-b & 0 & \cdots & 0 \\ b & 0 & a-b & \cdots & 0 \\ \vdots & \vdots & \vdots & & \vdots \\ b & 0 & 0 & \cdots & a-b \end{vmatrix}$$

$$= [a+(n-1)b](a-b)^{n-1}$$

注　如果行列式每行 (列) 元素之和都等于一个数 s，则将各行 (列) 都加到第一行 (列)，提出 s 再计算。

若 n 阶行列式 $D = |a_{ij}|_{n\times n}$ 满足 $a_{ij} = a_{ji}\ (i,j=1,2,\cdots,n)$，则称 D 为**对称行列式**；若满足 $a_{ij} = -a_{ji}\ (i,j=1,2,\cdots,n)$，则称 D 为**反对称行列式**，由定义得反对称行列式必满足 $a_{ii} = 0\ (i=1,2,\cdots,n)$。

例 1.8 证明奇数阶反对称行列式

$$D=\begin{vmatrix} 0 & a_{12} & \cdots & a_{1n} \\ -a_{12} & 0 & \cdots & a_{2n} \\ \vdots & \vdots & & \vdots \\ -a_{1n} & -a_{2n} & \cdots & 0 \end{vmatrix}=0$$

证 将行列式 D 转置后，再将各行提出公因子 (-1) 后可得

$$D=D^{\mathrm{T}}=\begin{vmatrix} 0 & -a_{12} & \cdots & -a_{1n} \\ a_{12} & 0 & \cdots & -a_{2n} \\ \vdots & \vdots & & \vdots \\ a_{1n} & a_{2n} & \cdots & 0 \end{vmatrix}=(-1)^n\begin{vmatrix} 0 & a_{12} & \cdots & a_{1n} \\ -a_{12} & 0 & \cdots & a_{2n} \\ \vdots & \vdots & & \vdots \\ -a_{1n} & -a_{2n} & \cdots & 0 \end{vmatrix}=(-1)^nD$$

当 n 为奇数时，得 $D=-D$，因而 $D=0$。

例 1.9 设 $\begin{vmatrix} a_{11} & a_{12} & a_{13} \\ a_{21} & a_{22} & a_{23} \\ a_{31} & a_{32} & a_{33} \end{vmatrix}=1$, 求 $\begin{vmatrix} 6a_{11} & -2a_{12} & -10a_{13} \\ -3a_{21} & a_{22} & 5a_{23} \\ -3a_{31} & a_{32} & 5a_{33} \end{vmatrix}$。

解 利用行列式性质先将第一行提出公因子 (-2)，再将第一列、第三列分别提出公因子 (-3) 和 5，得到

$$\begin{vmatrix} 6a_{11} & -2a_{12} & -10a_{13} \\ -3a_{21} & a_{22} & 5a_{23} \\ -3a_{31} & a_{32} & 5a_{33} \end{vmatrix}=-2\begin{vmatrix} -3a_{11} & a_{12} & 5a_{13} \\ -3a_{21} & a_{22} & 5a_{23} \\ -3a_{31} & a_{32} & 5a_{33} \end{vmatrix}$$

$$=-2\cdot(-3)\cdot 5\begin{vmatrix} a_{11} & a_{12} & a_{13} \\ a_{21} & a_{22} & a_{23} \\ a_{31} & a_{32} & a_{33} \end{vmatrix}=-2\cdot(-3)\cdot 5\cdot 1=30$$

例 1.10 已知行列式 $D=\begin{vmatrix} x & y & z \\ 3 & 0 & 2 \\ 1 & 1 & 1 \end{vmatrix}=1$，利用行列式的性质求下列行列式

(1) $D_1=\begin{vmatrix} x & y & z \\ 3x+3 & 3y & 3z+2 \\ x+2 & y+2 & z+2 \end{vmatrix}$； (2)$D_2=\begin{vmatrix} x+1 & y+1 & z+1 \\ 3 & 0 & 2 \\ 4 & 1 & 3 \end{vmatrix}$。

解　(1)

$$D_1 \xlongequal[r_3-r_1]{r_2-3r_1} \begin{vmatrix} x & y & z \\ 3 & 0 & 2 \\ 2 & 2 & 2 \end{vmatrix}$$

再将第三行提出公因子 2，得

$$D_1 = 2\begin{vmatrix} x & y & z \\ 3 & 0 & 2 \\ 1 & 1 & 1 \end{vmatrix} = 2$$

(2) 因为第一行的每一个元素均为两个数之和，故由性质 1.3 得

$$D_2 = \begin{vmatrix} x & y & z \\ 3 & 0 & 2 \\ 4 & 1 & 3 \end{vmatrix} + \begin{vmatrix} 1 & 1 & 1 \\ 3 & 0 & 2 \\ 4 & 1 & 3 \end{vmatrix}$$

其中，第一个行列式将第三行减去第二行就是 D，而对第二个行列式，将第一行加到第二行，则与第三行完全相同，故行列式值为零，于是

$$D_2 = \begin{vmatrix} x & y & z \\ 3 & 0 & 2 \\ 4 & 1 & 3 \end{vmatrix} \xlongequal{r_3-r_2} \begin{vmatrix} x & y & z \\ 3 & 0 & 2 \\ 1 & 1 & 1 \end{vmatrix} = D = 1$$

例 1.11　计算行列式 $D = \begin{vmatrix} a & b & c & d \\ a & a+b & a+b+c & a+b+c+d \\ a & 2a+b & 3a+2b+c & 4a+3b+2c+d \\ a & 3a+b & 6a+3b+c & 10a+6b+3c+d \end{vmatrix}$。

解　从第四行开始，由下而上依次将下一行减上一行得

$$D \xlongequal[r_2-r_1]{\substack{r_4-r_3\\ r_3-r_2}} \begin{vmatrix} a & b & c & d \\ 0 & a & a+b & a+b+c \\ 0 & a & 2a+b & 3a+2b+c \\ 0 & a & 3a+b & 6a+3b+c \end{vmatrix} \xlongequal[r_3-r_2]{r_4-r_3} \begin{vmatrix} a & b & c & d \\ 0 & a & a+b & a+b+c \\ 0 & 0 & a & 2a+b \\ 0 & 0 & a & 3a+b \end{vmatrix}$$

$$\xlongequal{r_4-r_3} \begin{vmatrix} a & b & c & d \\ 0 & a & a+b & a+b+c \\ 0 & 0 & a & 2a+b \\ 0 & 0 & 0 & a \end{vmatrix} = a^4$$

习　题　1.2

1. 设行列式 $D=\begin{vmatrix} a_{11} & a_{12} & a_{13} \\ a_{21} & a_{22} & a_{23} \\ a_{31} & a_{32} & a_{33} \end{vmatrix}=1$，求下列各行列式的值

(1) $D_1=\begin{vmatrix} 3a_{11} & 3a_{12} & 3a_{13} \\ 3a_{21} & 3a_{22} & 3a_{23} \\ 3a_{31} & 3a_{32} & 3a_{33} \end{vmatrix}$；　(2) $D_2=\begin{vmatrix} a_{11} & -a_{13} & 5a_{12} \\ a_{21} & -a_{23} & 5a_{22} \\ a_{31} & -a_{33} & 5a_{32} \end{vmatrix}$。

2. 用行列式性质计算

(1) $\begin{vmatrix} 1 & 1 & 1 & 0 \\ 1 & 1 & 0 & 1 \\ 1 & 0 & 1 & 1 \\ 0 & 1 & 1 & 1 \end{vmatrix}$；　(2) $\begin{vmatrix} a-b-c & 2a & 2a \\ 2b & b-c-a & 2b \\ 2c & 2c & c-a-b \end{vmatrix}$；

(3) $\begin{vmatrix} 1^2 & 2^2 & 3^2 & 4^2 \\ 2^2 & 3^2 & 4^2 & 5^2 \\ 3^2 & 4^2 & 5^2 & 6^2 \\ 4^2 & 5^2 & 6^2 & 7^2 \end{vmatrix}$；　(4) $\begin{vmatrix} a+x & x & x \\ x & b+x & x \\ x & x & c+x \end{vmatrix}$，其中，$abc\neq 0$。

3. 利用行列式性质计算 n 阶行列式的值 $(n>1)$

(1) $\begin{vmatrix} 1 & a_1 & a_2 & \cdots & a_{n-1} \\ 1 & a_1+b_1 & a_2 & \cdots & a_{n-1} \\ 1 & a_1 & a_2+b_2 & \cdots & a_{n-1} \\ \vdots & \vdots & \vdots & & \vdots \\ 1 & a_1 & a_2 & \cdots & a_{n-1}+b_{n-1} \end{vmatrix}$；

(2) $\begin{vmatrix} -a_1 & a_1 & 0 & \cdots & 0 & 0 \\ 0 & -a_2 & a_2 & \cdots & 0 & 0 \\ \vdots & \vdots & \vdots & & \vdots & \vdots \\ 0 & 0 & 0 & \cdots & -a_{n-1} & a_{n-1} \\ 1 & 1 & 1 & \cdots & 1 & 1 \end{vmatrix}$。

4. 证明

$$\begin{vmatrix} by+az & bz+ax & bx+ay \\ bx+ay & by+az & bz+ax \\ bz+ax & bx+ay & by+az \end{vmatrix}=(a^3+b^3)\begin{vmatrix} x & y & z \\ z & x & y \\ y & z & x \end{vmatrix}$$

5. 求下列多项式的根

(1) $f(x)=\begin{vmatrix} 1 & 1 & 2 & 3 \\ 1 & 2-x^2 & 2 & 3 \\ 2 & 2 & 6 & 5 \\ 2 & 2 & 6 & 9-x^2 \end{vmatrix}$;

(2) $f(x)=\begin{vmatrix} 1 & 1 & 1 & \cdots & 1 & 1 \\ 1 & 1-x & 1 & \cdots & 1 & 1 \\ 1 & 1 & 2-x & \cdots & 1 & 1 \\ \vdots & \vdots & \vdots & & \vdots & \vdots \\ 1 & 1 & 1 & \cdots & 1 & n-1-x \end{vmatrix}$。

6. 计算三阶行列式

$$\begin{vmatrix} a & b & c \\ a^2 & b^2 & c^2 \\ b+c & c+a & a+b \end{vmatrix}$$

1.3　行列式依行 (列) 展开

上节我们介绍了如何利用行列式性质来简化行列式的计算，本节将考虑如何把阶数较高行列式的计算化为阶数较低行列式的计算，即讨论如何用低阶行列式表示高阶行列式的问题。首先我们引入余子式与代数余子式的概念。

定义 1.6　在 n 阶行列式 $D=\begin{vmatrix} a_{11} & a_{12} & \cdots & a_{1n} \\ a_{21} & a_{22} & \cdots & a_{2n} \\ \vdots & \vdots & & \vdots \\ a_{n1} & a_{n2} & \cdots & a_{nn} \end{vmatrix}$ 中，划去元素 a_{ij} 所在的行与列，剩下的元素按原来的顺序构成的 $n-1$ 阶行列式，称为元素 a_{ij} 的余子式，记为 M_{ij}。又记 $A_{ij}=(-1)^{i+j}M_{ij}$，A_{ij} 称为元素 a_{ij} 的代数余子式。

例如，四阶行列式

$$D=\begin{vmatrix} a_{11} & a_{12} & a_{13} & a_{14} \\ a_{21} & a_{22} & a_{23} & a_{24} \\ a_{31} & a_{32} & a_{33} & a_{34} \\ a_{41} & a_{42} & a_{43} & a_{44} \end{vmatrix}$$

中, 元素 a_{23} 的余子式

$$M_{23}=\begin{vmatrix} a_{11} & a_{12} & a_{14} \\ a_{31} & a_{32} & a_{34} \\ a_{41} & a_{42} & a_{44} \end{vmatrix}$$

元素 a_{23} 的代数余子式 $A_{23}=(-1)^{2+3}M_{23}=-M_{23}$。

在证明本节主要定理之前，先介绍两个引理。

引理 1.1　$D=\begin{vmatrix} a_{11} & 0 & \cdots & 0 \\ a_{21} & a_{22} & \cdots & a_{2n} \\ \vdots & \vdots & & \vdots \\ a_{n1} & a_{n2} & \cdots & a_{nn} \end{vmatrix}=a_{11}A_{11}$。

证

$$\begin{aligned} D&=\sum_{j_1j_2\cdots j_n}(-1)^{\tau(j_1j_2\cdots j_n)}a_{1j_1}a_{2j_2}\cdots a_{nj_n} \\ &=\sum_{1j_2\cdots j_n}(-1)^{\tau(1j_2\cdots j_n)}a_{11}a_{2j_2}\cdots a_{nj_n} \\ &=a_{11}\sum_{1j_2\cdots j_n}(-1)^{\tau(1j_2\cdots j_n)}a_{2j_2}\cdots a_{nj_n} \\ &=a_{11}\sum_{j_2\cdots j_n}(-1)^{\tau(j_2\cdots j_n)}a_{2j_2}\cdots a_{nj_n} \\ &=a_{11}M_{11}=a_{11}A_{11} \end{aligned}$$

引理 1.2　$D=\begin{vmatrix} a_{11} & a_{12} & \cdots & a_{1j} & \cdots & a_{1n} \\ \vdots & \vdots & & \vdots & & \vdots \\ a_{i-11} & a_{i-12} & \cdots & a_{i-1j} & \cdots & a_{i-1n} \\ 0 & 0 & \cdots & a_{ij} & 0 & 0 \\ a_{i+11} & a_{i+12} & \cdots & a_{i+1j} & \cdots & a_{i+1n} \\ \vdots & \vdots & & \vdots & & \vdots \\ a_{n1} & a_{n2} & \cdots & a_{nj} & \cdots & a_{nn} \end{vmatrix}=a_{ij}A_{ij}$。

证　将行列式的第 i 行依次与前面各行交换变成第一行，再将第 j 列依次与前面各列交换变成第一列，由行列式性质 1.4 及引理 1.1 得

$$D=(-1)^{(i-1)+(j-1)}\begin{vmatrix} a_{ij} & 0 & \cdots & 0 & 0 & \cdots & 0 \\ a_{1j} & a_{11} & \cdots & a_{1j-1} & a_{1j+1} & \cdots & a_{1n} \\ \vdots & \vdots & & \vdots & \vdots & & \vdots \\ a_{i-1j} & a_{i-11} & \cdots & a_{i-1j-1} & a_{i-1j+1} & \cdots & a_{i-1n} \\ a_{i+1j} & a_{i+11} & \cdots & a_{i+1j-1} & a_{i+1j+1} & \cdots & a_{i+1n} \\ \vdots & \vdots & & \vdots & \vdots & & \vdots \\ a_{nj} & a_{n1} & \cdots & a_{nj-1} & a_{nj+1} & \cdots & a_{nn} \end{vmatrix}=a_{ij}A_{ij}$$

定理 1.2　n 阶行列式 $D=|a_{ij}|_{n\times n}$ 等于它的任意一行 (列) 的各元素与其对应的代数余子式乘积之和，即

$$D=a_{i1}A_{i1}+a_{i2}A_{i2}+\cdots+a_{in}A_{in}\quad(i=1,2,\cdots,n)\tag{1.7}$$

$$D = a_{1j}A_{1j} + a_{2j}A_{2j} + \cdots + a_{nj}A_{nj} \quad (j = 1, 2, \cdots, n) \tag{1.8}$$

证　根据行列式性质 1.3 以及引理 1.2 得

$$D = \begin{vmatrix} a_{11} & a_{12} & \cdots & a_{1n} \\ \vdots & \vdots & & \vdots \\ a_{i1}+0+\cdots+0 & 0+a_{i2}+\cdots+0 & \cdots & 0+\cdots+0+a_{in} \\ \vdots & \vdots & & \vdots \\ a_{n1} & a_{n2} & \cdots & a_{nn} \end{vmatrix}$$

$$= \begin{vmatrix} a_{11} & a_{12} & \cdots & a_{1n} \\ \vdots & \vdots & & \vdots \\ a_{i1} & 0 & \cdots & 0 \\ \vdots & \vdots & & \vdots \\ a_{n1} & a_{n2} & \cdots & a_{nn} \end{vmatrix} + \begin{vmatrix} a_{11} & a_{12} & \cdots & a_{1n} \\ \vdots & \vdots & & \vdots \\ 0 & a_{i2} & \cdots & 0 \\ \vdots & \vdots & & \vdots \\ a_{n1} & a_{n2} & \cdots & a_{nn} \end{vmatrix}$$

$$+ \cdots + \begin{vmatrix} a_{11} & a_{12} & \cdots & a_{1n} \\ \vdots & \vdots & & \vdots \\ 0 & 0 & \cdots & a_{in} \\ \vdots & \vdots & & \vdots \\ a_{n1} & a_{n2} & \cdots & a_{nn} \end{vmatrix}$$

$$= a_{i1}A_{i1} + a_{i2}A_{i2} + \cdots + a_{in}A_{in} \quad (i = 1, 2, \cdots, n)$$

此式称为行列式按第 i 行展开公式。同理可证行列式按第 j 列展开的公式 (1.8)。

定理 1.3　n 阶行列式 $D = |a_{ij}|_{n\times n}$ 某一行 (列) 的各元素与另一行 (列) 对应元素的代数余子式乘积之和等于零，即

$$a_{i1}A_{k1} + a_{i2}A_{k2} + \cdots + a_{in}A_{kn} = 0 \quad (i \neq k) \tag{1.9}$$

$$a_{1j}A_{1k} + a_{2j}A_{2k} + \cdots + a_{nj}A_{nk} = 0 \quad (j \neq k) \tag{1.10}$$

证　在行列式 $D = \begin{vmatrix} a_{11} & a_{12} & \cdots & a_{1n} \\ \vdots & \vdots & & \vdots \\ a_{i1} & a_{i2} & \cdots & a_{in} \\ \vdots & \vdots & & \vdots \\ a_{k1} & a_{k2} & \cdots & a_{kn} \\ \vdots & \vdots & & \vdots \\ a_{n1} & a_{n2} & \cdots & a_{nn} \end{vmatrix}$ 中将第 k 行元素换成第 i 行对应

元素，得到行列式

$$D_1 = \begin{vmatrix} a_{11} & a_{12} & \cdots & a_{1n} \\ \vdots & \vdots & & \vdots \\ a_{i1} & a_{i2} & \cdots & a_{in} \\ \vdots & \vdots & & \vdots \\ a_{i1} & a_{i2} & \cdots & a_{in} \\ \vdots & \vdots & & \vdots \\ a_{n1} & a_{n2} & \cdots & a_{nn} \end{vmatrix} \begin{matrix} \\ \\ i\text{ 行} \\ \\ k\text{ 行} \\ \\ \\ \end{matrix}$$

显然 D_1 第 k 行元素的代数余子式与 D 第 k 行对应元素的代数余子式完全相同，将 D_1 按第 k 行展开，并注意 D_1 有两行完全相同，得到

$$D_1 = a_{i1}A_{k1} + a_{i2}A_{k2} + \cdots + a_{in}A_{kn} = 0$$

即式 (1.9) 成立。同理可证明式 (1.10) 也成立。

综合定理 1.2 和定理 1.3 得到

$$\sum_{j=1}^{n} a_{ij}A_{kj} = a_{i1}A_{k1} + a_{i2}A_{k2} + \cdots + a_{in}A_{kn} = \begin{cases} D, & i = k \\ 0, & i \neq k \end{cases}$$

$$\sum_{i=1}^{n} a_{ij}A_{ik} = a_{1j}A_{1k} + a_{2j}A_{2k} + \cdots + a_{nj}A_{nk} = \begin{cases} D, & j = k \\ 0, & j \neq k \end{cases}$$

例 1.12　已知 $D = \begin{vmatrix} x & 0 & 0 & 0 \\ y & a_{11} & a_{12} & a_{13} \\ z & a_{21} & a_{22} & a_{23} \\ w & a_{31} & a_{32} & a_{33} \end{vmatrix} = 5$，求行列式 $M = \begin{vmatrix} a_{11} & a_{12} & a_{13} \\ a_{21} & a_{22} & a_{23} \\ a_{31} & a_{32} & a_{33} \end{vmatrix}$ 的值。

解　因 D 的第一行仅有一个非零元素，故将 D 按第一行展开得

$$D = a_{11}A_{11} + 0A_{12} + 0A_{13} + 0A_{14} = xM = 5$$

所以 $M = \dfrac{5}{x}$。

例 1.13　计算 n 阶行列式

$$D_n = \begin{vmatrix} x & y & 0 & \cdots & 0 & 0 \\ 0 & x & y & \cdots & 0 & 0 \\ \vdots & \vdots & \vdots & & \vdots & \vdots \\ 0 & 0 & 0 & \cdots & x & y \\ y & 0 & 0 & \cdots & 0 & x \end{vmatrix}$$

解 将 D 按第一列展开得

$$D_n = x\begin{vmatrix} x & y & \cdots & 0 & 0 \\ 0 & x & \cdots & 0 & 0 \\ \vdots & \vdots & & \vdots & \vdots \\ 0 & 0 & \cdots & x & y \\ 0 & 0 & \cdots & 0 & x \end{vmatrix} + (-1)^{n+1}y\begin{vmatrix} y & 0 & \cdots & 0 & 0 \\ x & y & \cdots & 0 & 0 \\ \vdots & \vdots & & \vdots & \vdots \\ 0 & 0 & \cdots & y & 0 \\ 0 & 0 & \cdots & x & y \end{vmatrix}$$
$$= x^n + (-1)^{n+1}y^n$$

例 1.14 设

$$D = \begin{vmatrix} 1 & 2 & 3 & 4 \\ 1 & 2 & 0 & 0 \\ 1 & 0 & 3 & 0 \\ 1 & 0 & 0 & 4 \end{vmatrix}$$

(1) 计算 D 的值；

(2) 计算 $A_{11} + A_{12} + A_{13} + A_{14}$；

(3) 计算 $A_{12} + A_{22} + A_{32} + A_{42}$。

解 (1) 将行列式 D 的第二、三、四行分别乘以 (-1) 都加到第一行，得

$$D = \begin{vmatrix} -2 & 0 & 0 & 0 \\ 1 & 2 & 0 & 0 \\ 1 & 0 & 3 & 0 \\ 1 & 0 & 0 & 4 \end{vmatrix} = -48$$

(2) 注意到行列式任一行 (列) 元素的代数余子式与该行 (列) 元素无关，因此

$$A_{11} + A_{12} + A_{13} + A_{14} = \begin{vmatrix} 1 & 1 & 1 & 1 \\ 1 & 2 & 0 & 0 \\ 1 & 0 & 3 & 0 \\ 1 & 0 & 0 & 4 \end{vmatrix} = D_1$$

将行列式 D_1 的第 i 行分别乘以 $(-1/i)$ 加到第一行，则

$$D_1 = \begin{vmatrix} 1-\dfrac{1}{2}-\dfrac{1}{3}-\dfrac{1}{4} & 0 & 0 & 0 \\ 1 & 2 & 0 & 0 \\ 1 & 0 & 3 & 0 \\ 1 & 0 & 0 & 4 \end{vmatrix} = 24 \times \left(1-\frac{1}{2}-\frac{1}{3}-\frac{1}{4}\right) = -2$$

(3) 由于 D 的第一列元素均为 1，所以由定理 1.3 得

$$A_{12}+A_{22}+A_{32}+A_{42}=a_{11}A_{12}+a_{21}A_{22}+a_{31}A_{32}+a_{41}A_{42}=0$$

例 1.15 证明范德蒙德 (Vandermonde) 行列式

$$V(x_1,x_2,\cdots,x_n)=\begin{vmatrix}1&1&1&\cdots&1\\x_1&x_2&x_3&\cdots&x_n\\x_1^2&x_2^2&x_3^2&\cdots&x_n^2\\\vdots&\vdots&\vdots&&\vdots\\x_1^{n-1}&x_2^{n-1}&x_3^{n-1}&\cdots&x_n^{n-1}\end{vmatrix}=\prod_{1\leqslant j<i\leqslant n}(x_i-x_j)(n\geqslant 2)$$

证 对 n 用数学归纳法。

当 $n=2$ 时，$V(x_1,x_2)=\begin{vmatrix}1&1\\x_1&x_2\end{vmatrix}=x_2-x_1$，结论正确。

假设 $n>2$，且结论对 $n-1$ 成立，下面对 n 阶的情形讨论：

在 $V(x_1,x_2,\cdots,x_n)$ 中，从第 n 行开始，由下而上依次将每行减去它上一行的 x_1 倍，得

$$V(x_1,x_2,\cdots,x_n)=\begin{vmatrix}1&1&1&\cdots&1\\0&x_2-x_1&x_3-x_1&\cdots&x_n-x_1\\0&x_2^2-x_1x_2&x_3^2-x_1x_3&\cdots&x_n^2-x_1x_n\\\vdots&\vdots&\vdots&&\vdots\\0&x_2^{n-1}-x_1x_2^{n-2}&x_3^{n-1}-x_1x_3^{n-2}&\cdots&x_n^{n-1}-x_1x_n^{n-2}\end{vmatrix}$$

按第一列展开，并提出各列的公因式得

$$\begin{aligned}V(x_1,x_2,\cdots,x_n)&=(x_2-x_1)(x_3-x_1)\cdots(x_n-x_1)\begin{vmatrix}1&1&\cdots&1\\x_2&x_3&\cdots&x_n\\\vdots&\vdots&&\vdots\\x_2^{n-2}&x_3^{n-2}&\cdots&x_n^{n-2}\end{vmatrix}\\&=(x_2-x_1)(x_3-x_1)\cdots(x_n-x_1)V(x_2,x_3,\cdots,x_n)\end{aligned}$$

由归纳假设知 $$V(x_2,x_3,\cdots,x_n)=\prod_{2\leqslant j<i\leqslant n}(x_i-x_j)$$

因此

$$V(x_1,x_2,\cdots,x_n)=(x_2-x_1)(x_3-x_1)\cdots(x_n-x_1)\prod_{2\leqslant j<i\leqslant n}(x_i-x_j)=\prod_{1\leqslant j<i\leqslant n}(x_i-x_j)$$

由归纳法原理知结论对所有 $n \geqslant 2$ 都成立。

这表明 n 阶范德蒙德行列式 $V(x_1, x_2, \cdots, x_n) \neq 0$ 当且仅当 $i \neq j$ 时 $x_i \neq x_j$。

此处是将阶数较高的行列式的计算归结为形式相同而阶数较低的行列式的计算，此方法称为**递推法**。

习　题　1.3

1. 计算下列行列式

(1) $\begin{vmatrix} x & a & b & 0 & c \\ 0 & y & 0 & 0 & d \\ 0 & e & z & 0 & f \\ g & h & k & u & l \\ 0 & 0 & 0 & 0 & v \end{vmatrix}$；(2) $\begin{vmatrix} 1 & 2 & 3 & 4 \\ 2 & 3 & 4 & 1 \\ 3 & 4 & 1 & 2 \\ 4 & 1 & 2 & 3 \end{vmatrix}$；(3) $\begin{vmatrix} 1 & 1 & 1 & 1 \\ 1 & 2 & -2 & x \\ 1 & 4 & 4 & x^2 \\ 1 & 8 & -8 & x^3 \end{vmatrix}$。

2. 计算 n 阶行列式

(1) $\begin{vmatrix} 1 & 2 & 3 & \cdots & n \\ 1 & x+1 & 3 & \cdots & n \\ 1 & 2 & x+1 & \cdots & n \\ \vdots & \vdots & \vdots & & \vdots \\ 1 & 2 & 3 & \cdots & x+1 \end{vmatrix}$；(2) $\begin{vmatrix} 1+a_1 & a_2 & a_3 & \cdots & a_n \\ a_1 & 1+a_2 & a_3 & \cdots & a_n \\ a_1 & a_2 & 1+a_3 & \cdots & a_n \\ \vdots & \vdots & \vdots & & \vdots \\ a_1 & a_2 & a_3 & \cdots & 1+a_n \end{vmatrix}$。

3. 求 $\begin{vmatrix} 2 & -3 & 4 & 1 \\ 4 & 2 & 3 & 2 \\ a & b & c & d \\ 3 & -1 & 4 & 3 \end{vmatrix}$ 第三行元素的代数余子式，并计算行列式。

4. 已知四阶行列式 $D = \begin{vmatrix} 2 & -3 & 4 & 1 \\ -2 & -2 & -2 & -2 \\ 1 & 3 & 6 & 8 \\ 3 & -1 & 4 & 3 \end{vmatrix} = -86$，求：

(1) $A_{31} + A_{32} + A_{33} + A_{34}$；

(2) $-4A_{13} + 2A_{23} - 6A_{33} - 4A_{43}$。

5. 已知 1275，1513，1071，2125 能被 17 整除，不计算行列式的值，证明：

$D = \begin{vmatrix} 1 & 2 & 7 & 5 \\ 1 & 5 & 1 & 3 \\ 1 & 0 & 7 & 1 \\ 2 & 1 & 2 & 5 \end{vmatrix}$ 也能被 17 整除。

思考题 设 n 阶行列式 $D_n = \begin{vmatrix} 1 & 2 & 3 & \cdots & n \\ 1 & 2 & 0 & \cdots & 0 \\ 1 & 0 & 3 & \cdots & 0 \\ \vdots & \vdots & \vdots & & \vdots \\ 1 & 0 & 0 & \cdots & n \end{vmatrix}$，求第一行各元素的代数余子式之和 $A_{11} + A_{12} + \cdots + A_{1n}$。

1.4 克莱姆法则

前面介绍了 n 阶行列式的定义，讨论了它的基本性质和计算方法，现在利用 n 阶行列式讨论含 n 个未知量 n 个方程的线性方程组的公式解问题。

给定含 n 个未知量 n 个方程的**线性方程组**

$$\begin{cases} a_{11}x_1 + a_{12}x_2 + \cdots + a_{1n}x_n = b_1 \\ a_{21}x_1 + a_{22}x_2 + \cdots + a_{2n}x_n = b_2 \\ \cdots\cdots \\ a_{n1}x_1 + a_{n2}x_2 + \cdots + a_{nn}x_n = b_n \end{cases} \tag{1.11}$$

由未知量系数组成的 n 阶行列式

$$D = \begin{vmatrix} a_{11} & a_{12} & \cdots & a_{1n} \\ a_{21} & a_{22} & \cdots & a_{2n} \\ \vdots & \vdots & & \vdots \\ a_{n1} & a_{n2} & \cdots & a_{nn} \end{vmatrix}$$

称为线性方程组 (1.11) 的**系数行列式**。

定理 1.4 克莱姆 (Cramer) 法则 设线性方程组 (1.11) 的系数行列式 $D \neq 0$，则它存在唯一组解：

$$x_1 = \frac{D_1}{D}, \quad x_2 = \frac{D_2}{D}, \cdots, x_n = \frac{D_n}{D} \tag{1.12}$$

其中，$D_j(j = 1, 2, \cdots, n)$ 是将 D 的第 j 列元素 $a_{1j}, a_{2j}, \cdots, a_{nj}$ 分别换成常数项 $b_1, b_2, \cdots, b_n$ 后得到的行列式。此解记为 $\left(\dfrac{D_1}{D}, \dfrac{D_2}{D}, \cdots, \dfrac{D_n}{D}\right)^{\mathrm{T}}$。

证 (1) 解的存在性。

将式 (1.12) 代入线性方程组 (1.11) 的第 i $(i = 1, 2, \cdots, n)$ 个方程，左边为

$$\sum_{j=1}^{n} a_{ij} \frac{D_j}{D} = \frac{1}{D} \sum_{j=1}^{n} a_{ij} D_j$$

由于 $D_j = b_1 A_{1j} + b_2 A_{2j} + \cdots + b_n A_{nj} = \sum_{s=1}^{n} b_s A_{sj}\ (j = 1, 2, \cdots, n)$，所以

$$
\begin{aligned}
\frac{1}{D}\sum_{j=1}^{n} a_{ij} D_j &= \frac{1}{D}\sum_{j=1}^{n} a_{ij}\left(\sum_{s=1}^{n} b_s A_{sj}\right) = \frac{1}{D}\sum_{j=1}^{n}\sum_{s=1}^{n} a_{ij} b_s A_{sj} \\
&= \frac{1}{D}\sum_{s=1}^{n}\left(\sum_{j=1}^{n} a_{ij} A_{sj}\right) b_s = \frac{1}{D} D b_i = b_i
\end{aligned}
$$

此为第 i 个方程的右边，因此式 (1.12) 是方程组 (1.11) 的一组解。

(2) 解的唯一性。

设 $(c_1, c_2, \cdots, c_n)^{\mathrm{T}}$ 是线性方程组 (1.11) 的任意解，则

$$
\begin{aligned}
Dc_i &= \begin{vmatrix} a_{11} & \cdots & a_{1i-1} & a_{1i}c_i & a_{1i+1} & \cdots & a_{1n} \\ a_{21} & \cdots & a_{2i-1} & a_{2i}c_i & a_{2i+1} & \cdots & a_{2n} \\ \vdots & & \vdots & \vdots & \vdots & & \vdots \\ a_{n1} & \cdots & a_{ni-1} & a_{ni}c_i & a_{ni+1} & \cdots & a_{nn} \end{vmatrix} \\
&= \begin{vmatrix} a_{11} & \cdots & a_{1i-1} & a_{11}c_1 + \cdots + a_{1n}c_n & a_{1i+1} & \cdots & a_{1n} \\ a_{21} & \cdots & a_{2i-1} & a_{21}c_1 + \cdots + a_{2n}c_n & a_{2i+1} & \cdots & a_{2n} \\ \vdots & & \vdots & \vdots & \vdots & & \vdots \\ a_{n1} & \cdots & a_{ni-1} & a_{n1}c_1 + \cdots + a_{nn}c_n & a_{ni+1} & \cdots & a_{nn} \end{vmatrix} \\
&= \begin{vmatrix} a_{11} & \cdots & a_{1i-1} & b_1 & a_{1i+1} & \cdots & a_{1n} \\ a_{21} & \cdots & a_{2i-1} & b_2 & a_{2i+1} & \cdots & a_{2n} \\ \vdots & & \vdots & \vdots & \vdots & & \vdots \\ a_{n1} & \cdots & a_{ni-1} & b_n & a_{ni+1} & \cdots & a_{nn} \end{vmatrix} = D_i
\end{aligned}
$$

因此，$c_i = \dfrac{D_i}{D}\ (i = 1, 2, \cdots, n)$，这表明方程组 (1.11) 的解只能是 $\left(\dfrac{D_1}{D}, \dfrac{D_2}{D}, \cdots, \dfrac{D_n}{D}\right)^{\mathrm{T}}$。

n 元线性方程组 (1.11) 右端的常数项 $b_1, b_2, \cdots, b_n$ 不全为零时，称为非齐次线性方程组；当 $b_1, b_2, \cdots, b_n$ 全为零时，称为齐次线性方程组。

对于方程组 (1.11) 的中 $b_1, b_2, \cdots, b_n$ 全为零时的 n 元齐次线性方程组

$$
\begin{cases} a_{11}x_1 + a_{12}x_2 + \cdots + a_{1n}x_n = 0 \\ a_{21}x_1 + a_{22}x_2 + \cdots + a_{2n}x_n = 0 \\ \cdots\cdots \\ a_{n1}x_1 + a_{n2}x_2 + \cdots + a_{nn}x_n = 0 \end{cases} \tag{1.13}
$$

称之为与线性方程组 (1.11) 对应的齐次线性方程组。当 $x_1 = x_2 = \cdots = x_n = 0$ 时，一定是齐次方程组 (1.13) 的一组解，称为它的**零解**，其余的解若存在，均称为它的**非零解**。显然，齐次线性方程组一定存在零解，不一定存在非零解。

推论 1.7　设给定含 n 个未知量 n 个方程的齐次线性方程组

$$\begin{cases} a_{11}x_1 + a_{12}x_2 + \cdots + a_{1n}x_n = 0 \\ a_{21}x_1 + a_{22}x_2 + \cdots + a_{2n}x_n = 0 \\ \qquad\qquad\cdots\cdots \\ a_{n1}x_1 + a_{n2}x_2 + \cdots + a_{nn}x_n = 0 \end{cases}$$

的系数行列式 $D \neq 0$，则该方程组仅有零解 $(0, 0, \cdots, 0)^{\mathrm{T}}$。若 $D = 0$，则方程组有非零解。从而得到齐次线性方程组 (1.13) 有非零解的充要条件是系数行列式 $D = 0$。

例 1.16　解线性方程组

$$\begin{cases} 2x_1 + 2x_2 - x_3 = -1 \\ x_1 \qquad\quad + 4x_3 = 1 \\ 3x_1 - x_2 + 5x_3 = -7 \end{cases}$$

解　系数行列式

$$D = \begin{vmatrix} 2 & 2 & -1 \\ 1 & 0 & 4 \\ 3 & -1 & 5 \end{vmatrix} = 23 \neq 0$$

由克莱姆法则，该方程组有唯一解。又由于

$$D_1 = \begin{vmatrix} -1 & 2 & -1 \\ 1 & 0 & 4 \\ -7 & -1 & 5 \end{vmatrix} = -69, \quad D_2 = \begin{vmatrix} 2 & -1 & -1 \\ 1 & 1 & 4 \\ 3 & -7 & 5 \end{vmatrix} = 69, \quad D_3 = \begin{vmatrix} 2 & 2 & -1 \\ 1 & 0 & 1 \\ 3 & -1 & -7 \end{vmatrix} = 23$$

所以唯一解为

$$x_1 = \frac{D_1}{D} = -3, \quad x_2 = \frac{D_2}{D} = 3, \quad x_3 = \frac{D_3}{D} = 1$$

例 1.17　问 λ 为何值时，齐次线性方程组 $\begin{cases} (\lambda - 1)x_1 + x_2 + x_3 = 0 \\ x_1 + (\lambda - 1)x_2 + x_3 = 0 \\ x_1 + x_2 + (\lambda - 1)x_3 = 0 \end{cases}$

有非零解?

解　齐次线性方程组有非零解的充要条件是系数行列式为零，即系数行列式

$$D = \begin{vmatrix} \lambda - 1 & 1 & 1 \\ 1 & \lambda - 1 & 1 \\ 1 & 1 & \lambda - 1 \end{vmatrix} = (\lambda + 1)(\lambda - 2)^2 = 0$$

从而当 $\lambda=-1$ 或者 $\lambda=2$ 时该齐次线性方程组有非零解。

例 1.18　证明一元二次函数可以由其图像上的 3 个横坐标互不相同的点唯一确定。

证　设一元二次函数为 $y=ax^2+bx+c$，而 $P(x_1,y_1),Q(x_2,y_2),R(x_3,y_3)$ 为其图像上任意取定的点，且 x_1,x_2,x_3 互不相同，由此可得线性方程组

$$\begin{cases} ax_1^2+bx_1+c=y_1 \\ ax_2^2+bx_2+c=y_2 \\ ax_3^2+bx_3+c=y_3 \end{cases}$$

这是一个关于 a,b,c 为未知量的线性方程组，其系数行列式

$$\begin{vmatrix} x_1^2 & x_1 & 1 \\ x_2^2 & x_2 & 1 \\ x_3^2 & x_3 & 1 \end{vmatrix} \xlongequal{c_1\leftrightarrow c_3} -\begin{vmatrix} 1 & x_1 & x_1^2 \\ 1 & x_2 & x_2^2 \\ 1 & x_3 & x_3^2 \end{vmatrix} (\text{这是一个范德蒙德行列式})$$

$$=-(x_3-x_1)(x_3-x_2)(x_2-x_1)$$

由于 x_1,x_2,x_3 互不相同，因而 $D\neq 0$，由克莱姆法则，方程组有唯一解，即 a,b,c 可唯一确定，也即一元二次函数可以由其图像上的 3 个横坐标互不相同的点唯一确定。

在上述各例中，用克莱姆法则解 n 元线性方程组时，需要计算 $n+1$ 个 n 阶行列式，计算量较大，所以实际上克莱姆法则的意义仅在于理论上的需要。另外，当系数行列式为零，或方程个数不等于未知量个数时，也不能使用克莱姆法则求解，为此我们将在下一章介绍解一般线性方程组的有效方法 —— 高斯 (Gauss) 消元法。

习　题　1.4

1. 用克莱姆法则解线性方程组 $\begin{cases} x_1+x_2-2x_3=-3 \\ 2x_1-5x_2+4x_3=4 \\ 5x_1-2x_2+7x_3=22 \end{cases}$。

2. 问 a 为何值时，齐次线性方程组 $\begin{cases} ax+y+z=0 \\ x+ay+z=0 \\ x+y+az=0 \end{cases}$ 有非零解？

3. 设 $A(x_1,y_1)$，$B(x_2,y_2)$ 是平面上两个不同点，且过 A,B 两点的直线不通过原点，证

明：过 A,B 两点的直线方程是 $\begin{vmatrix} 1 & x & y \\ 1 & x_1 & y_1 \\ 1 & x_2 & y_2 \end{vmatrix} = 0$。

1.5 本章小结

1.5.1 基本要求

1) 掌握二阶、三阶行列式的计算方法，掌握三阶行列式的特点。

2) 理解排列的奇偶性，会计算排列的逆序数，并判断排列的奇偶性。

3) 掌握 n 阶行列式的定义，它有如下三个特点：

(1) n 阶行列式共有 $n!$ 项。

(2) 每项都是位于不同行不同列的 n 个元素的乘积。

(3) 当该项的行下标按自然顺序排列时，每项的正负号都取决于 n 个元素的列下标排列。当列下标为奇排列时，取负号；当列下标为偶排列时，取正号。

4) 掌握行列式的基本性质及基本计算方法，并利用性质计算有关行列式的值。

5) 掌握行列式的展开定理，并会利用此性质计算有关问题。

6) 掌握范德蒙德行列式的基本形式及其值，并利用它来计算行列式的值。

7) 掌握上 (下) 三角形行列式的值等于对角线元素的乘积。

1.5.2 内容提要

1. n 阶行列式定义

设 $D = |a_{ij}|_{n\times n}$ 是由 a_{ij} 组成的 n 阶行列式，则

$$D = |a_{ij}|_{n\times n} = \sum_{j_1 j_2 \cdots j_n} (-1)^{\tau(j_1 j_2 \cdots j_n)} a_{1j_1} a_{2j_2} \cdots a_{nj_n}$$

其中，$\sum\limits_{j_1 j_2 \cdots j_n}$ 表示对所有 n 阶排列求和。$D = |a_{ij}|_{n\times n}$ 是一个数值，计算行列式就是把这个数求出来。

2. 行列式性质

1) 将行列式转置则值不变。

2) 如果某一行 (列) 有公因子则可提出。

3) 如果某一行 (列) 的每个元素都可以表示成两个元素之和，则行列式可以写成两个行列式之和。

4) 交换行列式的两行 (两列) 则值反号。

5) 如果行列式两行 (两列) 对应元素成比例，则值为零。

6) 将行列式一行 (列) 的倍数加到另一行 (列) 上，值不变。

7) 行列式的展开公式。

设 $D=|a_{ij}|_{n\times n}$，则

$$\sum_{k=1}^{n} a_{ik}A_{jk}=\begin{cases} D, & i=j \\ 0, & i\neq j \end{cases}, \quad i,j=1,2,\cdots,n$$

$$\sum_{k=1}^{n} a_{ki}A_{kj}=\begin{cases} D, & i=j \\ 0, & i\neq j \end{cases}, \quad i,j=1,2,\cdots,n$$

3. 克莱姆法则

若线性方程组方程的个数与未知量的个数都为 n，且它的系数行列式不等于零，则方程组有唯一解，这个解为 $\left(\dfrac{D_1}{D},\dfrac{D_2}{D},\cdots,\dfrac{D_n}{D}\right)^{\mathrm{T}}$，其中，$D$ 是系数行列式，D_j 是把系数行列式的第 j 列换成常数项所得的行列式。

第1章总习题

一、填空题

1. 6 阶行列式中 $a_{21}a_{34}a_{16}a_{45}a_{63}a_{52}$ 的符号是 ______。

2. $\begin{vmatrix} 1 & 0 & 0 & 0 \\ 2 & 2 & 0 & 0 \\ 3 & 3 & 3 & 0 \\ 4 & 4 & 4 & 4 \end{vmatrix}=$ ______。

3. $\begin{vmatrix} 1 & -1 & 0 & 1 \\ 0 & 0 & 0 & 4 \\ 2 & x & -1 & 0 \\ 1 & 3 & -2 & 1 \end{vmatrix}$ 中元素 x 的余子式等于 ______，代数余子式等于 ______。

4. 设 $D=\begin{vmatrix} 1 & 7 & 3 & -2 \\ 2 & 2 & 2 & 2 \\ 3 & -5 & 6 & 5 \\ 4 & 7 & -2 & 8 \end{vmatrix}$，则 $A_{41}+A_{42}+A_{43}+A_{44}=$ ______。

二、单项选择题

1. 三阶行列式第三行的元素为 4，3，2，对应的余子式分别为 2，3，4，那么该行列式的值等于　(　　)

A. 3　　B. 7　　C. -3　　D. -7

2. 已知 $D=\begin{vmatrix} 3 & -1 & 2 \\ -2 & -3 & 1 \\ 0 & 1 & -4 \end{vmatrix}=37$, 则行列式 $\begin{vmatrix} A_{11} & A_{12} & A_{13} \\ A_{21} & A_{22} & A_{23} \\ A_{31} & A_{32} & A_{33} \end{vmatrix}$ 的值是　(　)

其中，A_{ij} 是元素 a_{ij} 的代数余子式。

A. 1369　　B. 37　　C. 50653　　D. 111

3. $D=\begin{vmatrix} a_{11} & a_{12} & a_{13} \\ a_{21} & a_{22} & a_{23} \\ a_{31} & a_{32} & a_{33} \end{vmatrix}=-2$，则 $D_1=\begin{vmatrix} 2a_{11} & 3a_{11}-5a_{12} & 3a_{13} \\ 2a_{21} & 3a_{21}-5a_{22} & 3a_{23} \\ 2a_{31} & 3a_{31}-5a_{32} & 3a_{33} \end{vmatrix}=$　(　)

A. -30　　B. 30　　C. -60　　D. 60

4. 若 $D=\begin{vmatrix} 5 & 0 & 0 & 0 \\ 0 & a & b & c \\ 0 & d & e & f \\ 3 & g & h & i \end{vmatrix}=10$，则 $\begin{vmatrix} a & b & c \\ d & e & f \\ g & h & i \end{vmatrix}=$　(　)

A. $\dfrac{10}{3}$　　B. 5　　C. 10　　D. 2

5. n 阶行列式的展开式中，取 “$-$” 号的项有　(　)

A. $\dfrac{n!}{2}$　　B. $\dfrac{n^2}{2}$　　C. $\dfrac{n}{2}$　　D. $\dfrac{n(n-1)}{2}$

三、计算题

1. 计算行列式 $\begin{vmatrix} x & y & y & y \\ y & x & y & y \\ y & y & x & y \\ y & y & y & x \end{vmatrix}$。

2. 已知行列式 $\begin{vmatrix} 1 & 2 & 3 & 4 & 5 \\ 2 & 2 & 2 & 1 & 1 \\ 3 & 1 & 2 & 4 & 5 \\ 1 & 1 & 1 & 2 & 2 \\ 4 & 3 & 1 & 5 & 0 \end{vmatrix}=27$，求 $A_{41}+A_{42}+A_{43}$ 和 $A_{44}+A_{45}$ 的值。

3. 计算下列各行列式

(1) $\begin{vmatrix} -1 & 1 & -1 & 1 \\ 2 & 4 & 8 & 16 \\ -2 & 4 & -8 & 16 \\ 3 & 9 & 27 & 81 \end{vmatrix}$；　(2) $\begin{vmatrix} 1 & 2 & 2 & \cdots & 2 \\ 2 & 2 & 2 & \cdots & 2 \\ 2 & 2 & 3 & \cdots & 2 \\ \vdots & \vdots & \vdots & \ddots & \vdots \\ 2 & 2 & 2 & \cdots & n \end{vmatrix}$。

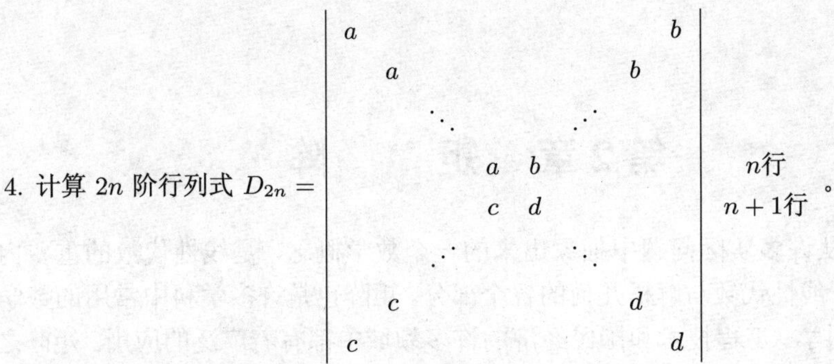

4. 计算 $2n$ 阶行列式 $D_{2n}=\begin{vmatrix} a & & & & & & & b \\ & a & & & & & b & \\ & & \ddots & & & \iddots & & \\ & & & a & b & & & \\ & & & c & d & & & \\ & & \iddots & & & \ddots & & \\ & c & & & & & d & \\ c & & & & & & & d \end{vmatrix}\begin{matrix} \\ \\ \\ n\text{行} \\ n+1\text{行} \\ \\ \\ \\ \end{matrix}$。

(注：空白处表示元素都是零。)

四、证明题

1. 证明 $\begin{vmatrix} a^2 & ab & b^2 \\ 2a & a+b & 2b \\ 1 & 1 & 1 \end{vmatrix}=(a-b)^3$。

2. 设 L_1：$ax+by+c=0$，　L_2：$cx+ay+b=0$，　L_3：$bx+cy+a=0$ 是三条不同的直线，若三直线交于一点，证明 $a+b+c=0$。

第2章　矩　　阵

矩阵是从许多实际问题中抽象出来的一个数学概念，是线性代数的重要内容之一，贯穿于线性代数与解析几何的各个部分。矩阵也是许多学科中常用的数学工具，在自然科学、工程技术和国民经济的许多领域中都有着广泛的应用。矩阵之所以如此重要，是因为我们在矩阵中引入运算，使之反映了某些数学研究对象的客观规律。矩阵的运算是矩阵理论的基石，我们就从矩阵的运算开始。

2.1　矩阵及其运算

2.1.1　矩阵的定义

引例　一个公司有三家零售店，第一家原始库存有 15 台电视机 (q)，10 台空调 (r)，9 台冰箱 (s)，12 台洗衣机 (t)；第二家原始库存有 18q，14r，8s，7t；第三家原始库存有 16q，13r，6s，11t；可知，三家零售店的存货量可以表示为

$$\begin{pmatrix} 15 & 10 & 9 & 12 \\ 18 & 14 & 8 & 7 \\ 16 & 13 & 6 & 11 \end{pmatrix}$$

为了研究三家零售店的存货量变化和销售情况，首先介绍矩阵及其运算。

定义 2.1　$m \times n$ 个数 a_{ij} $(i = 1, 2, \cdots, m; j = 1, 2, \cdots, n)$ 排成 m 行 n 列的矩形数表

$$\begin{pmatrix} a_{11} & a_{12} & \cdots & a_{1n} \\ a_{21} & a_{22} & \cdots & a_{2n} \\ \vdots & \vdots & & \vdots \\ a_{m1} & a_{m2} & \cdots & a_{mn} \end{pmatrix}$$

称为$\boldsymbol{m \times n}$ **矩阵**，简称为矩阵，a_{ij} 称为矩阵的第 i 行第 j 列元素。

一般用大写字母 $\boldsymbol{A}, \boldsymbol{B}, \boldsymbol{C}$ 等表示矩阵，如需要表明 $m \times n$ 矩阵 $\boldsymbol{A}$ 的行数和列数，也把它记为 $\boldsymbol{A}_{m \times n}$ 或 $(a_{ij})_{m \times n}$。

元素是实数的矩阵称为实矩阵，元素是复数的矩阵称为复矩阵。如无特别说明，所讨论的矩阵均为实矩阵。

下面是一些常见的矩阵：

(1) 当 $m=1$，矩阵 $\boldsymbol{A}=(a_1,a_2,\cdots,a_n)$ 称为**行矩阵**，也称为 n 维**行向量**；

(2) 当 $n=1$，矩阵 $\boldsymbol{A}=\begin{pmatrix} b_1 \\ b_2 \\ \vdots \\ b_m \end{pmatrix}$ 称为**列矩阵**，也称为 m 维**列向量**；

(3) 当 $m=n$ 时，矩阵 $\boldsymbol{A}=(a_{ij})_{n\times n}$ 称为 n 阶矩阵或 n 阶**方阵**，也可记为 $\boldsymbol{A}_{n\times n}$；

(4) 当 $m=n=1$ 时，我们把矩阵 $\boldsymbol{A}=(a_{11})_{1\times 1}$ 当成普通的数 a_{11} 来对待，即 $(a_{11})_{1\times 1}=a_{11}$。

例 2.1　矩阵 $\boldsymbol{A}=\begin{pmatrix} 1 & 3 & 8 & 0 \\ 0 & 1 & 6 & 1 \\ -5 & 2 & 7 & 6 \end{pmatrix}$ 是 3×4 矩阵，则 $\boldsymbol{A}$ 的三个行 (1,3,8,0)，(0,1,6,1)，(−5,2,7,6) 称为 $\boldsymbol{A}$ 的行向量；

$\boldsymbol{A}$ 的四个列 $\begin{pmatrix} 1 \\ 0 \\ -5 \end{pmatrix}$，$\begin{pmatrix} 3 \\ 1 \\ 2 \end{pmatrix}$，$\begin{pmatrix} 8 \\ 6 \\ 7 \end{pmatrix}$，$\begin{pmatrix} 0 \\ 1 \\ 6 \end{pmatrix}$ 称为 $\boldsymbol{A}$ 的列向量。

注　矩阵与行列式虽然在形式上有些类似，但它们的意义是截然不同的。一个行列式是一个确定的数或代数式，而一个矩阵仅是一个数表。另外，行列式的行数与列数必须相同，而矩阵的行数与列数可以不同。

定义 2.2　元素全为零的 m 行 n 列矩阵称为**零矩阵**，记为 $\mathbf{0}_{m\times n}$ 或 $\mathbf{0}$。

称 n 阶方阵

$$\boldsymbol{A}=\begin{pmatrix} a_{11} & a_{12} & \cdots & a_{1n} \\ 0 & a_{22} & \cdots & a_{2n} \\ \vdots & \vdots & \ddots & \vdots \\ 0 & 0 & \cdots & a_{nn} \end{pmatrix}$$

为 n 阶**上三角矩阵**。

称 n 阶方阵

$$\boldsymbol{A}=\begin{pmatrix} a_{11} & 0 & \cdots & 0 \\ a_{21} & a_{22} & \cdots & 0 \\ \vdots & \vdots & \ddots & \vdots \\ a_{n1} & a_{n2} & \cdots & a_{nn} \end{pmatrix}$$

为 n 阶**下三角矩阵**。

定义 2.3　设 $\boldsymbol{A}=(a_{ij})_{m\times n}$，$\boldsymbol{B}=(b_{ij})_{p\times q}$ 是两个矩阵。如果 $m=p,n=q$ 且 $a_{ij}=b_{ij}(i=1,2,\cdots,m;j=1,2,\cdots,n)$，则称两个**矩阵相等**，记为 $\boldsymbol{A}=\boldsymbol{B}$。

两个矩阵相等的条件首先是这两个矩阵的行数与列数要分别相等，其次是对应的元素相等。

我们将引入矩阵的四种运算：矩阵的加法、数乘、乘法及转置。

2.1.2　矩阵加法

定义 2.4　设

$$\boldsymbol{A}=(a_{ij})_{m\times n}=\begin{pmatrix} a_{11} & a_{12} & \cdots & a_{1n} \\ a_{21} & a_{22} & \cdots & a_{2n} \\ \vdots & \vdots & & \vdots \\ a_{m1} & a_{m2} & \cdots & a_{mn} \end{pmatrix}$$

$$\boldsymbol{B}=(b_{ij})_{m\times n}=\begin{pmatrix} b_{11} & b_{12} & \cdots & b_{1n} \\ b_{21} & b_{22} & \cdots & b_{2n} \\ \vdots & \vdots & & \vdots \\ b_{m1} & b_{m2} & \cdots & b_{mn} \end{pmatrix}$$

是两个 $m\times n$ 矩阵，这样的矩阵称为**同型矩阵**，矩阵

$$\boldsymbol{C}=(a_{ij}+b_{ij})_{m\times n}=\begin{pmatrix} a_{11}+b_{11} & a_{12}+b_{12} & \cdots & a_{1n}+b_{1n} \\ a_{21}+b_{21} & a_{22}+b_{22} & \cdots & a_{2n}+b_{2n} \\ \vdots & \vdots & & \vdots \\ a_{m1}+b_{m1} & a_{m2}+b_{m2} & \cdots & a_{mn}+b_{mn} \end{pmatrix}$$

称为 $\boldsymbol{A}$ 与 $\boldsymbol{B}$ 的**加法**运算，记 $\boldsymbol{C}=\boldsymbol{A}+\boldsymbol{B}$ 称为 $\boldsymbol{A}$ 与 $\boldsymbol{B}$ 的和。

注意到，两个矩阵必须在行数和列数分别相等时才能相加，即同型矩阵才能相加。和矩阵的每个元素分别是两个矩阵对应元素的和。

引例中，设三家零售店原有存货量为矩阵 $\boldsymbol{A}$，公司给这三家零售店发货，发货量为矩阵 $\boldsymbol{B}$，

$$\boldsymbol{B}=\begin{pmatrix} 4 & 3 & 5 & 2 \\ 0 & 9 & 6 & 1 \\ 5 & 7 & 2 & 6 \end{pmatrix}$$

则新的存货量为

$$\boldsymbol{C}=\boldsymbol{A}+\boldsymbol{B}=\begin{pmatrix} 15+4 & 10+3 & 9+5 & 12+2 \\ 18+0 & 14+9 & 8+6 & 7+1 \\ 16+5 & 13+7 & 6+2 & 11+6 \end{pmatrix}=\begin{pmatrix} 19 & 13 & 14 & 14 \\ 18 & 23 & 14 & 8 \\ 21 & 20 & 8 & 17 \end{pmatrix}$$

设 $\boldsymbol{A}=(a_{ij})_{m\times n}$，称 $(-a_{ij})_{m\times n}$ 为 $\boldsymbol{A}$ 的**负矩阵**，记为 $-\boldsymbol{A}$，即 $-\boldsymbol{A}=(-a_{ij})_{m\times n}$。由此可以定义矩阵**减法**为 $\boldsymbol{A}-\boldsymbol{B}=\boldsymbol{A}+(-\boldsymbol{B})$。

由减法定义不难得到矩阵加法的移项法则：

$$\boldsymbol{A}+\boldsymbol{B}=\boldsymbol{C}\Leftrightarrow\boldsymbol{A}=\boldsymbol{C}-\boldsymbol{B}$$

2.1.3 矩阵数乘

定义 2.5　设矩阵 $\boldsymbol{A}=(a_{ij})_{m\times n}$，$k$ 是一个数，称矩阵

$$(ka_{ij})_{m\times n}=\begin{pmatrix} ka_{11} & ka_{12} & \cdots & ka_{1n} \\ ka_{21} & ka_{22} & \cdots & ka_{2n} \\ \vdots & \vdots & & \vdots \\ ka_{m1} & ka_{m2} & \cdots & ka_{mn} \end{pmatrix}$$

为矩阵 $\boldsymbol{A}$ 与数 k 的乘积，简称为**数乘**，记为 $k\boldsymbol{A}$。

矩阵的加法与数乘运算统称为**矩阵的线性运算**。容易验证矩阵的线性运算满足以下运算规律：

设 $\boldsymbol{A},\boldsymbol{B},\boldsymbol{C}$ 与 $\boldsymbol{0}$ 都是 $m\times n$ 矩阵，k,l 是数，则

(1) $\boldsymbol{A}+\boldsymbol{B}=\boldsymbol{B}+\boldsymbol{A}$;　(2) $(\boldsymbol{A}+\boldsymbol{B})+\boldsymbol{C}=\boldsymbol{A}+(\boldsymbol{B}+\boldsymbol{C})$;

(3) $\boldsymbol{A}+\boldsymbol{0}=\boldsymbol{A}$;　(4) $\boldsymbol{A}+(-\boldsymbol{A})=\boldsymbol{0}$;

(5) $1\cdot\boldsymbol{A}=\boldsymbol{A}$;　(6) $(kl)\boldsymbol{A}=k(l\boldsymbol{A})$;

(7) $k(\boldsymbol{A}+\boldsymbol{B})=k\boldsymbol{A}+k\boldsymbol{B}$;　(8) $(k+l)\boldsymbol{A}=k\boldsymbol{A}+l\boldsymbol{A}$。

例 2.2　设 $\boldsymbol{A}=\begin{pmatrix} 1 & 3 & 8 & 0 \\ 0 & 1 & 6 & 1 \\ -5 & 2 & 7 & 6 \end{pmatrix}$，$\boldsymbol{B}=\begin{pmatrix} -2 & 7 & 5 & -3 \\ 2 & 5 & 7 & 4 \\ -1 & 3 & 3 & -5 \end{pmatrix}$，求 $3\boldsymbol{A}-2\boldsymbol{B}$。

解

$$\begin{aligned} 3\boldsymbol{A}-2\boldsymbol{B}&=3\begin{pmatrix} 1 & 3 & 8 & 0 \\ 0 & 1 & 6 & 1 \\ -5 & 2 & 7 & 6 \end{pmatrix}-2\begin{pmatrix} -2 & 7 & 5 & -3 \\ 2 & 5 & 7 & 4 \\ -1 & 3 & 3 & -5 \end{pmatrix} \\ &=\begin{pmatrix} 3 & 9 & 24 & 0 \\ 0 & 3 & 18 & 3 \\ -15 & 6 & 21 & 18 \end{pmatrix}-\begin{pmatrix} -4 & 14 & 10 & -6 \\ 4 & 10 & 14 & 8 \\ -2 & 6 & 6 & -10 \end{pmatrix} \\ &=\begin{pmatrix} 7 & -5 & 14 & 6 \\ -4 & -7 & 4 & -5 \\ -13 & 0 & 15 & 28 \end{pmatrix} \end{aligned}$$

引例中，若公司要求各零售店年底对库存四种商品打九折出售，设 $\boldsymbol{V}$ 是打折前的存货价值，

$$\boldsymbol{V}=\begin{pmatrix}4000 & 3600 & 4800 & 2800\\ 6000 & 5400 & 3200 & 1400\\ 8000 & 3600 & 1600 & 4200\end{pmatrix}$$

打折后各零售店四种商品的存货价值是多少呢？这是矩阵的数乘问题，结果是

$$0.9\boldsymbol{V}=\begin{pmatrix}3600 & 3240 & 4320 & 2520\\ 5400 & 4860 & 2880 & 1260\\ 7200 & 3240 & 1440 & 3780\end{pmatrix}$$

2.1.4 矩阵乘法

定义 2.6 设 $\boldsymbol{A}=(a_{ik})_{m\times s}$，$\boldsymbol{B}=(b_{kj})_{s\times n}$，定义 $\boldsymbol{A}$ 与 $\boldsymbol{B}$ 的乘积 $\boldsymbol{AB}$ 是一个 $m\times n$ 矩阵 $\boldsymbol{C}=(c_{ij})_{m\times n}$，$\boldsymbol{C}$ 的第 i 行第 j 列元素等于 $\boldsymbol{A}$ 的第 i 行元素与 $\boldsymbol{B}$ 的第 j 列对应元素乘积的代数和，即

$$c_{ij}=a_{i1}b_{1j}+a_{i2}b_{2j}+\cdots+a_{is}b_{sj}=\sum_{k=1}^{s}a_{ik}b_{kj}$$

其中，$i=1,2,\cdots,m;j=1,2,\cdots,n$，

$$\boldsymbol{C}=\boldsymbol{AB}=\begin{pmatrix}a_{11} & a_{12} & \cdots & a_{1s}\\ a_{21} & a_{22} & \cdots & a_{2s}\\ \vdots & \vdots & & \vdots\\ a_{m1} & a_{m2} & \cdots & a_{ms}\end{pmatrix}\begin{pmatrix}b_{11} & b_{12} & \cdots & b_{1n}\\ b_{21} & b_{22} & \cdots & b_{2n}\\ \vdots & \vdots & & \vdots\\ b_{s1} & b_{s2} & \cdots & b_{sn}\end{pmatrix}$$
$$=\begin{pmatrix}c_{11} & c_{12} & \cdots & c_{1n}\\ c_{21} & c_{22} & \cdots & c_{2n}\\ \vdots & \vdots & & \vdots\\ c_{m1} & c_{m2} & \cdots & c_{mn}\end{pmatrix}$$

由矩阵乘法的定义可以看出，只有当第一个矩阵的列数等于第二个矩阵的行数时才能相乘，乘积 $\boldsymbol{AB}$ 的行数为 $\boldsymbol{A}$ 的行数，列数为 $\boldsymbol{B}$ 的列数。

例 2.3 设 $\boldsymbol{A}=\begin{pmatrix}a_1\\ a_2\\ \vdots\\ a_n\end{pmatrix}$，$\boldsymbol{B}=\begin{pmatrix}b_1 & b_2 & \cdots & b_n\end{pmatrix}$，求 $\boldsymbol{AB}$，$\boldsymbol{BA}$。

解

$$\boldsymbol{AB} = \begin{pmatrix} a_1b_1 & a_1b_2 & \cdots & a_1b_n \\ a_2b_1 & a_2b_2 & \cdots & a_2b_n \\ \vdots & \vdots & & \vdots \\ a_nb_1 & a_nb_2 & \cdots & a_nb_n \end{pmatrix}$$

而

$$\boldsymbol{BA} = b_1a_1 + b_2a_2 + \cdots + b_na_n = \sum_{k=1}^{n} a_kb_k$$

下面讨论矩阵乘法的运算规律。

设有矩阵

$$\boldsymbol{A} = \begin{pmatrix} -5 & -6 \\ 10 & 12 \end{pmatrix}, \quad \boldsymbol{B} = \begin{pmatrix} 6 & 3 \\ 4 & 2 \end{pmatrix}$$

则

$$\boldsymbol{AB} = \begin{pmatrix} -5 & -6 \\ 10 & 12 \end{pmatrix}\begin{pmatrix} 6 & 3 \\ 4 & 2 \end{pmatrix} = \begin{pmatrix} -54 & -27 \\ 108 & 54 \end{pmatrix}$$

$$\boldsymbol{BA} = \begin{pmatrix} 6 & 3 \\ 4 & 2 \end{pmatrix}\begin{pmatrix} -5 & -6 \\ 10 & 12 \end{pmatrix} = \begin{pmatrix} 0 & 0 \\ 0 & 0 \end{pmatrix}$$

由此可以看出矩阵的乘法不满足交换律，即一般而言，$\boldsymbol{AB} \neq \boldsymbol{BA}$。

同时我们还看到，两个非零矩阵的乘积可以为零矩阵，从而得出矩阵乘法不满足消去律，即

(1) 由 $\boldsymbol{AB} = \boldsymbol{0}$，一般不能推出 $\boldsymbol{A} = \boldsymbol{0}$ 或 $\boldsymbol{B} = \boldsymbol{0}$；

(2) 由 $\boldsymbol{AB} = \boldsymbol{AC}$ 且 $\boldsymbol{A} \neq \boldsymbol{0}$，一般不能推出 $\boldsymbol{B} = \boldsymbol{C}$。

但矩阵乘法满足以下运算律：

(1) (结合律) $(\boldsymbol{AB})\boldsymbol{C} = \boldsymbol{A}(\boldsymbol{BC})$；

(2) (分配律)$\boldsymbol{A}(\boldsymbol{B}+\boldsymbol{C}) = \boldsymbol{AB} + \boldsymbol{AC}$，$(\boldsymbol{B}+\boldsymbol{C})\boldsymbol{A} = \boldsymbol{BA} + \boldsymbol{CA}$；

(3) 对任何数 k，有 $k(\boldsymbol{AB}) = \boldsymbol{A}(k\boldsymbol{B})$。

这些证明繁而不难，读者可自行完成。

引例中，若四种商品 q，r，s，t 的价值分别是 2000 元、1800 元、1600 元、1400 元，则第一家零售店原始库存商品的价值为

$$p_1 = 15 \times 2000 + 10 \times 1800 + 9 \times 1600 + 12 \times 1400 = 79200(\text{元})$$

用矩阵乘法可记为

$$
(15,10,9,12)\begin{pmatrix} 2000 \\ 1800 \\ 1600 \\ 1400 \end{pmatrix} = p_1 = 79200(\text{元})
$$

三家零售店各有原始库存商品价值是多少？并比较九折后的商品价值。这实际上是矩阵乘法问题：

$$
\begin{pmatrix} 15 & 10 & 9 & 12 \\ 18 & 14 & 8 & 7 \\ 16 & 13 & 6 & 11 \end{pmatrix}\begin{pmatrix} 2000 & 1800 \\ 1800 & 1620 \\ 1600 & 1440 \\ 1400 & 1260 \end{pmatrix} = \begin{pmatrix} 79200 & 71280 \\ 83800 & 75420 \\ 80400 & 72360 \end{pmatrix}
$$

第一列为三家零售店四种商品的库存总价值，第二列为商品九折后的库存总价值；每一行为各零售店打折前后的商品价值，并可比较出商店减少了多少利润。

定义 2.7　主对角元素都是 1，其余元素都是 0 的 $n \times n$ 矩阵称为 n 阶**单位矩阵**，记为 $\boldsymbol{I}_n$，或简记为 $\boldsymbol{I}$。

易验证 $\boldsymbol{I}_m\boldsymbol{A}_{m\times n} = \boldsymbol{A}_{m\times n}$，$\boldsymbol{A}_{m\times n}\boldsymbol{I}_n = \boldsymbol{A}_{m\times n}$。特别地，$\boldsymbol{I}_n\boldsymbol{A}_{n\times n} = \boldsymbol{A}_{n\times n}\boldsymbol{I}_n = \boldsymbol{A}_{n\times n}$。

定义 2.8　形如 $\begin{pmatrix} \lambda & 0 & \cdots & 0 \\ 0 & \lambda & \cdots & 0 \\ \vdots & \vdots & \ddots & \vdots \\ 0 & 0 & \cdots & \lambda \end{pmatrix}$ 的 n 阶矩阵称为**数量矩阵**，记为 $\lambda\boldsymbol{I}_n$。

易知

$$
(\lambda\boldsymbol{I}_n)\boldsymbol{A}_{n\times n} = \lambda(\boldsymbol{I}_n\boldsymbol{A}_{n\times n}) = \lambda\boldsymbol{A}_{n\times n}
$$

$$
\boldsymbol{A}_{n\times n}(\lambda\boldsymbol{I}_n) = \lambda(\boldsymbol{A}_{n\times n}\boldsymbol{I}_n) = \lambda\boldsymbol{A}_{n\times n}
$$

称矩阵

$$
\boldsymbol{A} = \begin{pmatrix} \lambda_1 & 0 & \cdots & 0 \\ 0 & \lambda_2 & \cdots & 0 \\ \vdots & \vdots & \ddots & \vdots \\ 0 & 0 & \cdots & \lambda_n \end{pmatrix}
$$

为 n 阶**对角矩阵**，简记为 $\boldsymbol{A} = \operatorname{diag}(\lambda_1, \lambda_2, \cdots, \lambda_n)$。

注意上述几类特殊矩阵的内涵：单位矩阵是数量矩阵 $\lambda\boldsymbol{I}(\lambda = 1)$，数量矩阵是对角矩阵，反之则不然。当然，$n$ 阶零矩阵也是数量矩阵 $\lambda\boldsymbol{I}(\lambda = 0)$。

设 $\boldsymbol{A}$ 为 n 阶矩阵，乘积 $\boldsymbol{AA}$ 有意义，故而可给出 $\boldsymbol{A}$ 的 k 次幂的概念。

定义 2.9　设 $\boldsymbol{A}$ 为 n 阶矩阵, k 是正整数, 称 k 个 $\boldsymbol{A}$ 连乘积为 $\boldsymbol{A}$ 的 k 次幂, 记为 $\boldsymbol{A}^k$, 即

$$\boldsymbol{A}^k = \overbrace{\boldsymbol{A}\boldsymbol{A}\cdots\boldsymbol{A}}^{k}$$

注意到

$$\boldsymbol{A}^k\boldsymbol{A}^l = (\overbrace{\boldsymbol{A}\boldsymbol{A}\cdots\boldsymbol{A}}^{k})(\overbrace{\boldsymbol{A}\boldsymbol{A}\cdots\boldsymbol{A}}^{l}) = \overbrace{\boldsymbol{A}\boldsymbol{A}\cdots\boldsymbol{A}}^{k+l} = \boldsymbol{A}^{k+l}$$

$$\boldsymbol{A}^l\boldsymbol{A}^k = (\overbrace{\boldsymbol{A}\boldsymbol{A}\cdots\boldsymbol{A}}^{l})(\overbrace{\boldsymbol{A}\boldsymbol{A}\cdots\boldsymbol{A}}^{k}) = \overbrace{\boldsymbol{A}\boldsymbol{A}\cdots\boldsymbol{A}}^{l+k} = \boldsymbol{A}^{l+k}$$

故方阵 $\boldsymbol{A}$ 的方幂乘法可换, 即 $\boldsymbol{A}^k\boldsymbol{A}^l = \boldsymbol{A}^l\boldsymbol{A}^k$, 另外 $(\boldsymbol{A}^k)^l = \boldsymbol{A}^{kl}$(其中 k,l 是非负整数)。

如果 $f(x) = a_m x^m + a_{m-1}x^{m-1} + \cdots + a_1 x + a_0$ 是 x 的 m 次多项式, $\boldsymbol{A}$ 是 n 阶方阵, 则称

$$f(\boldsymbol{A}) = a_m\boldsymbol{A}^m + a_{m-1}\boldsymbol{A}^{m-1} + \cdots + a_1\boldsymbol{A} + a_0\boldsymbol{I}_n$$

为由多项式 $f(x) = a_m x^m + a_{m-1}x^{m-1} + \cdots + a_1 x + a_0$ 构成方阵称为 $\boldsymbol{A}$ **的多项式**, 记为 $f(\boldsymbol{A})$。显然方阵的多项式仍是一个 n 阶方阵。

当 n 阶矩阵 $\boldsymbol{A}, \boldsymbol{B}$ 可交换, 即 $\boldsymbol{AB} = \boldsymbol{BA}$ 时, 有

$$(\boldsymbol{A}+\boldsymbol{B})^m = \boldsymbol{A}^m + \mathrm{C}_m^1\boldsymbol{A}^{m-1}\boldsymbol{B} + \mathrm{C}_m^2\boldsymbol{A}^{m-2}\boldsymbol{B}^2 + \cdots + \mathrm{C}_m^m\boldsymbol{B}^m$$

例如, 设 $f(x) = x^2 + x - 3$, $\boldsymbol{A} = \begin{pmatrix} 1 & 2 \\ 0 & 3 \end{pmatrix}$, 则

$$\begin{aligned} f(\boldsymbol{A}) = \boldsymbol{A}^2 + \boldsymbol{A} - 3\boldsymbol{I} &= \begin{pmatrix} 1 & 2 \\ 0 & 3 \end{pmatrix}\begin{pmatrix} 1 & 2 \\ 0 & 3 \end{pmatrix} + \begin{pmatrix} 1 & 2 \\ 0 & 3 \end{pmatrix} - \begin{pmatrix} 3 & 0 \\ 0 & 3 \end{pmatrix} \\ &= \begin{pmatrix} -1 & 10 \\ 0 & 9 \end{pmatrix} \end{aligned}$$

2.1.5　矩阵转置

定义 2.10　设 $m \times n$ 矩阵

$$\boldsymbol{A} = \begin{pmatrix} a_{11} & a_{12} & \cdots & a_{1n} \\ a_{21} & a_{22} & \cdots & a_{2n} \\ \vdots & \vdots & & \vdots \\ a_{m1} & a_{m2} & \cdots & a_{mn} \end{pmatrix}$$

称 $n\times m$ 矩阵

$$\begin{pmatrix} a_{11} & a_{21} & \cdots & a_{m1} \\ a_{12} & a_{22} & \cdots & a_{m2} \\ \vdots & \vdots & & \vdots \\ a_{1n} & a_{2n} & \cdots & a_{mn} \end{pmatrix}$$

为 $\boldsymbol{A}$ 的转置矩阵，记为 $\boldsymbol{A}^{\mathrm{T}}$。矩阵的转置满足以下运算规律:

(1) $(\boldsymbol{A}^{\mathrm{T}})^{\mathrm{T}}=\boldsymbol{A}$;

(2) $(\boldsymbol{A}+\boldsymbol{B})^{\mathrm{T}}=\boldsymbol{A}^{\mathrm{T}}+\boldsymbol{B}^{\mathrm{T}}$;

(3)$(k\boldsymbol{A})^{\mathrm{T}}=k\boldsymbol{A}^{\mathrm{T}}$;

(4) $(\boldsymbol{AB})^{\mathrm{T}}=\boldsymbol{B}^{\mathrm{T}}\boldsymbol{A}^{\mathrm{T}}$。

前三个式子容易验证，下面仅证明 (4):

设 $$\boldsymbol{A}=\begin{pmatrix} a_{11} & a_{12} & \cdots & a_{1s} \\ a_{21} & a_{22} & \cdots & a_{2s} \\ \vdots & \vdots & & \vdots \\ a_{m1} & a_{m2} & \cdots & a_{ms} \end{pmatrix},\quad \boldsymbol{B}=\begin{pmatrix} b_{11} & b_{12} & \cdots & b_{1n} \\ b_{21} & b_{22} & \cdots & b_{2n} \\ \vdots & \vdots & & \vdots \\ b_{s1} & b_{s2} & \cdots & b_{sn} \end{pmatrix}$$

首先 $(\boldsymbol{AB})^{\mathrm{T}}$ 与 $\boldsymbol{B}^{\mathrm{T}}\boldsymbol{A}^{\mathrm{T}}$ 都是 $n\times m$ 矩阵，其次 $\boldsymbol{AB}$ 的第 i 行第 j 列元素为 $\sum\limits_{k=1}^{s}a_{ik}b_{kj}$，所以 $(\boldsymbol{AB})^{\mathrm{T}}$ 的第 i 行第 j 列元素为 $\sum\limits_{k=1}^{s}a_{jk}b_{ki}$。另一方面，$\boldsymbol{B}^{\mathrm{T}}$ 第 i 行第 k 列元素为 b_{ki}，$\boldsymbol{A}^{\mathrm{T}}$ 的第 k 行第 j 列元素为 a_{jk}，因此 $\boldsymbol{B}^{\mathrm{T}}\boldsymbol{A}^{\mathrm{T}}$ 第 i 行第 j 列元素为 $\sum\limits_{k=1}^{s}b_{ki}a_{jk}=\sum\limits_{k=1}^{s}a_{jk}b_{ki}$。即 $(\boldsymbol{AB})^{\mathrm{T}}=\boldsymbol{B}^{\mathrm{T}}\boldsymbol{A}^{\mathrm{T}}$。

一般地，我们用归纳法容易证明

$$(\boldsymbol{A}_1+\boldsymbol{A}_2+\cdots+\boldsymbol{A}_k)^{\mathrm{T}}=\boldsymbol{A}_1^{\mathrm{T}}+\boldsymbol{A}_2^{\mathrm{T}}+\cdots+\boldsymbol{A}_k^{\mathrm{T}}$$
$$(\boldsymbol{A}_1\boldsymbol{A}_2\cdots\boldsymbol{A}_k)^{\mathrm{T}}=\boldsymbol{A}_k^{\mathrm{T}}\cdots\boldsymbol{A}_2^{\mathrm{T}}\boldsymbol{A}_1^{\mathrm{T}}$$

在实际问题中经常会遇到与自身的转置矩阵相等的矩阵，于是就有以下概念:

定义 2.11　若 n 阶矩阵 $\boldsymbol{A}$ 满足 $\boldsymbol{A}^{\mathrm{T}}=\boldsymbol{A}$，则称 $\boldsymbol{A}$ 是对称矩阵；若 $\boldsymbol{A}^{\mathrm{T}}=-\boldsymbol{A}$，则称 $\boldsymbol{A}$ 是反对称矩阵。

设 $\boldsymbol{A}=(a_{ij})_{n\times n}$，由定义易证明

$$\boldsymbol{A}^{\mathrm{T}}=\boldsymbol{A}\Leftrightarrow a_{ij}=a_{ji},\quad i,j=1,2,\cdots,n$$

$$\boldsymbol{A}^{\mathrm{T}}=-\boldsymbol{A}\Leftrightarrow a_{ij}=-a_{ji},a_{ii}=0,\quad i,j=1,2,\cdots,n$$

例如，$\begin{pmatrix} 5 & -1 \\ -1 & 7 \end{pmatrix}$，$\begin{pmatrix} 1 & -2 & 4 \\ -2 & 0 & 2 \\ 4 & 2 & 5 \end{pmatrix}$ 都是对称矩阵；$\begin{pmatrix} 0 & -3 \\ 3 & 0 \end{pmatrix}$，$\begin{pmatrix} 0 & -2 & 3 \\ 2 & 0 & -6 \\ -3 & 6 & 0 \end{pmatrix}$

都是反对称矩阵。

例 2.4　设 $\boldsymbol{A}=\begin{pmatrix}1&3&4\\2&0&-1\\-2&2&5\end{pmatrix}$，$\boldsymbol{B}=\begin{pmatrix}2&1\\-4&5\\3&0\end{pmatrix}$，求 $\boldsymbol{A}^{\mathrm{T}},\boldsymbol{B}^{\mathrm{T}},(\boldsymbol{AB})^{\mathrm{T}}$，$\boldsymbol{B}^{\mathrm{T}}\boldsymbol{A}^{\mathrm{T}}$。

解　$\boldsymbol{A}^{\mathrm{T}}=\begin{pmatrix}1&2&-2\\3&0&2\\4&-1&5\end{pmatrix}$，$\boldsymbol{B}^{\mathrm{T}}=\begin{pmatrix}2&-4&3\\1&5&0\end{pmatrix}$

由于

$$\boldsymbol{AB}=\begin{pmatrix}1&3&4\\2&0&-1\\-2&2&5\end{pmatrix}\begin{pmatrix}2&1\\-4&5\\3&0\end{pmatrix}=\begin{pmatrix}2&16\\1&2\\3&8\end{pmatrix}$$

则

$$(\boldsymbol{AB})^{\mathrm{T}}=\begin{pmatrix}2&1&3\\16&2&8\end{pmatrix}$$

$$\boldsymbol{B}^{\mathrm{T}}\boldsymbol{A}^{\mathrm{T}}=\begin{pmatrix}2&-4&3\\1&5&0\end{pmatrix}\begin{pmatrix}1&2&-2\\3&0&2\\4&-1&5\end{pmatrix}=\begin{pmatrix}2&1&3\\16&2&8\end{pmatrix}$$

从而，再次验证了 $(\boldsymbol{AB})^{\mathrm{T}}=\boldsymbol{B}^{\mathrm{T}}\boldsymbol{A}^{\mathrm{T}}$。

例 2.5　证明 $(\boldsymbol{ABC})^{\mathrm{T}}=\boldsymbol{C}^{\mathrm{T}}\boldsymbol{B}^{\mathrm{T}}\boldsymbol{A}^{\mathrm{T}}$。

证　$(\boldsymbol{ABC})^{\mathrm{T}}=[(\boldsymbol{AB})\boldsymbol{C}]^{\mathrm{T}}=\boldsymbol{C}^{\mathrm{T}}(\boldsymbol{AB})^{\mathrm{T}}=\boldsymbol{C}^{\mathrm{T}}\boldsymbol{B}^{\mathrm{T}}\boldsymbol{A}^{\mathrm{T}}$。

例 2.6　设 $\boldsymbol{A}=\begin{pmatrix}2&0&0\\1&2&0\\0&1&2\end{pmatrix}$，求 $\boldsymbol{A}$ 的 m 次幂。

解　$\boldsymbol{A}=\boldsymbol{B}+2\boldsymbol{I}_3$，其中，$\boldsymbol{B}=\begin{pmatrix}0&0&0\\1&0&0\\0&1&0\end{pmatrix}$，有 $\boldsymbol{B}^2=\begin{pmatrix}0&0&0\\0&0&0\\1&0&0\end{pmatrix}$，

从而 $\boldsymbol{B}^3=\boldsymbol{B}^4=\cdots=\boldsymbol{0}$。故

$$\begin{aligned}\boldsymbol{A}^m&=(\boldsymbol{B}+2\boldsymbol{I}_3)^m=\sum_{k=0}^{m}\mathrm{C}_m^k\boldsymbol{B}^k\cdot(2\boldsymbol{I}_3)^{m-k}\\&=\mathrm{C}_m^0\cdot\boldsymbol{B}^0\cdot(2\boldsymbol{I}_3)^m+\mathrm{C}_m^1\cdot\boldsymbol{B}^1\cdot(2\boldsymbol{I}_3)^{m-1}+\mathrm{C}_m^2\cdot\boldsymbol{B}^2\cdot(2\boldsymbol{I}_3)^{m-2}\\&=2^m\cdot\boldsymbol{I}_3+m\cdot2^{m-1}\cdot\boldsymbol{B}+\frac{m(m-1)}{2}\cdot2^{m-2}\cdot\boldsymbol{B}^2\end{aligned}$$

$$= \begin{pmatrix} 2^m & 0 & 0 \\ m \cdot 2^{m-1} & 2^m & 0 \\ \dfrac{m(m-1)}{2} \cdot 2^{m-2} & m \cdot 2^{m-1} & 2^m \end{pmatrix}$$

习 题 2.1

1. 设 $\boldsymbol{A} = \begin{pmatrix} 5 & -1 & 1 \\ 3 & 2 & -2 \end{pmatrix}$，$\boldsymbol{B} = \begin{pmatrix} -3 & 1 & 0 \\ -3 & 0 & 1 \end{pmatrix}$，求:

(1) $\boldsymbol{A}+\boldsymbol{B}$；(2) $\boldsymbol{A}-\boldsymbol{B}$；(3) $3\boldsymbol{A}-5\boldsymbol{B}$；(4) $\boldsymbol{A}\boldsymbol{B}^{\mathrm{T}}$；(5) $\boldsymbol{B}\boldsymbol{A}^{\mathrm{T}}$。

2. 设 $\boldsymbol{\alpha} = \left(\dfrac{1}{2}, 0, \cdots, 0, \dfrac{1}{2}\right)^{\mathrm{T}}$ 是 n 维列向量，$\boldsymbol{A} = \boldsymbol{I}_n - \boldsymbol{\alpha}\boldsymbol{\alpha}^{\mathrm{T}}$，$\boldsymbol{B} = \boldsymbol{I}_n + 2\boldsymbol{\alpha}\boldsymbol{\alpha}^{\mathrm{T}}$，求 $\boldsymbol{A}\boldsymbol{B}$。

3. 计算

(1) $\begin{pmatrix} 1 & 1 \\ 0 & 1 \end{pmatrix}^n$；　(2) $\begin{pmatrix} \cos\theta & -\sin\theta \\ \sin\theta & \cos\theta \end{pmatrix}^n$。

4. 设 $\boldsymbol{A} = \begin{pmatrix} 2 & 2 \\ 3 & -1 \end{pmatrix}$，$f(x) = x^2 - x - 8$，求 $f(\boldsymbol{A})$。

5. 设 $\boldsymbol{A}, \boldsymbol{B}$ 是 n 阶矩阵，$\boldsymbol{A} = \dfrac{1}{2}(\boldsymbol{B}+\boldsymbol{I})$，证明：$\boldsymbol{A}^2 = \boldsymbol{A}$ 的充要条件是 $\boldsymbol{B}^2 = \boldsymbol{I}$。

6. 设 $\boldsymbol{A}$ 是 n 阶矩阵，证明：存在对称矩阵 $\boldsymbol{B}$，反对称矩阵 $\boldsymbol{C}$，使得 $\boldsymbol{A} = \boldsymbol{B}+\boldsymbol{C}$，且这样的 $\boldsymbol{B}, \boldsymbol{C}$ 是唯一的。

2.2 矩阵的行列式与逆

在第一节中我们对矩阵定义了与数相仿的加、减、乘三种运算，那么两个矩阵能否做除法呢？本节就来讨论这个问题。

2.2.1 矩阵的行列式

定义 2.12 由 n 阶方阵 $\boldsymbol{A} = (a_{ij})_{n\times n}$ 的元素按原来的位置构成的 n 阶行列式

$$\begin{vmatrix} a_{11} & a_{12} & \cdots & a_{1n} \\ a_{21} & a_{22} & \cdots & a_{2n} \\ \vdots & \vdots & & \vdots \\ a_{n1} & a_{n2} & \cdots & a_{nn} \end{vmatrix}$$

称为方阵 $\boldsymbol{A}$ 的行列式，记为 $|\boldsymbol{A}|$ 或 $\det \boldsymbol{A}$。

注 只有对方阵才能定义行列式。

n 阶方阵的行列式具有以下性质：

(1) $\left|\boldsymbol{A}^{\mathrm{T}}\right| = |\boldsymbol{A}|$；

(2) $|k\boldsymbol{A}| = k^n\,|\boldsymbol{A}|$ (k 是常数)；

(3) $|\boldsymbol{AB}| = |\boldsymbol{A}|\,|\boldsymbol{B}|$。

性质 (1) 和 (2) 可由行列式性质直接得到，性质 (3) 的证明从略，我们用一个简单的例子来说明。

例如，设
$$\boldsymbol{A} = \begin{pmatrix} 2 & 3 \\ -3 & 7 \end{pmatrix}, \quad \boldsymbol{B} = \begin{pmatrix} 4 & -1 \\ -2 & 3 \end{pmatrix}$$

$$\boldsymbol{AB} = \begin{pmatrix} 2 & 7 \\ -26 & 24 \end{pmatrix}, \quad |\boldsymbol{AB}| = \begin{vmatrix} 2 & 7 \\ -26 & 24 \end{vmatrix} = 230$$

$$|\boldsymbol{A}| = \begin{vmatrix} 2 & 3 \\ -3 & 7 \end{vmatrix} = 23, \quad |\boldsymbol{B}| = \begin{vmatrix} 4 & -1 \\ -2 & 3 \end{vmatrix} = 10$$

所以
$$|\boldsymbol{AB}| = |\boldsymbol{A}|\,|\boldsymbol{B}|$$

用数学归纳法不难证明：若 $\boldsymbol{A}_1, \boldsymbol{A}_2, \cdots, \boldsymbol{A}_k$ 是 k 个 n 阶方阵，则
$$|\boldsymbol{A}_1\boldsymbol{A}_2\cdots\boldsymbol{A}_k| = |\boldsymbol{A}_1|\,|\boldsymbol{A}_2|\cdots|\boldsymbol{A}_k|$$

定义 2.13　设 $\boldsymbol{A}$ 是 n 阶方阵，如果 $|\boldsymbol{A}| \neq 0$，则称 $\boldsymbol{A}$ 为**非奇异矩阵**(或**非退化矩阵**)；如果 $|\boldsymbol{A}| = 0$，则称 $\boldsymbol{A}$ 为**奇异矩阵**(或**退化矩阵**)。

利用矩阵行列式的性质 (3)，我们可以得到如下定理：

定理 2.1　设 $\boldsymbol{A}, \boldsymbol{B}$ 是 n 阶方阵，则 $\boldsymbol{AB}$ 是非奇异矩阵当且仅当 $\boldsymbol{A}, \boldsymbol{B}$ 都是非奇异矩阵。

推论 2.1　$\boldsymbol{A}, \boldsymbol{B}$ 是 n 阶方阵，如果 $\boldsymbol{A}$ 是奇异矩阵，则 $\boldsymbol{AB}$ 与 $\boldsymbol{BA}$ 都是奇异矩阵。

2.2.2　矩阵的逆

定义 2.14　设 $\boldsymbol{A}$ 是 n 阶方阵，如果存在 n 阶方阵 $\boldsymbol{B}$，使得
$$\boldsymbol{AB} = \boldsymbol{BA} = \boldsymbol{I}_n \tag{2.1}$$
则称 $\boldsymbol{A}$是可逆的。如果矩阵 $\boldsymbol{B}$ 适合式 (2.1)，则称 $\boldsymbol{B}$ 为矩阵 $\boldsymbol{A}$ 的**逆矩阵**，记为 $\boldsymbol{A}^{-1}$。

首先，我们指出只有方阵才可能满足式 (2.1)；其次，若 $\boldsymbol{A}$ 可逆，则 $\boldsymbol{A}$ 的逆矩阵是唯一的。事实上，如果 $\boldsymbol{B}_1, \boldsymbol{B}_2$ 是两个都适合式 (2.1) 的矩阵，则
$$\boldsymbol{B}_1 = \boldsymbol{B}_1\boldsymbol{I}_n = \boldsymbol{B}_1(\boldsymbol{AB}_2) = (\boldsymbol{B}_1\boldsymbol{A})\boldsymbol{B}_2 = \boldsymbol{I}_n\boldsymbol{B}_2 = \boldsymbol{B}_2$$

下面讨论方阵可逆的条件。

定义 2.15　设 $\boldsymbol{A}_{ij}$ 是 n 阶方阵 $\boldsymbol{A}=(a_{ij})_{n\times n}$ 的行列式 $|\boldsymbol{A}|$ 中元素 a_{ij} 的代数余子式，矩阵

$$\boldsymbol{A}^*=\begin{pmatrix}\boldsymbol{A}_{11} & \boldsymbol{A}_{21} & \cdots & \boldsymbol{A}_{n1}\\ \boldsymbol{A}_{12} & \boldsymbol{A}_{22} & \cdots & \boldsymbol{A}_{n2}\\ \vdots & \vdots & & \vdots\\ \boldsymbol{A}_{1n} & \boldsymbol{A}_{2n} & \cdots & \boldsymbol{A}_{nn}\end{pmatrix}$$

称为 $\boldsymbol{A}$ 的**伴随矩阵**。

由行列式按行 (列) 展开公式立即得出

$$\boldsymbol{A}\boldsymbol{A}^*=\boldsymbol{A}^*\boldsymbol{A}=\begin{pmatrix}|\boldsymbol{A}| & 0 & \cdots & 0\\ 0 & |\boldsymbol{A}| & \cdots & 0\\ \vdots & \vdots & \ddots & \vdots\\ 0 & 0 & \cdots & |\boldsymbol{A}|\end{pmatrix}=|\boldsymbol{A}|\,\boldsymbol{I}_n \tag{2.2}$$

如果 $|\boldsymbol{A}|\neq 0$，由式 (2.2) 得

$$\boldsymbol{A}\left(\frac{1}{|\boldsymbol{A}|}\boldsymbol{A}^*\right)=\left(\frac{1}{|\boldsymbol{A}|}\boldsymbol{A}^*\right)\boldsymbol{A}=\boldsymbol{I}_n \tag{2.3}$$

定理 2.2　n 阶方阵 $\boldsymbol{A}$ 可逆当且仅当 $\boldsymbol{A}$ 非奇异，且

$$\boldsymbol{A}^{-1}=\frac{1}{|\boldsymbol{A}|}\boldsymbol{A}^* \tag{2.4}$$

证　设 $\boldsymbol{A}$ 非奇异，则 $|\boldsymbol{A}|\neq 0$，由式 (2.3) 可知，$\boldsymbol{A}$ 可逆，且 $\boldsymbol{A}^{-1}=\dfrac{1}{|\boldsymbol{A}|}\boldsymbol{A}^*$。

反之，如果 $\boldsymbol{A}$ 可逆，则存在 $\boldsymbol{A}^{-1}$，使 $\boldsymbol{A}\boldsymbol{A}^{-1}=\boldsymbol{I}_n$，取行列式 $1=|\boldsymbol{I}_n|=\left|\boldsymbol{A}\boldsymbol{A}^{-1}\right|=|\boldsymbol{A}|\left|\boldsymbol{A}^{-1}\right|$，因此 $|\boldsymbol{A}|\neq 0$，即 $\boldsymbol{A}$ 非奇异。

推论 2.2　设 $\boldsymbol{A}$ 是 n 阶方阵，如果存在 n 阶方阵 $\boldsymbol{B}$ 使得 $\boldsymbol{A}\boldsymbol{B}=\boldsymbol{I}_n$(或$\boldsymbol{B}\boldsymbol{A}=\boldsymbol{I}_n$)，则 $\boldsymbol{A}$ 可逆且 $\boldsymbol{B}=\boldsymbol{A}^{-1}$。

证　由 $\boldsymbol{A}\boldsymbol{B}=\boldsymbol{I}_n$ 知 $|\boldsymbol{A}|\neq 0$，因而 $\boldsymbol{A}$ 可逆，且

$$\boldsymbol{B}=\boldsymbol{I}_n\boldsymbol{B}=(\boldsymbol{A}^{-1}\boldsymbol{A})\boldsymbol{B}=\boldsymbol{A}^{-1}(\boldsymbol{A}\boldsymbol{B})=\boldsymbol{A}^{-1}\boldsymbol{I}_n=\boldsymbol{A}^{-1}$$

此推论为检验 $\boldsymbol{B}$ 是否是 $\boldsymbol{A}$ 的逆矩阵提供了方便，只需验证式 (2.1) 两个等式中的一个即可。

推论 2.3　设 $\boldsymbol{A}$ 是 n 阶可逆矩阵，则 $\left|\boldsymbol{A}^{-1}\right|=\dfrac{1}{|\boldsymbol{A}|}$。

证　由 $\boldsymbol{A}\boldsymbol{A}^{-1}=\boldsymbol{I}_n$，取行列式 $1=|\boldsymbol{I}_n|=\left|\boldsymbol{A}\boldsymbol{A}^{-1}\right|=|\boldsymbol{A}|\left|\boldsymbol{A}^{-1}\right|$，所以 $\left|\boldsymbol{A}^{-1}\right|=\dfrac{1}{|\boldsymbol{A}|}$。

定理 2.2 不仅给出了方阵可逆的条件，同时也提供了求逆矩阵的一种方法，这种方法称为**伴随矩阵法**。

例 2.7　判断矩阵

$$\boldsymbol{A}=\begin{pmatrix}1&2&-1\\-2&-1&3\\1&0&-2\end{pmatrix}$$

是否可逆；若可逆，求其逆矩阵。

解　由于

$$|\boldsymbol{A}|=\begin{vmatrix}1&2&-1\\-2&-1&3\\1&0&-2\end{vmatrix}=-1\neq 0$$

所以 $\boldsymbol{A}$ 可逆，且

$$\boldsymbol{A}_{11}=(-1)^{1+1}\begin{vmatrix}-1&3\\0&-2\end{vmatrix}=2,\quad \boldsymbol{A}_{21}=(-1)^{2+1}\begin{vmatrix}2&-1\\0&-2\end{vmatrix}=4,\quad \boldsymbol{A}_{31}=(-1)^{3+1}\begin{vmatrix}2&-1\\-1&3\end{vmatrix}=5$$

$$\boldsymbol{A}_{12}=(-1)^{1+2}\begin{vmatrix}-2&3\\1&-2\end{vmatrix}=-1,\quad \boldsymbol{A}_{22}=(-1)^{2+2}\begin{vmatrix}1&-1\\1&-2\end{vmatrix}=-1,\quad \boldsymbol{A}_{32}=(-1)^{3+2}\begin{vmatrix}1&-1\\-2&3\end{vmatrix}=0$$

$$\boldsymbol{A}_{13}=(-1)^{1+3}\begin{vmatrix}-2&-1\\1&0\end{vmatrix}=1,\quad \boldsymbol{A}_{23}=(-1)^{2+3}\begin{vmatrix}1&2\\1&0\end{vmatrix}=2,\quad \boldsymbol{A}_{33}=(-1)^{3+3}\begin{vmatrix}1&2\\-2&-1\end{vmatrix}=3$$

所以

$$\boldsymbol{A}^{-1}=-\begin{pmatrix}2&4&5\\-1&-1&-1\\1&2&3\end{pmatrix}=\begin{pmatrix}-2&-4&-5\\1&1&1\\-1&-2&-3\end{pmatrix}$$

可逆矩阵 $\boldsymbol{A}$ 具有如下性质：

(1) $\boldsymbol{A}^{-1}$ 也可逆，且 $(\boldsymbol{A}^{-1})^{-1}=\boldsymbol{A}$；

(2) 若 $\boldsymbol{A}$ 可逆，$k\neq 0$，则 $k\boldsymbol{A}$ 可逆，且 $(k\boldsymbol{A})^{-1}=\dfrac{1}{k}\boldsymbol{A}^{-1}$；

(3) 若 $\boldsymbol{A}$ 可逆，则 $\boldsymbol{A}^{\mathrm{T}}$ 也可逆，且 $(\boldsymbol{A}^{\mathrm{T}})^{-1}=(\boldsymbol{A}^{-1})^{\mathrm{T}}$；

(4) 若 $\boldsymbol{A},\boldsymbol{B}$ 都是 n 阶可逆矩阵，则 $\boldsymbol{A}\boldsymbol{B}$ 也可逆，且 $(\boldsymbol{A}\boldsymbol{B})^{-1}=\boldsymbol{B}^{-1}\boldsymbol{A}^{-1}$。

证　我们仅证明 (4)。

因为 $\boldsymbol{A},\boldsymbol{B}$ 都可逆，所以 $\boldsymbol{A}^{-1},\boldsymbol{B}^{-1}$ 都存在，使 $\boldsymbol{A}\boldsymbol{A}^{-1}=\boldsymbol{I}$，$\boldsymbol{B}\boldsymbol{B}^{-1}=\boldsymbol{I}$。所以 $(\boldsymbol{A}\boldsymbol{B})(\boldsymbol{B}^{-1}\boldsymbol{A}^{-1})=\boldsymbol{A}(\boldsymbol{B}\boldsymbol{B}^{-1})\boldsymbol{A}^{-1}=\boldsymbol{A}\boldsymbol{I}\boldsymbol{A}^{-1}=\boldsymbol{A}\boldsymbol{A}^{-1}=\boldsymbol{I}$。

用数学归纳法不难证明：若 $\boldsymbol{A}_1, \boldsymbol{A}_2, \cdots, \boldsymbol{A}_k$ 是 k 个 n 阶可逆矩阵，则乘积 $\boldsymbol{A}_1\boldsymbol{A}_2\cdots\boldsymbol{A}_k$ 可逆，且 $(\boldsymbol{A}_1\boldsymbol{A}_2\cdots\boldsymbol{A}_k)^{-1} = \boldsymbol{A}_k^{-1}\cdots\boldsymbol{A}_2^{-1}\boldsymbol{A}_1^{-1}$。

例 2.8　已知 $\boldsymbol{A}^*\boldsymbol{B}\boldsymbol{A} = 2\boldsymbol{B}\boldsymbol{A} - 12\boldsymbol{I}$，其中，$\boldsymbol{A} = \begin{pmatrix} 1 & 0 & 0 \\ 0 & 1 & 0 \\ 0 & 0 & -2 \end{pmatrix}$，求 $\boldsymbol{B}$。

解　由 $\boldsymbol{A}^*\boldsymbol{B}\boldsymbol{A} = 2\boldsymbol{B}\boldsymbol{A} - 12\boldsymbol{I}$，得 $(2\boldsymbol{I} - \boldsymbol{A}^*)\boldsymbol{B}\boldsymbol{A} = 12\boldsymbol{I}$，于是 $2\boldsymbol{I} - \boldsymbol{A}^*$ 可逆，$\boldsymbol{A}$ 可逆。在等式两边同时左乘 $(2\boldsymbol{I} - \boldsymbol{A}^*)^{-1}$，右乘 $\boldsymbol{A}^{-1}$，得

$$\begin{aligned} \boldsymbol{B} &= 12(2\boldsymbol{I} - \boldsymbol{A}^*)^{-1}\boldsymbol{A}^{-1} = 12[\boldsymbol{A}(2\boldsymbol{I} - \boldsymbol{A}^*)]^{-1} \\ &= 12(2\boldsymbol{A} - |\boldsymbol{A}|\,\boldsymbol{I})^{-1} = 6(\boldsymbol{A} + \boldsymbol{I})^{-1} \\ &= 6\begin{pmatrix} 2 & 0 & 0 \\ 0 & 2 & 0 \\ 0 & 0 & -1 \end{pmatrix}^{-1} = \begin{pmatrix} 3 & 0 & 0 \\ 0 & 3 & 0 \\ 0 & 0 & -6 \end{pmatrix} \end{aligned}$$

注　本例所用的方法可概括为：先化简，再代入计算，这种方法在解项数多于 2 的矩阵方程时经常用到。在本例中还用到了 $\boldsymbol{A}\boldsymbol{A}^* = \boldsymbol{A}^*\boldsymbol{A} = |\boldsymbol{A}|\boldsymbol{I}_n$ 以及乘积矩阵逆的性质。

例 2.9　设矩阵 $\boldsymbol{A}$ 满足方程 $\boldsymbol{A}^2 - 4\boldsymbol{A} + 6\boldsymbol{I} = \boldsymbol{0}$, 证明 $\boldsymbol{A}$ 及 $\boldsymbol{A} - 5\boldsymbol{I}$ 都可逆，并求它们的逆。

证　由 $\boldsymbol{A}^2 - 4\boldsymbol{A} + 6\boldsymbol{I} = \boldsymbol{0}$ 得 $\boldsymbol{A}(\boldsymbol{A} - 4\boldsymbol{I}) = -6\boldsymbol{I}$，即 $\boldsymbol{A}\left(-\dfrac{1}{6}\boldsymbol{A} + \dfrac{2}{3}\boldsymbol{I}\right) = \boldsymbol{I}$，由推论 2.2 知 $\boldsymbol{A}$ 可逆，且 $\boldsymbol{A}^{-1} = -\dfrac{1}{6}\boldsymbol{A} + \dfrac{2}{3}\boldsymbol{I}$。

再由 $\boldsymbol{A}^2-4\boldsymbol{A}+6\boldsymbol{I}=\boldsymbol{0}$ 得 $\boldsymbol{A}^2-4\boldsymbol{A}-5\boldsymbol{I} = -11\boldsymbol{I}$，从而有 $(\boldsymbol{A}-5\boldsymbol{I})\left(-\dfrac{1}{11}\boldsymbol{A} - \dfrac{1}{11}\boldsymbol{I}\right) = \boldsymbol{I}$，由推论 2.2 知 $\boldsymbol{A} - 5\boldsymbol{I}$ 可逆，且 $(\boldsymbol{A} - 5\boldsymbol{I})^{-1} = -\dfrac{1}{11}\boldsymbol{A} - \dfrac{1}{11}\boldsymbol{I}$。

例 2.10　设 $\boldsymbol{A}$ 是三阶矩阵，且 $|\boldsymbol{A}| = -\dfrac{1}{2}$，求 $\left|(3\boldsymbol{A})^{-1} - 2\boldsymbol{A}^*\right|$。

解　$$(3\boldsymbol{A})^{-1} = \frac{1}{3}\boldsymbol{A}^{-1},\ \boldsymbol{A}^* = |\boldsymbol{A}|\,\boldsymbol{A}^{-1} = -\frac{1}{2}\boldsymbol{A}^{-1}$$

所以 $\left|(3\boldsymbol{A})^{-1} - 2\boldsymbol{A}^*\right| = \left|\dfrac{1}{3}\boldsymbol{A}^{-1} + \boldsymbol{A}^{-1}\right| = \left|\dfrac{4}{3}\boldsymbol{A}^{-1}\right| = \left(\dfrac{4}{3}\right)^3 |\boldsymbol{A}|^{-1} = -\dfrac{128}{27}$

注　如果 $\boldsymbol{A}, \boldsymbol{B}$ 都可逆，$\boldsymbol{A} + \boldsymbol{B}$ 也未必可逆；即使 $\boldsymbol{A} + \boldsymbol{B}$ 可逆，一般有 $(\boldsymbol{A} + \boldsymbol{B})^{-1} \neq \boldsymbol{A}^{-1} + \boldsymbol{B}^{-1}$。

例如，　$$\boldsymbol{A} = \begin{pmatrix} 2 & 0 \\ 1 & 2 \end{pmatrix},\ \boldsymbol{B} = \begin{pmatrix} 2 & 0 \\ -1 & -2 \end{pmatrix},\ \boldsymbol{C} = \begin{pmatrix} 1 & -1 \\ 2 & -1 \end{pmatrix}$$

$\boldsymbol{A},\boldsymbol{B}$ 都可逆，$\boldsymbol{A}+\boldsymbol{B}=\begin{pmatrix}4&0\\0&0\end{pmatrix}$ 不可逆，$\boldsymbol{A},\boldsymbol{C}$ 都可逆，$\boldsymbol{A}+\boldsymbol{C}=\begin{pmatrix}3&-1\\3&1\end{pmatrix}$ 也可逆，但是 $(\boldsymbol{A}+\boldsymbol{C})^{-1}\neq\boldsymbol{A}^{-1}+\boldsymbol{C}^{-1}$。

习　题　2.2

1. 求下列矩阵的逆矩阵

(1) $\begin{pmatrix}-3&4\\-5&7\end{pmatrix}$；　(2) $\begin{pmatrix}\cos\theta&\sin\theta\\-\sin\theta&\cos\theta\end{pmatrix}$；　(3) $\begin{pmatrix}1&-1&1\\0&2&4\\0&0&1\end{pmatrix}$。

2. 设 $\boldsymbol{A}$ 与 $\boldsymbol{B}$ 都是 n 阶矩阵，问下列命题是否成立？若成立，请证明；若不成立，请举出反例。

(1) 若 $\boldsymbol{A}$ 与 $\boldsymbol{B}$ 都可逆，则 $\boldsymbol{A}+\boldsymbol{B}$ 可逆；

(2) 若 $\boldsymbol{A}$ 与 $\boldsymbol{B}$ 都可逆，则 $\boldsymbol{AB}$ 可逆；

(3) 若 $\boldsymbol{AB}$ 可逆，则 $\boldsymbol{A}$ 与 $\boldsymbol{B}$ 都可逆；

(4) 若 $\boldsymbol{AB}=\boldsymbol{AC}$，且 $\boldsymbol{A}$ 可逆，则 $\boldsymbol{B}=\boldsymbol{C}$。

3. 若 n 阶矩阵 $\boldsymbol{A}$ 满足 $\boldsymbol{A}^k=\boldsymbol{0}$，证明 $\boldsymbol{I}-\boldsymbol{A}$ 可逆，并求其逆。

4. 设 $\boldsymbol{A}$ 与 $\boldsymbol{B}$ 都是 n 阶矩阵，且 $|\boldsymbol{A}|=2$，$\left|\boldsymbol{B}^{-1}\right|=-4$，求 $\left|\boldsymbol{B}\boldsymbol{A}^{-1}\right|$ 的值。

5. 设 $\boldsymbol{A}$ 是 n 阶矩阵，满足 $\boldsymbol{A}^2-2\boldsymbol{A}-4\boldsymbol{I}=\boldsymbol{0}$，证明：$\boldsymbol{A}+\boldsymbol{I}$ 与 $\boldsymbol{A}-3\boldsymbol{I}$ 都可逆，且互为逆矩阵。

6. 解矩阵方程

(1) $\begin{pmatrix}1&0&0\\-1&1&0\\1&-1&1\end{pmatrix}\boldsymbol{X}=\begin{pmatrix}1&2&3\\2&3&1\\3&1&2\end{pmatrix}$；　(2) $\boldsymbol{X}\begin{pmatrix}1&3&2\\1&2&-1\\2&4&-3\end{pmatrix}=\begin{pmatrix}1&5&4\\-1&2&7\\0&7&8\end{pmatrix}$；

(3) $\begin{pmatrix}1&0&0\\0&1&0\\-1&0&1\end{pmatrix}\boldsymbol{X}\begin{pmatrix}0&1&0\\1&0&0\\0&0&1\end{pmatrix}=\begin{pmatrix}1&-4&3\\2&0&-1\\1&-2&0\end{pmatrix}$。

7. 设 n 阶矩阵 $\boldsymbol{A}$ 与 $\boldsymbol{B}$ 满足条件 $\boldsymbol{A}+\boldsymbol{B}=\boldsymbol{AB}$，

(1) 证明 $\boldsymbol{A}-\boldsymbol{I}$ 可逆，并求出其逆矩阵；

(2) 已知 $\boldsymbol{B}=\begin{pmatrix}1&-3&0\\2&1&0\\0&0&2\end{pmatrix}$，求 $\boldsymbol{A}$；

(3) 设矩阵方程 $\boldsymbol{XB}=\boldsymbol{A}$，其中，$\boldsymbol{A}$ 与 $\boldsymbol{B}$ 由 (2) 给出，求 $\boldsymbol{X}$。

8. 设矩阵 $\boldsymbol{A}=\begin{pmatrix}1&0&0\\1&1&0\\1&1&1\end{pmatrix}$，$\boldsymbol{B}=\begin{pmatrix}0&1&1\\1&0&1\\1&1&0\end{pmatrix}$，$\boldsymbol{I}$ 是三阶单位阵，试求矩阵 $\boldsymbol{X}$，满足 $\boldsymbol{AXA}+\boldsymbol{BXB}=\boldsymbol{AXB}+\boldsymbol{BXA}+\boldsymbol{I}$。

2.3 矩阵的分块

2.3.1 分块矩阵的概念与运算

对于行数和列数较高的矩阵 $\boldsymbol{A}$，常用一些横线和竖线把矩阵 $\boldsymbol{A}$ 分成许多小块，每一小块又可看成是矩阵，这些小块矩阵称为矩阵 $\boldsymbol{A}$ 的子块 (subblock)。这种以子块为元素的矩阵称为**分块矩阵**(block matrix)。分块矩阵可以帮助我们计算方阵的行列式、逆矩阵和解矩阵方程。

一个矩阵可以根据不同的需要进行不同的分块。例如在矩阵

$$\boldsymbol{A}=\left(\begin{array}{cc:cc} 1 & 0 & 0 & 1 \\ 0 & 1 & 0 & 3 \\ \hdashline 0 & 0 & 1 & 0 \\ 0 & 0 & 0 & 1 \end{array}\right)$$

中用一条横线和一条竖线把 $\boldsymbol{A}$ 分成 4 个子块，若令

$$\boldsymbol{I}_2=\begin{pmatrix} 1 & 0 \\ 0 & 1 \end{pmatrix},\ \mathbf{0}=\begin{pmatrix} 0 & 0 \\ 0 & 0 \end{pmatrix},\ \boldsymbol{A}_1=\begin{pmatrix} 0 & 1 \\ 0 & 3 \end{pmatrix}$$

则矩阵 $\boldsymbol{A}$ 可写成如下分块矩阵的形式

$$\boldsymbol{A}=\begin{pmatrix} \boldsymbol{I}_2 & \boldsymbol{A}_1 \\ \mathbf{0} & \boldsymbol{I}_2 \end{pmatrix}$$

矩阵 $\boldsymbol{A}$ 还可以分成许多其他形式的分块矩阵，如

$$\boldsymbol{A}=\left(\begin{array}{cc:c:c} 1 & 0 & 0 & 1 \\ 0 & 1 & 0 & 3 \\ \hdashline 0 & 0 & 1 & 0 \\ 0 & 0 & 0 & 1 \end{array}\right)$$

其中，

$$\boldsymbol{I}_2=\begin{pmatrix} 1 & 0 \\ 0 & 1 \end{pmatrix},\ \mathbf{0}_{12}=\begin{pmatrix} 0 \\ 0 \end{pmatrix},\ \boldsymbol{A}_{13}=\begin{pmatrix} 1 \\ 3 \end{pmatrix}$$

$$\mathbf{A}_{21}=\begin{pmatrix} 0 & 0 \\ 0 & 0 \end{pmatrix},\ \boldsymbol{A}_{22}=\begin{pmatrix} 1 \\ 0 \end{pmatrix},\ \boldsymbol{A}_{23}=\begin{pmatrix} 0 \\ 1 \end{pmatrix}$$

则

$$\boldsymbol{A}=\begin{pmatrix} \boldsymbol{I}_2 & \mathbf{0}_{12} & \boldsymbol{A}_{13} \\ \boldsymbol{A}_{21} & \boldsymbol{A}_{22} & \boldsymbol{A}_{23} \end{pmatrix}$$

特别地，矩阵 $\boldsymbol{A}$ 本身可以作为一个子块，$\boldsymbol{A}$ 的每个元素也可以作为一个子块。矩阵子块的分块形式不仅可使其结构简单、特点突出，而且还可以把子块作为矩阵的元素，按通常矩阵的运算法则进行分块矩阵的运算。

1. 分块矩阵加法

设矩阵 $\boldsymbol{A}$ 与 $\boldsymbol{B}$ 的行数、列数分别相同，分块方法也相同，如

$$\boldsymbol{A}=\begin{pmatrix}\boldsymbol{A}_{11} & \boldsymbol{A}_{12} & \cdots & \boldsymbol{A}_{1s}\\ \boldsymbol{A}_{21} & \boldsymbol{A}_{22} & \cdots & \boldsymbol{A}_{2s}\\ \vdots & \vdots & & \vdots\\ \boldsymbol{A}_{r1} & \boldsymbol{A}_{r2} & \cdots & \boldsymbol{A}_{rs}\end{pmatrix},\quad \boldsymbol{B}=\begin{pmatrix}\boldsymbol{B}_{11} & \boldsymbol{B}_{12} & \cdots & \boldsymbol{B}_{1s}\\ \boldsymbol{B}_{21} & \boldsymbol{B}_{22} & \cdots & \boldsymbol{B}_{2s}\\ \vdots & \vdots & & \vdots\\ \boldsymbol{B}_{r1} & \boldsymbol{B}_{r2} & \cdots & \boldsymbol{B}_{rs}\end{pmatrix}$$

其中，子块 $\boldsymbol{A}_{ij}$ 与 $\boldsymbol{B}_{ij}$ 的行数、列数分别相同，那么

$$\boldsymbol{A}+\boldsymbol{B}=\begin{pmatrix}\boldsymbol{A}_{11}+\boldsymbol{B}_{11} & \boldsymbol{A}_{12}+\boldsymbol{B}_{12} & \cdots & \boldsymbol{A}_{1s}+\boldsymbol{B}_{1s}\\ \boldsymbol{A}_{21}+\boldsymbol{B}_{21} & \boldsymbol{A}_{22}+\boldsymbol{B}_{22} & \cdots & \boldsymbol{A}_{2s}+\boldsymbol{B}_{2s}\\ \vdots & \vdots & & \vdots\\ \boldsymbol{A}_{r1}+\boldsymbol{B}_{r1} & \boldsymbol{A}_{r2}+\boldsymbol{B}_{r2} & \cdots & \boldsymbol{A}_{rs}+\boldsymbol{B}_{rs}\end{pmatrix}$$

2. 分块矩阵数乘

设分块矩阵 $\boldsymbol{A}=\begin{pmatrix}\boldsymbol{A}_{11} & \boldsymbol{A}_{12} & \cdots & \boldsymbol{A}_{1s}\\ \boldsymbol{A}_{21} & \boldsymbol{A}_{22} & \cdots & \boldsymbol{A}_{2s}\\ \vdots & \vdots & & \vdots\\ \boldsymbol{A}_{r1} & \boldsymbol{A}_{r2} & \cdots & \boldsymbol{A}_{rs}\end{pmatrix}$，$\lambda$ 为数，那么

$$\lambda\boldsymbol{A}=\begin{pmatrix}\lambda\boldsymbol{A}_{11} & \lambda\boldsymbol{A}_{12} & \cdots & \lambda\boldsymbol{A}_{1s}\\ \lambda\boldsymbol{A}_{21} & \lambda\boldsymbol{A}_{22} & \cdots & \lambda\boldsymbol{A}_{2s}\\ \vdots & \vdots & & \vdots\\ \lambda\boldsymbol{A}_{r1} & \lambda\boldsymbol{A}_{r2} & \cdots & \lambda\boldsymbol{A}_{rs}\end{pmatrix}$$

3. 分块矩阵乘法

设 $\boldsymbol{A}$ 为 $m\times l$ 矩阵，$\boldsymbol{B}$ 为 $l\times n$ 矩阵，分块成

$$\boldsymbol{A}=\begin{pmatrix}\boldsymbol{A}_{11} & \boldsymbol{A}_{12} & \cdots & \boldsymbol{A}_{1t}\\ \boldsymbol{A}_{21} & \boldsymbol{A}_{22} & \cdots & \boldsymbol{A}_{2t}\\ \vdots & \vdots & & \vdots\\ \boldsymbol{A}_{s1} & \boldsymbol{A}_{s2} & \cdots & \boldsymbol{A}_{st}\end{pmatrix},\quad \boldsymbol{B}=\begin{pmatrix}\boldsymbol{B}_{11} & \boldsymbol{B}_{12} & \cdots & \boldsymbol{B}_{1r}\\ \boldsymbol{B}_{21} & \boldsymbol{B}_{22} & \cdots & \boldsymbol{B}_{2r}\\ \vdots & \vdots & & \vdots\\ \boldsymbol{B}_{t1} & \boldsymbol{B}_{t2} & \cdots & \boldsymbol{B}_{tr}\end{pmatrix}$$

其中，$\boldsymbol{A}_{i1},\boldsymbol{A}_{i2},\cdots,\boldsymbol{A}_{it}$ $(i=1,2,\cdots,3)$ 的列数分别等于 $\boldsymbol{B}_{1j},\boldsymbol{B}_{2j},\cdots,\boldsymbol{B}_{tj}$ $(j=1,2,\cdots,r)$ 的行数，那么

$$\boldsymbol{C}=\boldsymbol{AB}=\begin{pmatrix}\boldsymbol{C}_{11} & \boldsymbol{C}_{12} & \cdots & \boldsymbol{C}_{1r}\\ \boldsymbol{C}_{21} & \boldsymbol{C}_{22} & \cdots & \boldsymbol{C}_{2r}\\ \vdots & \vdots & & \vdots\\ \boldsymbol{C}_{s1} & \boldsymbol{C}_{s2} & \cdots & \boldsymbol{C}_{sr}\end{pmatrix}$$

其中，

$$\boldsymbol{C}_{ij}=\boldsymbol{A}_{i1}\boldsymbol{B}_{1j}+\boldsymbol{A}_{i2}\boldsymbol{B}_{2j}+\cdots+\boldsymbol{A}_{it}\boldsymbol{B}_{tj}=\sum_{k=1}^{t}\boldsymbol{A}_{ik}\boldsymbol{B}_{kj}\quad(i=1,2,\cdots,s;j=1,2,\cdots,r)$$

4. 分块矩阵转置

设 $\boldsymbol{A}=\begin{pmatrix}\boldsymbol{A}_{11} & \boldsymbol{A}_{12} & \cdots & \boldsymbol{A}_{1t}\\ \boldsymbol{A}_{21} & \boldsymbol{A}_{22} & \cdots & \boldsymbol{A}_{2t}\\ \vdots & \vdots & & \vdots\\ \boldsymbol{A}_{s1} & \boldsymbol{A}_{s2} & \cdots & \boldsymbol{A}_{st}\end{pmatrix}$，则 $\boldsymbol{A}^{\mathrm{T}}=\begin{pmatrix}\boldsymbol{A}_{11}^{\mathrm{T}} & \boldsymbol{A}_{21}^{\mathrm{T}} & \cdots & \boldsymbol{A}_{s1}^{\mathrm{T}}\\ \boldsymbol{A}_{12}^{\mathrm{T}} & \boldsymbol{A}_{22}^{\mathrm{T}} & \cdots & \boldsymbol{A}_{s2}^{\mathrm{T}}\\ \vdots & \vdots & & \vdots\\ \boldsymbol{A}_{1t}^{\mathrm{T}} & \boldsymbol{A}_{2t}^{\mathrm{T}} & \cdots & \boldsymbol{A}_{st}^{\mathrm{T}}\end{pmatrix}$。

例 2.11　设 $\boldsymbol{A}=\begin{pmatrix}1 & 0 & 0 & 0\\ 0 & 1 & 0 & 0\\ 1 & 1 & 1 & 0\\ 2 & -1 & 0 & 1\end{pmatrix}$，$\boldsymbol{B}=\begin{pmatrix}1 & 0\\ 0 & 1\\ -1 & -1\\ -2 & 1\end{pmatrix}$，求 $\boldsymbol{AB}$ 及 $\boldsymbol{A}^{\mathrm{T}}$。

解　将矩阵 $\boldsymbol{A},\boldsymbol{B}$ 分块为

$$\boldsymbol{A}=\left(\begin{array}{cc:cc}1 & 0 & 0 & 0\\ 0 & 1 & 0 & 0\\ \hdashline 1 & 1 & 1 & 0\\ 2 & -1 & 0 & 1\end{array}\right)=\begin{pmatrix}\boldsymbol{I}_2 & \boldsymbol{0}\\ \boldsymbol{A}_1 & \boldsymbol{I}_2\end{pmatrix},\quad \boldsymbol{B}=\left(\begin{array}{cc}1 & 0\\ 0 & 1\\ \hdashline -1 & -1\\ -2 & 1\end{array}\right)=\begin{pmatrix}\boldsymbol{I}_2\\ \boldsymbol{B}_1\end{pmatrix}$$

其中，$\boldsymbol{I}_2=\begin{pmatrix}1 & 0\\ 0 & 1\end{pmatrix}$，$\boldsymbol{0}=\begin{pmatrix}0 & 0\\ 0 & 0\end{pmatrix}$，$\boldsymbol{A}_1=\begin{pmatrix}1 & 1\\ 2 & -1\end{pmatrix}$，$\boldsymbol{B}_1=\begin{pmatrix}-1 & -1\\ -2 & 1\end{pmatrix}$

$$\boldsymbol{AB}=\begin{pmatrix}\boldsymbol{I} & \boldsymbol{0}\\ \boldsymbol{A}_1 & \boldsymbol{I}\end{pmatrix}\begin{pmatrix}\boldsymbol{I}\\ \boldsymbol{B}_1\end{pmatrix}=\begin{pmatrix}\boldsymbol{I}\\ \boldsymbol{A}_1+\boldsymbol{B}_1\end{pmatrix}=\begin{pmatrix}1 & 0\\ 0 & 1\\ 0 & 0\\ 0 & 0\end{pmatrix}$$

则
$$A^{\mathrm{T}}=\begin{pmatrix} I & 0 \\ A_1 & I \end{pmatrix}^{\mathrm{T}}=\begin{pmatrix} I_2^{\mathrm{T}} & A_1^{\mathrm{T}} \\ 0 & I_2^{\mathrm{T}} \end{pmatrix}=\begin{pmatrix} 1 & 0 & 1 & 2 \\ 0 & 1 & 1 & -1 \\ 0 & 0 & 1 & 0 \\ 0 & 0 & 0 & 1 \end{pmatrix}$$

2.3.2　常用的分块形式及应用

通常将矩阵分块为分块对角阵、按行或按列分块，以用于求逆或乘积。

1. 分块对角阵

设 $\boldsymbol{A}$ 为 n 阶矩阵，若 $\boldsymbol{A}$ 的分块矩阵在主对角线以外均为零子块，且主对角线上的子块 $\boldsymbol{A}_i$ $(i=1,2,\cdots,s)$ 都是方阵 (阶数可以不等)，即

$$\boldsymbol{A}=\begin{pmatrix} \boldsymbol{A}_1 & \boldsymbol{0} & \cdots & \boldsymbol{0} \\ \boldsymbol{0} & \boldsymbol{A}_2 & \cdots & \boldsymbol{0} \\ \vdots & \vdots & & \vdots \\ \boldsymbol{0} & \boldsymbol{0} & \cdots & \boldsymbol{A}_s \end{pmatrix}$$

则称 $\boldsymbol{A}$ 为分块 (准) 对角矩阵，记为 $\boldsymbol{A}=\operatorname{diag}(\boldsymbol{A}_1,\boldsymbol{A}_2,\cdots,\boldsymbol{A}_s)$。

分块对角阵有如下性质：设 $\boldsymbol{A},\boldsymbol{B}$ 都是 n 阶分块对角阵，且

$$\boldsymbol{A}=\operatorname{diag}(\boldsymbol{A}_1,\boldsymbol{A}_2,\cdots,\boldsymbol{A}_s),\quad \boldsymbol{B}=\operatorname{diag}(\boldsymbol{B}_1,\boldsymbol{B}_2,\cdots,\boldsymbol{B}_s)$$

其中，$\boldsymbol{A}_i$ 与 $\boldsymbol{B}_i$ 都是同阶方阵 $(i=1,2,\cdots,s)$，则

(1) $\boldsymbol{A}+\boldsymbol{B}=\operatorname{diag}(\boldsymbol{A}_1+\boldsymbol{B}_1,\boldsymbol{A}_2+\boldsymbol{B}_2,\cdots,\boldsymbol{A}_s+\boldsymbol{B}_s)$；

(2) $\boldsymbol{AB}=\operatorname{diag}(\boldsymbol{A}_1\boldsymbol{B}_1,\boldsymbol{A}_2\boldsymbol{B}_2,\cdots,\boldsymbol{A}_s\boldsymbol{B}_s)$；

(3) $|\boldsymbol{A}|=|\boldsymbol{A}_1||\boldsymbol{A}_2|\cdots|\boldsymbol{A}_s|$。

从而得到 $\boldsymbol{A}$ 可逆当且仅当 $\boldsymbol{A}_i$ $(i=1,2,\cdots,s)$ 都可逆，且

$$\boldsymbol{A}^{-1}=\operatorname{diag}(\boldsymbol{A}_1^{-1},\boldsymbol{A}_2^{-1},\cdots,\boldsymbol{A}_s^{-1})$$

2. 按行分块

将 $m\times n$ 矩阵 $\boldsymbol{A}=(a_{ij})_{m\times n}$ 按行分块成 $m\times 1$ 的分块矩阵

$$\boldsymbol{A}=\begin{pmatrix} \boldsymbol{\beta}_1^{\mathrm{T}} \\ \boldsymbol{\beta}_2^{\mathrm{T}} \\ \vdots \\ \boldsymbol{\beta}_m^{\mathrm{T}} \end{pmatrix}$$

其中，$\boldsymbol{\beta}_i^{\mathrm{T}}=(a_{i1},a_{i2},\cdots,a_{in})$，$i=1,2,\cdots,m$。

3. 按列分块

将 $m\times n$ 矩阵 $\boldsymbol{A}$ 按列分块成 $1\times n$ 的分块矩阵 $\boldsymbol{A}=(\boldsymbol{\alpha}_1,\boldsymbol{\alpha}_2,\cdots,\boldsymbol{\alpha}_n)$，其中，

$$\boldsymbol{\alpha}_j=\begin{pmatrix} a_{1j}\\ a_{2j}\\ \vdots\\ a_{mj}\end{pmatrix},\quad j=1,2,\cdots,n$$

例 2.12　设 $\boldsymbol{A}=\begin{pmatrix}3&0&0\\0&2&1\\0&1&1\end{pmatrix}$，求 $\boldsymbol{A}^{-1}$。

解　将 $\boldsymbol{A}$ 按对角分块为

$$\boldsymbol{A}=\begin{pmatrix}3&0&0\\0&2&1\\0&1&1\end{pmatrix}=\begin{pmatrix}\boldsymbol{A}_1&\boldsymbol{0}\\\boldsymbol{0}&\boldsymbol{A}_2\end{pmatrix}$$

则
$$\boldsymbol{A}_1=(3),\boldsymbol{A}_1^{-1}=\frac{1}{3},\boldsymbol{A}_2=\begin{pmatrix}2&1\\1&1\end{pmatrix},\boldsymbol{A}_2^{-1}=\begin{pmatrix}1&-1\\-1&2\end{pmatrix}$$

于是
$$\boldsymbol{A}^{-1}=\begin{pmatrix}\boldsymbol{A}_1^{-1}&\boldsymbol{0}\\\boldsymbol{0}&\boldsymbol{A}_2^{-1}\end{pmatrix}=\begin{pmatrix}\frac{1}{3}&0&0\\0&1&-1\\0&-1&2\end{pmatrix}$$

例 2.13　设 $\boldsymbol{M}=\begin{pmatrix}\boldsymbol{A}&\boldsymbol{B}\\\boldsymbol{0}&\boldsymbol{C}\end{pmatrix}$，其中，$\boldsymbol{A},\boldsymbol{C}$ 分别是 r 阶和 s 阶可逆矩阵，证明 $\boldsymbol{M}$ 可逆，并求 $\boldsymbol{M}^{-1}$。

证　$\boldsymbol{A},\boldsymbol{C}$ 可逆，故 $|\boldsymbol{A}|\neq 0$，$|\boldsymbol{C}|\neq 0$，于是 $|\boldsymbol{M}|=|\boldsymbol{A}|\,|\boldsymbol{C}|\neq 0$，即 $\boldsymbol{M}$ 可逆。

设 $\boldsymbol{M}^{-1}=\begin{pmatrix}\boldsymbol{X}_1&\boldsymbol{X}_2\\\boldsymbol{X}_3&\boldsymbol{X}_4\end{pmatrix}$，其中，$\boldsymbol{X}_1,\boldsymbol{X}_4$ 分别是与 $\boldsymbol{A},\boldsymbol{C}$ 同阶的方阵，则

$$\begin{aligned}\boldsymbol{M}\boldsymbol{M}^{-1}&=\begin{pmatrix}\boldsymbol{A}&\boldsymbol{B}\\\boldsymbol{0}&\boldsymbol{C}\end{pmatrix}\begin{pmatrix}\boldsymbol{X}_1&\boldsymbol{X}_2\\\boldsymbol{X}_3&\boldsymbol{X}_4\end{pmatrix}\\&=\begin{pmatrix}\boldsymbol{A}\boldsymbol{X}_1+\boldsymbol{B}\boldsymbol{X}_3&\boldsymbol{A}\boldsymbol{X}_2+\boldsymbol{B}\boldsymbol{X}_4\\\boldsymbol{C}\boldsymbol{X}_3&\boldsymbol{C}\boldsymbol{X}_4\end{pmatrix}=\begin{pmatrix}\boldsymbol{I}_r&\boldsymbol{0}\\\boldsymbol{0}&\boldsymbol{I}_s\end{pmatrix}\end{aligned}$$

于是 $$AX_1+BX_3=I_r, AX_2+BX_4=0, CX_3=0, CX_4=I_s$$

可解得 $$X_1=A^{-1}, X_2=-A^{-1}BC^{-1}, X_3=0, X_4=C^{-1}$$

所以 $$M^{-1}=\begin{pmatrix} A^{-1} & -A^{-1}BC^{-1} \\ 0 & C^{-1} \end{pmatrix}$$

当 $B=0$ 时， $$M^{-1}=\begin{pmatrix} A^{-1} & 0 \\ 0 & C^{-1} \end{pmatrix}$$

习　题　2.3

1. 利用分块矩阵的乘法，计算 A 与 B 乘积，其中，

$$A=\begin{pmatrix} 1 & 0 & 1 & 0 & 0 \\ 0 & 2 & 1 & 0 & 0 \\ 3 & 1 & 0 & 0 & 0 \\ 0 & 0 & 0 & -2 & 0 \\ 0 & 0 & 0 & 1 & -2 \end{pmatrix},\quad B=\begin{pmatrix} 1 & 0 & 0 & 0 & 0 \\ 0 & 2 & 0 & 0 & 0 \\ 0 & 0 & 3 & 0 & 0 \\ 0 & 0 & 0 & 1 & 2 \\ 0 & 0 & 0 & -3 & 2 \end{pmatrix}$$

2. 利用分块矩阵求 A 的逆矩阵，其中，$A=\begin{pmatrix} 1 & 3 & 1 & 2 \\ 2 & 5 & 0 & -3 \\ 0 & 0 & 1 & 1 \\ 0 & 0 & 0 & 1 \end{pmatrix}$。

3. 设 $A=\begin{pmatrix} 0 & C \\ B & 0 \end{pmatrix}$，其中，$B, C$ 分别是 r 阶与 s 阶可逆矩阵，证明 A 可逆，并求其逆矩阵。

4. 设 $A=\begin{pmatrix} 0 & a_1 & 0 & 0 \\ 0 & 0 & a_2 & 0 \\ 0 & 0 & 0 & a_3 \\ a_4 & 0 & 0 & 0 \end{pmatrix}$，$a_1a_2a_3a_4\neq 0$，证明 A 可逆，并求其逆矩阵。

5. 设 n 维列向量 $\boldsymbol{\alpha}=(x,0,\cdots,0,x)^{\mathrm{T}}$，$x<0$，矩阵 $A=I-\boldsymbol{\alpha}\boldsymbol{\alpha}^{\mathrm{T}}$，$A^{-1}=I+\frac{1}{x}\alpha\alpha^{\mathrm{T}}$，求 x 的值。

2.4　矩阵的初等变换与矩阵的秩

2.4.1　矩阵的初等变换

矩阵的初等变换是研究矩阵的一个有力工具，是求逆矩阵和解线性方程组不可缺少的重要方法。所以，熟练地掌握矩阵的初等变换是非常重要的。

定义 2.16　以下三种矩阵变换均称为矩阵的**初等变换**:

(1) 互换矩阵的两行 (列)，如第 i 行 (列) 和第 j 行 (列) 互换，记为 $r_i \leftrightarrow r_j(c_i \leftrightarrow c_j)$;

(2) 用一个非零常数 c 乘某行 (列)，如第 i 行 (列) 乘以 c，记为 $cr_i(cc_i)$;

(3) 把第 j 行 (列) 乘以非零数 k 加到第 i 行 (列)$(i \neq j)$，记为 $r_i+kr_j(c_i+kc_j)$。

当矩阵 $\boldsymbol{A}$ 经过初等变换变成矩阵 $\boldsymbol{B}$ 时, 记为 $\boldsymbol{A} \to \boldsymbol{B}$。

不难看出，初等变换都是"可逆"变换。也就是说，若矩阵 $\boldsymbol{A}$ 可通过初等变换变成矩阵 $\boldsymbol{B}$，则通过相应的"逆变换"就可把矩阵 $\boldsymbol{B}$ 还原为矩阵 $\boldsymbol{A}$。例如对 $\boldsymbol{I}_3$ 作变换 r_1+2r_2 后得到一个新的矩阵，但是再作变换 r_1-2r_2 后就还原了，即

$$\boldsymbol{I}_3 = \begin{pmatrix} 1 & 0 & 0 \\ 0 & 1 & 0 \\ 0 & 0 & 1 \end{pmatrix} \xrightarrow{r_1+2r_2} \begin{pmatrix} 1 & 2 & 0 \\ 0 & 1 & 0 \\ 0 & 0 & 1 \end{pmatrix} \xrightarrow{r_1-2r_2} \begin{pmatrix} 1 & 0 & 0 \\ 0 & 1 & 0 \\ 0 & 0 & 1 \end{pmatrix}$$

2.4.2　初等矩阵

定义 2.17　由单位矩阵 $\boldsymbol{I}_n$ 经过一次初等变换而得到的矩阵称为 n 阶**初等矩阵**。

由定义可得，矩阵的每种初等变换都存在一个与之对应的初等矩阵。

互换单位矩阵 $\boldsymbol{I}_n$ 的第 i 行与第 j 行 (或第 i 列与第 j 列) 的位置，得

$$\boldsymbol{P}(i,j) = \begin{pmatrix} 1 & & & & & & & & & \\ & \ddots & & & & & & & & \\ & & 1 & & & & & & & \\ & & & 0 & \cdots & & 1 & & & \\ & & & & 1 & & & & & \\ & & & & & \ddots & & & & \\ & & & & & & 1 & & & \\ & & & 1 & \cdots & & 0 & & & \\ & & & & & & & 1 & & \\ & & & & & & & & \ddots & \\ & & & & & & & & & 1 \end{pmatrix} \begin{matrix} \\ \\ \\ i\text{行} \\ \\ \\ \\ j\text{行} \\ \\ \\ \\ \end{matrix}$$

用非零常数 c 乘 $\boldsymbol{I}_n$ 的第 i 行 (或第 i 列) 得

$$\boldsymbol{P}(i(c)) = \begin{pmatrix} 1 & & & & & & \\ & \ddots & & & & & \\ & & 1 & & & & \\ & & & c & & & \\ & & & & 1 & & \\ & & & & & \ddots & \\ & & & & & & 1 \end{pmatrix} i\text{行}$$

把 $\boldsymbol{I}_n$ 的第 j 行的 k 倍加到第 i 行 (把 $\boldsymbol{I}_n$ 的第 i 列的 k 倍加到第 j 列), 得

$$\boldsymbol{P}(i,j(k)) = \begin{pmatrix} 1 & & & & & & \\ & \ddots & & & & & \\ & & 1 & \cdots & k & & \\ & & & \ddots & \vdots & & \\ & & & & 1 & & \\ & & & & & \ddots & \\ & & & & & & 1 \end{pmatrix} \begin{matrix} \\ \\ i\text{行} \\ \\ j\text{行} \\ \\ \\ \end{matrix}$$

容易知道，初等矩阵都是可逆矩阵，且它们的逆也是同种类型的初等矩阵，事实上，

$$\boldsymbol{P}(i,j)^{-1} = \boldsymbol{P}(i,j)$$

$$\boldsymbol{P}(i(c))^{-1} = \boldsymbol{P}\left(i\left(\frac{1}{c}\right)\right)$$

$$\boldsymbol{P}(i,j(k))^{-1} = \boldsymbol{P}(i,j(-k))$$

利用分块矩阵的乘法可得

定理 2.3　对任何 $m \times n$ 矩阵 $\boldsymbol{A}$ 作一次初等行变换就相当于在 $\boldsymbol{A}$ 左边乘上一个相应的 m 阶初等矩阵；对 $\boldsymbol{A}$ 作一次初等列变换就相当于在 $\boldsymbol{A}$ 右边乘上一个相应的 n 阶初等矩阵。

证　我们只证明初等行变换的情形, 对列变换的情形可以同样证明。

设 $\boldsymbol{A}_1, \boldsymbol{A}_2, \cdots, \boldsymbol{A}_m$ 是 $\boldsymbol{A}$ 的行向量, 即 $\boldsymbol{A} = \begin{pmatrix} \boldsymbol{A}_1 \\ \boldsymbol{A}_2 \\ \vdots \\ \boldsymbol{A}_m \end{pmatrix}$, 则

$$\boldsymbol{P}(i,j)\boldsymbol{A} = \begin{pmatrix} 1 &&&&&&&&& \\ & \ddots &&&&&&&& \\ && 1 &&&&&&& \\ &&& 0 && \cdots && 1 && \\ &&&& 1 &&&&& \\ &&&&& \ddots &&&& \\ &&&&&& 1 &&& \\ &&& 1 && \cdots && 0 && \\ &&&&&&&& 1 & \\ &&&&&&&&& \ddots \\ &&&&&&&&&& 1 \end{pmatrix} \begin{pmatrix} \boldsymbol{A}_1 \\ \vdots \\ \boldsymbol{A}_i \\ \vdots \\ \boldsymbol{A}_j \\ \vdots \\ \boldsymbol{A}_m \end{pmatrix} = \begin{pmatrix} \boldsymbol{A}_1 \\ \vdots \\ \boldsymbol{A}_j \\ \vdots \\ \boldsymbol{A}_i \\ \vdots \\ \boldsymbol{A}_m \end{pmatrix}$$

这相当于对 $\boldsymbol{A}$ 施行初等变换 $r_i \leftrightarrow r_j$。

$$\boldsymbol{P}(i(c))\boldsymbol{A} = \begin{pmatrix} 1 &&&&&& \\ & \ddots &&&&& \\ && 1 &&&& \\ &&& c &&& \\ &&&& 1 && \\ &&&&& \ddots & \\ &&&&&& 1 \end{pmatrix} \begin{pmatrix} \boldsymbol{A}_1 \\ \vdots \\ \boldsymbol{A}_i \\ \vdots \\ \boldsymbol{A}_m \end{pmatrix} = \begin{pmatrix} \boldsymbol{A}_1 \\ \vdots \\ c\boldsymbol{A}_i \\ \vdots \\ \boldsymbol{A}_m \end{pmatrix}$$

这相当于对 $\boldsymbol{A}$ 施行初等行变换 cr_i。

$$\boldsymbol{P}(i,j(k))\boldsymbol{A} = \begin{pmatrix} 1 &&&&&& \\ & \ddots &&&&& \\ && 1 & \cdots & k && \\ &&& \ddots & \vdots && \\ &&&& 1 && \\ &&&&& \ddots & \\ &&&&&& 1 \end{pmatrix} \begin{pmatrix} \boldsymbol{A}_1 \\ \vdots \\ \boldsymbol{A}_i \\ \vdots \\ \boldsymbol{A}_j \\ \vdots \\ \boldsymbol{A}_m \end{pmatrix} = \begin{pmatrix} \boldsymbol{A}_1 \\ \vdots \\ \boldsymbol{A}_i + k\boldsymbol{A}_j \\ \vdots \\ \boldsymbol{A}_j \\ \vdots \\ \boldsymbol{A}_m \end{pmatrix}$$

这相当于对 $\boldsymbol{A}$ 施行初等行变换 $r_i + kr_j$。

如果矩阵 $\boldsymbol{A}$ 经过有限次初等行变换变成 $\boldsymbol{B}$，由定理 2.3，则必存在有限个初等矩阵 $\boldsymbol{P}_1, \boldsymbol{P}_2, \cdots, \boldsymbol{P}_k$ 使得

$$\boldsymbol{B} = \boldsymbol{P}_1, \boldsymbol{P}_2, \cdots, \boldsymbol{P}_k \boldsymbol{A}$$

如果矩阵 $\boldsymbol{B}$ 是 $\boldsymbol{A}$ 经过有限次初等变换得到的，则必存在有限个初等矩阵 $\boldsymbol{P}_1, \boldsymbol{P}_2, \cdots, \boldsymbol{P}_k$ 以及 $\boldsymbol{Q}_1, \boldsymbol{Q}_2, \cdots, \boldsymbol{Q}_l$ 使得 $\boldsymbol{B} = \boldsymbol{P}_1, \boldsymbol{P}_2, \cdots, \boldsymbol{P}_k \boldsymbol{A} \boldsymbol{Q}_1, \boldsymbol{Q}_2, \cdots, \boldsymbol{Q}_l$。

如果矩阵 $\boldsymbol{A}$ 经过一系列初等变换变成 $\boldsymbol{B}$，则称矩阵 $\boldsymbol{A}$ 与 $\boldsymbol{B}$**等价**，记为 $\boldsymbol{A} \sim \boldsymbol{B}$。

矩阵的等价是矩阵之间的一种关系，容易证明这种关系是等价关系，即满足以下三个性质：

(1) (反身性) $\boldsymbol{A} \sim \boldsymbol{A}$;

(2) (对称性) 若 $\boldsymbol{A} \sim \boldsymbol{B}$，则 $\boldsymbol{B} \sim \boldsymbol{A}$;

(3) (传递性) 若 $\boldsymbol{A} \sim \boldsymbol{B}$，$\boldsymbol{B} \sim \boldsymbol{C}$，则 $\boldsymbol{A} \sim \boldsymbol{C}$。

在求矩阵的问题中，我们经常需要用到行阶梯形矩阵和行最简矩阵的概念。

一个矩阵如果满足以下两个条件，则称为**行阶梯形矩阵**：

(1) 如果一行元素全为零，则该行下方所有行 (如果存在) 的元素也全为零；

(2) 如果某一行元素不全为零，并且第一个不为零的元素位于第 i 列，则它下方的所有行 (如果存在) 的前 i 个元素全为零。

行阶梯形矩阵如果满足以下条件，就称为**行最简矩阵**：

(1) 非零行 (元素不全为零的行) 的第一个非零元素都是 1；

(2) 非零行的第一个非零元素所在列的其余元素全为零。

例如：$\begin{pmatrix} 0 & 2 & 0 & -5 \\ 0 & 0 & 3 & 2 \end{pmatrix}$，$\begin{pmatrix} 1 & 2 & -4 & 6 \\ 0 & 0 & 3 & 1 \\ 0 & 0 & 0 & 0 \end{pmatrix}$，$\begin{pmatrix} 1 & 0 & 0 & 0 & 7 \\ 0 & 1 & 1 & 0 & 9 \\ 0 & 0 & 0 & 1 & 2 \end{pmatrix}$ 等都是行阶梯形矩阵，$\begin{pmatrix} 1 & 0 & 0 & 0 & 7 \\ 0 & 1 & 1 & 0 & 9 \\ 0 & 0 & 0 & 1 & 2 \end{pmatrix}$ 也是行最简矩阵；而 $\begin{pmatrix} 1 & 2 & 3 & 4 \\ 0 & 1 & 2 & 7 \\ 0 & 1 & 0 & 1 \end{pmatrix}$，$\begin{pmatrix} 3 & 0 & 1 & 0 & 2 \\ 0 & 0 & 2 & 6 & 0 \\ 0 & 2 & -5 & 2 & 0 \end{pmatrix}$ 等都不是行阶梯形矩阵。

定理 2.4　任何一个非零矩阵 $\boldsymbol{A}$ 都可以经过一系列 (有限次) 初等行变换化成行阶梯形矩阵，这个矩阵就称为 $\boldsymbol{A}$ 的一个行阶梯形。

证　设

$$\boldsymbol{A}=\begin{pmatrix} a_{11} & a_{12} & \cdots & a_{1n} \\ a_{21} & a_{22} & \cdots & a_{2n} \\ \vdots & \vdots & & \vdots \\ a_{m1} & a_{m2} & \cdots & a_{mn} \end{pmatrix}$$

如果 $\boldsymbol{A}=\boldsymbol{0}$，则结论已经成立。设 $\boldsymbol{A}\neq\boldsymbol{0}$，不妨设 $\boldsymbol{A}$ 的第一列不全为零，设 $a_{i1}\neq 0$，先将第 i 行与第一行交换，然后再将第一行乘以适当的倍数加到其余各行，使第一列除第一个外其余元素都为零，得到

$$\boldsymbol{A}\to\begin{pmatrix} a_{i1} & a_{12} & \cdots & a_{1n} \\ 0 & a'_{22} & \cdots & a'_{2n} \\ \vdots & \vdots & & \vdots \\ 0 & a'_{m2} & \cdots & a'_{mn} \end{pmatrix}=\boldsymbol{A}_1$$

对 $\boldsymbol{A}_1$ 的右下角子阵

$$\begin{pmatrix} a'_{22} & \cdots & a'_{2m} \\ \vdots & & \vdots \\ a'_{m2} & \cdots & a'_{mn} \end{pmatrix}$$

重复上面的做法，如此下去就可以将矩阵 $\boldsymbol{A}$ 变成行阶梯形矩阵。

定理 2.5　任意一个 $m\times n$ 矩阵 $\boldsymbol{A}$ 都与一个形式为

$$\boldsymbol{D}=\begin{pmatrix} 1 & & & & & \\ & \ddots & & & & \\ & & 1 & & & \\ & & & 0 & & \\ & & & & \ddots & \\ & & & & & 0 \end{pmatrix}=\begin{pmatrix} \boldsymbol{I}_r & \boldsymbol{0} \\ \boldsymbol{0} & \boldsymbol{0} \end{pmatrix} \tag{2.5}$$

的矩阵等价 $(0\leqslant r\leqslant \min\{m,n\})$，称 $\boldsymbol{D}$ 为 $\boldsymbol{A}$ 的**标准形**。

证　如果 $\boldsymbol{A}=\boldsymbol{0}$，则 $\boldsymbol{A}$ 已经是标准形了。

设 $\boldsymbol{A}=(a_{ij})\neq\boldsymbol{0}$，不失一般性，可设 $a_{11}\neq 0$(若 $a_{11}=0$，由 $\boldsymbol{A}\neq\boldsymbol{0}$，存在 $a_{ij}\neq 0$，可将第 j 列与第一列交换，然后将第 i 行与第一行交换，则左上角 $a'_{11}\neq 0$)。将第一行的 $-\dfrac{a_{i1}}{a_{11}}$ 倍分别加到第 i 行上 $(i=1,2,\cdots,m)$，再将第一列的 $-\dfrac{a_{1j}}{a_{11}}$ 倍加到第 j 列 $(j=1,2,\cdots,n)$，然后第一行再乘以 a_{11}^{-1}，则 $\boldsymbol{A}$ 就变成

$$\begin{pmatrix} 1 & 0 & \cdots & 0 \\ 0 & a'_{22} & \cdots & a'_{2n} \\ \vdots & \vdots & & \vdots \\ 0 & a'_{m2} & \cdots & a'_{mn} \end{pmatrix} = \begin{pmatrix} 1 & \mathbf{0} \\ \mathbf{0} & \boldsymbol{A}_1 \end{pmatrix}$$

其中，$\boldsymbol{A}_1$ 是 $(m-1)\times(n-1)$ 矩阵，对 $\boldsymbol{A}_1$ 重复以上步骤，最后就可以把 $\boldsymbol{A}$ 变成 $\boldsymbol{D}$ 的形式。

例 2.14　把矩阵

$$\boldsymbol{A} = \begin{pmatrix} 1 & 1 & 3 & 4 \\ 2 & -5 & -9 & 6 \\ -3 & 4 & 6 & -2 \end{pmatrix}$$

化为标准形。

解

$$\boldsymbol{A} = \begin{pmatrix} 1 & 1 & 3 & 4 \\ 2 & -5 & -9 & 6 \\ -3 & 4 & 6 & -2 \end{pmatrix} \xrightarrow[]{\substack{r_2-2r_1 \\ r_3+3r_1}} \begin{pmatrix} 1 & 1 & 3 & 4 \\ 0 & -7 & -15 & -2 \\ 0 & 7 & 15 & 10 \end{pmatrix}$$

$$\xrightarrow[\substack{c_2-c_1 \\ c_3-3c_1 \\ c_4-4c_1}]{r_3+r_2} \begin{pmatrix} 1 & 0 & 0 & 0 \\ 0 & -7 & -15 & -2 \\ 0 & 0 & 0 & 8 \end{pmatrix} \xrightarrow[\substack{c_2\times\left(-\frac{1}{7}\right) \\ c_3\times\left(-\frac{1}{15}\right)}]{\substack{r_3\times\frac{1}{8} \\ r_2+2r_3}} \begin{pmatrix} 1 & 0 & 0 & 0 \\ 0 & 1 & 1 & 0 \\ 0 & 0 & 0 & 1 \end{pmatrix}$$

$$\xrightarrow[c_3-c_2]{} \begin{pmatrix} 1 & 0 & 0 & 0 \\ 0 & 1 & 0 & 0 \\ 0 & 0 & 0 & 1 \end{pmatrix} \xrightarrow[c_3\leftrightarrow c_4]{} \begin{pmatrix} 1 & 0 & 0 & 0 \\ 0 & 1 & 0 & 0 \\ 0 & 0 & 1 & 0 \end{pmatrix}$$

2.4.3　初等变换法求逆矩阵

根据定理 2.3，对于一个矩阵进行一次初等变换就相当于用相应的初等矩阵去左乘或右乘这个矩阵，而当一个方阵 $\boldsymbol{A}$ 可逆时，它的标准形就是单位矩阵，故我们有

定理 2.6　n 阶矩阵 $\boldsymbol{A}$ 可逆当且仅当 $\boldsymbol{A}$ 的标准形是 $\boldsymbol{I}_n$。

证　设 $\boldsymbol{A}$ 可逆，标准形是 $\boldsymbol{D}$，则存在初等矩阵 $\boldsymbol{P}_1, \boldsymbol{P}_2, \cdots, \boldsymbol{P}_k$ 以及 $\boldsymbol{Q}_1, \boldsymbol{Q}_2, \cdots, \boldsymbol{Q}_l$ 使得 $\boldsymbol{D} = \boldsymbol{P}_1, \boldsymbol{P}_2, \cdots, \boldsymbol{P}_k\boldsymbol{A}\boldsymbol{Q}_1, \boldsymbol{Q}_2, \cdots, \boldsymbol{Q}_l$，因此，$|\boldsymbol{D}| = |\boldsymbol{P}_1|\cdots|\boldsymbol{P}_k||\boldsymbol{A}|$ $|\boldsymbol{Q}_1|\cdots|\boldsymbol{Q}_l| \neq 0$，故 $\boldsymbol{D} = \boldsymbol{I}_n$。反之，由 $\boldsymbol{D} = \boldsymbol{I}_n$ 可逆知 $\boldsymbol{A}$ 可逆。

由定理 2.6 易得

定理 2.7　n 阶矩阵 $\boldsymbol{A}$ 可逆当且仅当 $\boldsymbol{A}$ 能够表示成若干个初等矩阵的乘积，即存在初等矩阵 $\boldsymbol{P}_1, \boldsymbol{P}_2, \cdots, \boldsymbol{P}_m$，使得

$$\boldsymbol{A} = \boldsymbol{P}_1\boldsymbol{P}_2\cdots\boldsymbol{P}_m \tag{2.6}$$

由式 (2.6) 得到

$$\boldsymbol{P}_m^{-1}\boldsymbol{P}_{m-1}^{-1}\cdots\boldsymbol{P}_1^{-1}\boldsymbol{A} = \boldsymbol{I}_n \tag{2.7}$$

由此得到

推论 2.4　可逆矩阵总可以经过一系列初等行变换化成单位矩阵。

以上的讨论实际上给出了一个求逆矩阵的初等变换法。设 $\boldsymbol{A}$ 是 n 阶可逆矩阵，由推论 2.4，存在初等矩阵 $\boldsymbol{Q}_1, \boldsymbol{Q}_2, \cdots, \boldsymbol{Q}_m$，使得

$$\boldsymbol{Q}_1\boldsymbol{Q}_2\cdots\boldsymbol{Q}_m\boldsymbol{A} = \boldsymbol{I}_n \tag{2.8}$$

于是

$$\boldsymbol{Q}_1\boldsymbol{Q}_2\cdots\boldsymbol{Q}_m\boldsymbol{I}_n = \boldsymbol{A}^{-1} \tag{2.9}$$

式 (2.8) 和式 (2.9) 说明，用一系列初等行变换把可逆矩阵 $\boldsymbol{A}$ 变成单位矩阵的同时，用同样的初等行变换可把单位矩阵变成 $\boldsymbol{A}^{-1}$。

从而有求逆矩阵的**初等变换法**：

$$(\boldsymbol{A} \mid \boldsymbol{I}_n) \xrightarrow{\text{初等行变换}} (\boldsymbol{I}_n \mid \boldsymbol{A}^{-1})$$

例 2.15　判断矩阵 $\boldsymbol{A} = \begin{pmatrix} 0 & 1 & 2 \\ 1 & 1 & -1 \\ 2 & 4 & 0 \end{pmatrix}$ 是否可逆，若可逆，求出 $\boldsymbol{A}$ 的逆矩阵。

解

$$(\boldsymbol{A} \mid \boldsymbol{I}_3) = \left(\begin{array}{ccc|ccc} 0 & 1 & 2 & 1 & 0 & 0 \\ 1 & 1 & -1 & 0 & 1 & 0 \\ 2 & 4 & 0 & 0 & 0 & 1 \end{array}\right) \xrightarrow[r_1 \leftrightarrow r_2]{r_3 - 2r_2} \left(\begin{array}{ccc|ccc} 1 & 1 & -1 & 0 & 1 & 0 \\ 0 & 1 & 2 & 1 & 0 & 0 \\ 0 & 2 & 2 & 0 & -2 & 1 \end{array}\right)$$

$$\xrightarrow[\substack{r_1 - r_2 \\ -\frac{1}{2}\times r_3}]{r_3 - 2r_2} \left(\begin{array}{ccc|ccc} 1 & 0 & -3 & -1 & 1 & 0 \\ 0 & 1 & 2 & 1 & 0 & 0 \\ 0 & 0 & 1 & 1 & 1 & -\dfrac{1}{2} \end{array}\right) \xrightarrow[r_2 - 2r_3]{r_1 + 3r_3} \left(\begin{array}{ccc|ccc} 1 & 0 & 0 & 2 & 4 & -\dfrac{3}{2} \\ 0 & 1 & 0 & -1 & -2 & 1 \\ 0 & 0 & 1 & 1 & 1 & -\dfrac{1}{2} \end{array}\right)$$

所以 $\boldsymbol{A}$ 可逆，且

$$\boldsymbol{A}^{-1} = \begin{pmatrix} 2 & 4 & -\dfrac{3}{2} \\ -1 & -2 & 1 \\ 1 & 1 & -\dfrac{1}{2} \end{pmatrix}$$

同理可以证明，可逆矩阵经过一系列初等列变换可化成单位矩阵，所以若 $\boldsymbol{A}$ 可逆，用初等列变换也可以求出 $\boldsymbol{A}^{-1}$，方法如下：

作 $2n \times n$ 矩阵

$$\begin{pmatrix} \boldsymbol{A} \\ \hdashline \boldsymbol{I}_n \end{pmatrix} \xrightarrow{\text{初等列变换}} \begin{pmatrix} \boldsymbol{I}_n \\ \hdashline \boldsymbol{A}^{-1} \end{pmatrix}$$

进一步，设 n 阶矩阵 $\boldsymbol{A}$ 可逆，且 $\boldsymbol{AX} = \boldsymbol{B}$，$\boldsymbol{B}$ 是已知矩阵，而 $\boldsymbol{X}$ 是未知矩阵，则 $\boldsymbol{X} = \boldsymbol{A}^{-1}\boldsymbol{B}$。由式 (2.9) 可知，存在初等矩阵 $\boldsymbol{Q}_1, \boldsymbol{Q}_2, \cdots, \boldsymbol{Q}_m$，使得 $\boldsymbol{Q}_1\boldsymbol{Q}_2\cdots\boldsymbol{Q}_m\boldsymbol{I}_n = \boldsymbol{A}^{-1}$，于是 $\boldsymbol{Q}_1\boldsymbol{Q}_2\cdots\boldsymbol{Q}_m\boldsymbol{B} = \boldsymbol{A}^{-1}\boldsymbol{B}$，所以得到

$$(\ \boldsymbol{A} \mid \boldsymbol{B}\ ) \xrightarrow{\text{初等行变换}} (\ \boldsymbol{I}_n \mid \boldsymbol{A}^{-1}\boldsymbol{B}\ )$$

从而给出了求 $\boldsymbol{A}^{-1}\boldsymbol{B}$ 的初等变换法。

例 2.16　设 $\boldsymbol{A}$ 可逆，且 $\boldsymbol{AB} + \boldsymbol{A} = 2\boldsymbol{B}$，$\boldsymbol{A} = \begin{pmatrix} 3 & 1 & 0 \\ 0 & 3 & 1 \\ 0 & 0 & 3 \end{pmatrix}$，求 $\boldsymbol{B}$。

解　由 $\boldsymbol{AB} + \boldsymbol{A} = 2\boldsymbol{B}$，则 $(2\boldsymbol{I} - \boldsymbol{A})\boldsymbol{B} = \boldsymbol{A}$。由 $|2\boldsymbol{I} - \boldsymbol{A}| = -1 \neq 0$，则 $2\boldsymbol{I} - \boldsymbol{A}$ 可逆，所以 $\boldsymbol{B} = (2\boldsymbol{I} - \boldsymbol{A})^{-1}\boldsymbol{A}$，

$$(2\boldsymbol{I} - \boldsymbol{A} \mid \boldsymbol{A}) = \left(\begin{array}{ccc:ccc} -1 & -1 & 0 & 3 & 1 & 0 \\ 0 & -1 & -1 & 0 & 3 & 1 \\ 0 & 0 & -1 & 0 & 0 & 3 \end{array}\right) \xrightarrow[r_1 - r_2]{r_2 - r_3} \left(\begin{array}{ccc:ccc} -1 & 0 & 0 & 3 & -2 & 2 \\ 0 & -1 & 0 & 0 & 3 & -2 \\ 0 & 0 & -1 & 0 & 0 & 3 \end{array}\right)$$

$$\xrightarrow[i=1,2,3]{r_i \times (-1)} \left(\begin{array}{ccc:ccc} 1 & 0 & 0 & -3 & 2 & -2 \\ 0 & 1 & 0 & 0 & -3 & 2 \\ 0 & 0 & 1 & 0 & 0 & -3 \end{array}\right)$$

于是

$$\boldsymbol{B} = (2\boldsymbol{I} - \boldsymbol{A})^{-1}\boldsymbol{A} = \begin{pmatrix} -3 & 2 & -2 \\ 0 & -3 & 2 \\ 0 & 0 & -3 \end{pmatrix}$$

2.4.4　矩阵的秩

定义 2.18　在矩阵 $\boldsymbol{A} = (a_{ij})_{m \times n}$ 中任取 k 行 k 列 $(1 \leqslant k \leqslant m, n)$，位于这些行和列相交处的 k^2 个元素，按照原有的顺序所构成的 k 阶行列式，称为矩阵 $\boldsymbol{A}$ 的一个 k 阶子式。

定义 2.19　$\boldsymbol{A}$ 中所有非零子式的最高阶数称为矩阵 $\boldsymbol{A}$ 的**秩**，记为秩 $(\boldsymbol{A})$ 或 $\mathrm{r}(\boldsymbol{A})$.

规定 零矩阵的秩为零。

由定义易得

(1) 若 $m\times n$ 矩阵 $\boldsymbol{A}$ 的秩为 r，则 $0\leqslant \mathrm{r}(\boldsymbol{A})\leqslant \min\{m,n\}$；

(2) $\mathrm{r}(\boldsymbol{A})=\mathrm{r}(\boldsymbol{A}^{\mathrm{T}})$，若 $k\neq 0$，则 $\mathrm{r}(k\boldsymbol{A})=\mathrm{r}(\boldsymbol{A})$；

(3) 非零的 $m\times n$ 矩阵 $\boldsymbol{A}$ 的秩为 r 的充要条件是 $\boldsymbol{A}$ 中有一个 r 阶子式不为零，而所有的 $r+1$ 阶子式 (如果存在的话) 都为零。

例 2.17 求矩阵 $\boldsymbol{A}=\begin{pmatrix}3&1&0\\-2&-1&1\\1&0&1\end{pmatrix}$ 的秩。

解 $\boldsymbol{A}$ 中有一个二阶子式 $\begin{vmatrix}3&1\\-2&-1\end{vmatrix}\neq 0$，而 $\boldsymbol{A}$ 的三阶子式即 $|\boldsymbol{A}|=0$，故 $\mathrm{r}(\boldsymbol{A})=2$。

例 2.18 求行阶梯形矩阵 $\boldsymbol{A}=\begin{pmatrix}2&1&0&0&0\\0&-2&1&2&4\\0&0&0&-1&2\\0&0&0&0&0\end{pmatrix}$ 的秩。

解 $\boldsymbol{A}$ 有一个三阶子式

$$\begin{vmatrix}2&1&0\\0&-2&2\\0&0&-1\end{vmatrix}=4\neq 0$$

而 $\boldsymbol{A}$ 的所有 4 阶子式全为零，所以 $\mathrm{r}(\boldsymbol{A})=3$。

此例表明行阶梯形矩阵的秩等于它的非零行的行数。下面讨论如何求矩阵的秩。

定理 2.8 矩阵的初等变换不改变矩阵的秩。

证 只需证明矩阵 $\boldsymbol{A}$ 经过一次初等行变换不改变秩即可。

显然矩阵经过第一、第二种初等行变换不改变秩。下面证明矩阵经过第三种初等行变换也不改变秩。

将矩阵 $\boldsymbol{A}$ 的第 j 行的 k 倍加到第 i 行所得到的矩阵记为 $\boldsymbol{B}$，并设 $\mathrm{r}(\boldsymbol{A})=r$，先证 $\mathrm{r}(\boldsymbol{B})\leqslant r$。

设 $\boldsymbol{D}_{r+1}$ 是 $\boldsymbol{B}$ 的任意一个 $r+1$ 阶子式，有以下三种情况：

(1) $\boldsymbol{D}_{r+1}$ 不含 $\boldsymbol{B}$ 的第 i 行，因而是 $\boldsymbol{A}$ 的一个 $r+1$ 阶子式，所以 $\boldsymbol{D}_{r+1}=\boldsymbol{0}$;

(2) $\boldsymbol{D}_{r+1}$ 既含 $\boldsymbol{B}$ 的第 i 行也含 $\boldsymbol{B}$ 的第 j 行，将 $\boldsymbol{D}_{r+1}$ 的第 j 行的 $(-k)$ 倍加到相应的第 i 行上，就是 $\boldsymbol{A}$ 的一个 $r+1$ 阶子式，从而 $\boldsymbol{D}_{r+1}=\boldsymbol{0}$;

(3) $\boldsymbol{D}_{r+1}$ 含 $\boldsymbol{A}$ 的第 i 行不含 $\boldsymbol{A}$ 的第 j 行，则根据行列式性质，$\boldsymbol{D}_{r+1} = \boldsymbol{D}_1 + k\boldsymbol{D}_2$，其中，$\boldsymbol{D}_1, \boldsymbol{D}_2$ 都是 $\boldsymbol{A}$ 的 $r+1$ 阶子式，故 $\boldsymbol{D}_{r+1} = \boldsymbol{0}$。综上得到 $\mathrm{r}(\boldsymbol{B}) \leqslant r$。

反过来，将矩阵 $\boldsymbol{B}$ 的第 j 行的 $(-k)$ 倍加到第 i 行可得到矩阵 $\boldsymbol{A}$，按照以上分析得到 $\mathrm{r}(\boldsymbol{A}) \leqslant \mathrm{r}(\boldsymbol{B})$，所以 $\mathrm{r}(\boldsymbol{A}) = \mathrm{r}(\boldsymbol{B})$。

推论 2.5　设 $\boldsymbol{A}$ 是 $m \times n$ 矩阵，$\boldsymbol{P}, \boldsymbol{Q}$ 分别是 m 阶和 n 阶可逆矩阵，则

$$\mathrm{r}(\boldsymbol{A}) = \mathrm{r}(\boldsymbol{PA}) = \mathrm{r}(\boldsymbol{AQ}) = \mathrm{r}(\boldsymbol{PAQ})$$

证　由 $\boldsymbol{P}$ 可逆，故有 m 个初等矩阵 $\boldsymbol{P}_1, \boldsymbol{P}_2, \cdots, \boldsymbol{P}_m$ 使得 $\boldsymbol{P} = \boldsymbol{P}_1\boldsymbol{P}_2\cdots\boldsymbol{P}_m$，这相当于对 $\boldsymbol{A}$ 进行 m 次初等行变换，故由定理 2.8 知 $\mathrm{r}(\boldsymbol{A}) = \mathrm{r}(\boldsymbol{PA})$。同理其他几个结论也成立。

由此可知，要求矩阵 $\boldsymbol{A}$ 的秩，可先用初等变换把 $\boldsymbol{A}$ 化成行阶梯形矩阵 $\boldsymbol{B}$，则 $\boldsymbol{B}$ 中非零行的行数就是 $\boldsymbol{A}$ 的秩。

推论 2.6　设 $\boldsymbol{A}$ 是 $m \times n$ 矩阵，$\mathrm{r}(\boldsymbol{A}) = r$，则 $\boldsymbol{A}$ 的标准形是 $\begin{pmatrix} \boldsymbol{I}_r & \boldsymbol{0} \\ \boldsymbol{0} & \boldsymbol{0} \end{pmatrix}$，即有 m 阶可逆矩阵 $\boldsymbol{P}$ 以及 n 阶可逆矩阵 $\boldsymbol{Q}$ 使得

$$\boldsymbol{PAQ} = \begin{pmatrix} \boldsymbol{I}_r & \boldsymbol{0} \\ \boldsymbol{0} & \boldsymbol{0} \end{pmatrix}$$

例 2.19　求矩阵 $\boldsymbol{A} = \begin{pmatrix} 2 & 1 & 3 & 2 \\ 4 & 2 & 5 & -1 \\ 2 & 1 & 1 & -8 \end{pmatrix}$ 的秩。

解

$$\boldsymbol{A} = \begin{pmatrix} 2 & 1 & 3 & 2 \\ 4 & 2 & 5 & -1 \\ 2 & 1 & 1 & -8 \end{pmatrix} \xrightarrow[r_3 - r_1]{r_2 - 2r_1} \begin{pmatrix} 2 & 1 & 3 & 2 \\ 0 & 0 & -1 & -5 \\ 0 & 0 & -2 & -10 \end{pmatrix}$$

$$\xrightarrow[\substack{r_1 + 3r_2 \\ r_2 \times (-1)}]{r_3 - 2r_2} \begin{pmatrix} 2 & 1 & 0 & -13 \\ 0 & 0 & 1 & 5 \\ 0 & 0 & 0 & 0 \end{pmatrix}$$

所以

$$\mathrm{r}(\boldsymbol{A}) = 2$$

例 2.20　问 t 为何值时，矩阵 $\boldsymbol{A} = \begin{pmatrix} 1 & 2 & 3 \\ t & -6 & -9 \\ 2 & 4 & 6 \end{pmatrix}$ 有最小秩，并求这

个秩。

解　由于
$$A=\begin{pmatrix}1&2&3\\t&-6&-9\\2&4&6\end{pmatrix}\xrightarrow[r_3-2r_1]{r_2+3r_1}\begin{pmatrix}1&2&3\\t+3&0&0\\0&0&0\end{pmatrix}$$
所以 $\mathrm{r}(\boldsymbol{A})\leqslant 2$，要使 $\boldsymbol{A}$ 的秩最小，必有 $t+3=0$，即 $t=-3$，此时 $\mathrm{r}(\boldsymbol{A})=1$。

习　题　2.4

1. 求矩阵 $\boldsymbol{A}=\begin{pmatrix}1&-1&2&1\\3&0&6&-1\\0&3&0&0\end{pmatrix}$ 的标准形。

2. 求下列矩阵的秩

(1) $\begin{pmatrix}1&-2&-3\\1&-2&3\\-1&2&0\end{pmatrix}$； (2) $\begin{pmatrix}1&3&5\\-1&1&0\\3&0&-2\\2&1&6\end{pmatrix}$。

3. 在秩为 r 的矩阵中，有没有等于零的 $r-1$ 阶子式？有没有等于零的 r 阶子式？举例说明。

4. 求 a 的值，使矩阵 $\begin{pmatrix}1&2&1\\2&a&1\\1&1&0\end{pmatrix}$ 的秩最小，最小秩是多少？

5. 设 $\boldsymbol{A}$ 是三阶矩阵，将 $\boldsymbol{A}$ 的第一列与第二列交换得 $\boldsymbol{B}$，再把 $\boldsymbol{B}$ 的第二列的 3 倍加到第三列得 $\boldsymbol{C}$，求矩阵 $\boldsymbol{P}$，使得 $\boldsymbol{AP}=\boldsymbol{C}$。

6. 设 $\boldsymbol{A}=\begin{pmatrix}0&3&3\\1&1&0\\-1&2&3\end{pmatrix}$，且 $\boldsymbol{AB}=\boldsymbol{A}+2\boldsymbol{B}$，求矩阵 $\boldsymbol{B}$。

7. 设 n 阶矩阵 $\boldsymbol{A}=\begin{pmatrix}1&a&\cdots&a\\a&1&\cdots&a\\\vdots&\vdots&&\vdots\\a&a&\cdots&1\end{pmatrix}$，试讨论 $\boldsymbol{A}$ 的秩的情况。

2.5　Gauss 消元法及线性方程组有解判别法

在现代科技的众多领域中，常常会遇到线性方程组的求解问题。在第 1 章中，我们讨论了用克莱姆法则解线性方程组的问题，但是，它只讨论了线性方程组的一个特殊情况，即方程的个数与未知量个数相同且系数行列式的值不为零，而并没有

给出 m 个方程 n 个未知量 $(m \neq n)$ 的线性方程组的解法。本节利用矩阵初等行变换方法，讨论一般线性方程组的解的存在性、解的个数及解法。

首先介绍线性方程组的一般概念，在此基础上，讨论求线性方程组一般解的 Gauss 消元法。

2.5.1　线性方程组的概念

含 m 个方程 n 个未知量的线性方程组具有如下形式：

$$\begin{cases} a_{11}x_1 + a_{12}x_2 + \cdots + a_{1n}x_n = b_1 \\ a_{21}x_1 + a_{22}x_2 + \cdots + a_{2n}x_n = b_2 \\ \qquad\cdots\cdots \\ a_{m1}x_1 + a_{m2}x_2 + \cdots + a_{mn}x_n = b_m \end{cases} \tag{2.10}$$

其中, $x_1, x_2, \cdots, x_n$ 称为未知量，a_{ij} $(i = 1, 2, \cdots, m; j = 1, 2, \cdots n)$ 称为方程组中第 i 个方程第 j 个未知量 x_j 的系数；b_i $(i = 1, 2, \cdots, m)$ 称为常数项。

(2.10) 是一个含有 n 个未知量、m 个方程的线性方程组，其中，m 可以小于 n，也可以大于或等于 n。

常数项 b_i 全为零的方程组称为**齐次线性方程组**；常数项不全为零的线性方程组称为**非齐次线性方程组**。将线性方程组 (2.10) 的常数项全部改为零，就得到齐次线性方程组

$$\begin{cases} a_{11}x_1 + a_{12}x_2 + \cdots + a_{1n}x_n = 0 \\ a_{21}x_1 + a_{22}x_2 + \cdots + a_{2n}x_n = 0 \\ \qquad\cdots\cdots \\ a_{m1}x_1 + a_{m2}x_2 + \cdots + a_{mn}x_n = 0 \end{cases} \tag{2.11}$$

方程组 (2.11) 称为与方程组 (2.10) 对应的齐次线性方程组。

若记

$$\boldsymbol{A} = \begin{pmatrix} a_{11} & a_{12} & \cdots & a_{1n} \\ a_{21} & a_{22} & \cdots & a_{2n} \\ \vdots & \vdots & & \vdots \\ a_{m1} & a_{m2} & \cdots & a_{mn} \end{pmatrix}, \quad \boldsymbol{x} = \begin{pmatrix} x_1 \\ x_2 \\ \vdots \\ x_n \end{pmatrix}, \quad \boldsymbol{b} = \begin{pmatrix} b_1 \\ b_2 \\ \vdots \\ b_m \end{pmatrix}$$

则线性方程组 (2.10) 可以写成矩阵方程的形式

$$\boldsymbol{A}\boldsymbol{x} = \boldsymbol{b} \tag{2.12}$$

其中，$\boldsymbol{A}$ 称为线性方程组 (2.10) 的**系数矩阵**，$\boldsymbol{B} = (\boldsymbol{A} \mid \boldsymbol{b})$ 称为线性方程组 (2.10) 的**增广矩阵**。显然，线性方程组与其增广矩阵一一对应。相应的齐次线性方程组可

以写为

$$Ax = \mathbf{0} \tag{2.13}$$

如果 $x_1 = c_1, x_2 = c_2, \cdots, x_n = c_n$ 使得方程组 (2.10) 的每一个方程都成立，则称这 n 个数 $c_1, c_2, \cdots, c_n$ 是方程组 (2.10) 的一组**解**，或者说 $\boldsymbol{x} = (c_1, c_2, \cdots c_n)^{\mathrm{T}}$ 是方程 (2.12) 的一个**解**(或**解向量**)，也简称为解。

如果线性方程组 (2.10) 有解，我们就称方程组 (2.10) 是**相容的**，否则，就称方程组 (2.10) 是**不相容的**。

一个线性方程组的解 (解向量) 的全体构成的集合称为该线性方程组的**解集合**，简称为**解集**。两个解集相同的线性方程组称为是**同解方程组**或**等价方程组**。线性方程组全部解的表达式称为线性方程组的**通解**。

2.5.2 Gauss 消元法

在初等代数中，我们已经学习过用加减消元法和代入消元法解二元或三元线性方程组，这就是 Gauss 消元法的特殊情况。下面讨论如何运用该方法判断一般线性方程组的可解性以及如何用 Gauss 消元法求解。让我们先从一个例子入手。

例 2.21 解线性方程组

$$\begin{cases} 2x_1 - x_2 + x_3 - 3x_4 = -1 \\ x_1 + x_2 - x_3 - 3x_4 = -2 \\ x_1 - x_2 + x_3 - x_4 = 0 \end{cases} \tag{2.14}$$

解 第一步，交换第一个方程与第三个方程的位置，然后将第二个方程减去第一个方程，第三个方程减去第一个方程的 2 倍，得到

$$\begin{cases} x_1 - x_2 + x_3 - x_4 = 0 \\ 2x_2 - 2x_3 - 2x_4 = -2 \\ x_2 - x_3 - x_4 = -1 \end{cases}$$

第二步，将第二个方程两边同乘以 $\dfrac{1}{2}$，再将第三个方程减去第二个方程得到

$$\begin{cases} x_1 - x_2 + x_3 - x_4 = 0 \\ x_2 - x_3 - x_4 = -1 \\ 0 = 0 \end{cases}$$

第三步，将第二个方程加到第一个方程上得到

$$\begin{cases} x_1 - 2x_4 = -1 \\ x_2 - x_3 - x_4 = -1 \\ 0 = 0 \end{cases} \tag{2.15}$$

在方程组 (2.15) 中，真正起作用的方程就两个，解不能唯一确定，每给 x_3, x_4 一组值，就可以唯一确定出 x_1, x_2 的一组值，从而得到方程组的一个解，因此方程组有无穷多解。分别令 $x_3 = k_1, x_4 = k_2$，由方程组 (2.15) 得到方程组的一般解为

$$\begin{pmatrix} x_1 \\ x_2 \\ x_3 \\ x_4 \end{pmatrix} = \begin{pmatrix} -1 + 2k_2 \\ -1 + k_1 + k_2 \\ k_1 \\ k_2 \end{pmatrix}$$

其中，k_1, k_2 是任意常数。

在例 2.21 中，方程组 (2.15) 呈阶梯状，这种方程组通常称为**阶梯形线性方程组**。

在解线性方程组 (2.14) 的过程中，我们对方程组使用了以下三种变换：

(1) 互换两个方程的位置；

(2) 用一个非零数 k 乘某个方程的两边；

(3) 把一个方程的 k 倍加到另一个方程上。

定义 2.20　上述三种变换称为**线性方程组的初等变换**。

不难看出，线性方程组的初等变换不改变方程组的解，且任一线性方程组经一系列初等变换后都能化成阶梯形线性方程组。

从例 2.21 的解题过程可以看出，未知量没有参与运算，真正参与运算的只是未知量的系数和常数项。实际上，对线性方程组施行初等变换化为同解方程组的过程，就是对方程组的增广矩阵进行初等行变换的过程。如例 2.21 解题过程可用增广矩阵变换如下：

$$\boldsymbol{B} = (\boldsymbol{A} \,\vdots\, \boldsymbol{b}) = \left(\begin{array}{cccc:c} 2 & -1 & 1 & -3 & -1 \\ 1 & 1 & -1 & -3 & -2 \\ 1 & -1 & 1 & -1 & 0 \end{array}\right) \xrightarrow[\substack{r_2 - r_1 \\ r_3 - 2r_1}]{r_1 \leftrightarrow r_3} \left(\begin{array}{cccc:c} 1 & -1 & 1 & -1 & 0 \\ 0 & 2 & -2 & -2 & -2 \\ 0 & 1 & -1 & -1 & -1 \end{array}\right)$$

$$\xrightarrow[\substack{r_3 - r_2 \\ r_1 + r_2}]{r_2 \times \frac{1}{2}} \left(\begin{array}{cccc:c} 1 & 0 & 0 & -2 & -1 \\ 0 & 1 & -1 & -1 & -1 \\ 0 & 0 & 0 & 0 & 0 \end{array}\right)$$

最后一个矩阵对应的线性方程组即为方程组 (2.15)。

这表明，解线性方程组的过程就是对其增广矩阵进行初等行变换的过程。

例 2.22　解线性方程组

$$
\begin{cases}
\qquad\quad x_2+x_3=2\\
x_1+\ \ x_2+x_3=5\\
x_1+2x_2+2x_3=7\\
2x_1+\ \ x_2-x_3=4
\end{cases}
$$

解　对方程组的增广矩阵依次施行初等行变换，使它化为行阶梯形矩阵。

$$
(\boldsymbol{A}\,\vdots\,\boldsymbol{b})=\left(\begin{array}{ccc:c}0&1&1&2\\1&1&1&5\\1&2&2&7\\2&1&-1&4\end{array}\right)\xrightarrow[r_1\leftrightarrow r_2]{\substack{r_3-r_2\\r_4-2r_2}}\left(\begin{array}{ccc:c}1&1&1&5\\0&1&1&2\\0&1&1&2\\0&-1&-3&-6\end{array}\right)
$$

$$
\xrightarrow[r_3\leftrightarrow r_4]{\substack{r_1-r_2\\r_3-r_2\\r_4+r_2}}\left(\begin{array}{ccc:c}1&0&0&3\\0&1&1&2\\0&0&-2&-4\\0&0&0&0\end{array}\right)\xrightarrow{\substack{r_3\times\left(-\frac{1}{2}\right)\\r_2-r_3}}\left(\begin{array}{ccc:c}1&0&0&3\\0&1&0&0\\0&0&1&2\\0&0&0&0\end{array}\right)
$$

于是原方程组与下述阶梯形方程组同解

$$
\begin{cases}
x_1=3\\
\qquad\qquad x_2=0\\
\qquad\qquad\qquad\qquad x_3=2
\end{cases}
$$

故这个方程组有唯一解 $\begin{pmatrix}x_1\\x_2\\x_3\end{pmatrix}=\begin{pmatrix}3\\0\\2\end{pmatrix}$。

例 2.23　解线性方程组

$$
\begin{cases}
x_1-2x_2+3x_3=4\\
4x_1-2x_2-4x_3=1\\
3x_1\qquad\ \ -7x_3=5
\end{cases}
$$

解　对线性方程组的增广矩阵进行初等行变换：

$$
(\boldsymbol{A}\,\vdots\,\boldsymbol{b})=\left(\begin{array}{ccc:c}1&-2&3&4\\4&-2&-4&1\\3&0&-7&5\end{array}\right)\xrightarrow{\substack{r_2-4r_1\\r_3-3r_3}}\left(\begin{array}{ccc:c}1&-2&3&4\\0&6&-16&-15\\0&6&-16&-7\end{array}\right)
$$

$$\xrightarrow{r_3-r_2}\left(\begin{array}{ccc:c}1 & -2 & 3 & 4\\0 & 6 & -16 & -15\\0 & 0 & 0 & 8\end{array}\right)$$

最后一个矩阵对应的线性方程组的第三个方程出现 $0=8$ 的矛盾方程，故方程组无解。

从以上的例 2.21～ 例 2.23 可以看出，一个线性方程组的解可能唯一，可能无穷多，也可能无解，以下我们将讨论线性方程组解的三种情况。

2.5.3　线性方程组有解判别法

定理 2.9　设非齐次线性方程组 (2.12) 系数矩阵为 $\boldsymbol{A}$，增广矩阵 $\boldsymbol{B}=(\boldsymbol{A}\,\vdots\,\boldsymbol{b})$，则线性方程组 (2.12) 有解的充要条件是系数矩阵的秩与增广矩阵的秩相等，即 $\mathrm{r}(\boldsymbol{A})=\mathrm{r}(\boldsymbol{B})$，且在有解时，当 $\mathrm{r}(\boldsymbol{A})=\mathrm{r}(\boldsymbol{B})=n$ 时，方程组的解唯一；当 $\mathrm{r}(\boldsymbol{A})=\mathrm{r}(\boldsymbol{B})=r<n$ 时，方程组的解有无穷多个。

证　对线性方程组的增广矩阵施行若干次初等行变换，使它化为行阶梯形矩阵。

$$(\boldsymbol{A}\,\vdots\,\boldsymbol{b})\xrightarrow{\text{初等行变换}}\begin{pmatrix}c_{11} & c_{12} & \cdots & c_{1r} & c_{1r+1} & \cdots & c_{1n} & d_1\\0 & c_{22} & \cdots & c_{2r} & c_{2r+1} & \cdots & c_{2n} & d_2\\\vdots & \vdots & & \vdots & \vdots & & \vdots & \vdots\\0 & 0 & \cdots & c_{rr} & c_{rr+1} & \cdots & c_{rn} & d_r\\0 & 0 & \cdots & 0 & 0 & \cdots & 0 & d_{r+1}\\0 & 0 & \cdots & 0 & 0 & \cdots & 0 & 0\\\vdots & \vdots & & \vdots & \vdots & & \vdots & \vdots\\0 & 0 & \cdots & 0 & 0 & \cdots & 0 & 0\end{pmatrix}\tag{2.16}$$

其中，$c_{ii}\neq 0, i=1,2,\cdots,r$，它对应的线性方程组为

$$\left\{\begin{array}{ccccccccc}c_{11}x_1+ & c_{12}x_2+ & \cdots & c_{1r}x_r & +c_{1r+1}x_{r+1} & + & \cdots & + & c_{1n}x_n & = & d_1\\ & c_{22}x_2+ & \cdots & c_{2r}x_r & +c_{2r+1}x_{r+1} & + & \cdots & + & c_{2n}x_n & = & d_2\\ & & \cdots & & & & \cdots & & & & \\ & & & c_{rr}x_r & +c_{rr+1}x_{r+1} & + & \cdots & + & c_{rn}x_n & = & d_r\\ & & & & & & & & 0 & = & d_{r+1}\\ & & & & & & & & \cdots & = & \cdots\\ & & & & & & & & 0 & = & 0\end{array}\right.\tag{2.17}$$

下面分情况讨论：

(1) 当式 (2.16) 中 $d_{r+1} \neq 0$，这时 $\mathrm{r}(\boldsymbol{A}) = r$，而 $\mathrm{r}(\boldsymbol{B}) = r+1$。此时，对应的线性方程组 (2.17) 的第 $r+1$ 个方程 $0 = d_{r+1}$ 为矛盾方程，故方程组无解。

(2) 当式 (2.16) 中 $d_{r+1} = 0$，这时 $\mathrm{r}(\boldsymbol{A}) = \mathrm{r}(\boldsymbol{B}) = r = n$，方程组等价于

$$\begin{cases} c_{11}x_1 + c_{12}x_2 + \cdots + c_{1n}x_n = d_1 \\ \qquad\quad c_{22}x_2 + \cdots + c_{2n}x_n = d_2 \\ \qquad\qquad \cdots\cdots \\ \qquad\qquad\qquad c_{nn}x_n = d_n \end{cases} \tag{2.18}$$

从最后一个方程开始，依次可唯一求出 $x_n, x_{n-1}, \cdots, x_2, x_1$，表明线性方程组有唯一解。

(3) 当式 (2.16) 中 $d_{r+1} = 0$ 而 $\mathrm{r}(\boldsymbol{A}) = \mathrm{r}(\boldsymbol{B}) = r < n$，方程组等价于

$$\begin{cases} c_{11}x_1 + c_{12}x_2 + \cdots + c_{1r}x_r = d_1 - c_{1r+1}x_{r+1} - \cdots - c_{1n}x_n \\ \qquad\quad c_{22}x_2 + \cdots + c_{2r}x_r = d_2 - c_{2r+1}x_{r+1} - \cdots - c_{2n}x_n \\ \qquad\qquad \cdots\cdots \\ \qquad\qquad\qquad c_{rr}x_r = d_r - c_{rr+1}x_{r+1} - \cdots - c_{rn}x_n \end{cases} \tag{2.19}$$

对于未知量 $x_{r+1}, x_{r+2}, \cdots, x_n$ 任取一组值

$$x_{r+1} = k_{r+1}, x_{r+2} = k_{r+2}, \cdots, x_n = k_n \tag{2.20}$$

由方程组 (2.19) 可以求出 $x_1, x_2, \cdots, x_r$ 的一组值 $k_1, k_2, \cdots, k_r$，于是

$$\begin{pmatrix} x_1 \\ \vdots \\ x_r \\ x_{r+1} \\ \vdots \\ x_n \end{pmatrix} = \begin{pmatrix} k_1 \\ \vdots \\ k_r \\ k_{r+1} \\ \vdots \\ k_n \end{pmatrix}$$

是线性方程组 (2.12) 的一组解，由 $k_{r+1}, k_{r+2}, \cdots, k_n$ 的任意性，所以线性方程组有无穷多组解。

在式 (2.20) 中，$x_{r+1}, x_{r+2}, \cdots, x_n$ 可以任意取值，故称其为**自由未知量**。从以上讨论可以看出，当 $\mathrm{r}(\boldsymbol{A}) = \mathrm{r}(\boldsymbol{B}) = r < n$ 时，线性方程组有 $n-r$ 个自由未知量。

推论 2.7　设矩阵 $\boldsymbol{A}$ 为 $m \times n$ 矩阵，$\mathrm{r}(\boldsymbol{A}) = r$，则齐次线性方程组 $\boldsymbol{Ax} = \boldsymbol{0}$ 总有解，并且

(1) $\boldsymbol{Ax}=\boldsymbol{0}$ 有非零解的充要条件是 $r<n$;

(2) $\boldsymbol{Ax}=\boldsymbol{0}$ 只有零解的充要条件是 $r=n$。

推论 2.8　设矩阵 $\boldsymbol{A}$ 为 n 阶矩阵，则齐次线性方程组

(1) $\boldsymbol{Ax}=\boldsymbol{0}$ 有非零解的充要条件是 $|\boldsymbol{A}|=0$;

(2) $\boldsymbol{Ax}=\boldsymbol{0}$ 只有零解的充要条件是 $|\boldsymbol{A}|\neq 0$。

证　由推论 2.7，$\boldsymbol{Ax}=\boldsymbol{0}$ 有非零解当且仅当 $\mathrm{r}(\boldsymbol{A})<n$ 当且仅当 $|\boldsymbol{A}|=0$。

例 2.24　解齐次线性方程组

$$\begin{cases} x_1+x_2+x_3=0 \\ x_1+2x_2+3x_3=0 \\ 3x_1+3x_2+3x_3=0 \end{cases}$$

解　这是一个齐次线性方程组，其增广矩阵的最后一列全为零。因此，在求解时，只需对其系数矩阵作初等行变换即可。

$$\boldsymbol{A}=\begin{pmatrix} 1 & 1 & 1 \\ 1 & 2 & 3 \\ 3 & 3 & 3 \end{pmatrix}\xrightarrow[r_3-3r_1]{r_2-r_1}\begin{pmatrix} 1 & 1 & 1 \\ 0 & 1 & 2 \\ 0 & 0 & 0 \end{pmatrix}\xrightarrow{r_1-r_2}\begin{pmatrix} 1 & 0 & -1 \\ 0 & 1 & 2 \\ 0 & 0 & 0 \end{pmatrix}$$

系数矩阵的秩为 2，故有非零解，且同解方程组为

$$\begin{cases} x_1-x_3=0 \\ x_2+2x_3=0 \end{cases}$$

令 $x_3=t$，得原方程组的解

$$\begin{pmatrix} x_1 \\ x_2 \\ x_3 \end{pmatrix}=\begin{pmatrix} t \\ -2t \\ t \end{pmatrix}$$

其中，t 是任意常数，此时原方程组有非零解。

注　求解齐次线性方程组，只需对它的系数矩阵施行初等行变换即可，并尽可能把系数矩阵化成行最简矩阵，这样就容易求出它的解。

例 2.25　写出方程组 $\begin{cases} x_1-x_2=a_1 \\ x_2-x_3=a_2 \\ x_3-x_4=a_3 \\ -x_1+x_4=a_4 \end{cases}$ 有解的充要条件，并求解。

解　对增广矩阵 $\boldsymbol{B}$ 作初等行变换化为

$$
\boldsymbol{B}=(\boldsymbol{A}\vdots\boldsymbol{b})=\left(\begin{array}{cccc:c}1&-1&0&0&a_1\\0&1&-1&0&a_2\\0&0&1&-1&a_3\\-1&0&0&1&a_4\end{array}\right)\to\left(\begin{array}{cccc:c}1&-1&0&0&a_1\\0&1&-1&0&a_2\\0&0&1&-1&a_3\\0&0&0&0&\sum\limits_{i=1}^{4}a_i\end{array}\right)
$$

$$
\to\left(\begin{array}{cccc:c}1&0&0&-1&a_1+a_2+a_3\\0&1&0&-1&a_2+a_3\\0&0&1&-1&a_3\\0&0&0&0&\sum\limits_{i=1}^{4}a_i\end{array}\right)
$$

可知 $\mathrm{r}(\boldsymbol{A})=3$, 方程组有解的充要条件是 $\mathrm{r}(\boldsymbol{A})=\mathrm{r}(\boldsymbol{B})=3$, 故充要条件是 $\sum\limits_{i=1}^{4}a_i=0$。方程组有解时, 通解为

$$
\begin{pmatrix}x_1\\x_2\\x_3\\x_4\end{pmatrix}=k\begin{pmatrix}1\\1\\1\\1\end{pmatrix}+\begin{pmatrix}a_1+a_2+a_3\\a_2+a_3\\a_3\\0\end{pmatrix},\quad k\text{为任意常数}
$$

习　题　2.5

1. 讨论下列线性方程组是否有解，若有解，用 Gauss 消元法求出所有解,

(1) $\begin{cases}x_1+x_2+2x_3=4\\x_1-x_2-x_3=-1\\2x_1-4x_2-5x_3=1\end{cases}$；　(2) $\begin{cases}x_1+x_2+x_3=4\\2x_1+x_2+x_3=3\\3x_1+2x_2-x_3=1\end{cases}$；

(3) $\begin{cases}x_1+x_2-x_3-x_4=1\\2x_1+x_2+x_3+x_4=4\\4x_1+3x_2-x_3-x_4=6\\x_1+2x_2-4x_3-4x_4=-1\end{cases}$。

2. 解下列齐次线性方程组

(1) $\begin{cases}2x_1-x_2+3x_3=0\\4x_1+2x_2+2x_3=0\\-2x_1+5x_2-4x_3=0\end{cases}$；　(2) $\begin{cases}x_1+x_2+x_3+x_4=0\\2x_1+2x_2+x_3+x_4=0\\x_1+x_2-x_3+x_4=0\end{cases}$。

3. 方程个数小于未知量个数的齐次线性方程组必有无穷多个解，对不对？为什么？

4. 当 k 为何值时，齐次线性方程组

$$\begin{cases} kx_1 \quad +x_2 \quad +x_3 \quad =0 \\ x_1 \quad +kx_2 \quad -x_3 \quad =0 \\ 2x_1 \quad -x_2 \quad +x_3 \quad =0 \end{cases}$$

只有零解。

5. 对非齐次线性方程组 $\begin{cases} \lambda x_1 + x_2 + x_3 = \lambda - 3 \\ x_1 + \lambda x_2 + x_3 = -2 \\ x_1 + x_2 + \lambda x_3 = -2 \end{cases}$，讨论 λ 取何值时，方程组

(1) 有唯一解；(2) 无解；(3) 有无穷多个解，并求出通解。

2.6　矩阵应用举例

矩阵在许多领域都有广泛的应用，用矩阵的初等行变换来求解一般的线性方程组，这本身就是矩阵的一个应用；也可以用矩阵来解决生产实际中的调配问题、下料问题等；矩阵还可用于数字图像措置惩罚、计算机图形学、人工智能、收集信息及一般的算法设计等。矩阵不但在并行应用中使通信优化，而且在航天科技中也有很多的应用。随着科学技术的发展，矩阵的应用已经深入到了自然科学、社会科学、工程技术，经济等各个范畴。下面举几个矩阵应用的例子。

例 2.26　图 2.1 为 1，2，3，4 四个城市之间的空运航线的有向图，两市之间如果有航线，则用 1 表示，否则用 0 表示。它可以用矩阵表示为 $\boldsymbol{M} = (m_{ij}) = \begin{pmatrix} 0 & 1 & 1 & 1 \\ 1 & 0 & 0 & 0 \\ 0 & 1 & 0 & 1 \\ 1 & 0 & 1 & 0 \end{pmatrix}$，则 $\boldsymbol{M}^2 = (a_{ij}) = \begin{pmatrix} 2 & 1 & 1 & 0 \\ 0 & 1 & 1 & 1 \\ 1 & 0 & 0 & 0 \\ 0 & 2 & 1 & 1 \end{pmatrix}$，

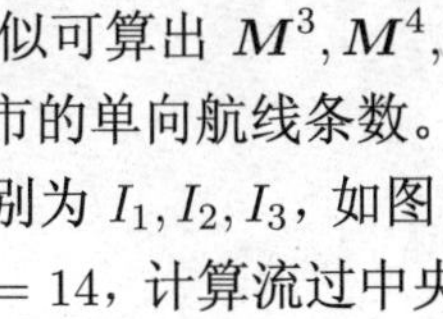

图 2.1

$\boldsymbol{M}^2$ 表示表示从 i 市经一次中转到 j 市的单向航线条数，

如 a_{42} 表示城市 4 经过一次中转到城市 2 有两条航线。类似可算出 $\boldsymbol{M}^3, \boldsymbol{M}^4, \cdots$ 矩阵中的每个元素表示从 i 市经两次，三次，$\cdots$ 中转到 j 市的单向航线条数。

例 2.27　由网孔法，设桥式电路中闭合回路的电流分别为 I_1, I_2, I_3，如图 2.2 所示，已知 $R_1 = 2$，$R_2 = 1$，$R_3 = 1$，$R_4 = 2$，$R_5 = 1$，$E = 14$，计算流过中央支路 AB 的电流 I_{AB}。

解　由基尔霍夫第二定律 (电压定律) 得如下方程组

$$\begin{cases} R_1I_1 + R_5(I_1 - I_2) + R_2(I_1 - I_3) = 0 \\ R_3I_2 + R_4(I_2 - I_3) + R_5(I_2 - I_1) = 0 \\ R_2(I_3 - I_1) + R_4(I_3 - I_2) = E \end{cases}$$

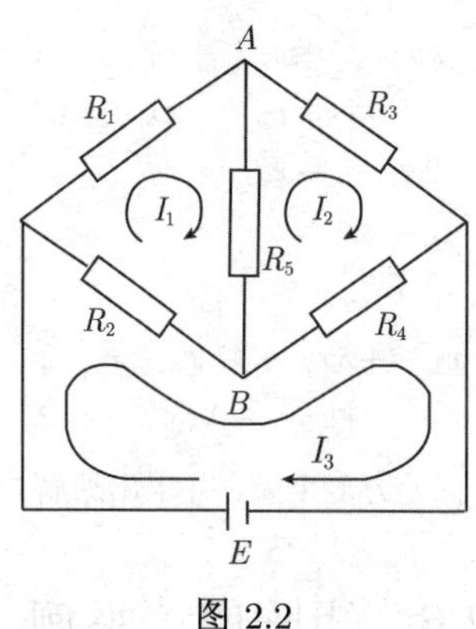

图 2.2

即
$$\begin{cases} 4I_1 & -I_2 & -I_3 & =0 \\ -I_1 & +4I_2 & -2I_3 & =0 \\ -I_1 & -2I_2 & +3I_3 & =14 \end{cases}$$

同样计算如下几个行列式:

$$|\boldsymbol{A}| = \begin{vmatrix} 4 & -1 & -1 \\ -1 & 4 & -2 \\ -1 & -2 & 3 \end{vmatrix} = 21, \quad D_1 = \begin{vmatrix} 0 & -1 & -1 \\ 0 & 4 & -2 \\ 14 & -2 & 3 \end{vmatrix} = 84$$

$$D_2 = \begin{vmatrix} 4 & 0 & -1 \\ -1 & 0 & -2 \\ -1 & 14 & 3 \end{vmatrix} = 126, \quad D_3 = \begin{vmatrix} 4 & -1 & 0 \\ -1 & 4 & 0 \\ -1 & -2 & 14 \end{vmatrix} = 210$$

所以
$$I_1 = \frac{D_1}{|A|} = 4, \quad I_2 = \frac{D_2}{|A|} = 6, \quad I_3 = \frac{D_3}{|A|} = 10$$

从而，流过中央支路 AB 的电流为 $I_{AB} = I_1 - I_2 = -2$，即电流是从 B 流向 A 的。

例 2.28　(交通流量模型) 图 2.3 给出了某城市部分单行街道的交通流量 (每小时过车数)，假设：

(1) 全部流入网络的流量等于全部流出网络的流量；

(2) 全部流入一个节点的流量等于全部流出此节点的流量，

计算各线路上的车辆数。

解　由假设可知，所给问题满足如下线性方程组：

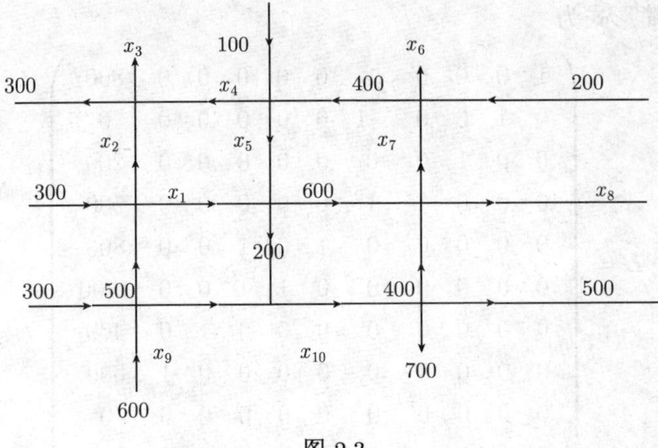

图 2.3

$$
\begin{cases}
x_2 - x_3 + x_4 = 300 \\
x_4 + x_5 = 500 \\
x_6 - x_7 = 200 \\
x_1 + x_2 = 800 \\
x_1 + x_5 = 800 \\
x_7 + x_8 = 100 \\
x_9 = 400 \\
-x_9 + x_{10} = 200 \\
x_{10} = 600 \\
x_3 + x_6 + x_8 = 1000
\end{cases}
$$

系数矩阵为
$$
\boldsymbol{A} = \begin{pmatrix}
0 & 1 & -1 & 1 & 0 & 0 & 0 & 0 & 0 & 0 \\
0 & 0 & 0 & 1 & 1 & 0 & 0 & 0 & 0 & 0 \\
0 & 0 & 0 & 0 & 0 & -1 & 1 & 0 & 0 & 0 \\
1 & 1 & 0 & 0 & 0 & 0 & 0 & 0 & 0 & 0 \\
1 & 0 & 0 & 0 & 1 & 0 & 0 & 0 & 0 & 0 \\
0 & 0 & 0 & 0 & 0 & 0 & 1 & 1 & 0 & 0 \\
0 & 0 & 0 & 0 & 0 & 0 & 0 & 0 & 1 & 0 \\
0 & 0 & 0 & 0 & 0 & 0 & 0 & 0 & -1 & 1 \\
0 & 0 & 0 & 0 & 0 & 0 & 0 & 0 & 0 & 1 \\
0 & 0 & 1 & 0 & 0 & 1 & 0 & 1 & 0 & 0
\end{pmatrix}
$$

增广矩阵行最简形式为

$$\boldsymbol{B}=\begin{pmatrix}1&0&0&0&1&0&0&0&0&0&800\\0&1&0&0&-1&0&0&0&0&0&0\\0&0&1&0&0&0&0&0&0&0&200\\0&0&0&1&1&0&0&0&0&0&500\\0&0&0&0&0&1&0&1&0&0&800\\0&0&0&0&0&0&1&1&0&0&1800\\0&0&0&0&0&0&0&0&1&0&400\\0&0&0&0&0&0&0&0&0&1&600\\0&0&0&0&0&0&0&0&0&0&0\\0&0&0&0&0&0&0&0&0&0&0\end{pmatrix}$$

其对应的齐次方程组为

$$\begin{cases}x_1+x_5=0\\x_2-x_5=0\\x_3=0\\x_4+x_5=0\\x_6+x_8=0\\x_7+x_8=0\\x_9=0\\x_{10}=0\end{cases}$$

取 (x_5,x_8) 为自由未知量，分别赋两组值为 (1,0)，(0,1)，得齐次方程组基础解系中两个解向量

$$\boldsymbol{\eta}_1=(-1,1,0,-1,1,0,0,0,0,0)^{\mathrm{T}}$$
$$\boldsymbol{\eta}_2=(0,0,0,0,0,-1,-1,1,0,0)^{\mathrm{T}}$$

其对应的非齐次方程组为

$$\begin{cases}x_1+x_5=800\\x_2-x_5=0\\x_3=200\\x_4+x_5=500\\x_6+x_8=800\\x_7+x_8=1800\\x_9=400\\x_{10}=600\end{cases}$$

赋值 (0,0) 给自由未知量 (x_5, x_8)，得非齐次方程组的特解

$$\boldsymbol{x}^* = (800, 0, 200, 500, 0, 800, 1000, 0, 400, 600)^{\mathrm{T}}$$

于是方程组的通解 $\boldsymbol{x} = k_1\boldsymbol{\eta}_1 + k_2\boldsymbol{\eta}_2 + \boldsymbol{x}^*$, 其中，$k_1$，$k_2$ 为任意常数，$\boldsymbol{x}$ 的每一个分量即交通网络未知部分的具体流量，它有无穷多解。

例 2.29　(密码问题) 在军事通信中，常将字符 (信号) 与数字对应，如

$$\begin{matrix} a & b & c & d & e & \cdots & x & y & z \\ 1 & 2 & 3 & 4 & 5 & \cdots & 24 & 25 & 26 \end{matrix}$$

例如，信息 ate 对应一个矩阵 $\boldsymbol{B} = \begin{pmatrix} 1 & 20 & 5 \end{pmatrix}$，但如果按这种方式传输，则很容易被敌人破译，于是必须采取加密措施，即用一个约定的加密矩阵 $\boldsymbol{A}$ 乘以原信号 $\boldsymbol{B}$，传输信号为 $\boldsymbol{C} = \boldsymbol{A}\boldsymbol{B}^{\mathrm{T}}$(加密)，收到信号的一方再将信号还原 (破译) 为 $\boldsymbol{B}^{\mathrm{T}} = \boldsymbol{A}^{-1}\boldsymbol{C}$。如果敌方不知道加密矩阵，则很难破译。

设收到的信号为 $\boldsymbol{C} = \begin{pmatrix} 21 & 27 & 31 \end{pmatrix}^{\mathrm{T}}$，加密矩阵为 $\boldsymbol{A} = \begin{pmatrix} -1 & 0 & 1 \\ 0 & 1 & 1 \\ 1 & 1 & 1 \end{pmatrix}$，问原信号 $\boldsymbol{B}$ 是什么？

解　先求出 $\boldsymbol{A}^{-1}$：

$$(\boldsymbol{A} \mid \boldsymbol{I}) = \left(\begin{array}{ccc:ccc} -1 & 0 & 1 & 1 & 0 & 0 \\ 0 & 1 & 1 & 0 & 1 & 0 \\ 1 & 1 & 1 & 0 & 0 & 1 \end{array}\right) \xrightarrow{r_3+r_1} \left(\begin{array}{ccc:ccc} -1 & 0 & 1 & 1 & 0 & 0 \\ 0 & 1 & 1 & 0 & 1 & 0 \\ 0 & 1 & 2 & 1 & 0 & 1 \end{array}\right)$$

$$\xrightarrow{r_3-r_2} \left(\begin{array}{ccc:ccc} -1 & 0 & 1 & 1 & 0 & 0 \\ 0 & 1 & 1 & 0 & 1 & 0 \\ 0 & 0 & 1 & 1 & -1 & 1 \end{array}\right) \xrightarrow[r_1-r_3]{r_2-r_3} \left(\begin{array}{ccc:ccc} -1 & 0 & 0 & 0 & 1 & -1 \\ 0 & 1 & 0 & -1 & 2 & -1 \\ 0 & 0 & 1 & 1 & -1 & 1 \end{array}\right)$$

$$\xrightarrow{-r_1} \left(\begin{array}{ccc:ccc} 1 & 0 & 0 & 0 & -1 & 1 \\ 0 & 1 & 0 & -1 & 2 & -1 \\ 0 & 0 & 1 & 1 & -1 & 1 \end{array}\right)$$

所以

$$\boldsymbol{A}^{-1} = \begin{pmatrix} 0 & -1 & 1 \\ -1 & 2 & -1 \\ 1 & -1 & 1 \end{pmatrix}, \boldsymbol{B}^{\mathrm{T}} = \boldsymbol{A}^{-1}\boldsymbol{C} = \begin{pmatrix} 0 & -1 & 1 \\ -1 & 2 & -1 \\ 1 & -1 & 1 \end{pmatrix}\begin{pmatrix} 21 \\ 27 \\ 31 \end{pmatrix} = \begin{pmatrix} 4 \\ 2 \\ 25 \end{pmatrix}$$

即原信号为 $\boldsymbol{B} = \begin{pmatrix} 4 & 2 & 25 \end{pmatrix}$。

习　题　2.6

对城乡人口流动进行年度调查发现，有一个稳定的朝向城镇流动的趋势：每年农村居民的2.5%移居城镇，而城镇居民的 1%迁出。现在总人口的 60%位于城镇。假如城乡总人口保持不变，并且人口流动的这种趋势继续下去，那么一年以后城镇人口所占比例是多少？两年以后呢？十年以后呢？最终呢？

2.7　本章小结

2.7.1　基本要求

1) 掌握矩阵的运算及其运算性质。

2) 掌握矩阵的可加与可乘的条件以及矩阵乘法不具有交换律和消去律。

3) 掌握矩阵可逆的定义及其性质，并利用公式法以及初等变换求矩阵的逆矩阵。

4) 掌握矩阵秩的定义和秩的性质，利用初等变换求矩阵的秩。

5) 理解分块矩阵的定义以及分块的基本方法和原则，并会求简单分块矩阵的逆矩阵。

6) 掌握矩阵的伴随矩阵的秩与矩阵行列式的性质与应用。

7) 会解矩阵方程。

8) 理解齐次线性方程组有非零解的充分必要条件，会判断齐次线性方程组有无非零解。

9) 掌握非齐次线性方程组有解的充分必要条件，会判断一个方程组是否有解，尤其要会判断带参数线性方程组解的情况。

2.7.2　内容提要

1. 矩阵的运算

1) 两个矩阵可加的条件是两个矩阵有相同的“型号”，即两个矩阵行、列分别相等；两个矩阵可乘的条件是第一个矩阵的列数等于第二个矩阵的行数，且乘积矩阵的行数等于第一个矩阵的行数，列数等于第二个矩阵的列数。

2) 一般情况下，矩阵的乘法不满足交换律，即 $\boldsymbol{AB} \neq \boldsymbol{BA}$，若 $\boldsymbol{AB} = \boldsymbol{BA}$，则称 $\boldsymbol{A}$ 与 $\boldsymbol{B}$ 是可交换的。

3) 设 $\boldsymbol{A}$ 是 $m \times n$ 矩阵，$\boldsymbol{I}_m$ 和 $\boldsymbol{I}_n$ 分别是 m 阶和 n 阶单位矩阵，则有 $\boldsymbol{I}_m\boldsymbol{A} = \boldsymbol{A}\boldsymbol{I}_n = \boldsymbol{A}$。

4) 设 $\boldsymbol{A}, \boldsymbol{B}$ 均为 n 阶方阵，则 $|\boldsymbol{AB}| = |\boldsymbol{BA}| = |\boldsymbol{A}|\,|\boldsymbol{B}|$。

5) 一般地，由 $\boldsymbol{AB}=\mathbf{0}$ 不能推出 $\boldsymbol{A}=\mathbf{0}$ 或 $\boldsymbol{B}=\mathbf{0}$，从而由 $\boldsymbol{AB}=\boldsymbol{AC}$ 不能推出 $\boldsymbol{B}=\boldsymbol{C}$。

6) 若 $\boldsymbol{A},\boldsymbol{B}$ 均为 n 阶方阵，由 $|\boldsymbol{AB}|=|\boldsymbol{A}|\,|\boldsymbol{B}|=0$，则 $|\boldsymbol{A}|=0$ 或 $|\boldsymbol{B}|=0$。

2. 逆矩阵及其性质

1) 设 $\boldsymbol{A}$ 是 n 阶矩阵，若存在 n 阶矩阵 $\boldsymbol{B}$ 使得 $\boldsymbol{AB}=\boldsymbol{I}_n$ 或 $\boldsymbol{BA}=\boldsymbol{I}_n$，就可以得出 $\boldsymbol{A},\boldsymbol{B}$ 互为逆矩阵。

注意到：只有方阵才存在逆矩阵，但并不是所有的方阵都存在逆矩阵。

2) 求逆矩阵的两种方法

(1) 伴随矩阵法：$\boldsymbol{A}^{-1}=\dfrac{1}{|\boldsymbol{A}|}\boldsymbol{A}^*$。

(2) 初等行 (列) 变换法：$(\boldsymbol{A}\,\vdots\,\boldsymbol{I}_n)\xrightarrow{\text{初等行变换}}(\boldsymbol{I}_n\,\vdots\,\boldsymbol{A}^{-1})$ 或

$$\begin{pmatrix}\boldsymbol{A}\\ \hdashline \boldsymbol{I}_n\end{pmatrix}\xrightarrow{\text{初等列变换}}\begin{pmatrix}\boldsymbol{I}_n\\ \hdashline \boldsymbol{A}^{-1}\end{pmatrix}。$$

3) 要求 $\boldsymbol{AX}=\boldsymbol{B}$ 的解，其中，$\boldsymbol{A}$ 是可逆矩阵，则 $\boldsymbol{X}=\boldsymbol{A}^{-1}\boldsymbol{B}$，初等变换求法：

$$(\,\boldsymbol{A}\,\vdots\,\boldsymbol{B}\,)\xrightarrow{\text{初等行变换}}(\,\boldsymbol{I}_n\,\vdots\,\boldsymbol{A}^{-1}\boldsymbol{B}\,)$$

4) 要求 $\boldsymbol{XA}=\boldsymbol{B}$ 的解，其中，$\boldsymbol{A}$ 是可逆矩阵，则 $\boldsymbol{X}=\boldsymbol{BA}^{-1}$，初等变换求法：

$$\begin{pmatrix}\boldsymbol{A}\\ \hdashline \boldsymbol{B}\end{pmatrix}\xrightarrow{\text{初等列变换}}\begin{pmatrix}\boldsymbol{I}_n\\ \hdashline \boldsymbol{BA}^{-1}\end{pmatrix}$$

3. 矩阵的秩及其性质

1) 矩阵的秩是矩阵中非零子式的最大阶数，通常用 $\mathrm{r}(\boldsymbol{A})$ 表示 $\boldsymbol{A}$ 的秩。

2) 矩阵的初等变换不改变矩阵的秩。求矩阵秩的方法是：将矩阵初等行变换使其化为行简单矩阵，非零行的行数即该矩阵的秩。

3) 设 $\boldsymbol{A},\boldsymbol{B}$ 分别是 $m\times n$，$n\times s$ 矩阵，且 $\boldsymbol{AB}=\mathbf{0}$，则 $\mathrm{r}(\boldsymbol{A})+\mathrm{r}(\boldsymbol{B})\leqslant n$。

4) $\mathrm{r}(\boldsymbol{AB})\leqslant\min\{\mathrm{r}(\boldsymbol{A}),\mathrm{r}(\boldsymbol{B})\}$，如果 $\boldsymbol{P},\boldsymbol{Q}$ 均为可逆矩阵，则

$$\mathrm{r}(\boldsymbol{PAQ})=\mathrm{r}(\boldsymbol{PA})=\mathrm{r}(\boldsymbol{AQ})=\mathrm{r}(\boldsymbol{A})$$

即矩阵左乘或右乘一个可逆矩阵，其秩不改变。

4. 初等变换与初等矩阵

1) 矩阵的初等变换

(1) 交换 i 行 (列) 与 j 行 (列)，表示为 $r_i \leftrightarrow r_j (c_i \leftrightarrow c_j)$；

(2) 第 i 行 (列) 乘以非零常数 c，表示为 $cr_i (cc_j)$；

(3) 将第 j 行的 k 倍加到第 i 行，或第 i 列的 k 倍加到第 j 列，表示为 $r_i + kr_j (c_j + kc_i)$。

与上述三种初等变换相对应，有三种初等矩阵 $\boldsymbol{P}(i,j)$，$\boldsymbol{P}(i(c))$，$\boldsymbol{P}(i,j(k))$。初等矩阵都是可逆的，并且对 $\boldsymbol{A}$ 进行一次初等行 (列) 变换，相当于左乘 (右乘) 一个初等矩阵。

2) 矩阵的等价

若矩阵 $\boldsymbol{B}$ 可由矩阵 $\boldsymbol{A}$ 经过初等变换而得到，则称 $\boldsymbol{A}$ 与 $\boldsymbol{B}$**等价**，记为 $\boldsymbol{A} \cong \boldsymbol{B}$。由定义易知：矩阵的等价关系是一个关系。

两个矩阵等价的条件：矩阵 $\boldsymbol{A}$ 与 $\boldsymbol{B}$ 等价的充要条件是存在一系列初等矩阵 $\boldsymbol{P}_1, \boldsymbol{P}_2, \cdots, \boldsymbol{P}_k$ 以及 $\boldsymbol{Q}_1, \boldsymbol{Q}_2, \cdots, \boldsymbol{Q}_s$ 使得 $\boldsymbol{B} = \boldsymbol{P}_1 \boldsymbol{P}_2 \cdots \boldsymbol{P}_k \boldsymbol{A} \boldsymbol{Q}_1 \boldsymbol{Q}_2 \cdots \boldsymbol{Q}_s$。

两个同型矩阵等价当且仅当它们有相同的秩。

3) n 阶矩阵 $\boldsymbol{A}$ 可逆的充要条件是 $\boldsymbol{A}$ 可以表示为一系列初等矩阵的乘积。从而得到：$m \times n$ 矩阵 $\boldsymbol{A}$ 与 $\boldsymbol{B}$ 等价的充要条件是存在 m 阶可逆矩阵 $\boldsymbol{P}$ 及 n 阶可逆矩阵 $\boldsymbol{Q}$，使得 $\boldsymbol{B} = \boldsymbol{PAQ}$。

5. 线性方程组有解的条件

1) n 元非齐次线性方程组 $\boldsymbol{Ax} = \boldsymbol{b}$ 有解的充要条件是 $\mathrm{r}(\boldsymbol{A}) = \mathrm{r}(\boldsymbol{A} \mid \boldsymbol{b})$；

$\boldsymbol{Ax} = \boldsymbol{b}$ 有唯一解的充要条件是 $\mathrm{r}(\boldsymbol{A}) = \mathrm{r}(\boldsymbol{A} \mid \boldsymbol{b}) = r = n$；

$\boldsymbol{Ax} = \boldsymbol{b}$ 有无穷多解的充要条件是 $\mathrm{r}(\boldsymbol{A}) = \mathrm{r}(\boldsymbol{A} \mid \boldsymbol{b}) = r < n$；

$\boldsymbol{Ax} = \boldsymbol{b}$ 无解的充要条件是 $\mathrm{r}(\boldsymbol{A}) < \mathrm{r}(\boldsymbol{A} \mid \boldsymbol{b})$。

2) n 元齐次线性方程组 $\boldsymbol{Ax} = \boldsymbol{0}$ 一定有解 $(0, 0, \cdots, 0)^{\mathrm{T}}$，称之为零解，其他解都称为非零解。$\boldsymbol{Ax} = \boldsymbol{0}$ 有非零解的充要条件是 $\mathrm{r}(\boldsymbol{A}) = r < n$。

特别地，当 $m < n$ 时，$\boldsymbol{Ax} = \boldsymbol{0}$ 必有非零解。

当 $m = n$ 时，$\boldsymbol{Ax} = \boldsymbol{0}$ 有非零解的充分必要条件是 $|\boldsymbol{A}| = 0$。

第2章总习题

一、填空题

1. 设 $\boldsymbol{A}$ 是三阶矩阵，$|\boldsymbol{A}| = -2$，则 $\left|3\boldsymbol{A}^* - 4\boldsymbol{A}^{-1}\right| =$ ______。

2. 设 $\boldsymbol{A}=\begin{pmatrix}1\\2\\3\end{pmatrix}, \boldsymbol{B}=\begin{pmatrix}2 & -2 & 1\end{pmatrix}$，则 $\boldsymbol{AB}=$ ______，$\boldsymbol{BA}=$ ______。

3. 设 $\boldsymbol{A}=\begin{pmatrix}2 & 5\\-1 & -3\end{pmatrix}, \boldsymbol{B}=\begin{pmatrix}1 & 1\\3 & 4\end{pmatrix}$，且 $\boldsymbol{AXB}=\boldsymbol{I}$，则 $\boldsymbol{X}^{-1}=$ ______。

4. 设 $\boldsymbol{A}=(1,3,3), \boldsymbol{B}=(1,-1,1)$，则 $(\boldsymbol{A}^{\mathrm{T}}\boldsymbol{B})^k=$ ______。

5. 齐次线性方程组 $\begin{cases}x_1+x_2+x_3=0\\ax_1+bx_2+cx_3=0\\a^2x_1+b^2x_2+c^2x_3=0\end{cases}$ 有非零解的充分必要条件是参数 a,b,c 满足 ______。

6. 已知方程组 $\begin{pmatrix}1 & 2 & 1\\2 & 3 & a+2\\1 & a & -2\end{pmatrix}\begin{pmatrix}x\\y\\z\end{pmatrix}=\begin{pmatrix}1\\3\\4\end{pmatrix}$ 无解，则 $a=$ ______。

二、单项选择题

1. 设 $\boldsymbol{A}$ 与 $\boldsymbol{B}$ 都是 n 阶矩阵，则必有　　(　　)

A. $|\boldsymbol{A}+\boldsymbol{B}|=|\boldsymbol{A}|+|\boldsymbol{B}|$　　B. $|\boldsymbol{AB}|=|\boldsymbol{BA}|$

C. $\boldsymbol{AB}=\boldsymbol{BA}$　　D. $(\boldsymbol{A}+\boldsymbol{B})^{-1}=\boldsymbol{A}^{-1}+\boldsymbol{B}^{-1}$

2. 设 $\boldsymbol{A},\boldsymbol{B},\boldsymbol{C}$ 都是 n 阶矩阵，且 $\boldsymbol{ABC}=\boldsymbol{I}$，则　　(　　)

A. $\boldsymbol{ACB}=\boldsymbol{I}$　　B. $\boldsymbol{BAC}=\boldsymbol{I}$　　C. $\boldsymbol{BCA}=\boldsymbol{I}$　　D. $\boldsymbol{CBA}=\boldsymbol{I}$

3. 设 $\boldsymbol{A},\boldsymbol{B},\boldsymbol{C}$ 都是 n 阶矩阵，则下列结论正确的是　　(　　)

A. 若 $\boldsymbol{AB}=\boldsymbol{0}$，则 $\boldsymbol{A}=\boldsymbol{0}$ 或 $\boldsymbol{B}=\boldsymbol{0}$　　B. 若 $\boldsymbol{AB}=\boldsymbol{AC}$，且 $\boldsymbol{A}\neq\boldsymbol{0}$，则 $\boldsymbol{B}=\boldsymbol{C}$

C. $(\boldsymbol{A}+\boldsymbol{B})(\boldsymbol{A}-\boldsymbol{B})=\boldsymbol{A}^2-\boldsymbol{B}^2$　　D. 若 $|\boldsymbol{AB}|=0$，则 $|\boldsymbol{A}|=0$ 或 $|\boldsymbol{B}|=0$

4. 设 $\boldsymbol{A}=\begin{pmatrix}a_{11} & a_{12} & a_{13}\\a_{21} & a_{22} & a_{23}\\a_{31} & a_{32} & a_{33}\end{pmatrix}, \boldsymbol{B}=\begin{pmatrix}a_{21} & a_{22} & a_{23}\\a_{11} & a_{12} & a_{13}\\a_{31}+a_{11} & a_{32}+a_{12} & a_{33}+a_{13}\end{pmatrix}$，

$\boldsymbol{P}_1=\begin{pmatrix}0 & 1 & 0\\1 & 0 & 0\\0 & 0 & 1\end{pmatrix}, \boldsymbol{P}_2=\begin{pmatrix}1 & 0 & 0\\0 & 1 & 0\\1 & 0 & 1\end{pmatrix}$，则有　　(　　)

A. $\boldsymbol{P}_1\boldsymbol{P}_2\boldsymbol{A}=\boldsymbol{B}$　　B. $\boldsymbol{P}_2\boldsymbol{P}_1\boldsymbol{A}=\boldsymbol{B}$　　C. $\boldsymbol{AP}_1\boldsymbol{P}_2=\boldsymbol{B}$　　D. $\boldsymbol{AP}_2\boldsymbol{P}_1=\boldsymbol{B}$

5. 设 $\boldsymbol{A},\boldsymbol{B}$ 都是 n 阶对称矩阵，则下列结论不正确的是　　(　　)

A. $\boldsymbol{A}+\boldsymbol{B}$ 也是对称矩阵　　B. $\boldsymbol{AB}$ 也是对称矩阵

C. $\boldsymbol{A}^k+\boldsymbol{B}^k$($k$ 是正整数) 也是对称矩阵　　D. $\boldsymbol{AB}^{\mathrm{T}}+\boldsymbol{BA}^{\mathrm{T}}$ 也是对称矩阵

6. 设 $\boldsymbol{A},\boldsymbol{B}$ 都是 n 阶矩阵，则下列结论正确的是　　(　　)

A. 若 $\boldsymbol{A}$ 或 $\boldsymbol{B}$ 不可逆，则 $\boldsymbol{AB}$ 不可逆　　B. 若 $\boldsymbol{A}$ 或 $\boldsymbol{B}$ 不可逆，则 $\boldsymbol{AB}$ 可逆

C. 若 $\boldsymbol{A}$ 或 $\boldsymbol{B}$ 可逆，则 $\boldsymbol{A}+\boldsymbol{B}$ 可逆　　D. 若 $\boldsymbol{A}$ 或 $\boldsymbol{B}$ 不可逆，则 $\boldsymbol{A}+\boldsymbol{B}$ 不可逆

7. 设 $\boldsymbol{A}$ 是 $n\times n$ 矩阵，则以下选项中错误的结论为　　(　　)

A. 当线性方程组 $\boldsymbol{Ax}=\boldsymbol{b}$ 无解时，$|\boldsymbol{A}|=0$

B. 当线性方程组 $\boldsymbol{Ax}=\boldsymbol{b}$ 有无穷多解时，$|\boldsymbol{A}|=0$

C. 当 $|\boldsymbol{A}|=0$ 时，线性方程组 $\boldsymbol{Ax}=\boldsymbol{b}$ 无解

D. 当线性方程组 $\boldsymbol{Ax}=\boldsymbol{b}$ 有唯一解时，$|\boldsymbol{A}|\neq 0$

三、计算题

1. 设 $\boldsymbol{A}=\begin{pmatrix}5&1&1\\1&5&1\\1&1&5\end{pmatrix}$，$\lambda\boldsymbol{I}-\boldsymbol{A}$ 不可逆，求 λ 的值。

2. 设 $\boldsymbol{A}=\begin{pmatrix}1&2&3\\0&4&0\\0&5&6\end{pmatrix}$，求 $(\boldsymbol{A}^*)^{-1}$。

3. 设矩阵 $\boldsymbol{X}$ 满足方程 $\boldsymbol{X}=\boldsymbol{AX}+\boldsymbol{B}$，其中，$\boldsymbol{A}=\begin{pmatrix}0&1&0\\-1&1&1\\1&0&-1\end{pmatrix}$，$\boldsymbol{B}=\begin{pmatrix}1&-1\\2&0\\5&-3\end{pmatrix}$，求 $\boldsymbol{X}$。

4. 设 $\boldsymbol{P}=\begin{pmatrix}-2&-1\\1&1\end{pmatrix}$，$\boldsymbol{\Lambda}=\begin{pmatrix}2&0\\0&-1\end{pmatrix}$，且 $\boldsymbol{P}^{-1}\boldsymbol{AP}=\Lambda$，求 $\boldsymbol{A}^{11}$。

5. 设 $\boldsymbol{A}$ 与 $\boldsymbol{B}$ 都是 3 阶矩阵，且 $|\boldsymbol{A}|=3, \left|\boldsymbol{B}^{-1}\right|=-2$，求 (1) $|-2\boldsymbol{A}|$，(2) $\left|(2\boldsymbol{A})^{-1}\right|$；(3) $|\boldsymbol{A}^*|$；(4) $\left|\boldsymbol{A}^{-1}+2\boldsymbol{A}^*\right|$；(5) $\left|\boldsymbol{BA}^{-1}\right|$；(6) $\left|(\boldsymbol{P}^{-1}\boldsymbol{AP})^k\right|$；(7) $\left|(\boldsymbol{AB})^{\mathrm{T}}\right|$.

6. 设 $\boldsymbol{A}$ 是 3 阶非零实矩阵，其元素 a_{ij} 与 $|\boldsymbol{A}|$ 的代数余子式 $\boldsymbol{A}_{ij}$ 相等，求 $|\boldsymbol{A}|$.

四、证明题

1. 设 $\boldsymbol{A}$ 是 n 阶矩阵，$\boldsymbol{A}^*$ 是 $\boldsymbol{A}$ 的伴随矩阵，证明：$|\boldsymbol{A}^*|=|\boldsymbol{A}|^{n-1}$。

2. 设 $\boldsymbol{A},\boldsymbol{B}$ 分别是 r，s 阶可逆矩阵，$\boldsymbol{C}$ 是 $s\times r$ 矩阵，证明矩阵 $\begin{pmatrix}\boldsymbol{A}&\boldsymbol{0}\\\boldsymbol{C}&\boldsymbol{B}\end{pmatrix}$ 可逆，并求出其逆矩阵。

3. 设 $\boldsymbol{A},\boldsymbol{B},\boldsymbol{A}+\boldsymbol{B}$ 都是 n 阶可逆矩阵，证明 $\boldsymbol{A}^{-1}+\boldsymbol{B}^{-1}$ 可逆，并求出其逆矩阵。

4. 若 n 阶矩阵 $\boldsymbol{A}$ 满足 $2\boldsymbol{A}(\boldsymbol{A}-\boldsymbol{I})=\boldsymbol{A}^3$，证明 $\boldsymbol{I}-\boldsymbol{A}$ 可逆，并求出 $(\boldsymbol{I}-\boldsymbol{A})^{-1}$。

5. 设 $\boldsymbol{A},\boldsymbol{B}$ 都是一个 n 阶对称矩阵，证明：$\boldsymbol{AB}$ 对称的充要条件是 $\boldsymbol{AB}=\boldsymbol{BA}$。

6. 设 $\boldsymbol{A}$ 是 n 阶可逆阵，$\boldsymbol{B},\boldsymbol{C}$ 是 $n\times s$ 矩阵，$\boldsymbol{0}$ 是 $n\times s$ 零矩阵，证明：

(1) 若 $\boldsymbol{AB}=\boldsymbol{AC}$, 则 $\boldsymbol{B}=\boldsymbol{C}$；　(2) 若 $\boldsymbol{AB}=\boldsymbol{0}$, 则 $\boldsymbol{B}=\boldsymbol{0}$。

7. 设同阶方阵 $\boldsymbol{A},\boldsymbol{B}$，其中 $\boldsymbol{B}$ 可逆，且满足 $\boldsymbol{A}^2+\boldsymbol{AB}+\boldsymbol{B}^2=\boldsymbol{0}$，证明 $\boldsymbol{A}$ 和 $\boldsymbol{A}+\boldsymbol{B}$ 可逆。

8. 设 $\boldsymbol{\alpha}$ 是 n 维非零列向量，$\boldsymbol{A}=I_n-\boldsymbol{\alpha\alpha}^{\mathrm{T}}$ 证明：

(1) $\boldsymbol{A}^2=\boldsymbol{A}$ 的充要条件是 $\boldsymbol{\alpha}^{\mathrm{T}}\boldsymbol{\alpha}=1$；(2) 当 $\boldsymbol{\alpha}^{\mathrm{T}}\boldsymbol{\alpha}=1$ 时，矩阵 $\boldsymbol{A}$ 不可逆。

第 3 章　空间解析几何与向量运算

解析几何是用代数的方法研究几何问题。在平面解析几何中，通过平面直角坐标系，把平面上的点与两个数组成的有序数组建立了一一对应的关系，从而把平面上的图形与方程对应起来。在空间解析几何中，也可按照类似的方法来研究几何问题。

本章首先建立空间直角坐标系，引进应用十分广泛的向量及其运算，然后以向量为工具讨论空间的平面与直线方程，研究空间曲面与曲线的一般性质，最后介绍常见的二次曲面。

3.1　向量及其线性运算

3.1.1　向量的概念

像时间、温度、长度、面积、体积等这样的一类量，在确定了单位以后，可以用一个实数表示，这种只有大小的量称为数量。另外还有一类量，它们既有大小又有方向，例如位移、速度、加速度、力等，这一类量称为向量 (或矢量)。向量常用黑体希腊字母 $\boldsymbol{\alpha},\boldsymbol{\beta},\boldsymbol{\gamma},\cdots$ 表示或用 $\vec{a},\vec{b},\vec{c},\cdots$ 表示。

向量也可以用一条有向线段 $\overrightarrow{AB}$ 来表示，有向线段的长度表示向量的大小，有向线段的方向表示向量的方向 (图 3.1)。

若两个向量大小相等、方向相同，则称这两个向量相等，例如，图 3.2 所示的平行四边形 $ABCD$ 中，$\overrightarrow{AB}=\overrightarrow{DC}$。由此规定，我们今后所说的向量均为自由向量，即可以自由平行移动的向量。

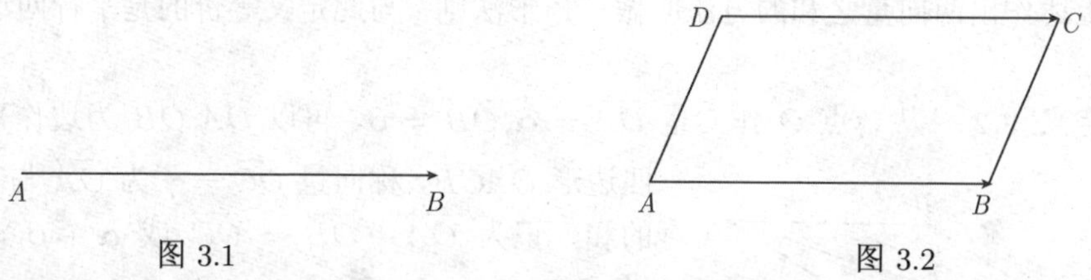

图 3.1　　　　图 3.2

向量的大小叫做向量的模。向量 $\overrightarrow{AB}$ 与 $\boldsymbol{\alpha}$ 的模分别记为 $|\overrightarrow{AB}|$ 与 $|\boldsymbol{\alpha}|$。

长度为 0 的向量称为零向量，记作 $\mathbf{0}$。零向量的方向不确定。

长度为 1 的向量称为单位向量。与向量 $\boldsymbol{\alpha}$ 同向的单位向量记为 $\boldsymbol{\alpha}^0$。

与 $\boldsymbol{\alpha}$ 的模相等，方向相反的向量称为 $\boldsymbol{\alpha}$ 的负向量，记为 $-\boldsymbol{\alpha}$。例如 $\overrightarrow{AB}$ 是 $\overrightarrow{BA}$ 的负向量，因此，$\overrightarrow{BA}=-\overrightarrow{AB}$。

3.1.2 向量的加减法

物理学中的力与位移都是向量。作用于一点的两个不共线的力的合力，可以用平行四边形法则求出，如图 3.3 中的两个力 $\overrightarrow{OA},\overrightarrow{OB}$ 的合力，就是以 $\overrightarrow{OA},\overrightarrow{OB}$ 为邻边的平行四边形的对角线向量 $\overrightarrow{OC}$。两个位移的合成可以用三角形法则求出，如图 3.4 中连续两次位移 $\overrightarrow{OA}$ 与 $\overrightarrow{AB}$ 的结果，相当于位移 $\overrightarrow{OB}$。

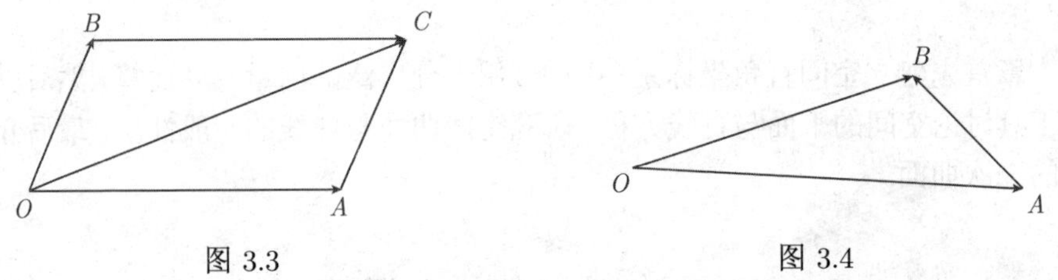

图 3.3　　图 3.4

在自由向量的意义下，力的合成也可以用三角形法则，而位移的合成也可用平行四边形法则。向量的加法运算正是这些物理概念在数学上的抽象和概括。

定义 3.1　对于向量 $\boldsymbol{\alpha},\boldsymbol{\beta}$，作有向线段 $\overrightarrow{AB}=\boldsymbol{\alpha}$，作 $\overrightarrow{BC}=\boldsymbol{\beta}$。把 $\overrightarrow{AC}$ 表示的向量 $\boldsymbol{\gamma}$ 称为 $\boldsymbol{\alpha}$ 与 $\boldsymbol{\beta}$ 的和，记为 $\boldsymbol{\gamma}=\boldsymbol{\alpha}+\boldsymbol{\beta}$ (图 3.5)，也即 $\overrightarrow{AB}+\overrightarrow{BC}=\overrightarrow{AC}$。

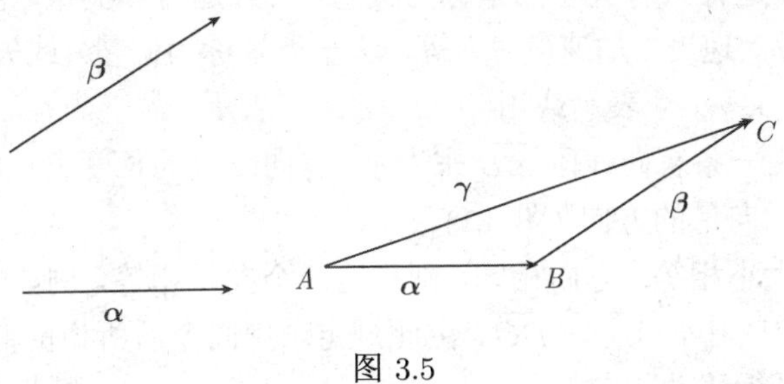

图 3.5

上述作出两向量之和的方法叫做三角形法则，与此定义等价的是平行四边形法则。

定义 3.2　从一点 O 作向量 $\overrightarrow{OA}=\boldsymbol{\alpha},\overrightarrow{OB}=\boldsymbol{\beta}$，再以 OA,OB 为边作平行四边形 $OACB$，称向量 $\overrightarrow{OC}=\boldsymbol{\gamma}$ 为 $\overrightarrow{OA}$ 与 $\overrightarrow{OB}$ 的和，记为 $\overrightarrow{OA}+\overrightarrow{OB}=\overrightarrow{OC}$ 或 $\boldsymbol{\alpha}+\boldsymbol{\beta}=\boldsymbol{\gamma}$ (图 3.6)。

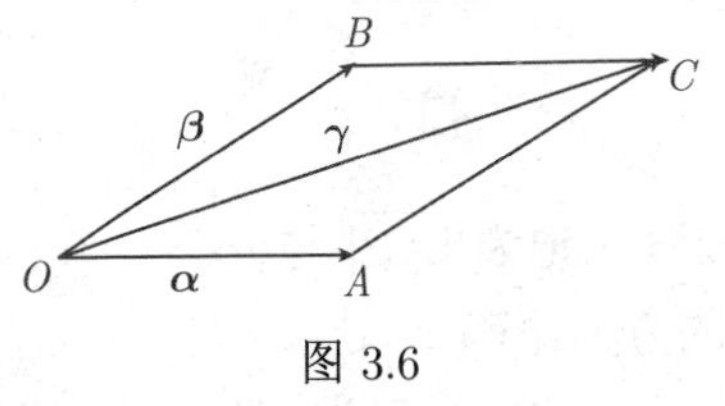

图 3.6

向量的加法符合下列运算规律：

(1) (交换律) $\boldsymbol{\alpha}+\boldsymbol{\beta}=\boldsymbol{\beta}+\boldsymbol{\alpha}$;

(2) (结合律) $(\boldsymbol{\alpha}+\boldsymbol{\beta})+\boldsymbol{\gamma}=\boldsymbol{\alpha}+(\boldsymbol{\beta}+\boldsymbol{\gamma})$;

(3) $\boldsymbol{\alpha}+\mathbf{0}=\mathbf{0}+\boldsymbol{\alpha}=\boldsymbol{\alpha}$;

(4) $\boldsymbol{\alpha}+(-\boldsymbol{\alpha})=(-\boldsymbol{\alpha})+\boldsymbol{\alpha}=\mathbf{0}$。

三角形法则比平行四边形法则更简单，尤其是对多个向量的加法运算，如 n 个向量 $\boldsymbol{\alpha}_1,\boldsymbol{\alpha}_2,\cdots,\boldsymbol{\alpha}_n(n\geqslant 3)$ 相加的法则如下：使前一个向量的终点作为次一个向量的起点，相继作向量 $\boldsymbol{\alpha}_1,\boldsymbol{\alpha}_2,\cdots,\boldsymbol{\alpha}_n$，再以第一个向量的起点为起点、最后一个向量的终点为终点作一向量，这个向量即为所求的和。如图 3.7 所示，$\boldsymbol{\eta}=\boldsymbol{\alpha}_1+\boldsymbol{\alpha}_2+\boldsymbol{\alpha}_3+\boldsymbol{\alpha}_4+\boldsymbol{\alpha}_5$。

定义 3.3　$\boldsymbol{\alpha}-\boldsymbol{\beta}=\boldsymbol{\alpha}+(-\boldsymbol{\beta})$。

若 $\boldsymbol{\alpha},\boldsymbol{\beta}$ 分别用同一起点的有向线段 $\overrightarrow{OA},\overrightarrow{OB}$ 表示，则 $\boldsymbol{\alpha}-\boldsymbol{\beta}=\overrightarrow{OA}-\overrightarrow{OB}=\overrightarrow{OA}+(-\overrightarrow{OB})=\overrightarrow{OA}+\overrightarrow{BO}=\overrightarrow{BA}$ (图 3.8)。

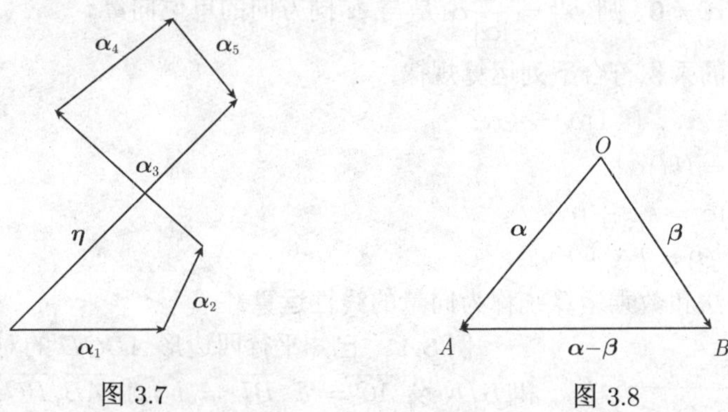

图 3.7　　　图 3.8

容易证明

$$|\boldsymbol{\alpha}+\boldsymbol{\beta}|\leqslant|\boldsymbol{\alpha}|+|\boldsymbol{\beta}| \text{ 及 } |\boldsymbol{\alpha}-\boldsymbol{\beta}|\leqslant|\boldsymbol{\alpha}|+|\boldsymbol{\beta}|$$

其中，等号在 $\boldsymbol{\alpha}$ 与 $\boldsymbol{\beta}$ 同向或反向时成立。

3.1.3　向量与数的乘法

定义 3.4　向量 $\boldsymbol{\alpha}$ 与实数 k 的乘积记作 $k\boldsymbol{\alpha}$，规定 $k\boldsymbol{\alpha}$ 是一个向量，它的模 $|k\boldsymbol{\alpha}|=|k||\boldsymbol{\alpha}|$；它的方向：当 $k>0$ 时与 $\boldsymbol{\alpha}$ 同向，当 $k<0$ 时与 $\boldsymbol{\alpha}$ 反向，当 $k=0$ 时，$k\boldsymbol{\alpha}=\mathbf{0}$，方向任意。

如果两个非零向量 $\boldsymbol{\alpha}$ 与 $\boldsymbol{\beta}$ 的方向相同或相反，就称向量 $\boldsymbol{\alpha}$ 与 $\boldsymbol{\beta}$ 平行，记作 $\boldsymbol{\alpha}//\boldsymbol{\beta}$。由于零向量的方向是任意的，因此可以认为零向量平行于任何向量。我们也称平行于同一直线的向量为共线向量，而平行于同一平面的向量称为共面向量。

由于向量 $\boldsymbol{\alpha}$ 与 $k\boldsymbol{\alpha}$ 平行，因此我们常用向量与数的乘积来说明两个向量的平行关系。即

定理 3.1　设向量 $\boldsymbol{\alpha}\neq\mathbf{0}$，则向量 $\boldsymbol{\beta}$ 平行于 $\boldsymbol{\alpha}$ 的充要条件是存在唯一的实数 k，使 $\boldsymbol{\beta}=k\boldsymbol{\alpha}$。

证　充分性显然，下面证明必要性。设 $\boldsymbol{\alpha}//\boldsymbol{\beta}$，

取

$$k=\begin{cases}\dfrac{|\boldsymbol{\beta}|}{|\boldsymbol{\alpha}|}, \text{当 } \boldsymbol{\beta} \text{ 与 } \boldsymbol{\alpha} \text{ 方向相同}\\ -\dfrac{|\boldsymbol{\beta}|}{|\boldsymbol{\alpha}|}, \text{当 } \boldsymbol{\beta} \text{ 与 } \boldsymbol{\alpha} \text{ 方向相反}\end{cases}$$

则由向量与数的乘积定义得 $\boldsymbol{\beta}=k\boldsymbol{\alpha}$。

如果又有 $\boldsymbol{\beta}=l\boldsymbol{\alpha}$，两式相减得 $(k-l)\boldsymbol{\alpha}=\mathbf{0}$，从而

$$|k-l||\boldsymbol{\alpha}|=0$$

因 $|\boldsymbol{\alpha}|\neq 0$，故 $|k-l|=0$，即 $k=l$。从而数 k 的唯一性得证。

易见，设 $\boldsymbol{\alpha}\neq\mathbf{0}$，则 $\boldsymbol{\alpha}^0=\dfrac{1}{|\boldsymbol{\alpha}|}\boldsymbol{\alpha}$ 是与 $\boldsymbol{\alpha}$ 同方向的单位向量。

向量与数的乘积符合下列运算规律：

(1) $1\cdot\boldsymbol{\alpha}=\boldsymbol{\alpha}$，　$(-1)\boldsymbol{\alpha}=-\boldsymbol{\alpha}$；

(2) $k(l\boldsymbol{\alpha})=(kl)\boldsymbol{\alpha}$；

(3) $(k+l)\boldsymbol{\alpha}=k\boldsymbol{\alpha}+l\boldsymbol{\alpha}$；

(4) $k(\boldsymbol{\alpha}+\boldsymbol{\beta})=k\boldsymbol{\alpha}+k\boldsymbol{\beta}$。

向量的加法和数乘运算统称为向量的**线性运算**。

例 3.1　已知平行四边形 $ABCD$ 的对角线为 AC 和 BD，设 $\overrightarrow{AC}=\overrightarrow{a}, \overrightarrow{BD}=\overrightarrow{b}$，求 $\overrightarrow{AB}, \overrightarrow{BC}, \overrightarrow{CD}$ 和 $\overrightarrow{DA}$ (图 3.9)。

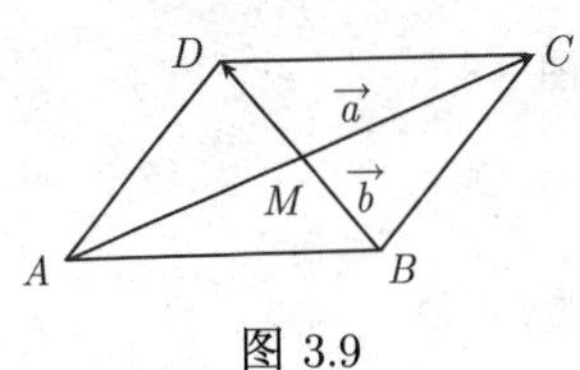

图 3.9

解　因为平行四边形的对角线互相平分，所以

$$\overrightarrow{MD}=\overrightarrow{BM}=\frac{1}{2}\overrightarrow{BD}=\frac{1}{2}\overrightarrow{b}$$

$$\overrightarrow{AM}=\overrightarrow{MC}=\frac{1}{2}\overrightarrow{AC}=\frac{1}{2}\overrightarrow{a}$$

$$\overrightarrow{AB}=-(\overrightarrow{BM}+\overrightarrow{MA})=-\left(\frac{1}{2}\overrightarrow{b}-\frac{1}{2}\overrightarrow{a}\right)=\frac{1}{2}(\overrightarrow{a}-\overrightarrow{b})$$

从而

$$\overrightarrow{CD}=-(\overrightarrow{AB})=\frac{1}{2}(\overrightarrow{b}-\overrightarrow{a})$$

$$\overrightarrow{BC}=\overrightarrow{MC}-\overrightarrow{MB}=\frac{1}{2}\overrightarrow{a}+\frac{1}{2}\overrightarrow{b}=\frac{1}{2}(\overrightarrow{a}+\overrightarrow{b})$$

$$\overrightarrow{DA}=-(\overrightarrow{BC})=-\frac{1}{2}(\overrightarrow{a}+\overrightarrow{b})$$

用向量做工具，可以很方便地解决我们已熟悉的几何问题。

例 3.2　用向量法证明: 三角形两边中点的连线平行于第三边，且为第三边边长的一半。

证　如图 3.10 所示，在 $\triangle ABC$ 中，D, E 分别是 AB, AC 的中点，易知

$$\overrightarrow{DE}=\overrightarrow{DA}+\overrightarrow{AE}=\frac{1}{2}\overrightarrow{BA}+\frac{1}{2}\overrightarrow{AC}=\frac{1}{2}(\overrightarrow{BA}+\overrightarrow{AC})=\frac{1}{2}\overrightarrow{BC}$$

所以

$$\overrightarrow{DE}//\overrightarrow{BC} \text{ 且 } |\overrightarrow{DE}|=\frac{1}{2}|\overrightarrow{BC}|$$

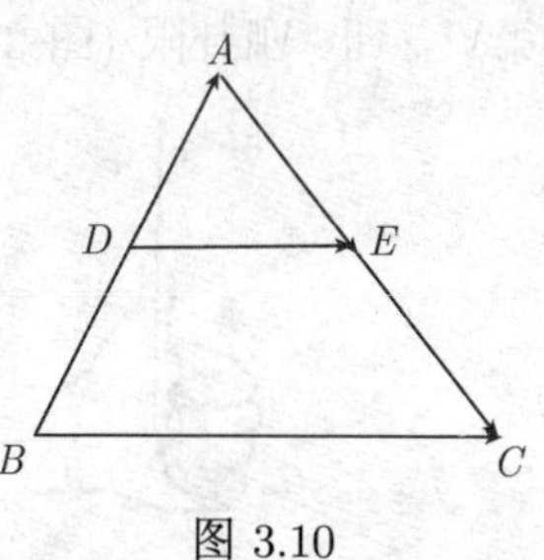

图 3.10

从而所证成立。

定理 3.1 是建立数轴的理论依据。我们知道，给定一个点、一个方向及单位长度，就确定了一条数轴。由于一个单位向量既确定了方向，又确定了单位长度，因此，给定一个点及一个单位向量就确定了一条数轴。设点 O 及单位向量 $\boldsymbol{i}$ 确定了数轴 Ox (图 3.11)，轴上的任一点 P 对应一个向量 $\overrightarrow{OP}$，由于 $\overrightarrow{OP}//\boldsymbol{i}$，根据定理 3.1，必有唯一的实数 x，使 $\overrightarrow{OP}=x\boldsymbol{i}$，并知 $\overrightarrow{OP}$ 与实数 x 一一对应。于是我们有

$$\text{点 } P \leftrightarrow \text{ 向量 } \overrightarrow{OP}=x\boldsymbol{i} \leftrightarrow \text{ 实数 } x$$

从而轴上的点 P 与实数 x 一一对应。据此，定义实数 x 为轴上点 P 的坐标。由此可知，轴上的点 P 的坐标为 x 的充要条件是 $\overrightarrow{OP}=x\boldsymbol{i}$。

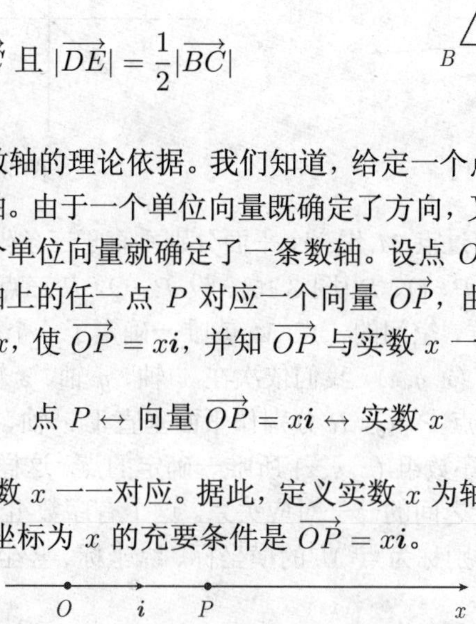

O　　i　　P　　　　x

图 3.11

3.1.4　空间直角坐标系

为了用代数的方法研究空间几何问题，需要建立空间的点与三个数组成的有序数组之间的联系，这种联系是通过引进空间直角坐标系来实现的。

在空间取定一点 O 和三个两两垂直的单位向量 $\boldsymbol{i}$, $\boldsymbol{j}$, $\boldsymbol{k}$，就确定了三条都以 O 为原点的两两垂直的数轴，依次记为 x 轴 (横轴)、y 轴 (纵轴)、z 轴 (竖轴)，统称坐标轴。通常取它们的正方向符合右手规则: 以右手握住 z 轴，当右手的四个手指从 x 轴正向以 $\dfrac{\pi}{2}$ 角度转向 y 轴正向时，大拇指的指向就是 z 轴的正向 (图 3.12)。这样的三条坐标轴组成了一个空间直角坐标系，称为 $Oxyz$ 坐标系或 $\{O,\boldsymbol{i},\boldsymbol{j},\boldsymbol{k}\}$ 坐标系 (图 3.13)。点 O 称为坐标原点。

直角坐标系中任意两条坐标轴可以确定一个平面。x 轴与 y 轴确定 xOy 面，y 轴与 z 轴确定 yOz 面，z 轴与 x 轴确定 zOx 面，这三个面统称坐标面。三个坐标面把空间分为八个部分，每一部分称为一个卦限。把含三个坐标正向的那个卦限称

为第Ⅰ卦限，在 xOy 面上方，按逆时针方向依次可确定其他的第Ⅱ、Ⅲ、Ⅳ卦限；在 xOy 面下方与第Ⅰ卦限相对的卦限为第Ⅴ卦限，按逆时针方向依次可确定其他的第Ⅵ、Ⅶ、Ⅷ卦限 (图 3.14)。

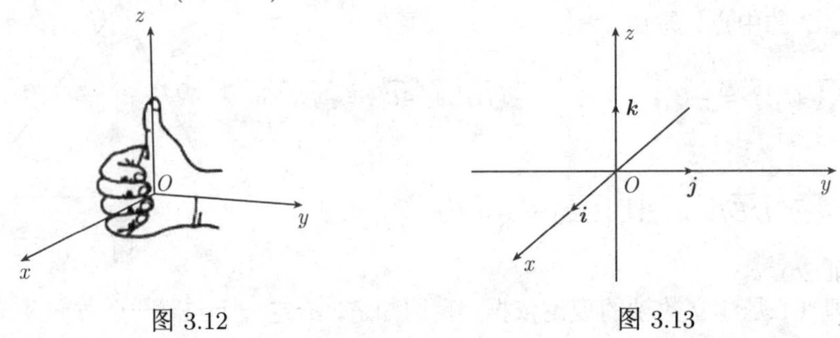

图 3.12　　　　图 3.13

设 M 为空间一点，过点 M 作三个平面分别垂直于三条坐标轴，它们与 x 轴、y 轴、z 轴的交点依次为 P、Q、R (图 3.15)。设 P，Q，R 三点在三个坐标轴上的坐标依次为 x，y，z，这样，空间的一点 M 就唯一确定了一个有序数组 (x,y,z)。反过来，给定了有序数组 (x,y,z)，我们依次在 x 轴、y 轴、z 轴上取坐标为 x，y，z 的点 P，Q，R，然后过点 P，Q，R 分别作平面垂直于 x 轴、y 轴、z 轴，这三个平面的交点 M 就是由有序数组 (x,y,z) 所唯一确定的点。这样就建立了空间中的点 M 与有序数组 (x,y,z) 之间的一一对应关系。这个有序数组 (x,y,z) 称为点 M 的坐标，其中，x，y，z 分别称为点 M 的横坐标、纵坐标、竖坐标，记作 $M(x,y,z)$。

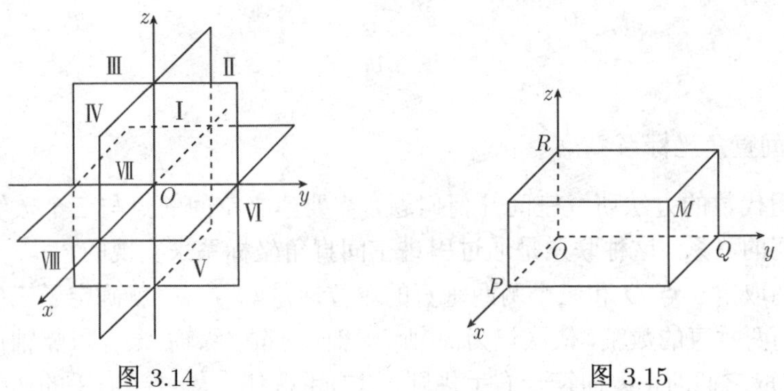

图 3.14　　　　图 3.15

坐标轴上与坐标面上的点，其坐标各有一定的特殊性。例如在 x 轴、y 轴、z 轴上的点的坐标分别是 $(x,0,0)$，$(0,y,0)$，$(0,0,z)$；在 xOy 面，yOz 面，zOx 面上的点的坐标分别是 $(x,y,0)$，$(0,y,z)$，$(x,0,z)$；原点的坐标为 $(0,0,0)$。

3.1.5　向量的分解与向量的坐标

设有一向量 α，由于向量可以自由平行移动，我们把它的起点移动到原点。假

定它的终点是 $M(x,y,z)$，则 $\boldsymbol{\alpha}=\overrightarrow{OM}$(图 3.16)。过点 M 作三个平面分别垂直于 x 轴、y 轴和 z 轴，设它们与这三个坐标轴的交点依次为 P，Q，R，则 P，Q，R 在 x 轴、y 轴、z 轴上的坐标依次为 x，y，z，即

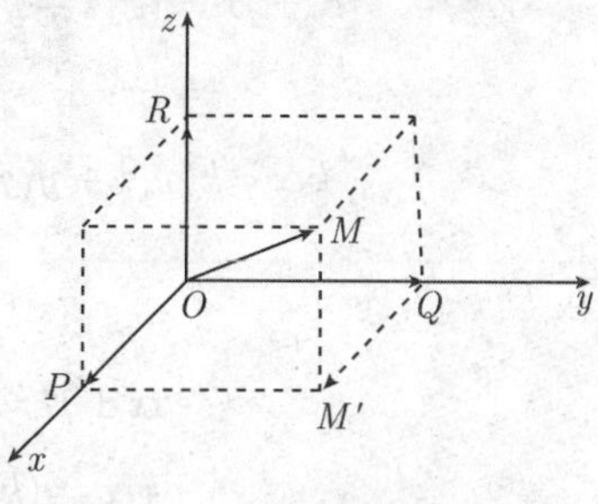

图 3.16

$$\overrightarrow{OP}=x\boldsymbol{i},\quad \overrightarrow{OQ}=y\boldsymbol{j},\quad \overrightarrow{OR}=z\boldsymbol{k}$$

由向量加法法则得到

$$\begin{aligned}\overrightarrow{OM}&=\overrightarrow{OP}+\overrightarrow{PM'}+\overrightarrow{M'M}=\overrightarrow{OP}+\overrightarrow{OQ}+\overrightarrow{OR}\\&=x\boldsymbol{i}+y\boldsymbol{j}+z\boldsymbol{k}\end{aligned}$$

于是

$$\boldsymbol{\alpha}=\overrightarrow{OM}=x\boldsymbol{i}+y\boldsymbol{j}+z\boldsymbol{k}$$

上式称为向量 $\boldsymbol{\alpha}$ 关于单位坐标向量 $\boldsymbol{i}$，$\boldsymbol{j}$，$\boldsymbol{k}$ 的分解式，$\overrightarrow{OP}=x\boldsymbol{i}$，$\overrightarrow{OQ}=y\boldsymbol{j}$，$\overrightarrow{OR}=z\boldsymbol{k}$ 分别称为向量 $\boldsymbol{\alpha}$ 在 x 轴、y 轴、z 轴上的分向量。x，y，z 称为向量 $\boldsymbol{\alpha}$ 的坐标，记作

$$\boldsymbol{\alpha}=(x,y,z)$$

这说明起点在原点的向量的坐标就是它的终点的坐标。

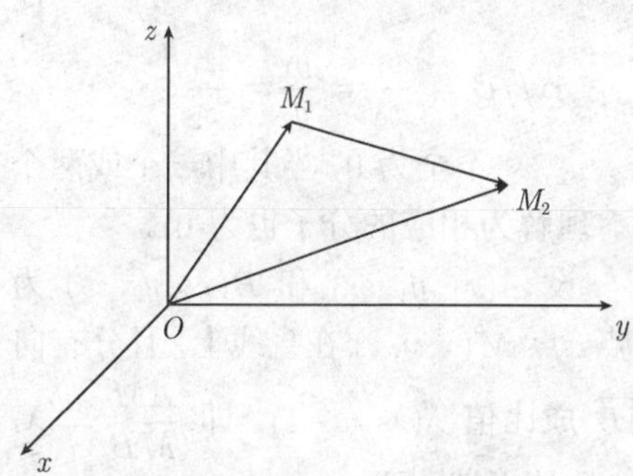

图 3.17

如图 3.17 所示，起点在 $M_1(x_1,y_1,z_1)$、终点在 $M_2(x_2,y_2,z_2)$ 的向量 $\overrightarrow{M_1M_2}$ 关于单位坐标向量 $\boldsymbol{i},\boldsymbol{j},\boldsymbol{k}$ 的分解式可以用以下方法得到

$$\overrightarrow{OM_1}=x_1\boldsymbol{i}+y_1\boldsymbol{j}+z_1\boldsymbol{k},\quad \overrightarrow{OM_2}=x_2\boldsymbol{i}+y_2\boldsymbol{j}+z_2\boldsymbol{k}$$

$$\begin{aligned}\overrightarrow{M_1M_2}=\overrightarrow{OM_2}-\overrightarrow{OM_1}&=(x_2\boldsymbol{i}+y_2\boldsymbol{j}+z_2\boldsymbol{k})-(x_1\boldsymbol{i}+y_1\boldsymbol{j}+z_1\boldsymbol{k})\\&=(x_2-x_1)\boldsymbol{i}+(y_2-y_1)\boldsymbol{j}+(z_2-z_1)\boldsymbol{k}\end{aligned}$$

这就是 $\overrightarrow{M_1M_2}$ 关于单位坐标向量 $\boldsymbol{i},\boldsymbol{j},\boldsymbol{k}$ 的分解式。从而 $\overrightarrow{M_1M_2}$ 的坐标为

$$\overrightarrow{M_1M_2}=(x_2-x_1,y_2-y_1,z_2-z_1)$$

建立了向量的坐标以后，从理论上讲，向量的运算都可归结为坐标 (也即数) 的运算。下面给出向量线性运算的坐标表达式。

设 $\boldsymbol{\alpha}=(x_1,y_1,z_1)$，$\boldsymbol{\beta}=(x_2,y_2,z_2)$，则

$$\begin{aligned}\boldsymbol{\alpha}\pm\boldsymbol{\beta}&=(x_1\boldsymbol{i}+y_1\boldsymbol{j}+z_1\boldsymbol{k})\pm(x_2\boldsymbol{i}+y_2\boldsymbol{j}+z_2\boldsymbol{k})\\&=(x_1\pm x_2)\boldsymbol{i}+(y_1\pm y_2)\boldsymbol{j}+(z_1\pm z_2)\boldsymbol{k}\\k\boldsymbol{\alpha}&=k(x_1\boldsymbol{i}+y_1\boldsymbol{j}+z_1\boldsymbol{k})=(kx_1)\boldsymbol{i}+(ky_1)\boldsymbol{j}+(kz_1)\boldsymbol{k}\end{aligned}$$

因此

$$\begin{aligned}\boldsymbol{\alpha}\pm\boldsymbol{\beta}&=(x_1\pm x_2,y_1\pm y_2,z_1\pm z_2)\\k\boldsymbol{\alpha}&=(kx_1,ky_1,kz_1)\end{aligned}$$

由此可见，对向量进行线性运算，只要对向量的各个坐标分别进行相应的数量运算。

由定理 3.1 可知，当 $\boldsymbol{\beta}\neq\mathbf{0}$ 时，向量 $\boldsymbol{\alpha}//\boldsymbol{\beta}\Leftrightarrow\boldsymbol{\alpha}=k\boldsymbol{\beta}$，按坐标表达式，即

$$(x_1,y_1,z_1)=k(x_2,y_2,z_2)$$

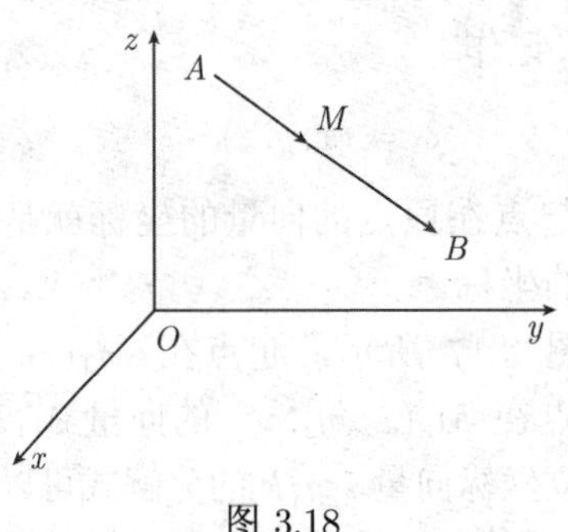

图 3.18

从而 $$\boldsymbol{\alpha}//\boldsymbol{\beta}\Leftrightarrow\frac{x_1}{x_2}=\frac{y_1}{y_2}=\frac{z_1}{z_2}$$

(这里 x_2,y_2,z_2 不全为 0，当其中一个或两个为 0 时，理解为相应的分子也为 0)。

例 3.3 设 $A(x_1,y_1,z_1)$ 和 $B(x_2,y_2,z_2)$ 为已知两点，点 $M(x,y,z)$ 在直线上，且分有向线段 $\overrightarrow{AB}$ 成比值 $\lambda(\lambda\neq-1)$，即 $\dfrac{AM}{MB}=\lambda$，求分点 M 的坐标 (图 3.18)。

解 作向量 $\overrightarrow{AM}$ 和 $\overrightarrow{MB}$，由已知条件有 $\overrightarrow{AM}=\lambda\overrightarrow{MB}$，所以

$$(x-x_1,y-y_1,z-z_1)=\lambda(x_2-x,y_2-y,z_2-z)$$

即 $$x-x_1=\lambda(x_2-x),y-y_1=\lambda(y_2-y),z-z_1=\lambda(z_2-z)$$

由此得点 M 的坐标为

$$x=\frac{x_1+\lambda x_2}{1+\lambda},\quad y=\frac{y_1+\lambda y_2}{1+\lambda},\quad z=\frac{z_1+\lambda z_2}{1+\lambda}$$

这就是定比分点公式。

当 $\lambda=1$ 时，得线段 AB 中点 M 的坐标为

$$x=\frac{x_1+x_2}{2},\quad y=\frac{y_1+y_2}{2},\quad z=\frac{z_1+z_2}{2}$$

3.1.6 向量的投影、向量的模与方向角

我们首先引入向量夹角的概念，然后介绍向量在轴上投影的概念。

设有两个非零向量 $\boldsymbol{\alpha},\boldsymbol{\beta}$，任取空间一点 O，作 $\overrightarrow{OA}=\boldsymbol{\alpha},\overrightarrow{OB}=\boldsymbol{\beta}$，称不超过 π 的 $\angle AOB$(设 $\varphi=\angle AOB$，$0\leqslant\varphi\leqslant\pi$) 为 $\boldsymbol{\alpha},\boldsymbol{\beta}$ 间的夹角 (图 3.19)，记作 $\angle(\boldsymbol{\alpha},\boldsymbol{\beta})$ 或 $\angle(\boldsymbol{\beta},\boldsymbol{\alpha})$，即 $\angle(\boldsymbol{\alpha},\boldsymbol{\beta})=\angle(\boldsymbol{\beta},\boldsymbol{\alpha})=\varphi$。如果向量中有一个是零向量，规定它们之间的夹角可在 0 与 π 之间任意取值。

类似地，可以定义向量与轴的夹角或空间两轴的夹角。

设点 O 及单位向量 $\vec{e}$ 确定 u 轴 (图 3.20)。任给向量 $\boldsymbol{\alpha}$，作 $\overrightarrow{OM}=\boldsymbol{\alpha}$，再过点 M 作与 u 轴垂直的平面交 u 轴于点 M'(点 M' 叫做点 M 在 u 轴上的投影)，则向量 $\overrightarrow{OM'}$ 称为向量 $\boldsymbol{\alpha}$ 在 u 轴上的分向量。设 $\overrightarrow{OM'}=\lambda\vec{e}$，则数 λ 称为向量 $\boldsymbol{\alpha}$ 在 u 轴上的投影，记作 $\mathrm{Prj}_u\boldsymbol{\alpha}$。

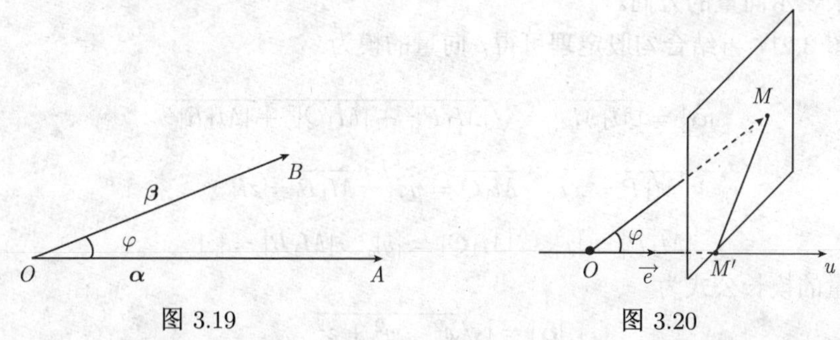

图 3.19　　图 3.20

按此定义，向量 $\boldsymbol{\alpha}$ 的坐标 x,y,z 分别是 $\boldsymbol{\alpha}$ 在 x 轴、y 轴、z 轴上的投影。

向量在轴上的投影有下列性质:

性质 3.1　向量 $\boldsymbol{\alpha}$ 在轴 u 上的投影等于向量的模乘以轴与向量夹角 φ 的余弦，即

$$\mathrm{Prj}_u\boldsymbol{\alpha}=|\boldsymbol{\alpha}|\cos\varphi$$

性质 3.2　两个向量 $\boldsymbol{\alpha}$ 与 $\boldsymbol{\beta}$ 的和在 u 轴上的投影等于向量 $\boldsymbol{\alpha}$ 与 $\boldsymbol{\beta}$ 在该轴上的投影的和，即

$$\mathrm{Prj}_u(\boldsymbol{\alpha}+\boldsymbol{\beta})=\mathrm{Prj}_u\boldsymbol{\alpha}+\mathrm{Prj}_u\boldsymbol{\beta}$$

性质 3.3　向量 $\boldsymbol{\alpha}$ 与数 k 的乘积 $k\boldsymbol{\alpha}$ 在 u 轴上的投影等于向量 $\boldsymbol{\alpha}$ 在轴上的投影的 k 倍，即

$$\mathrm{Prj}_u(k\boldsymbol{\alpha})=k\,\mathrm{Prj}_u\boldsymbol{\alpha}$$

向量可由它的模和方向确定，为了应用方便，我们给出向量的模和方向的坐标

表达式。对于非零向量 $\boldsymbol{\alpha}=\overrightarrow{M_1M_2}=(x,y,z)$，可以用它与三条坐标轴的夹角 $\alpha,\beta,\gamma(0\leqslant\alpha,\beta,\gamma\leqslant\pi)$ 来表示它的方向，α,β,γ 称为非零向量 $\boldsymbol{\alpha}$ 的方向角(图 3.21)。

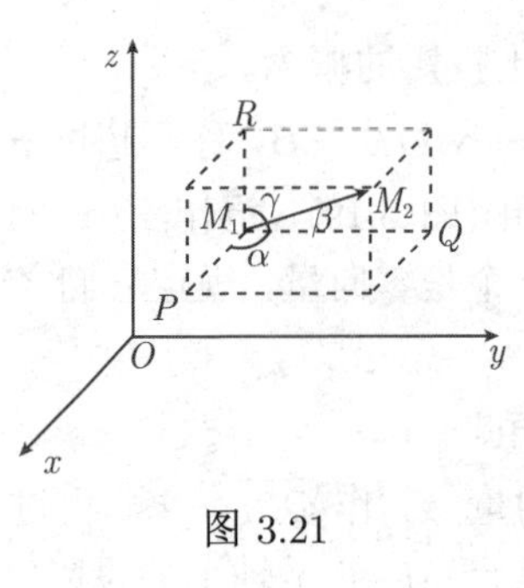

图 3.21

因为向量的坐标就是向量在坐标轴上的投影，所以由上面的性质 3.1 可得

$$\begin{aligned}x&=|\overrightarrow{M_1M_2}|\cos\alpha=|\boldsymbol{\alpha}|\cos\alpha\\y&=|\overrightarrow{M_1M_2}|\cos\beta=|\boldsymbol{\alpha}|\cos\beta\\z&=|\overrightarrow{M_1M_2}|\cos\gamma=|\boldsymbol{\alpha}|\cos\gamma\end{aligned}\tag{3.1}$$

式 (3.1) 中的 $\cos\alpha,\cos\beta,\cos\gamma$ 称为向量 $\boldsymbol{\alpha}$ 的方向余弦。通常也可用向量的方向余弦来表示向量的方向。

由图 3.21，再结合勾股定理可得，向量的模为

$$|\boldsymbol{\alpha}|=|\overrightarrow{M_1M_2}|=\sqrt{|M_1P|^2+|M_1Q|^2+|M_1R|^2}$$

由
$$\overrightarrow{M_1P}=x\boldsymbol{i},\quad \overrightarrow{M_1Q}=y\boldsymbol{j},\quad \overrightarrow{M_1R}=z\boldsymbol{k}$$
得
$$|M_1P|=|x|,\quad |M_1Q|=|y|,\quad |M_1R|=|z|$$
从而向量的模长公式为

$$|\boldsymbol{\alpha}|=|\sqrt{x^2+y^2+z^2}\tag{3.2}$$

如果向量 $\overrightarrow{M_1M_2}$ 的起点与终点的坐标分别是 $M_1(x_1,y_1,z_1)$ 与 $M_2(x_2,y_2,z_2)$，那么就可以由式 (3.2) 得到两点 M_1 与 M_2 之间的距离公式

$$d=|M_1M_2|=|\overrightarrow{M_1M_2}|=|\sqrt{(x_2-x_1)^2+(y_2-y_1)^2+(z_2-z_1)^2}\tag{3.3}$$

把式 (3.2) 代入式 (3.1) 可得

$$\begin{cases}\cos\alpha=\dfrac{x}{\sqrt{x^2+y^2+z^2}}\\\cos\beta=\dfrac{y}{\sqrt{x^2+y^2+z^2}}\\\cos\gamma=\dfrac{z}{\sqrt{x^2+y^2+z^2}}\end{cases}\tag{3.4}$$

把式 (3.4) 的三个等式两边分别平方和后相加，便可得

$$\cos^2\alpha+\cos^2\beta+\cos^2\gamma=1\tag{3.5}$$

由式 (3.1)，与非零向量 $\boldsymbol{\alpha}$ 同方向的单位向量为

$$\boldsymbol{\alpha}^0=\frac{1}{|\boldsymbol{\alpha}|}\boldsymbol{\alpha}=\frac{1}{|\boldsymbol{\alpha}|}(x,y,z)=(\cos\alpha,\cos\beta,\cos\gamma)$$

例 3.4　在 z 轴上求与两点 $A(-4,1,7)$ 和 $B(3,5,-2)$ 等距离的点。

解　因为所求的点 M 在 z 轴上，所以可设该点为 $M(0,0,z)$，依题意有

$$|MA|=|MB|$$

即

$$\sqrt{(0+4)^2+(0-1)^2+(z-7)^2}=\sqrt{(3-0)^2+(5-0)^2+(-2-z)^2}$$

两边去根号，解得

$$z=\frac{14}{9}$$

因此，所求的点为 $M\left(0,0,\dfrac{14}{9}\right)$。

例 3.5　设已知两点 $A(2,2,\sqrt{2})$ 和 $B(1,3,0)$，计算向量 $\overrightarrow{AB}$ 的模、方向余弦与方向角，并求方向与 $\overrightarrow{AB}$ 一致的单位向量。

解　因为

$$\overrightarrow{AB}=(1-2,3-2,0-\sqrt{2})=(-1,1,-\sqrt{2})$$

所以

$$|\overrightarrow{AB}|=\sqrt{(-1)^2+1^2+(-\sqrt{2})^2}=\sqrt{4}=2$$

$$\cos\alpha=-\frac{1}{2},\cos\beta=\frac{1}{2},\cos\gamma=-\frac{\sqrt{2}}{2}$$

$$\alpha=\frac{2\pi}{3},\beta=\frac{\pi}{3},\gamma=\frac{3\pi}{4}$$

$$\overrightarrow{AB}^0=\frac{\overrightarrow{AB}}{|\overrightarrow{AB}|}=(\cos\alpha,\cos\beta,\cos\gamma)=\left(-\frac{1}{2},\frac{1}{2},\frac{-\sqrt{2}}{2}\right)$$

例 3.6　设点 A 位于第 I 卦限，向量 $\overrightarrow{OA}$ 与 x 轴、y 轴的夹角依次为 $\dfrac{\pi}{3}$ 和 $\dfrac{\pi}{4}$，且 $|\overrightarrow{OA}|=6$，求点 A 的坐标。

解　$\alpha=\dfrac{\pi}{3}$，$\beta=\dfrac{\pi}{4}$。由关系式 $\cos^2\alpha+\cos^2\beta+\cos^2\gamma=1$，得 $\cos^2\gamma=\dfrac{1}{4}$。因点 A 位于第 I 卦限，故 $\cos\gamma>0$，从而 $\cos\gamma=\dfrac{1}{2}$。于是 $\overrightarrow{OA}=|\overrightarrow{OA}|\overrightarrow{OA}^0=6\left(\dfrac{1}{2},\dfrac{\sqrt{2}}{2},\dfrac{1}{2}\right)=(3,3\sqrt{2},3)$，这就是点 A 的坐标。

习　题　3.1

1. 设 $\boldsymbol{u}=\boldsymbol{\alpha}-\boldsymbol{\beta}+2\boldsymbol{\gamma},\boldsymbol{v}=-\boldsymbol{\alpha}+3\boldsymbol{\beta}-\boldsymbol{\gamma}$，试用 $\boldsymbol{\alpha},\boldsymbol{\beta},\boldsymbol{\gamma}$ 表示 $2\boldsymbol{u}-3\boldsymbol{v}$。

2. 设点 M 为平行四边形 $ABCD$ 对角线的交点，$\overrightarrow{AB}=\boldsymbol{\alpha}$，$\overrightarrow{AD}=\boldsymbol{\beta}$，试用 $\boldsymbol{\alpha},\boldsymbol{\beta}$ 表示向量 $\overrightarrow{AC},\overrightarrow{BD},\overrightarrow{MA},\overrightarrow{MB},\overrightarrow{MC}$。

3. 如果平面上一个四边形的对角线互相平分，试用向量法证明它是平行四边形。

4. 已知 $\boldsymbol{\alpha}=(-1,2,3)$, $\boldsymbol{\beta}=(2,1,3)$，$\boldsymbol{\gamma}=(1-1,2)$，求：

(1) $\boldsymbol{\alpha}-\boldsymbol{\beta}+\boldsymbol{\gamma}$；(2) $2\boldsymbol{\alpha}+\boldsymbol{\beta}-3\boldsymbol{\gamma}$；(3) 同方向的单位向量 $\boldsymbol{\alpha}^0,\boldsymbol{\beta}^0,\boldsymbol{\gamma}^0$。

5. 在空间直角坐标系中，指出下列各点在哪个卦限？

$A(1,-2,3), B(2,3,-4), C(2,-3,-4), D(-2,-3,1)$。

6. 求点 (a,b,c) 关于 (1) 各坐标面；(2) 各坐标轴；(3) 坐标原点的对称点的坐标。

7. 求点 $M(4,-3,5)$ 到各坐标轴的距离。

8. 在 yOz 面上求与三点 $A(3,1,2)$，$B(4,-2,-2)$ 和 $C(0,5,1)$ 等距离的点。

9. 设已知两点 $A(4,\sqrt{2},1)$ 和 $B(3,0,2)$，计算向量 $\overrightarrow{AB}$ 的模、方向余弦与方向角。

10. 设向量 $\boldsymbol{\alpha}$ 的模是 4，它与 u 轴的夹角是 60°，求 $\boldsymbol{\alpha}$ 在 u 轴上的投影。

11. 一向量的终点为 $B(2,-1,7)$，它在 x 轴、y 轴和 z 轴上的投影依次是 4，-4 和 7，求该向量的起点 A 的坐标。

3.2 向量的乘积

3.2.1 向量的数量积

在物理学中我们知道一恒力 $\overrightarrow{F}$ 作用于某物体上，其位移为 $\overrightarrow{S}$，则力所做的功为 $W=|\overrightarrow{F}||\overrightarrow{S}|\cos\theta$, 其中，$\theta$ 为 $\overrightarrow{F}$ 与 $\overrightarrow{S}$ 之间的夹角 (图 3.22)，类似的情况在其他问题中也常常遇到。

由此引入下面的定义：

定义 3.5 向量 $\boldsymbol{\alpha}$ 与 $\boldsymbol{\beta}$ 的数量积是一个数，它等于 $|\boldsymbol{\alpha}|$, $|\boldsymbol{\beta}|$ 及它们的夹角 θ 的余弦的乘积，记作 $\boldsymbol{\alpha}\cdot\boldsymbol{\beta}$ (图 3.23)，即 $\boldsymbol{\alpha}\cdot\boldsymbol{\beta}=|\boldsymbol{\alpha}||\boldsymbol{\beta}|\cos\theta$。

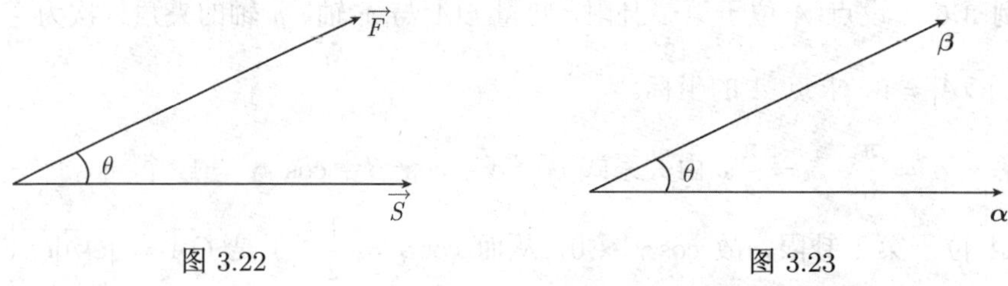

图 3.22　　图 3.23

由这个定义，上述问题中力 $\overrightarrow{F}$ 所做的功 W 是力 $\overrightarrow{F}$ 与位移 $\overrightarrow{S}$ 的数量积，即

$$W=\overrightarrow{F}\cdot\overrightarrow{S}$$

当 $\boldsymbol{\alpha}\neq\mathbf{0}$ 时，$|\boldsymbol{\beta}|\cos\theta$ 是向量 $\boldsymbol{\beta}$ 在向量 $\boldsymbol{\alpha}$ 方向的投影，便有

$$\boldsymbol{\alpha}\cdot\boldsymbol{\beta}=|\boldsymbol{\alpha}|\,\mathrm{Prj}_{\boldsymbol{\alpha}}\boldsymbol{\beta}$$

同理，当 $\boldsymbol{\beta} \neq \mathbf{0}$ 时有 $\boldsymbol{\alpha} \cdot \boldsymbol{\beta} = |\boldsymbol{\beta}| \operatorname{Prj}_{\boldsymbol{\beta}} \boldsymbol{\alpha}$。

数量积有如下性质：

(1) $\boldsymbol{\alpha} \cdot \boldsymbol{\alpha} = |\boldsymbol{\alpha}|^2 \geqslant 0, \boldsymbol{\alpha} \cdot \boldsymbol{\alpha} = 0 \Leftrightarrow \boldsymbol{\alpha} = \mathbf{0}$;

(2) $\boldsymbol{\alpha} \cdot \boldsymbol{\beta} = 0 \Leftrightarrow \boldsymbol{\alpha} \perp \boldsymbol{\beta}$ (规定零向量垂直于任何向量);

(3) (交换律) $\boldsymbol{\alpha} \cdot \boldsymbol{\beta} = \boldsymbol{\beta} \cdot \boldsymbol{\alpha}$;

(4) (结合律) $(\lambda \boldsymbol{\alpha}) \cdot \boldsymbol{\beta} = \lambda (\boldsymbol{\alpha} \cdot \boldsymbol{\beta})$;

(5) (分配律) $(\boldsymbol{\alpha} + \boldsymbol{\beta}) \cdot \boldsymbol{\gamma} = \boldsymbol{\alpha} \cdot \boldsymbol{\gamma} + \boldsymbol{\beta} \cdot \boldsymbol{\gamma}$。

证　(1)、(2)、(3) 由数量积的定义可以直接证明，下面我们来证明 (4) 和 (5)。

首先证明 (4)。当 $\boldsymbol{\beta} = \mathbf{0}$ 时，(4) 显然成立；当 $\boldsymbol{\beta} \neq \mathbf{0}$ 时，由投影性质 3.3，可得

$$(\lambda \boldsymbol{\alpha}) \cdot \boldsymbol{\beta} = |\boldsymbol{\beta}| \operatorname{Prj}_{\boldsymbol{\beta}} (\lambda \boldsymbol{\alpha}) = |\boldsymbol{\beta}| \lambda \operatorname{Prj}_{\boldsymbol{\beta}} \boldsymbol{\alpha} = \lambda |\boldsymbol{\beta}| \operatorname{Prj}_{\boldsymbol{\beta}} \boldsymbol{\alpha} = \lambda (\boldsymbol{\alpha} \cdot \boldsymbol{\beta})$$

再来证明 (5)。当 $\boldsymbol{\gamma} = \mathbf{0}$ 时，(5) 显然成立；当 $\boldsymbol{\gamma} \neq \mathbf{0}$ 时，由投影性质 3.2，可得

$$\begin{aligned}(\boldsymbol{\alpha} + \boldsymbol{\beta}) \cdot \boldsymbol{\gamma} &= |\boldsymbol{\gamma}| \operatorname{Prj}_{\boldsymbol{\gamma}} (\boldsymbol{\alpha} + \boldsymbol{\beta}) = |\boldsymbol{\gamma}| (\operatorname{Prj}_{\boldsymbol{\gamma}} \boldsymbol{\alpha} + \operatorname{Prj}_{\boldsymbol{\gamma}} \boldsymbol{\beta}) \\ &= |\boldsymbol{\gamma}| \operatorname{Prj}_{\boldsymbol{\gamma}} \boldsymbol{\alpha} + |\boldsymbol{\gamma}| \operatorname{Prj}_{\boldsymbol{\gamma}} \boldsymbol{\beta} = \boldsymbol{\alpha} \cdot \boldsymbol{\gamma} + \boldsymbol{\beta} \cdot \boldsymbol{\gamma}\end{aligned}$$

例 3.7　试用向量证明三角形的余弦定理。

证　在 $\triangle ABC$ 中 (图 3.24)，设 $\overrightarrow{CB} = \boldsymbol{\alpha}, \overrightarrow{CA} = \boldsymbol{\beta}, \overrightarrow{AB} = \boldsymbol{\gamma}$，则有

$$\boldsymbol{\gamma} = \boldsymbol{\alpha} - \boldsymbol{\beta}$$

从而

$$\begin{aligned}|\boldsymbol{\gamma}|^2 &= \boldsymbol{\gamma} \cdot \boldsymbol{\gamma} = (\boldsymbol{\alpha} - \boldsymbol{\beta}) \cdot (\boldsymbol{\alpha} - \boldsymbol{\beta}) = \boldsymbol{\alpha} \cdot \boldsymbol{\alpha} - 2\boldsymbol{\alpha} \cdot \boldsymbol{\beta} + \boldsymbol{\beta} \cdot \boldsymbol{\beta} \\ &= |\boldsymbol{\alpha}|^2 + |\boldsymbol{\beta}|^2 - 2|\boldsymbol{\alpha}| \cdot |\boldsymbol{\beta}| \cos \angle (\boldsymbol{\alpha}, \boldsymbol{\beta})\end{aligned}$$

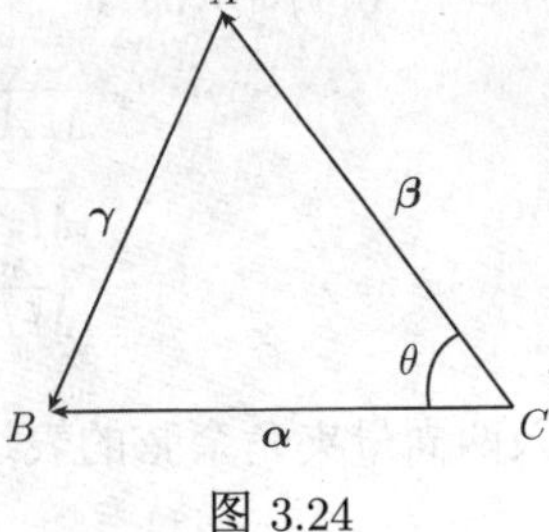

图 3.24

即　$$|AB|^2 = |AC|^2 + |BC|^2 - 2|AC| \cdot |BC| \cos \theta$$

从而所证成立。

例 3.8　设 $\boldsymbol{\alpha} = 2\vec{a} + 3\vec{b}, \boldsymbol{\beta} = 3\vec{a} - \vec{b}, |\vec{a}| = 2, |\vec{b}| = 1, \angle(\vec{a}, \vec{b}) = \dfrac{\pi}{3}$，求 $\boldsymbol{\alpha} \cdot \boldsymbol{\beta}$。

解　$$\begin{aligned}\boldsymbol{\alpha} \cdot \boldsymbol{\beta} &= (2\vec{a} + 3\vec{b}) \cdot (3\vec{a} - \vec{b}) = 6\vec{a} \cdot \vec{a} - 2\vec{a} \cdot \vec{b} + 9\vec{b} \cdot \vec{a} - 3\vec{b} \cdot \vec{b} \\ &= 6|\vec{a}|^2 + 7\vec{a} \cdot \vec{b} - 3|\vec{b}|^2 = 6|\vec{a}|^2 + 7|\vec{a}|.|\vec{b}| \cos \angle(\vec{a}, \vec{b}) - 3|\vec{b}|^2 \\ &= 6 \times 4 + 7 \times 2 \times 1 \times \cos \frac{\pi}{3} - 3 \times 1 = 28\end{aligned}$$

下面我们给出向量的数量积的坐标表达式。

设有两个向量 $\boldsymbol{\alpha}=(x_1,y_1,z_1),\boldsymbol{\beta}=(x_2,y_2,z_2)$，即有 $\boldsymbol{\alpha}=x_1\boldsymbol{i}+y_1\boldsymbol{j}+z_1\boldsymbol{k}$，$\boldsymbol{\beta}=x_2\boldsymbol{i}+y_2\boldsymbol{j}+z_2\boldsymbol{k}$，根据向量数量积的性质可得

$$\begin{aligned}\boldsymbol{\alpha}\cdot\boldsymbol{\beta}&=(x_1\boldsymbol{i}+y_1\boldsymbol{j}+z_1\boldsymbol{k})\cdot(x_2\boldsymbol{i}+y_2\boldsymbol{j}+z_2\boldsymbol{k})\\&=x_1\boldsymbol{i}\cdot(x_2\boldsymbol{i}+y_2\boldsymbol{j}+z_2\boldsymbol{k})+y_1\boldsymbol{j}\cdot(x_2\boldsymbol{i}+y_2\boldsymbol{j}+z_2\boldsymbol{k})+z_1\boldsymbol{k}\cdot(x_2\boldsymbol{i}+y_2\boldsymbol{j}+z_2\boldsymbol{k})\\&=(x_1x_2\boldsymbol{i}\cdot\boldsymbol{i}+x_1y_2\boldsymbol{i}\cdot\boldsymbol{j}+x_1z_2\boldsymbol{i}\cdot\boldsymbol{k})+(y_1x_2\boldsymbol{j}\cdot\boldsymbol{i}+y_1y_2\boldsymbol{j}\cdot\boldsymbol{j}+y_1z_2\boldsymbol{j}\cdot\boldsymbol{k})\\&\quad+(z_1x_2\boldsymbol{k}\cdot\boldsymbol{i}+z_1y_2\boldsymbol{k}\cdot\boldsymbol{j}+z_1z_2\boldsymbol{k}\cdot\boldsymbol{k})\end{aligned}$$

由于 $\boldsymbol{i},\boldsymbol{j},\boldsymbol{k}$ 互相垂直且每个都是单位向量，所以

$$\boldsymbol{i}\cdot\boldsymbol{j}=\boldsymbol{j}\cdot\boldsymbol{k}=\boldsymbol{k}\cdot\boldsymbol{i}=0;\quad \boldsymbol{j}\cdot\boldsymbol{i}=\boldsymbol{k}\cdot\boldsymbol{j}=\boldsymbol{i}\cdot\boldsymbol{k}=0;\quad \boldsymbol{i}\cdot\boldsymbol{i}=\boldsymbol{j}\cdot\boldsymbol{j}=\boldsymbol{k}\cdot\boldsymbol{k}=1$$

因此得

$$\boldsymbol{\alpha}\cdot\boldsymbol{\beta}=x_1x_1+y_1y_2+z_1z_2$$

这就是两个向量的数量积的坐标表达式。

由于 $\boldsymbol{\alpha}\cdot\boldsymbol{\beta}=|\boldsymbol{\alpha}||\boldsymbol{\beta}|\cos\theta$，所以当 $\boldsymbol{\alpha},\boldsymbol{\beta}$ 都不是零向量时，有

$$\cos\theta=\frac{\boldsymbol{\alpha}\cdot\boldsymbol{\beta}}{|\boldsymbol{\alpha}|\cdot|\boldsymbol{\beta}|}=\frac{x_1x_2+y_1y_2+z_1z_2}{\sqrt{x_1^2+y_1^2+z_1^2}\cdot\sqrt{x_2^2+y_2^2+z_2^2}}$$

这就是两个向量的夹角余弦的坐标表达式。

例 3.9 已知三点 $M(1,1,1),A(2,2,1),B(2,1,2)$，求 $\angle AMB$。

解 作向量 $\overrightarrow{MA}$ 及 $\overrightarrow{MB}$，则 $\angle AMB=\angle(\overrightarrow{MA},\overrightarrow{MB})$。易知 $\overrightarrow{MA}=(1,1,0)$，$\overrightarrow{MB}=(1,0,1)$，从而

$$\begin{aligned}&\overrightarrow{MA}\cdot\overrightarrow{MB}=1\times1+1\times0+0\times1=1\\&|\overrightarrow{MA}|=\sqrt{1^2+1^2+0^2}=\sqrt{2}\\&|\overrightarrow{MB}|=\sqrt{1^2+0^2+1^2}=\sqrt{2}\end{aligned}$$

代入两向量夹角余弦的表达式，得

$$\cos\angle AMB=\frac{\overrightarrow{MA}\cdot\overrightarrow{MB}}{|\overrightarrow{MA}|.|\overrightarrow{MB}|}=\frac{1}{\sqrt{2}\cdot\sqrt{2}}=\frac{1}{2}$$

由此得 $\angle AMB=\dfrac{\pi}{3}$。

3.2.2 向量的向量积

在研究物体转动问题时，不但要考虑物体所受的力，还要分析这些力所产生的力矩。在力学中，力 $\overrightarrow{F}$ 对定点 O 的力矩是一个向量 $\overrightarrow{M}$ (图 3.25)，$|\overrightarrow{M}|=|OQ|\cdot|\overrightarrow{F}|=|\overrightarrow{F}|\cdot|\overrightarrow{r}|\sin\theta$，其中，$\theta$ 为 $\overrightarrow{r}$ 与 $\overrightarrow{F}$ 的夹角，$\overrightarrow{M}$ 的方向与 $\overrightarrow{r}$，$\overrightarrow{F}$ 垂直且 $\overrightarrow{r}$，$\overrightarrow{F}$,$\overrightarrow{M}$ 符合右手规则 (即 $\overrightarrow{M}$ 的指向按右手从 $\overrightarrow{r}$ 以不超过 π 的角转向 $\overrightarrow{F}$ 来确定的)。

由此引入下面的定义：

定义 3.6　向量 $\boldsymbol{\alpha}$ 与 $\boldsymbol{\beta}$ 的向量积是一个向量 $\boldsymbol{\gamma}$，它的模 $|\gamma| = |\boldsymbol{\alpha}||\boldsymbol{\beta}|\sin\theta$，它的方向垂直于 $\boldsymbol{\alpha}$ 与 β 所决定的平面 (即 $\boldsymbol{\gamma}\perp\boldsymbol{\alpha}, \boldsymbol{\gamma}\perp\boldsymbol{\beta}$)，且 γ 的指向按右手从 $\boldsymbol{\alpha}$ 以不超过 π 的角转向 $\boldsymbol{\beta}$ 来确定的 (图 3.26)，记作 $\boldsymbol{\alpha}\times\boldsymbol{\beta}$，即 $\boldsymbol{\gamma} = \boldsymbol{\alpha}\times\boldsymbol{\beta}$。

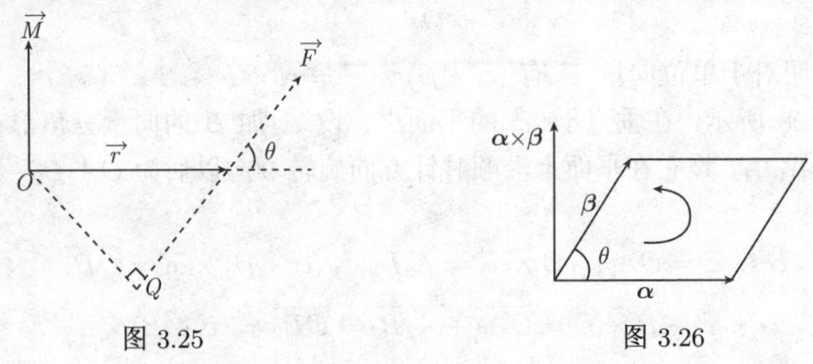

图 3.25　　　图 3.26

由这个定义，上述问题中力矩 $\overrightarrow{M}$ 就是 $\overrightarrow{r}$ 与 $\overrightarrow{F}$ 的向量积，即

$$\overrightarrow{M} = \overrightarrow{r}\times\overrightarrow{F}$$

向量积有如下性质：

(1) $\boldsymbol{\alpha}\times\boldsymbol{\alpha} = \mathbf{0}$;

(2) $\boldsymbol{\alpha}\times\boldsymbol{\beta} = \mathbf{0} \Leftrightarrow \boldsymbol{\alpha}//\boldsymbol{\beta}$;

(3) (反交换律) $\boldsymbol{\alpha}\times\boldsymbol{\beta} = -\boldsymbol{\beta}\times\boldsymbol{\alpha}$;

(4) (结合律) $(\lambda\boldsymbol{\alpha})\times\boldsymbol{\beta} = \lambda(\boldsymbol{\alpha}\times\boldsymbol{\beta})$;

(5) (分配律) $(\boldsymbol{\alpha}+\boldsymbol{\beta})\times\boldsymbol{\gamma} = \boldsymbol{\alpha}\times\boldsymbol{\gamma}+\boldsymbol{\beta}\times\boldsymbol{\gamma}$。

证　(1), (2), (3) 由向量积的定义可以直接证明，下面我们来证明 (4) 和 (5)。

首先证明 (4)。当 $\lambda = 0$ 时，(4) 显然成立；当 $\lambda > 0$ 时，$|(\lambda\boldsymbol{\alpha})\times\beta| = |\lambda(\boldsymbol{\alpha}\times\boldsymbol{\beta})|$，且 $(\lambda\boldsymbol{\alpha})\times\boldsymbol{\beta}$ 与 $\boldsymbol{\alpha}\times\boldsymbol{\beta}$ 的方向相同，$\lambda(\boldsymbol{\alpha}\times\boldsymbol{\beta})$ 与 $\boldsymbol{\alpha}\times\boldsymbol{\beta}$ 的方向相同，因此 $(\lambda\boldsymbol{\alpha})\times\boldsymbol{\beta}$ 与 $\lambda(\boldsymbol{\alpha}\times\boldsymbol{\beta})$ 的方向相同，从而 $(\lambda\boldsymbol{\alpha})\times\boldsymbol{\beta} = \lambda(\boldsymbol{\alpha}\times\boldsymbol{\beta})$。当 $\lambda < 0$ 时，$\lambda(\boldsymbol{\alpha}\times\boldsymbol{\beta})$ 与 $\boldsymbol{\alpha}\times\boldsymbol{\beta}$ 的方向相反，$(\lambda\boldsymbol{\alpha})\times\boldsymbol{\beta}$ 与 $\boldsymbol{\alpha}\times\boldsymbol{\beta}$ 的方向相反，所以 $(\lambda\boldsymbol{\alpha})\times\boldsymbol{\beta}$ 与 $\lambda(\boldsymbol{\alpha}\times\boldsymbol{\beta})$ 的方向相同。又 $|(\lambda\boldsymbol{\alpha})\times\boldsymbol{\beta}| = |\lambda(\boldsymbol{\alpha}\times\boldsymbol{\beta})|$，从而 $(\lambda\boldsymbol{\alpha})\times\boldsymbol{\beta} = \lambda(\boldsymbol{\alpha}\times\boldsymbol{\beta})$。

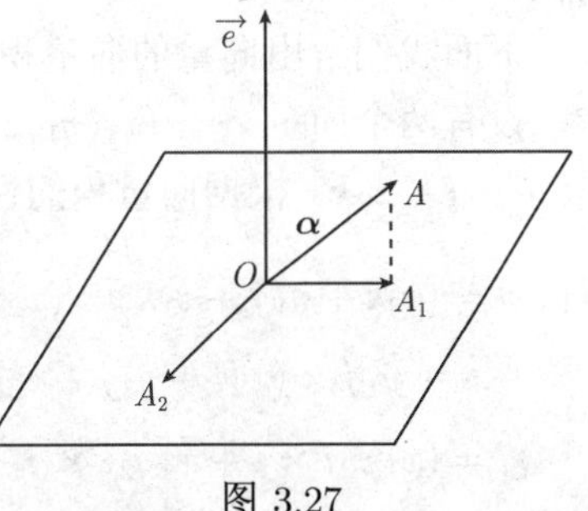

图 3.27

再来证明 (5)。首先考虑任意向量 $\boldsymbol{\alpha}$ 与一个单位向量 $\overrightarrow{e}$ 的向量积 $\boldsymbol{\alpha}\times\overrightarrow{e}$，作平面垂直于 $\overrightarrow{e}$，如图 3.27 所示，设 $\boldsymbol{\alpha} = \overrightarrow{OA}$，$\overrightarrow{OA}$ 在该平面上的投影是 $\overrightarrow{OA_1}$，将 $\overrightarrow{OA_1}$ 在平面上沿顺时针方向旋转 90°，得 $\overrightarrow{OA_2}$，则 $\overrightarrow{OA_2}\perp\overrightarrow{e}$; $\overrightarrow{OA_2}\perp\boldsymbol{\alpha}$，且

$\boldsymbol{\alpha}, \overrightarrow{e}, \overrightarrow{OA_2}$ 构成右手系，又因为

$$\begin{aligned}|\overrightarrow{OA_2}| = |\overrightarrow{OA_1}| &= |\boldsymbol{\alpha}|\cos\left[\frac{\pi}{2} - \angle(\boldsymbol{\alpha}, \overrightarrow{e})\right] = |\boldsymbol{\alpha}|\sin\angle(\boldsymbol{\alpha}, \overrightarrow{e}) \\ &= |\boldsymbol{\alpha}|.|\overrightarrow{e}|\sin\angle(\boldsymbol{\alpha}, \overrightarrow{e}) = |\boldsymbol{\alpha} \times \overrightarrow{e}|\end{aligned}$$

从而
$$\boldsymbol{\alpha} \times \overrightarrow{e} = \overrightarrow{OA_2}$$

其次证明对于单位向量 $\overrightarrow{e}$ 有 $(\boldsymbol{\alpha}+\boldsymbol{\beta}) \times \overrightarrow{e} = \boldsymbol{\alpha} \times \overrightarrow{e} + \boldsymbol{\beta} \times \overrightarrow{e}$。

如图 3.28 所示，在垂直于 $\overrightarrow{e}$ 的平面上，设 $\boldsymbol{\alpha}$ 加 $\boldsymbol{\beta}$ 的向量三角形在平面上的投影为 OA_1B_1，设它在平面上沿顺时针方向旋转 $90°$ 以后为 OA_2B_2，则由上面所述，

$$\boldsymbol{\alpha} \times \overrightarrow{e} = \overrightarrow{OA_2}, \quad \boldsymbol{\beta} \times \overrightarrow{e} = \overrightarrow{A_2B_2}, \quad (\boldsymbol{\alpha}+\boldsymbol{\beta}) \times \overrightarrow{e} = \overrightarrow{OB_2}$$

所以
$$\boldsymbol{\alpha} \times \overrightarrow{e} + \boldsymbol{\beta} \times \overrightarrow{e} = \overrightarrow{OA_2} + \overrightarrow{A_2B_2} = \overrightarrow{OB_2} = (\boldsymbol{\alpha}+\boldsymbol{\beta}) \times \overrightarrow{e}$$

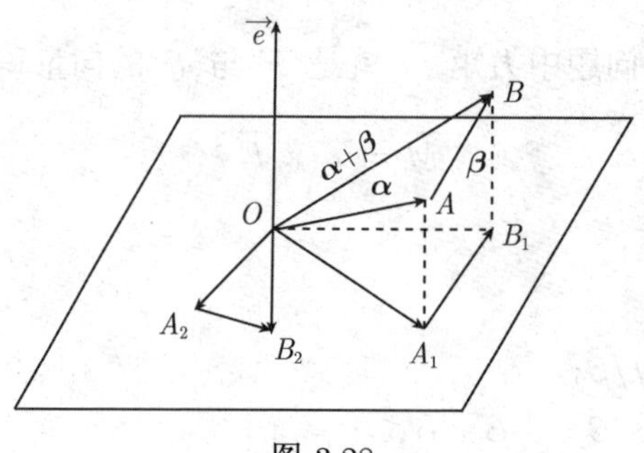

图 3.28

最后对于任意 $\boldsymbol{\alpha}, \boldsymbol{\beta}, \boldsymbol{\gamma}$，由已证等式，有

$$(\boldsymbol{\alpha}+\boldsymbol{\beta})\times\boldsymbol{\gamma} = (\boldsymbol{\alpha}+\boldsymbol{\beta})\times(|\boldsymbol{\gamma}|\overrightarrow{e}) = |\boldsymbol{\gamma}|((\boldsymbol{\alpha}+\boldsymbol{\beta})\times\overrightarrow{e}) = |\boldsymbol{\gamma}|(\boldsymbol{\alpha}\times\overrightarrow{e}+\boldsymbol{\beta}\times\overrightarrow{e}) = \boldsymbol{\alpha}\times\boldsymbol{\gamma}+\boldsymbol{\beta}\times\boldsymbol{\gamma}$$

即 (5) 成立。

向量积的几何意义：$|\boldsymbol{\alpha} \times \boldsymbol{\beta}| = |\boldsymbol{\alpha}||\boldsymbol{\beta}|\sin\theta$ 表示以 $\boldsymbol{\alpha}, \boldsymbol{\beta}$ 为边的平行四边形的面积。

下面我们给出向量的向量积的坐标表达式。

设有两个向量 $\boldsymbol{\alpha} = (x_1, y_1, z_1), \boldsymbol{\beta} = (x_2, y_2, z_2)$，即有 $\boldsymbol{\alpha} = x_1\boldsymbol{i} + y_1\boldsymbol{j} + z_1\boldsymbol{k}$，$\boldsymbol{\beta} = x_2\boldsymbol{i} + y_2\boldsymbol{j} + z_2\boldsymbol{k}$。根据向量积的性质可得

$$\begin{aligned}\boldsymbol{\alpha} \times \boldsymbol{\beta} &= (x_1\boldsymbol{i} + y_1\boldsymbol{j} + z_1\boldsymbol{k}) \times (x_2\boldsymbol{i} + y_2\boldsymbol{j} + z_2\boldsymbol{k}) = x_1\boldsymbol{i} \times (x_2\boldsymbol{i} + y_2\boldsymbol{j} + z_2\boldsymbol{k}) \\ &\quad + y_1\boldsymbol{j} \times (x_2\boldsymbol{i} + y_2\boldsymbol{j} + z_2\boldsymbol{k}) + z_1\boldsymbol{k} \times (x_2\boldsymbol{i} + y_2\boldsymbol{j} + z_2\boldsymbol{k}) \\ &= (x_1x_2\boldsymbol{i} \times \boldsymbol{i} + x_1y_2\boldsymbol{i} \times \boldsymbol{j} + x_1z_2\boldsymbol{i} \times \boldsymbol{k}) + (y_1x_2\boldsymbol{j} \times \boldsymbol{i} + y_1y_2\boldsymbol{j} \times \boldsymbol{j} + y_1z_2\boldsymbol{j} \times \boldsymbol{k}) \\ &\quad + (z_1x_2\boldsymbol{k} \times \boldsymbol{i} + z_1y_2\boldsymbol{k} \times \boldsymbol{j} + z_1z_2\boldsymbol{k} \times \boldsymbol{k})\end{aligned}$$

由于

$$\boldsymbol{i}\times\boldsymbol{j}=\boldsymbol{k},\boldsymbol{j}\times\boldsymbol{k}=\boldsymbol{i},\boldsymbol{k}\times\boldsymbol{i}=\boldsymbol{j},\boldsymbol{j}\times\boldsymbol{i}=-\boldsymbol{k},\boldsymbol{k}\times\boldsymbol{j}=-\boldsymbol{i},\boldsymbol{i}\times\boldsymbol{k}=-\boldsymbol{j},\boldsymbol{i}\times\boldsymbol{i}=\boldsymbol{j}\times\boldsymbol{j}=\boldsymbol{k}\times\boldsymbol{k}=\boldsymbol{0}$$

所以 $\boldsymbol{\alpha}\times\boldsymbol{\beta}=(y_1z_2-z_1y_2)\boldsymbol{i}+(z_1x_2-x_1z_2)\boldsymbol{j}+(x_1y_2-y_1x_2)\boldsymbol{k}$。

为了帮助记忆，利用三阶行列式，上式可写为

$$\boldsymbol{\alpha}\times\boldsymbol{\beta}=\begin{vmatrix}\boldsymbol{i} & \boldsymbol{j} & \boldsymbol{k}\\ x_1 & y_1 & z_1\\ x_2 & y_2 & z_2\end{vmatrix}$$

这就是两个向量的向量积的坐标表达式。

例 3.10　设 $\boldsymbol{\alpha}=(2,1,-1),\boldsymbol{\beta}=(1,-1,2)$，计算 $\boldsymbol{\alpha}\times\boldsymbol{\beta}$。

解

$$\boldsymbol{\alpha}\times\boldsymbol{\beta}=\begin{vmatrix}\boldsymbol{i} & \boldsymbol{j} & \boldsymbol{k}\\ 2 & 1 & -1\\ 1 & -1 & 2\end{vmatrix}=\boldsymbol{i}-5\boldsymbol{j}-3\boldsymbol{k}$$

例 3.11　已知三点 $A(2,1,3),B(1,4,5),C(1,-2,1)$, 求 $\triangle ABC$ 的面积。

解　由向量积的几何意义，可得 $\triangle ABC$ 的面积为

$$S_{\triangle ABC}=\frac{1}{2}|\overrightarrow{AB}\times\overrightarrow{AC}|$$

由于

$$\overrightarrow{AB}=(-1,3,2),\quad \overrightarrow{AC}=(-1,-3,-2)$$

因此

$$\overrightarrow{AB}\times\overrightarrow{AC}=\begin{vmatrix}\boldsymbol{i} & \boldsymbol{j} & \boldsymbol{k}\\ -1 & 3 & 2\\ -1 & -3 & -2\end{vmatrix}=-4\boldsymbol{j}+6\boldsymbol{k}$$

于是

$$S_{\triangle ABC}=\frac{1}{2}|-4\boldsymbol{j}+6\boldsymbol{k}|=\frac{1}{2}\sqrt{(-4)^2+6^2}=\sqrt{13}$$

3.2.3　向量的混合积

定义 3.7　设有三个向量 $\boldsymbol{\alpha},\boldsymbol{\beta},\boldsymbol{\gamma}$, 则称 $(\boldsymbol{\alpha}\times\boldsymbol{\beta})\cdot\boldsymbol{\gamma}$ 为混合积。

混合积是向量积与数量积的混合，并不是一种新的运算，但它有一些很重要的性质。

由定义不难得到混合积的几何意义：$|(\boldsymbol{\alpha}\times\boldsymbol{\beta})\cdot\boldsymbol{\gamma}|$ 表示以 $\boldsymbol{\alpha},\boldsymbol{\beta},\boldsymbol{\gamma}$ 为棱的平行六面体的体积 (图 3.29)。事实上，

$$V=|\boldsymbol{\alpha}\times\boldsymbol{\beta}|\cdot|\boldsymbol{\gamma}\cos\angle((\boldsymbol{\alpha}\times\boldsymbol{\beta}),\boldsymbol{\gamma})|=|\boldsymbol{\alpha}\times\boldsymbol{\beta}|\cdot|\boldsymbol{\gamma}||\cos\angle((\boldsymbol{\alpha}\times\boldsymbol{\beta}),\boldsymbol{\gamma})|=|(\boldsymbol{\alpha}\times\boldsymbol{\beta})\cdot\boldsymbol{\gamma}|$$

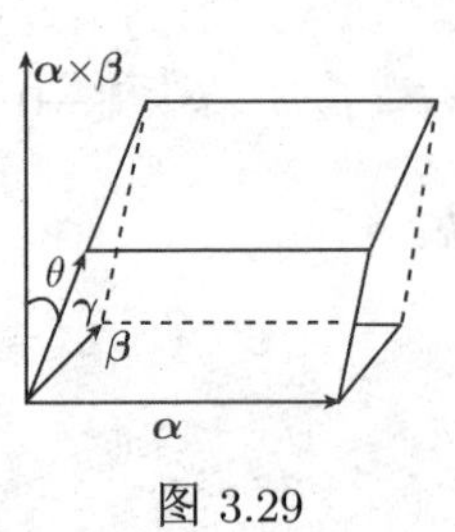

图 3.29

当 $\angle((\boldsymbol{\alpha}\times\boldsymbol{\beta}),\boldsymbol{\gamma})<\dfrac{\pi}{2}$ 时，$\cos\angle((\boldsymbol{\alpha}\times\boldsymbol{\beta}),\boldsymbol{\gamma})>0$，即 $\boldsymbol{\alpha},\boldsymbol{\beta},\boldsymbol{\gamma}$ 符合右手规则时，

$$V=(\boldsymbol{\alpha}\times\boldsymbol{\beta})\cdot\boldsymbol{\gamma}$$

当 $\angle((\boldsymbol{\alpha}\times\boldsymbol{\beta}),\boldsymbol{\gamma})>\dfrac{\pi}{2}$ 时，$\cos\angle((\boldsymbol{\alpha}\times\boldsymbol{\beta}),\boldsymbol{\gamma})<0$，即 $\boldsymbol{\alpha},\boldsymbol{\beta},\boldsymbol{\gamma}$ 符合左手规则时，

$$V=-(\boldsymbol{\alpha}\times\boldsymbol{\beta})\cdot\boldsymbol{\gamma}$$

由此我们称混合积 $(\boldsymbol{\alpha}\times\boldsymbol{\beta})\cdot\boldsymbol{\gamma}$ 表示的是以 $\boldsymbol{\alpha},\boldsymbol{\beta},\boldsymbol{\gamma}$ 为棱的平行六面体有向体积。

由混合积的几何意义，得到混合积的性质：

(1) $(\boldsymbol{\alpha}\times\boldsymbol{\beta})\cdot\boldsymbol{\gamma}=0\Leftrightarrow\boldsymbol{\alpha},\boldsymbol{\beta},\boldsymbol{\gamma}$ 共面；

(2) $(\boldsymbol{\alpha}\times\boldsymbol{\beta})\cdot\boldsymbol{\gamma}=(\boldsymbol{\beta}\times\boldsymbol{\gamma})\cdot\boldsymbol{\alpha}=(\boldsymbol{\gamma}\times\boldsymbol{\alpha})\cdot\boldsymbol{\beta}$。

下面我们给出向量的混合积的坐标表达式。

设有三个向量 $\boldsymbol{\alpha}=(x_1,y_1,z_1),\boldsymbol{\beta}=(x_2,y_2,z_2)$，$\boldsymbol{\gamma}=(x_3,y_3,z_3)$，则

$$\boldsymbol{\alpha}\times\boldsymbol{\beta}=\begin{vmatrix}\boldsymbol{i}&\boldsymbol{j}&\boldsymbol{k}\\x_1&y_1&z_1\\x_2&y_2&z_2\end{vmatrix}$$

$$=\begin{vmatrix}y_1&z_1\\y_2&z_2\end{vmatrix}\boldsymbol{i}-\begin{vmatrix}x_1&z_1\\x_2&z_2\end{vmatrix}\boldsymbol{j}+\begin{vmatrix}x_1&y_1\\x_2&y_2\end{vmatrix}\boldsymbol{k}$$

再由两向量的数量积的坐标表达式得

$$(\boldsymbol{\alpha}\times\boldsymbol{\beta})\cdot\boldsymbol{\gamma}=\begin{vmatrix}y_1&z_1\\y_2&z_2\end{vmatrix}x_3-\begin{vmatrix}x_1&z_1\\x_2&z_2\end{vmatrix}y_3$$

$$+\begin{vmatrix}x_1&y_1\\x_2&y_2\end{vmatrix}z_3$$

即

$$(\boldsymbol{\alpha}\times\boldsymbol{\beta})\cdot\boldsymbol{\gamma}=\begin{vmatrix}x_1&y_1&z_1\\x_2&y_2&z_2\\x_3&y_3&z_3\end{vmatrix}$$

由上式也可知，向量 $\boldsymbol{\alpha},\boldsymbol{\beta},\boldsymbol{\gamma}$ 共面的充要条件是

$$\begin{vmatrix} x_1 & y_1 & z_1 \\ x_2 & y_2 & z_2 \\ x_3 & y_3 & z_3 \end{vmatrix} = 0$$

例 3.12　已知四点 $A(1,0,0), B(4,4,2), C(4,5,-1), D(3,3,5)$，求四面体 $ABCD$ 的体积。

解　由立体几何知道，四面体的体积 V 等于以向量 $\overrightarrow{AB}, \overrightarrow{AC}, \overrightarrow{AD}$ 为棱的平行六面体的体积的六分之一，即

$$V = \frac{1}{6}|(\overrightarrow{AB} \times \overrightarrow{AC}) \cdot \overrightarrow{AD}|$$

由于　$\overrightarrow{AB} = (3,4,2), \quad \overrightarrow{AC} = (3,5,-1), \quad \overrightarrow{AD} = (2,3,5)$

所以

$$(\overrightarrow{AB} \times \overrightarrow{AC}) \cdot \overrightarrow{AD} = \begin{vmatrix} 3 & 4 & 2 \\ 3 & 5 & -1 \\ 2 & 3 & 5 \end{vmatrix} = 14$$

从而

$$V = \frac{1}{6} \times 14 = \frac{7}{3}$$

习　题　3.2

1. 设 $\boldsymbol{\alpha} = 3\boldsymbol{i} - \boldsymbol{j} - 2\boldsymbol{k}$，$\boldsymbol{\beta} = \boldsymbol{i} + 2\boldsymbol{j} - \boldsymbol{k}$，求:
(1) $\boldsymbol{\alpha} \cdot \boldsymbol{\beta}$; (2) $(\boldsymbol{\alpha} - 2\boldsymbol{\beta}) \cdot (2\boldsymbol{\alpha} + \boldsymbol{\beta})$; (3) $\boldsymbol{\alpha}$ 与 $\boldsymbol{\beta}$ 的夹角的余弦。

2. 设 $\boldsymbol{\alpha}, \boldsymbol{\beta}, \boldsymbol{\gamma}$ 为单位向量，且满足 $\boldsymbol{\alpha} + \boldsymbol{\beta} + \boldsymbol{\gamma} = \boldsymbol{0}$，求 $\boldsymbol{\alpha} \cdot \boldsymbol{\beta} + \boldsymbol{\beta} \cdot \boldsymbol{\gamma} + \boldsymbol{\gamma} \cdot \boldsymbol{\alpha}$。

3. 设 $|\boldsymbol{\alpha}| = 13, |\boldsymbol{\beta}| = 19, |\boldsymbol{\alpha} + \boldsymbol{\beta}| = 24$，求 $|\boldsymbol{\alpha} - \boldsymbol{\beta}|$。

4. 证明：向量 $\boldsymbol{\alpha}$ 垂直于向量 $(\boldsymbol{\alpha} \cdot \boldsymbol{\beta})\boldsymbol{\gamma} - (\boldsymbol{\alpha} \cdot \boldsymbol{\gamma})\boldsymbol{\beta}$。

5. 试用向量证明直径所对的圆周角是直角。

6. 已知向量 $\boldsymbol{\alpha} = 2\boldsymbol{i} + 3\boldsymbol{j}, \boldsymbol{\beta} = 3\boldsymbol{j} + 2\boldsymbol{k}$，求 $|\boldsymbol{\alpha} \times \boldsymbol{\beta}|$。

7. 已知 $A(1,-1,2)$，$B(3,3,1)$ 和 $C(3,1,3)$，求与 $\overrightarrow{AB}, \overrightarrow{BC}$ 同时垂直的单位向量。

8. 证明：若 $\boldsymbol{\alpha} + \boldsymbol{\beta} + \boldsymbol{\gamma} = \boldsymbol{0}$，则 $\boldsymbol{\alpha} \times \boldsymbol{\beta} = \boldsymbol{\beta} \times \boldsymbol{\gamma} = \boldsymbol{\gamma} \times \boldsymbol{\alpha}$。

9. 已知向量 $\vec{a}, \vec{b}, \vec{c}, \vec{d}$ 满足 $\vec{a} \times \vec{b} = \vec{c} \times \vec{d}$，$\vec{a} \times \vec{c} = \vec{b} \times \vec{d}$，求证向量 $\vec{a} - \vec{d}$ 与 $\vec{b} - \vec{c}$ 平行。

10. 设向量 $\boldsymbol{\alpha} = (1,0,-1)$，$\boldsymbol{\beta} = (2,1,0)$ 和 $\boldsymbol{\gamma} = (0,0,1)$，求 $(\boldsymbol{\alpha} \times \boldsymbol{\beta}) \cdot \boldsymbol{\gamma}$。

11. 证明四点 $A(2,-1,-2), B(1,2,1), C(2,3,0), D(5,0,-6)$ 共面。

12. 如果 $\boldsymbol{\alpha} \times \boldsymbol{\beta} + \boldsymbol{\beta} \times \boldsymbol{\gamma} + \boldsymbol{\gamma} \times \boldsymbol{\alpha} = \boldsymbol{0}$，证明 $\boldsymbol{\alpha}, \boldsymbol{\beta}, \boldsymbol{\gamma}$ 共面。

13. 已知四点 $A(-1,2,4), B(6,3,2), C(1,4,-1), D(-1,-2,3)$，求:
(1) $\triangle ABC$ 的面积; (2) 四面体 $ABCD$ 的体积。

3.3 平　面

在本节及下一节中，我们将以向量为工具，研究平面及空间直线的性质。

3.3.1 平面的点法式方程

定义 3.8 若一非零向量垂直于一平面，则称该向量为此平面的**法向量**。易见，平面的法向量垂直于平面上的任一向量，且法向量不唯一。

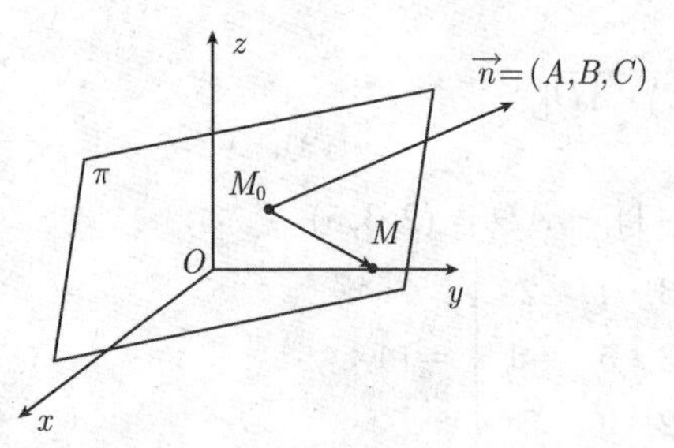

图 3.30

因为过空间一点可以作而且只能作一个平面垂直于一已知直线，故当平面 π 上一点 $M_0(x_0,y_0,z_0)$ 和它的一个法向量 $\overrightarrow{n}=(A,B,C)$ 为已知时，平面 π 的位置就确定了。下面来建立平面 π 的方程。

设 $M(x,y,z)$ 为 π 上的任一点 (图 3.30)，则 $\overrightarrow{M_0M}\perp\overrightarrow{n}$，因此 $\overrightarrow{M_0M}\cdot\overrightarrow{n}=0$，即

$$A(x-x_0)+B(y-y_0)+C(z-z_0)=0 \tag{3.6}$$

显然，凡是平面上的点，其坐标都满足方程 (3.6)。反之，坐标满足方程 (3.6) 的点必在平面上，所以方程 (3.6) 就是所求的平面 π 的方程。因方程 (3.6) 是由平面上的一点 $M_0(x_0,y_0,z_0)$ 及它的一个法向量 $\overrightarrow{n}=(A,B,C)$ 确定的，故方程 (3.6) 叫做平面的**点法式方程**。

例 3.13 求过点 $M_0(1,1,2)$ 且与向量 $\overrightarrow{n}=(1,2,1)$ 垂直的平面。

解 由方程 (3.6)，得所求平面的方程为

$$1(x-1)+2(y-1)+1(z-2)=0$$

整理得

$$x+2y+z-5=0$$

例 3.14 设平面 π 通过点 $M_0(x_0,y_0,z_0)$ 且平行于两个不共线的向量 $\boldsymbol{\alpha}=(x_1,y_1,z_1)$，$\boldsymbol{\beta}=(x_2,y_2,z_2)$，求平面 π 的方程。

解 由题设知，平面 π 的法向量 $\overrightarrow{n}$ 既垂直于 $\boldsymbol{\alpha}$，又垂直于 $\boldsymbol{\beta}$，故可以取 $\overrightarrow{n}=\boldsymbol{\alpha}\times\boldsymbol{\beta}$，从而由方程 (3.6) 可得所求平面 π 的方程为

$$\begin{vmatrix} y_1 & z_1 \\ y_2 & z_2 \end{vmatrix}(x-x_0)-\begin{vmatrix} x_1 & z_1 \\ x_2 & z_2 \end{vmatrix}(y-y_0)+\begin{vmatrix} x_1 & y_1 \\ x_2 & y_2 \end{vmatrix}(z-z_0)=0$$

3.3.2 平面的一般式方程

若记 $-(Ax_0+By_0+Cz_0)=D$，则方程 (3.6) 可改写为

$$Ax+By+Cz+D=0 \tag{3.7}$$

这里 A，B，C 不同时为 0。

任意平面都可用它上面的一点及它的一个法向量来确定，因此任意平面都可以用 x,y,z 的三元一次方程 (3.7) 来表示。反之，设有三元一次方程 $Ax+By+Cz+D=0$，我们任取满足该方程的一组数 x_0,y_0,z_0，即

$$Ax_0+By_0+Cz_0+D=0 \tag{3.8}$$

将方程 (3.7) 和式 (3.8) 相减得

$$A(x-x_0)+B(y-y_0)+C(z-z_0)=0 \tag{3.9}$$

这是一个通过点 $M_0(x_0,y_0,z_0)$ 且以 $\overrightarrow{n}=(A,B,C)$ 为法向量的平面方程。而方程 (3.9) 与方程 (3.7) 是同解方程，所以，任一个三元一次方程 (3.7) 的图形是一个平面，我们称方程 (3.7) 为平面的**一般式方程**，其中，x,y,z 的系数构成了平面的一个法向量 $\overrightarrow{n}$ 的坐标，即 $\overrightarrow{n}=(A,B,C)$。

例 3.15　设一平面与 x，y，z 轴的交点依次为 $P(a,0,0)$，$Q(0,b,0)$，$R(0,0,c)$ (图 3.31)，求这个平面的方程。

解　设所求的平面方程为

$$Ax+By+Cz+D=0$$

将三点 P,Q,R 的坐标代入该方程，得

$$\begin{cases} aA+D=0 \\ bB+D=0 \\ cC+D=0 \end{cases}$$

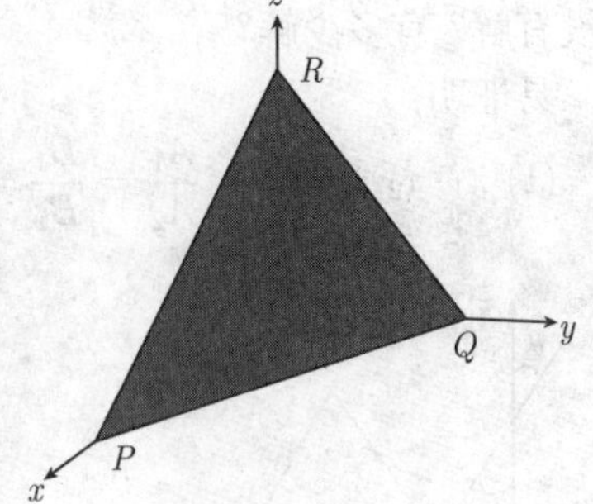

图 3.31

解得 $A=-\dfrac{D}{a},B=-\dfrac{D}{b},C=-\dfrac{D}{c}$，代入所设方程中并消去 $D(D\neq 0)$，得所求平面的方程为

$$\frac{x}{a}+\frac{y}{b}+\frac{z}{c}=1 \tag{3.10}$$

方程 (3.10) 称为平面的**截距式方程**。a,b,c 依次称为平面在 x，y，z 轴上的截距。

从平面的一般式方程系数中 0 的个数，可以看出平面相对于坐标系的特殊位置：

(1) 若 $D=0$，方程 (3.7) 变为 $Ax+By+Cz=0$，它表示通过原点的平面。

(2) 若 $A=0$，方程 (3.7) 变为 $By+Cz+D=0$，法向量 $\overrightarrow{n}=(0,B,C)$ 垂直于 x 轴，它表示平行于 x 轴的平面。同理，$Ax+Cz+D=0$ 和 $Ax+By+D=0$ 分别表示平行于 y 轴和 z 轴的平面。

(3) 若 $A=0, B=0$，方程 (3.7) 变为 $Cz+D=0$，它表示平行于 xOy 面的平面。同理，$Ax+D=0$ 和 $By+D=0$ 分别表示平行于 yOz 面和 xOz 面的平面。

(4) 若 $A=0, D=0$，方程 (3.7) 变为 $By+Cz=0$，它表示通过 x 轴的平面。同理，$Ax+Cz=0$ 和 $Ax+By=0$ 分别表示过 y 轴和 z 轴的平面。

例 3.16　求过点 $(1,2,3)$ 和 z 轴的平面。

解　过 z 轴的平面方程可设为 $Ax+By=0$，把点 $(1,2,3)$ 代入，得 $A+2B=0$，因此所求的平面方程为 $2x-y=0$。

3.3.3　两平面间的位置关系

设两个平面的方程分别为

$$\pi_1\text{：}\ A_1x+B_1y+C_1z+D_1=0$$

$$\pi_2\text{：}\ A_2x+B_2y+C_2z+D_2=0$$

从几何的观点来看，它们可能相交、平行、重合。从代数的观点来看，即为方程组

$$\begin{cases} A_1x+B_1y+C_1z+D_1=0 \\ A_2x+B_2y+C_2z+D_2=0 \end{cases}$$

有没有解？有多少解？

易证明：

(1) π_1, π_2 平行 $\Leftrightarrow \dfrac{A_1}{A_2}=\dfrac{B_1}{B_2}=\dfrac{C_1}{C_2}\neq\dfrac{D_1}{D_2}$；

(2) π_1, π_2 重合 $\Leftrightarrow \dfrac{A_1}{A_2}=\dfrac{B_1}{B_2}=\dfrac{C_1}{C_2}=\dfrac{D_1}{D_2}$；

(3) π_1, π_2 相交 $\Leftrightarrow A_1:B_1:C_1\neq A_2:B_2:C_2$，此时，$\pi_1$ 与 π_2 的夹角 θ，$0\leqslant\theta\leqslant\dfrac{\pi}{2}$ (即 π_1 与 π_2 的法向量的夹角) 可由

$$\cos\theta=\frac{|A_1A_2+B_1B_2+C_1C_2|}{\sqrt{A_1^2+B_1^2+C_1^2}\cdot\sqrt{A_2^2+B_2^2+C_2^2}}$$

求出 (图 3.32)，特别地，

$$\pi_1,\ \pi_2\ \text{垂直} \Leftrightarrow A_1A_2+B_1B_2+C_1C_2=0$$

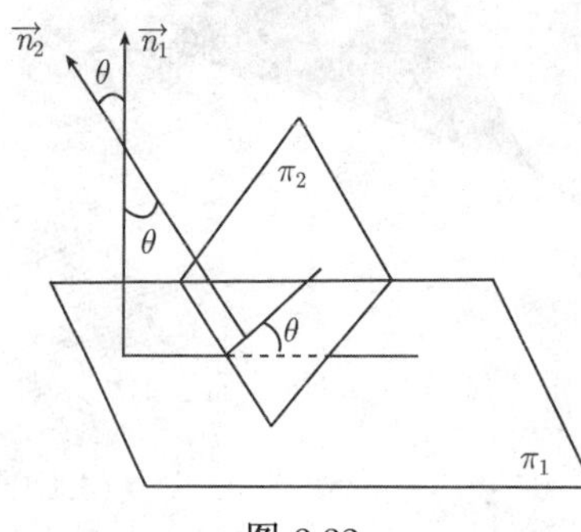

图 3.32

例 3.17　判断下面两个平面的位置关系，若相交，求它们的夹角。

$$\pi_1\text{：}\ x+2y-z+8=0,\quad \pi_2\text{：}\ 2x+y+z-7=0$$

解　因为 $\vec{n_1}=(1,2,-1)$，$\vec{n_2}=(2,1,1)$，所以 $1:2:(-1)\neq 2:1:1$，从而 π_1, π_2 相交。又

$$\cos\theta=\frac{|1\times2+2\times1+(-1)\times1|}{\sqrt{1^2+2^2+(-1)^2}\cdot\sqrt{2^2+1^2+1^2}}=\frac{1}{2}$$

所以
$$\theta = \frac{\pi}{3}$$

例 3.18　求经过点 $M(2,-3,1)$ 且与平面 $2x+3y+z-1=0$ 平行的平面方程。

解　设所求的平面方程为 $2x+3y+z+D=0$，点 $M(2,-3,1)$ 在平面上，代入有

$$2\times 2+3\times(-3)+1\times 1+D=0$$

即 $D=4$，从而所求的平面方程为

$$2x+3y+z+4=0$$

例 3.19　一平面过点 $M_1(1,1,1)$ 和 $M_2(0,1,-1)$ 且垂直于 $x+y+z=0$，求它的方程。

解　设所求平面的法向量为 $\vec{n}=(A,B,C)$，由题设知，$\vec{n}\perp\overrightarrow{M_1M_2}$，$\vec{n}\perp\vec{n_0}=(1,1,1)$，从而有

$$\begin{cases} -A-2C=0 \\ A+B+C=0 \end{cases}$$

解得　$A=-2C,\quad B=C$

故所求的平面方程为 $-2C(x-1)+C(y-1)+C(z-1)=0$，即 $2x-y-z=0$。

例 3.20　设 $P_0(x_0,y_0,z_0)$ 是平面 $Ax+By+Cz+D=0$ 外一点，求 P_0 到这个平面的距离 (图 3.33)。

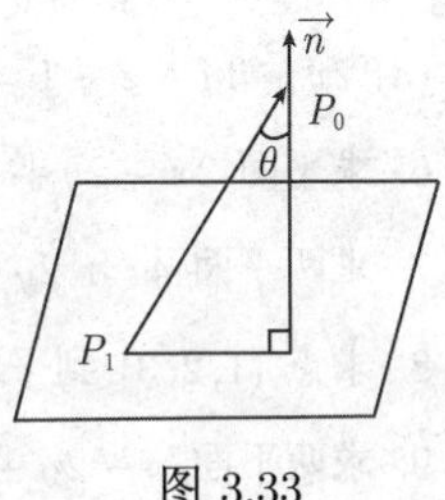

图 3.33

解　在平面上任取一点 $P_1(x_1,y_1,z_1)$，并作一法向量 $\vec{n}$ (图 3.33)，并考虑到 $\overrightarrow{P_1P_0}$ 与 $\vec{n}$ 的夹角也可能是钝角，故所求的距离为

$$\begin{aligned} d &= |\mathrm{Prj}_{\vec{n}}\overrightarrow{P_1P_0}| = |\overrightarrow{P_1P_0}|\cdot|\cos\angle(\overrightarrow{P_1P_0},\vec{n})| \\ &= |\overrightarrow{P_1P_0}\cdot\vec{n}^0| = |(x_0-x_1,y_0-y_1,z_0-z_1)\cdot\vec{n}^0| \end{aligned}$$

这里 $\vec{n}^0$ 与 $\vec{n}$ 是方向一致的单位向量，则 $\vec{n}^0=\dfrac{1}{\sqrt{A^2+B^2+C^2}}(A,B,C)$，从而

$$d=\frac{|A(x_0-x_1)+B(y_0-y_1)+C(z_0-z_1)|}{\sqrt{A^2+B^2+C^2}}$$

因 P_1 在平面上，故 $Ax_1+By_1+Cz_1+D=0$，从而

$$d=\frac{|Ax_0+By_0+Cz_0+D|}{\sqrt{A^2+B^2+C^2}} \tag{3.11}$$

易见，两平行平面间的距离可转化为点到平面的距离。

习 题 3.3

1. 求下列平面的方程

(1) 平行于平面 $3x-7y+5z-12=0$ 且过点 $M(3,0,-1)$；

(2) 过三点 $M_1(1,1,-1)$、$M_2(-2,-2,2)$ 和 $M_3(1,-1,2)$；

(3) 平行于 xOz 面且经过点 $(2,-5,3)$；

(4) 平行于 x 轴且经过两点 $(4,0,-2)$ 和 $(5,1,7)$。

2. 求三平面 $x+3y+z=1$，$2x-y-z=0$，$-x+2y+2z=3$ 的交点。

3. 求过点 $M(2,0,-8)$ 且与两平面 $x-2y+4z-7=0$, $3x+5y-2z+3=0$ 都垂直的平面方程。

4. 求平行于平面 $2x+y+2z+5=0$ 且与三个坐标面所构成的四面体的体积为 1 的平面。

5. 判定下列各对平面的位置关系

(1) $2x-y+z-1=0$ 与 $5x+y-7=0$；

(2) $x+2y-z+3=0$ 与 $2x+4y-2z-1=0$；

(3) $2x-3y+z-1=0$ 与 $5x+y-7z=0$。

6. 求平面 $2x-2y+z+5=0$ 与各坐标面的夹角的余弦。

7. 求两平面 $4x+2y+4z-7=0$ 与 $3x-4y=0$ 的夹角。

8. 求点 $(1,2,3)$ 到平面 $2x-2y+z-3=0$ 的距离。

9. 求两平面 $x-2y+2z+2=0$ 与 $3x+4z-5=0$ 所成二面角的平分面方程。

3.4 空间直线

3.4.1 直线的对称式方程与参数方程

定义 3.9 若一非零向量平行于一条已知直线，则称该向量为此直线的**方向向量**。

易见，直线的方向向量不唯一，它仅用来指示方向。

因为过空间一点可以作而且只能作一条直线平行于一已知直线，故当直线 L 上一点 $M_0(x_0,y_0,z_0)$ 和它的一个方向向量 $\overrightarrow{s}=(l,m,n)$ 为已知时，直线 L 便唯一确定了。下面来建立直线 L 的方程。

设 $M(x, y.z)$ 为直线 L 上的任一点(图 3.34)，则 $\overrightarrow{M_0M} // \vec{s}$，而 $\overrightarrow{M_0M} = (x - x_0, y - y_0, z - z_0)$，从而有

$$\frac{x - x_0}{l} = \frac{y - y_0}{m} = \frac{z - z_0}{n} \tag{3.12}$$

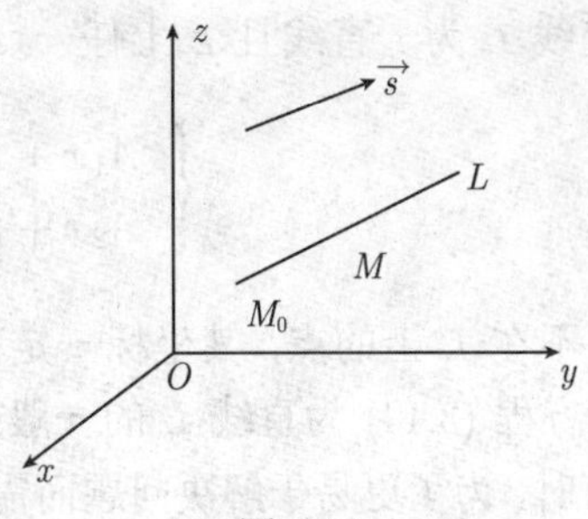

图 3.34

[这里 l, m, n 不全为 0，当其中一个或两个为 0 时，方程 (3.12) 理解为相应的分子也为 0]。显然，不在 L 上的点一定不满足方程 (3.12)，从而方程 (3.12) 为所求直线 L 的方程，称为直线的**对称式方程**(也称**点向式方程**或**标准式方程**)。

若设
$$\frac{x - x_0}{l} = \frac{y - y_0}{m} = \frac{z - z_0}{n} = t$$

则有
$$\begin{cases} x = x_0 + lt \\ y = y_0 + mt \\ z = z_0 + nt \end{cases} \tag{3.13}$$

称方程 (3.13) 为直线的**参数方程**。

例 3.21　求过点 $P_1(x_1, y_1, z_1)$ 和 $P_2(x_2, y_2, z_2)$ 的直线方程。

解　取方向向量 $\vec{s} = \overrightarrow{P_1P_2} = (x_2 - x_1, y_2 - y_1, z_2 - z_1)$，则由式 (3.12) 得直线的方程为

$$\frac{x - x_1}{x_2 - x_1} = \frac{y - y_1}{y_2 - y_1} = \frac{z - z_1}{z_2 - z_1}$$

例 3.22　求直线 $\dfrac{x}{1} = \dfrac{y}{2} = \dfrac{z}{3}$ 与平面 $x + 2y + 3z - 1 = 0$ 的交点。

解　解决此类问题一般用直线的参数式为宜，故先将已知直线化为参数式

$$\begin{cases} x = t \\ y = 2t \\ z = 3t \end{cases}$$

将其代入平面方程得

$$1 \cdot t + 2 \cdot 2t + 3 \cdot 3t - 1 = 0$$

解得 $t = \dfrac{1}{14}$，故所求的交点为 $\left(\dfrac{1}{14}, \dfrac{1}{7}, \dfrac{3}{14}\right)$。

3.4.2　直线的一般式方程

若两个相交平面 π_1 与 π_2 的方程分别是

$$A_1x + B_1y + C_1z + D_1 = 0 \quad 和 \quad A_2x + B_2y + C_2z + D_2 = 0$$

则其交线 L 为一直线且 L 上任一点的坐标满足

$$\begin{cases} A_1x+B_1y+C_1z+D_1=0 \\ A_2x+B_2y+C_2z+D_2=0 \end{cases} \tag{3.14}$$

反之，不在 L 上的点，其坐标一定不满足方程 (3.14)，从而 L 可用方程 (3.14) 表示，称方程 (3.14) 为直线 L 的**一般式方程**。

有时，为了更易于解决问题而需要直线方程的适当形式，从而我们有必要熟练掌握直线的三种形式间的转化。

例 3.23 化直线方程 $\begin{cases} x+y+z+1=0 \\ 2x-y+3z+4=0 \end{cases}$ 为对称式和参数式。

解 先求直线上的一点。令 $x_0=1$，得

$$\begin{cases} y_0+z_0+2=0 \\ y_0-3z_0-6=0 \end{cases}$$

解此方程组得 $y_0=0, z_0=-2$，因此点 $P_0(1,0,-2)$ 在直线上。

再求直线的方向向量 $\overrightarrow{s}$。由于两平面的交线与这两个平面的法向量 $\overrightarrow{n_1}=(1,1,1), \overrightarrow{n_2}=(2,-1,3)$ 都垂直，故可设

$$\overrightarrow{s}=\overrightarrow{n_1}\times\overrightarrow{n_2}=\begin{vmatrix} \boldsymbol{i} & \boldsymbol{j} & \boldsymbol{k} \\ 1 & 1 & 1 \\ 2 & -1 & 3 \end{vmatrix}=(4,-1,-3)$$

因此所给直线的对称式方程为

$$\frac{x-1}{4}=\frac{y-0}{-1}=\frac{z+2}{-3}$$

参数式方程为
$$\begin{cases} x=1+4t \\ y=-t \\ z=-2-3t \end{cases}$$

例 3.24 化直线 $\dfrac{x-1}{2}=\dfrac{y+2}{-5}=\dfrac{z-4}{7}$ 为一般式方程。

解 方程可改写为

$$\begin{cases} \dfrac{x-1}{2}=\dfrac{y+2}{-5} \\ \dfrac{x-1}{2}=\dfrac{z-4}{7} \end{cases}, \quad 即 \quad \begin{cases} 5x+2y-1=0 \\ 7x-2z+1=0 \end{cases}$$

3.4.3 空间直线的位置关系

设空间中两条直线的方程分别为

$$L_1\colon \frac{x-x_1}{l_1}=\frac{y-y_1}{m_1}=\frac{z-z_1}{n_1}$$

$$L_2\colon \frac{x-x_2}{l_2}=\frac{y-y_2}{m_2}=\frac{z-z_2}{n_2}$$

其中，L_1 过点 $M_1(x_1,y_1,z_1)$，方向向量为 $\vec{s_1}=(l_1,m_1,n_1)$；L_2 过点 $M_2(x_2,y_2,z_2)$，方向向量为 $\vec{s_2}=(l_2,m_2,n_2)$，则 L_1 与 L_2 可能平行、重合、相交、异面。易证明：

(1) L_1,L_2 平行 $\Leftrightarrow \vec{s_1}//\vec{s_2}$ 但不平行于 $\overrightarrow{M_1M_2}$；

$\Leftrightarrow l_1:m_1:n_1=l_2:m_2:n_2\neq(x_2-x_1):(y_2-y_1):(z_2-z_1)$。

(2) L_1,L_2 重合 $\Leftrightarrow \vec{s_1}//\vec{s_2}//\overrightarrow{M_1M_2}$；

$\Leftrightarrow l_1:m_1:n_1=l_2:m_2:n_2=(x_2-x_1):(y_2-y_1):(z_2-z_1)$。

(3) L_1,L_2 相交 $\Leftrightarrow L_1,L_2$ 共面且 L_1,L_2 不平行；

$\Leftrightarrow \vec{s_1},\vec{s_2},\overrightarrow{M_1M_2}$ 共面且 L_1,L_2 不平行；

$$\Leftrightarrow\begin{vmatrix} l_1 & m_1 & n_1\\ l_2 & m_2 & n_2\\ x_2-x_1 & y_2-y_1 & z_2-z_1\end{vmatrix}=0 \text{ 且 } l_1:m_1:n_1\neq l_2:m_2:n_2\text{。}$$

(4) L_1,L_2 异面 $\Leftrightarrow \vec{s_1},\vec{s_2},\overrightarrow{M_1M_2}$ 不共面 $\Leftrightarrow \begin{vmatrix} l_1 & m_1 & n_1\\ l_2 & m_2 & n_2\\ x_2-x_1 & y_2-y_1 & z_2-z_1\end{vmatrix}\neq 0$。

当两条直线相交或异面时，它们之间的夹角 θ (即它们的方向向量的夹角，$0<\theta\leqslant\frac{\pi}{2}$) 可由

$$\cos\theta=\frac{|l_1l_2+m_1m_2+n_1n_2|}{\sqrt{l_1^2+m_1^2+n_1^2}\cdot\sqrt{l_2^2+m_2^2+n_2^2}} \tag{3.15}$$

求出。特别地，L_1,L_2 垂直 $\Leftrightarrow l_1l_2+m_1m_2+n_1n_2=0$。

例 3.25　已知两直线 $L_1\colon \dfrac{x+2}{2}=\dfrac{y}{-3}=\dfrac{z-1}{4}$，$L_2\colon \dfrac{x-3}{m}=\dfrac{y-1}{4}=\dfrac{z-7}{2}$，判断 m 为何值时它们相交？并求它们的夹角。

解　$M_1(-2,0,1)$，$M_2(3,1,7)$ 分别在 L_1，L_2 上，$\overrightarrow{M_1M_2}=(5,1,6)$，$\vec{s_1}=(2,-3,4)$，$\vec{s_2}=(m,4,2)$，显然 $\vec{s_1}$，$\vec{s_2}$ 不平行。令

$$\begin{vmatrix} 2 & -3 & 4\\ m & 4 & 2\\ 5 & 1 & 6\end{vmatrix}=0\Rightarrow m=3$$

则当 $m=3$ 时，L_1 与 L_2 相交。此时

$$\cos\theta=\frac{|2\times 3+(-3)\times 4+4\times 2|}{\sqrt{2^2+(-3)^2+4^2}\cdot\sqrt{3^2+4^2+2^2}}=\frac{2}{29}$$

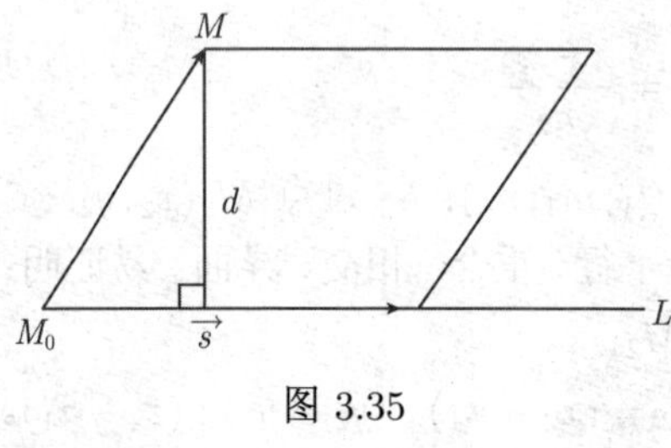

图 3.35

从而
$$\theta=\arccos\frac{2}{29}$$

下面我们给出点到直线的距离公式。

设直线 L 过点 M_0，方向向量为 $\overrightarrow{s}$，由图 3.35 看出，直线外的一点 M 到 L 的距离 d 等于以 $\overrightarrow{M_0M},\overrightarrow{s}$ 为邻边的平行四边形的高，也即

$$d=\frac{|\overrightarrow{M_0M}\times\overrightarrow{s}|}{|\overrightarrow{s}|}\tag{3.16}$$

易见，两平行直线间的距离可化为点到直线的距离。

例 3.26　求点 $M(1,0,2)$ 到直线 $\begin{cases}2x-y-2z+1=0\\ x+y+4z-2=0\end{cases}$ 的距离。

解　将直线化为标准式，即

$$\frac{x-\dfrac{1}{3}}{2}=\frac{y-\dfrac{5}{3}}{10}=\frac{z}{-3}$$

设 $M_0\left(\dfrac{1}{3},\dfrac{5}{3},0\right)$，$\overrightarrow{s}=(2,10,-3)$，则

$$d=\frac{|\overrightarrow{M_0M}\times\overrightarrow{s}|}{|\overrightarrow{s}|}=\frac{|(-15,6,10)|}{\sqrt{2^2+10^2+(-3)^2}}=\frac{\sqrt{(-15)^2+6^2+10^2}}{\sqrt{113}}=\frac{19}{\sqrt{113}}$$

3.4.4　空间直线与平面的位置关系

设空间直线与平面的方程分别为

$$L:\ \frac{x-x_0}{l}=\frac{y-y_0}{m}=\frac{z-z_0}{n},\ 这里\ \overrightarrow{s}=(l,m,n)$$
$$\pi:\ Ax+By+Cz+D=0,\ 这里\ \overrightarrow{n}=(A,B,C)$$

从几何的观点来看，它们可能平行、重合、相交。从代数的观点来看，即 L 与 π 有没有交点？有多少交点？易证明：

(1) L,π 平行 $\Leftrightarrow \overrightarrow{s}\perp\overrightarrow{n}$ 且 $Ax_0+By_0+Cz_0+D\neq 0$；

(2) L,π 重合 $\Leftrightarrow \overrightarrow{s}\perp\overrightarrow{n}$ 且 $Ax_0+By_0+Cz_0+D=0$；

(3) L,π 相交 $\Leftrightarrow \overrightarrow{s}$ 与 $\overrightarrow{n}$ 不垂直，

此时，L 与 π 的夹角 θ，$0\leqslant\theta\leqslant\dfrac{\pi}{2}$，即 L 与它在平面上的投影直线间的夹角 (图 3.36) 满足

$$\theta=|\frac{\pi}{2}-\angle(\overrightarrow{s},\overrightarrow{n})|$$

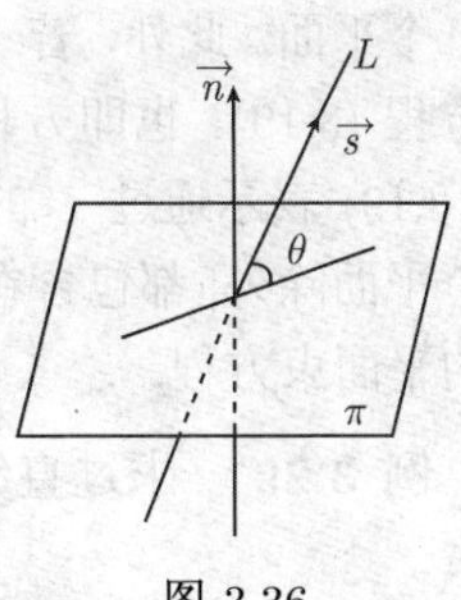

图 3.36

从而有

$$\sin\theta=|\cos\angle(\overrightarrow{s},\overrightarrow{n})|=\frac{|Al+Bm+Cn|}{\sqrt{A^2+B^2+C^2}\cdot\sqrt{l^2+m^2+n^2}} \tag{3.17}$$

当 L 与 π 垂直时，规定它们的夹角为 $\dfrac{\pi}{2}$，此时有 $L\perp\pi\Leftrightarrow A:B:C=l:m:n$。

例 3.27　求过点 $(1,-2,4)$ 且与平面 $2x-3y+z-4=0$ 垂直的直线方程。

解　可取直线的方向向量为 $\overrightarrow{s}=\overrightarrow{n}=(2,-3,1)$，从而所求的直线方程为

$$\frac{x-1}{2}=\frac{y+2}{-3}=\frac{z-4}{1}$$

例 3.28　求与两平面 $x-4z-3=0$ 和 $2x-y-5z-1=0$ 的交线平行且过点 $(-3,2,5)$ 的直线的方程。

解　由题设知，所求直线的方向向量 $\overrightarrow{s}$ 满足：$\overrightarrow{s}\perp\overrightarrow{n_1}$，$\overrightarrow{s}\perp\overrightarrow{n_2}$，这里

$$\overrightarrow{n_1}=(1,0,-4),\quad \overrightarrow{n_2}=(2,-1,-5)$$

故可取 $\overrightarrow{s}=\overrightarrow{n_1}\times\overrightarrow{n_2}=(-4,-3,-1)$，从而所求直线的方程为

$$\frac{x+3}{4}=\frac{y-2}{3}=\frac{z-5}{1}$$

3.4.5　平面束

设直线 L 的一般式为

$$\begin{cases} A_1x+B_1y+C_1z+D_1=0 \\ A_2x+B_2y+C_2z+D_2=0 \end{cases} \tag{3.18}$$

其中，A_1,B_1,C_1 与 A_2,B_2,C_2 不成比例。我们考察方程

$$(A_1x+B_1y+C_1z+D_1)+\lambda(A_2x+B_2y+C_2z+D_2)=0 \tag{3.19}$$

其中，λ 为任意常数。因 A_1,B_1,C_1 与 A_2,B_2,C_2 不成比例，所以对于任何一个 λ 值，方程 (3.19) 的系数 $A_1+\lambda A_2, B_1+\lambda B_2, C_1+\lambda C_2$ 不全为 0，从而方程 (3.19) 表

示一个平面。此外，若一点在直线 L 上，则该点的坐标必满足方程 (3.18)，从而满足方程 (3.19)，也即方程 (3.19) 表示过直线 L 的平面，且对应于不同的 λ 值，方程 (3.19) 表示通过 L 的不同平面。反之，通过 L 的任何平面 [方程 (3.18) 中的第二个平面除外] 都包含在方程 (3.19) 所表示的一族平面内，称方程 (3.19) 为过直线 L 的平面束方程。

例 3.29 求过直线 $\begin{cases} x+y=0 \\ x-y+z-2=0 \end{cases}$ 且与直线 $x=y=z$ 平行的平面方程。

解 设所求的平面方程为 $x-y+z-2+k(x+y)=0$，即

$$(k+1)x+(k-1)y+z-2=0$$

因该平面与已知直线 $x=y=z$ 平行，故

$$\overrightarrow{n}=(k+1,k-1,1)\perp\overrightarrow{s}=(1,1,1)$$

即
$$k+1+k-1+1=0$$

解得 $k=-\dfrac{1}{2}$，因此所求的平面方程为

$$x-3y+2z-4=0$$

3.4.6 综合题型

例 3.30 求过点 $A(2,1,3)$ 且与直线 l: $\dfrac{x+1}{3}=\dfrac{y-1}{2}=\dfrac{z}{-1}$垂直相交的直线方程。

解法一 过点 $A(2,1,3)$ 且垂直于已知直线的平面方程为

$$3(x-2)+2(y-1)-(z-3)=0$$

用例 3.22 的方法，可求得已知直线与这个平面的交点为 $P\left(\dfrac{2}{7},\dfrac{13}{7},\dfrac{-3}{7}\right)$，从而所求直线的方向向量为 $\overrightarrow{s}=\left(\dfrac{2}{7}-2,\dfrac{13}{7}-1,\dfrac{-3}{7}-3\right)$，则所求的直线方程为

$$\frac{x-2}{\dfrac{2}{7}-2}=\frac{y-1}{\dfrac{13}{7}-1}=\frac{z-3}{-\dfrac{3}{7}-3}$$

即
$$\frac{x-2}{2}=\frac{y-1}{-1}=\frac{z-3}{4}$$

解法二 设所求直线 L 的方向向量为 $\overrightarrow{s}=(l,m,n)$。由题设知，已知直线 l 过点 $B(-1,1,0)$，方向向量为 $\overrightarrow{s_1}=(3,2,-1)$。因为 L 与 l 垂直相交，从而有

$$\overrightarrow{s}\cdot\overrightarrow{s_1}=0,\quad \overrightarrow{s},\overrightarrow{s_1},\overrightarrow{AB}\text{ 共面}$$

即

$$\begin{cases} 3l+2m-n=0 \\ \begin{vmatrix} l & m & n \\ 3 & 2 & -1 \\ -3 & 0 & -3 \end{vmatrix}=0 \end{cases}$$

解得

$$m=-\frac{1}{2}l, \quad n=2l$$

从而所求的直线方程为

$$\frac{x-2}{2}=\frac{y-1}{-1}=\frac{z-3}{4}$$

解法三　由解法一知过点 A 且垂直于 l 的平面 π_1 的方程为

$$3x+2y-z-5=0$$

设由点 A 和直线 l 所确定的平面 π_2 的法向量为 $\overrightarrow{n_2}=(A,B,C)$，则

$$\overrightarrow{n_2}=\overrightarrow{AB}\times\overrightarrow{s_1}=(6,-12,-6)$$

从而平面 π_2 的方程为

$$6(x-2)-12(y-1)-6(z-3)=0$$

即

$$x-2y-z+3=0$$

那么，所求直线的一般式方程为

$$\begin{cases} 3x+2y-z-5=0 \\ x-2y-z+3=0 \end{cases}$$

例 3.31　求直线 L: $\dfrac{x-1}{1}=\dfrac{y}{1}=\dfrac{z-1}{-1}$在平面 π: $x-y+2z-1=0$ 上的投影直线 L_0 的方程。

解法一　已知 L_0 在 π 上，现求过 L 且垂直于 π 的另一平面 π_1，设其法向量为 $\overrightarrow{n_1}$，则 $\overrightarrow{n_1}=\overrightarrow{s}\times\overrightarrow{n}=(1,1,-1)\times(1,-1,2)=(1,-3,-2)$。由点法式方程可得 π_1 的方程为

$$(x-1)-3(y-0)-2(z-1)=0$$

即

$$x-3y-2z+1=0$$

从而所求直线 L_0 的方程为

$$\begin{cases} x-y+2z-1=0 \\ x-3y-2z+1=0 \end{cases}$$

解法二 上述解法中 π_1 的方程也可用平面束的方法求得。π_1 是过 L 的平面束中垂直于 π 的一个平面。

将 L 的方程改写为一般式为 $\begin{cases} x-y-1=0 \\ y+z-1=0 \end{cases}$，则过 L 的平面束方程为 $x-y-1+k(y+z-1)=0$，即

$$x+(k-1)y+kz-(1+k)=0$$

因该平面垂直于已知平面，故

$$\overrightarrow{n_1}=(1,k-1,k)\perp\overrightarrow{n}=(1,-1,2)$$

即
$$1-(k-1)+2k=0$$

解得 $k=-2$，于是 π_1 的方程为

$$x-3y-2z+1=0$$

因此 L_0 的方程为

$$\begin{cases} x-y+2z-1=0 \\ x-3y-2z+1=0 \end{cases}$$

习 题 3.4

1. 求过点 $(4,-1,3)$ 且平行于直线 $\dfrac{x-3}{2}=\dfrac{y}{1}=\dfrac{z-1}{5}$ 的直线方程。

2. 求过两点 $M_1(3,5,-2)$ 和 $M_2(1,3,4)$ 的直线方程。

3. 分别用对称式和参数式方程表示直线 $\begin{cases} 2x-4y+z=0 \\ 3x-y-2z+9=0 \end{cases}$。

4. 求过点 $M(2,0,-3)$ 且与直线 $\begin{cases} x-2y+4z-7=0 \\ 3x+5y-2z+1=0 \end{cases}$ 垂直的平面方程。

5. 求过点 $(3,1,-2)$ 且通过直线 $\dfrac{x-4}{5}=\dfrac{y+3}{2}=\dfrac{z}{1}$ 的平面方程。

6. 求与两平面 $x+2z=1$ 和 $y-3z=2$ 平行且过点 $(0,2,4)$ 的直线方程。

7. 求直线 $\dfrac{x-2}{2}=\dfrac{y-2}{3}=\dfrac{z+4}{-5}$ 与平面 $2x-3y+5z-8=0$ 的交点与夹角。

8. 判断下列直线与平面的位置关系

(1) $\dfrac{x-5}{2}=\dfrac{y+3}{-2}=\dfrac{z-1}{3}$ 与 $x+2y-5z-11=0$；

(2) $\dfrac{x-13}{8}=\dfrac{y-1}{2}=\dfrac{z-4}{3}$ 与 $x+2y-4z+1=0$。

9. 求过点 $M(1,2,1)$ 且与两直线 $\begin{cases} x+2y-z+1=0 \\ x-y+z-1=0 \end{cases}$ 及 $\begin{cases} 2x-y+z=0 \\ x-y+z=0 \end{cases}$ 平行的

平面方程。

10. 求点 $(3,-1,2)$ 到直线 $\begin{cases} x+y-z+1=0 \\ 2x-y+z-4=0 \end{cases}$ 的距离。

11. 求直线 $\begin{cases} x+y-z-1=0 \\ x+y+z+1=0 \end{cases}$ 在平面 $x+y+z=0$ 上的投影直线的方程。

12*. 已知直线 L_1, L_2 分别为 L_1：$\dfrac{x-3}{1}=\dfrac{y-5}{-2}=\dfrac{z-7}{1}$，$L_2$：$\dfrac{x+1}{1}=\dfrac{y+1}{-6}=\dfrac{z+1}{1}$，判断 L_1, L_2 是否共面？若异面，求公垂线 L 的方程及它们之间的距离。

3.5　曲面与空间曲线

3.5.1　曲面及其方程

与平面解析几何中把平面曲线当做动点的轨迹类似，在空间解析几何中，任何曲面都看成动点的几何轨迹。在这样的意义下，如果曲面 S 与三元方程

$$F(x,y,z)=0 \tag{3.20}$$

有下述关系：

(1) 曲面 S 上任一点的坐标都满足方程 (3.20)；

(2) 不在曲面 S 上的点的坐标都不满足方程 (3.20)。

那么，方程 (3.20) 就称为曲面 S 的方程，而曲面 S 就称为方程 (3.20) 的图形 (图 3.37)。

现在我们来建立几个常见曲面的方程。

例 3.32　建立球心在点 $M_0(x_0,y_0,z_0)$、半径为 R 的球面方程。

解　设 $M(x,y,z)$ 是空间的任一点，那么 M 在球心为 M_0，半径为 R 的球面上的充分必要条件是 $|M_0M|=R$，即

$$\sqrt{(x-x_0)^2+(y-y_0)^2+(z-z_0)^2}=R$$

整理有

$$(x-x_0)^2+(y-y_0)^2+(z-z_0)^2=R^2 \tag{3.21}$$

这就是球心在点 $M_0(x_0,y_0,z_0)$、半径为 R 的球面方程。

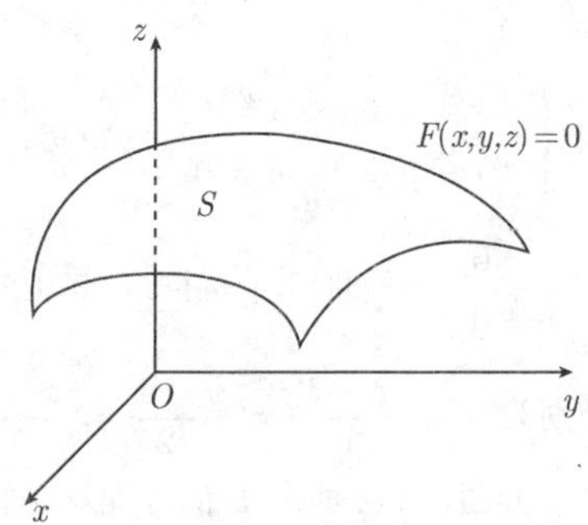

图 3.37

例 3.33 设有点 $A(1,2,3)$ 与 $B(2,-1,4)$，求线段 AB 的垂直平分面的方程。

解 由题意，所求平面就是与 A 及 B 等距离的点的几何轨迹。设 $M(x,y,z)$ 为空间中的任一点，那么 M 在该平面上的充要条件是

$$|AM|=|BM|$$

即
$$\sqrt{(x-1)^2+(y-2)^2+(z-3)^2}=\sqrt{(x-2)^2+(y+1)^2+(z-4)^2}$$

等式两边平方并化简，得

$$2x-6y+2z-7=0$$

这就是所求的平面方程。

以上表明作为点的几何轨迹的曲面可以用它的点的坐标间的方程来表示。反之，变量 x,y 和 z 间的方程通常表示一个曲面。因此在空间解析几何中关于曲面的研究，有下列两个基本问题：

(1) 已知一曲面作为点的几何轨迹时，建立该曲面的方程；

(2) 已知一个关于变量 x,y，z 的方程，研究该方程所表示的曲面形状。

上面两个例子是从已知曲面建立其方程的例子。下面举一个由已知方程研究它所表示的曲面的例子。

例 3.34 方程 $x^2+y^2+z^2-2x+4y-4=0$ 表示怎样的曲面？

解 通过配方，原方程可以改写为

$$(x-1)^2+(y+2)^2+z^2=3^2$$

所以原方程表示球心在点 $M_0(1,-2,0)$、半径 $R=3$ 的球面。

一般地，设有三元二次方程

$$Ax^2+Ay^2+Az^2+Dx+Ey+Fz+G=0$$

这个方程的特点是没有交叉项 xy，yz，zx，且平方项系数为不等于 0 的相等数。只要将方程配方可以化为方程 (3.21) 的形式，那么它表示一个球面或点或虚球面。

下面，作为基本问题 (1) 的例子，我们讨论旋转曲面；作为基本问题 (2) 的例子，我们讨论柱面、锥面及二次曲面。

3.5.2　旋转曲面、柱面、锥面

定义 3.10　以一条平面曲线 C 绕其平面上的一条直线 L 旋转一周所成的曲面叫做**旋转曲面**，该曲线 C 和定直线 L 分别称为旋转曲面的母线和轴。

设在 yOz 面上已知一曲线 C 的方程为

$$F(y,z)=0$$

把这曲线绕 z 轴旋转一周，就得到一个以 z 轴为轴的旋转曲面。设 $P_1(0,y_1,z_1)$ 为曲线 C 上的任一点 (图 3.38)，那么

$$F(y_1,z_1)=0$$

当曲线 C 绕 z 轴旋转时，点 P_1 也绕 z 轴旋转到另一点 $P(x,y,z)$。这时 $z=z_1$ 保持不变，而 P 与 z 轴的距离恒等于 $|y_1|$，就得到

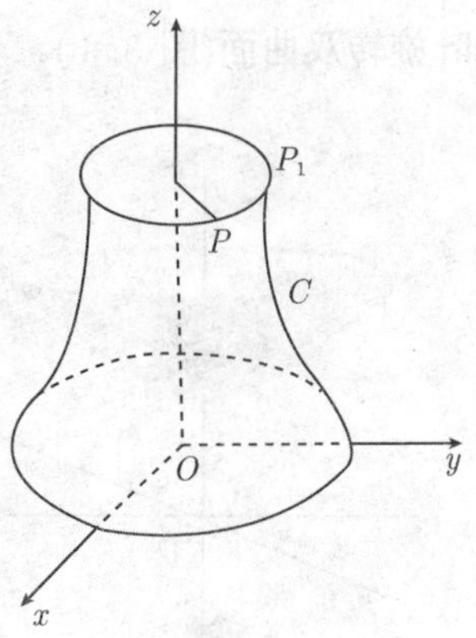

$$\sqrt{x^2+y^2}=|y_1|$$

图 3.38

因此所求的旋转曲面方程为 $F(\pm\sqrt{x^2+y^2},z)=0$。

所以，在 yOz 面上的曲线 C 的方程 $F(y,z)=0$ 中以 $\pm\sqrt{x^2+y^2}$ 代替 y，就得到曲线 C 绕 z 轴旋转所成的旋转曲面方程。

类似地，曲线 C 绕 y 轴旋转所成的旋转曲面方程为

$$F(y,\pm\sqrt{x^2+z^2})=0$$

其他坐标面上的曲线绕相关的坐标轴旋转所成的旋转曲面的方程，可用类似的方法得到。

例 3.35　将 xOz 面上的椭圆 $\dfrac{x^2}{a^2}+\dfrac{z^2}{c^2}=1$ 分别绕 x 轴和 z 轴旋转，求所得旋转曲面的方程。

解　按上述的规则得该椭圆绕 x 轴旋转所成的旋转曲面方程为

$$\frac{x^2}{a^2}+\frac{y^2+z^2}{c^2}=1$$

该椭圆绕 z 轴旋转所成的旋转曲面方程为

$$\frac{x^2+y^2}{a^2}+\frac{z^2}{c^2}=1$$

这两种曲面都称为**旋转椭球面**。

例 3.36　将 yOz 面上的双曲线 $\dfrac{y^2}{b^2}-\dfrac{z^2}{c^2}=1$ 分别绕 y 轴和 z 轴旋转，求所得旋转曲面的方程。

解　该双曲线绕 y 轴旋转所成的旋转曲面方程为 $\dfrac{y^2}{b^2}-\dfrac{x^2+z^2}{c^2}=1$，该曲面称为**双叶旋转双曲面**(图 3.39)。

该双曲线绕 z 轴旋转所成的旋转曲面方程为 $\dfrac{x^2+y^2}{b^2}-\dfrac{z^2}{c^2}=1$，该曲面称为**单叶旋转双曲面**(图 3.40)。

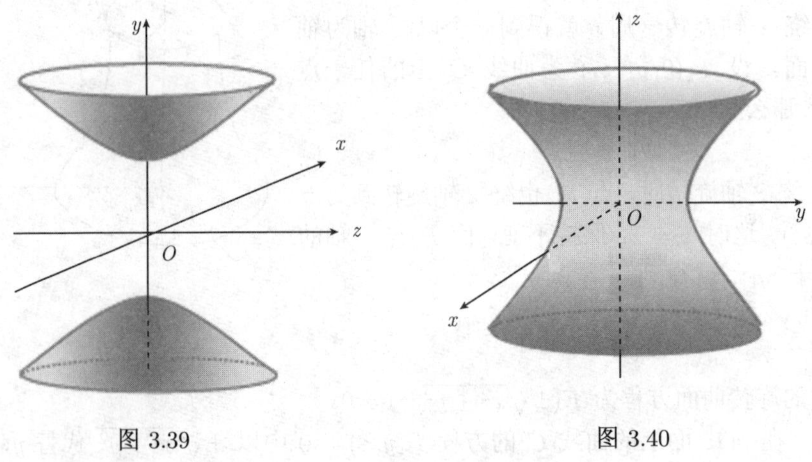

图 3.39　　图 3.40

例 3.37　将 yOz 面上的抛物线 $y^2=2pz$ 绕它的对称轴 z 轴旋转，求所得旋转曲面的方程。

解　该抛物线绕 z 轴旋转所成的旋转曲面方程为 $x^2+y^2=2pz$，将这种曲面称为**旋转抛物面**。

定义 3.11　设已知一空间曲线 C 及一个非零向量 $\boldsymbol{v}$，那么，平行于向量 $\boldsymbol{v}$ 且沿曲线 C 移动的直线 L 形成的轨迹称为**柱面**。定曲线 C 称为柱面的准线，动直线 L 称为柱面的母线 (图 3.41)。

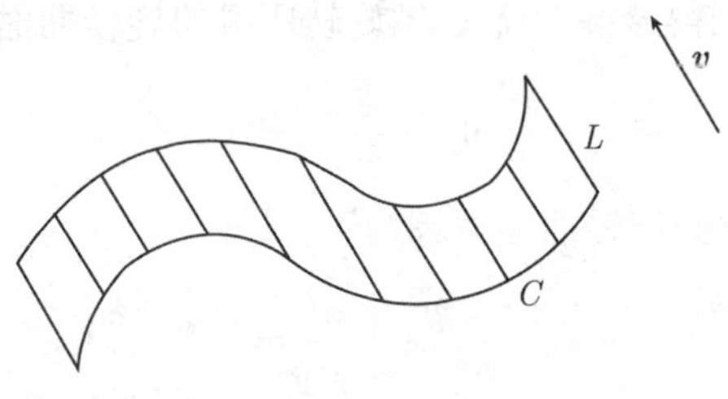

图 3.41

这里我们只讨论母线平行于坐标轴的柱面方程。

如果柱面的母线平行于 z 轴，并且柱面与坐标面 xOy 的交线 C 在 xOy 面上的方程为

$$F(x,y)=0$$

并设 $M(x,y,z)$ 是空间的点，那么点 M 在柱面上的充分必要条件是过点 M 且平行于 z 轴的直线与曲线 C 相交 (图 3.42)。令其交点为 M_1，则 M_1 的坐标是 $(x,y,0)$。由于 M_1 在曲线 C 上，所以

$$F(x,y)=0$$

这就是以曲线 C 为准线，母线平行于 z 轴的柱面的方程。

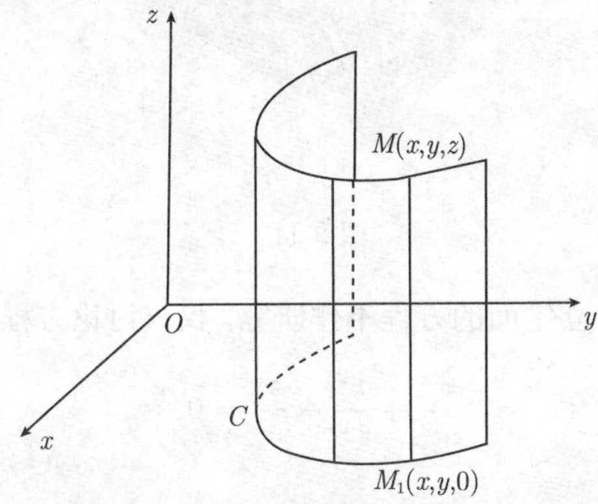

图 3.42

一般地，只含 x,y 而缺 z 的方程 $F(x,y)=0$ 在空间直角坐标系中表示以 xOy 面上的曲线 $F(x,y)=0$ 为准线，母线平行于 z 轴的柱面。

类似地，只含 x,z 而缺 y 的方程 $G(x,z)=0$ 与只含 y,z 而缺 x 的方程 $H(y,z)=0$, 分别表示母线平行于 y 轴和 x 轴的柱面。

例如，方程 $\dfrac{x^2}{a^2}+\dfrac{y^2}{b^2}=1$，$\dfrac{x^2}{a^2}-\dfrac{y^2}{b^2}=1$ 和 $y^2=2px$ 都表示母线平行于 z 轴的柱面 (图 3.43)，它们分别称为椭圆柱面、双曲柱面和抛物柱面。

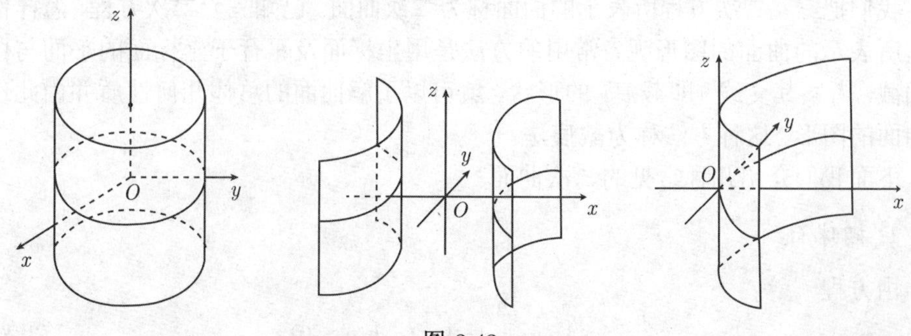

图 3.43

定义 3.12 在空间通过一定点且与定曲线相交的一族直线所生成的曲面称为**锥面**，这些直线称为锥面的母线，那个定点称为锥面的顶点，定曲线称为锥面的准线 (图 3.44)。

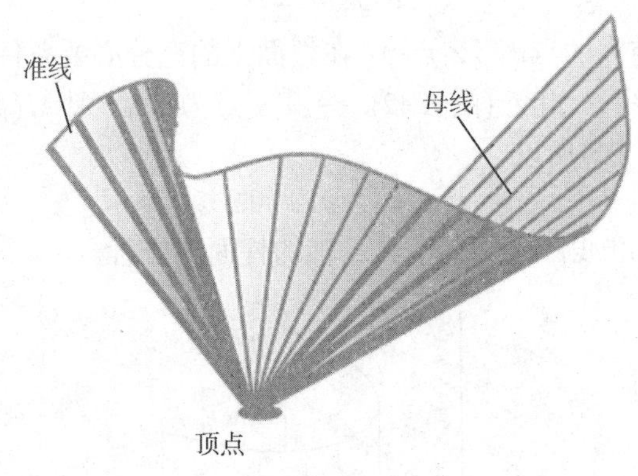

图 3.44

这里我们对如何建立锥面的方程不作研究，仅仅讨论方程

$$\frac{x^2}{a^2}+\frac{y^2}{b^2}-\frac{z^2}{c^2}=0 \tag{3.22}$$

所表示的曲面。

由方程 (3.22) 确定的曲面有如下特征：首先，坐标原点在曲面上；其次，如果非原点的点 $M_0(x_0,y_0,z_0)$ 在曲面上，则对任意的 t，点 (tx_0,ty_0,tz_0) 也在曲面上。由 t 的任意性，点 (tx_0,ty_0,tz_0) 可以取遍原点与点 M_0 连线上的一切点，即直线 OM_0 上的任何点都在曲面上。因此方程 (3.22) 表示顶点在原点的锥面。

由于方程 (3.22) 是二次齐次方程，所以方程 (3.22) 所确定的曲面称为二次锥面。

3.5.3 二次曲面

我们把三元二次方程所表示的曲面称为二次曲面。已知三元二次方程，怎样作出它所表示的曲面的图形呢？常用的方法是用坐标面及平行于坐标面的平面与曲面相截，考察其交线 (即截痕) 的形状，就可以了解曲面的总体几何性质并由此作出曲面的图形。这种方法称为**截痕法**。

下面我们介绍几种常见的二次曲面。

1. 椭球面

由方程

$$\frac{x^2}{a^2}+\frac{y^2}{b^2}+\frac{z^2}{c^2}=1 \quad (a,b,c>0) \tag{3.23}$$

所表示的曲面称为**椭球面**，它有以下性质：

(1) 对称性。易验证，椭球面关于三个坐标平面、三条坐标轴及原点都是对称的。

(2) 范围。由方程 (3.23) 可见，$|x| \leqslant a, |y| \leqslant b, |z| \leqslant c$。

(3) 形状。用截痕法来研究它的形状。

易见，椭球面与三个坐标面的交线分别为

$$\begin{cases} \dfrac{x^2}{a^2}+\dfrac{y^2}{b^2}=1 \\ z=0 \end{cases},\quad \begin{cases} \dfrac{x^2}{a^2}+\dfrac{z^2}{c^2}=1 \\ y=0 \end{cases},\quad \begin{cases} \dfrac{y^2}{b^2}+\dfrac{z^2}{c^2}=1 \\ x=0 \end{cases}$$

都是椭圆。

用平行于 xOy 面上的平面 $z=z_1\ (|z_1| \leqslant c)$ 截椭球面得到的截痕为

$$\begin{cases} \dfrac{x^2}{\dfrac{a^2}{c^2}(c^2-z_1^2)}+\dfrac{y^2}{\dfrac{b^2}{c^2}(c^2-z_1^2)}=1 \\ z=z_1 \end{cases}$$

这是平面 $z=z_1$ 上的椭圆，它的两个半轴分别为 $\dfrac{a}{c}\sqrt{c^2-z_1^2}$ 与 $\dfrac{b}{c}\sqrt{c^2-z_1^2}$。当 $|z_1|$ 由 0 逐渐增大到 c, 椭圆由大到小，最后缩成一点。在这变动的过程中，椭圆的中心都在 z 轴上。

以平面 $y=y_1(|y_1| \leqslant b)$ 或 $x=x_1(|x_1| \leqslant a)$ 去截椭球面，分别可得到类似的结果。

综合上面的讨论，就可以画出椭球面 (3.23) 的图形 (图 3.45)。

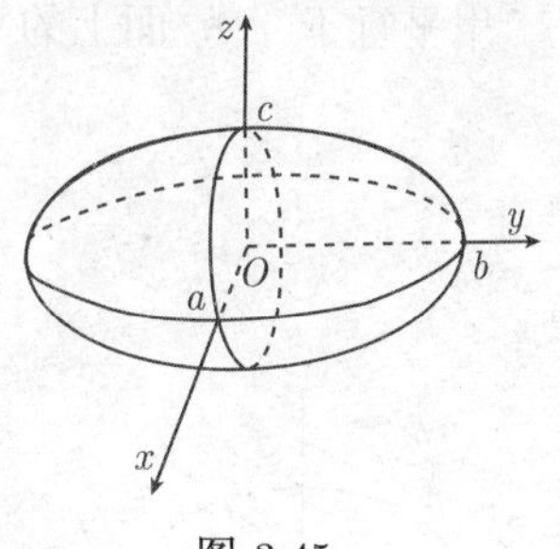

图 3.45

(4) 如果 $a=b$，那么方程 (3.23) 变为

$$\frac{x^2}{a^2}+\frac{y^2}{a^2}+\frac{z^2}{c^2}=1$$

这个方程表示由 xOz 面上的椭圆 $\dfrac{x^2}{a^2}+\dfrac{z^2}{c^2}=1$ 绕 z 轴旋转而成的旋转曲面，就是我们前面提到的旋转椭球面。

如果 $a=b=c$，那么方程 (3.23) 变为

$$x^2+y^2+z^2=a^2$$

这个方程表示一个球心在原点 O，半径为 a 的球面。

2. **双曲面**

由方程

$$\frac{x^2}{a^2}+\frac{y^2}{b^2}-\frac{z^2}{c^2}=1 \quad (a,b,c>0) \tag{3.24}$$

所表示的曲面称为**单叶双曲面**，它有以下性质：

(1) 对称性。类似于椭球面。

(2) 范围。由方程 (3.24) 可见，$\frac{x^2}{a^2}+\frac{y^2}{b^2}=1+\frac{z^2}{c^2}\geqslant 1$，故此曲面上的点都在柱面 $\frac{x^2}{a^2}+\frac{y^2}{b^2}=1$ 上或在其外部。

(3) 形状。用截痕法来研究它的形状。

易见，此曲面与 xOy 面的交线为

$$\begin{cases}\dfrac{x^2}{a^2}+\dfrac{y^2}{b^2}=1\\ z=0\end{cases}$$

这是一个椭圆。

此曲面与 xOz 面，yOz 面的交线分别为

$$\begin{cases}\dfrac{x^2}{a^2}-\dfrac{z^2}{c^2}=1\\ y=0\end{cases} \quad \text{和} \quad \begin{cases}\dfrac{y^2}{b^2}-\dfrac{z^2}{c^2}=1\\ x=0\end{cases}$$

它们都是双曲线。

用平行于 xOy 面上的平面 $z=h$ 截此曲面得到的截痕为

$$\begin{cases}\dfrac{x^2}{a^2}+\dfrac{y^2}{b^2}=1+\dfrac{h^2}{c^2}\\ z=h\end{cases}$$

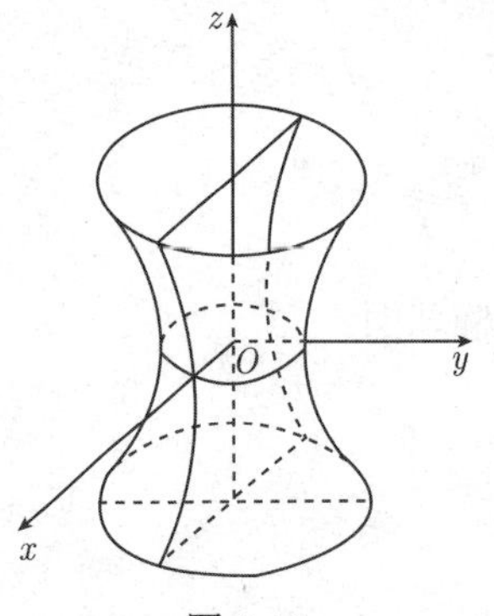

图 3.46

这是平面 $z=h$ 上的椭圆，并且当 $|h|$ 增大时，它的两个半轴 $\frac{a}{c}\sqrt{c^2+h^2}$ 与 $\frac{b}{c}\sqrt{c^2+h^2}$ 也增大。

用平行于 yOz 面上的平面 $x=h$ 截此曲面得到的截痕为

$$\begin{cases}\dfrac{y^2}{b^2}-\dfrac{z^2}{c^2}=1-\dfrac{h^2}{a^2}\\ x=h\end{cases}$$

这是平面 $x=h$ 内的双曲线或一对相交直线。

综上所述，单叶双曲面的图形如图 3.46 所示。

由方程

$$\frac{x^2}{a^2}+\frac{y^2}{b^2}-\frac{z^2}{c^2}=-1 \quad (a,b,c>0) \tag{3.25}$$

所表示的曲面称为**双叶双曲面**，它有以下性质：

(1) 对称性。类似于单叶双曲面。

(2) 范围。$|z|\geqslant c$。

(3) 形状。此曲面与 xOy 面无交点；与 xOz 面，yOz 面交线分别为

$$\begin{cases}\dfrac{z^2}{c^2}-\dfrac{x^2}{a^2}=1\\ y=0\end{cases} \quad 和 \quad \begin{cases}\dfrac{z^2}{c^2}-\dfrac{y^2}{b^2}=1\\ x=0\end{cases}$$

它们都是双曲线；用 $z=h(|h|\geqslant c)$ 去截该曲面所得到的截痕为

$$\begin{cases}\dfrac{x^2}{a^2}+\dfrac{y^2}{b^2}=\dfrac{h^2}{c^2}-1\\ z=h\end{cases}$$

这是一个椭圆或一个点。

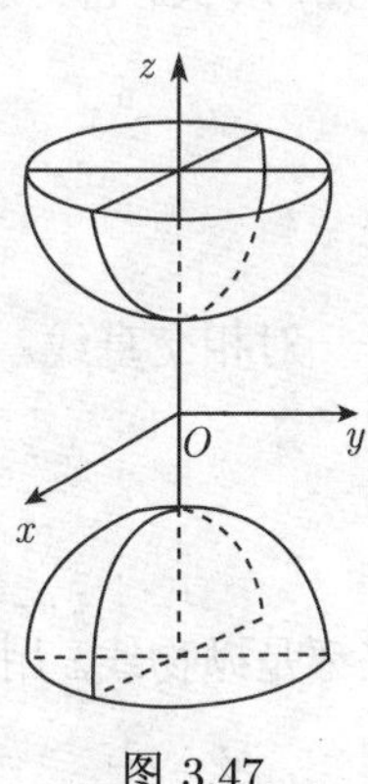

图 3.47

综上所述，双叶双曲面的图形如图 3.47 所示。

3. 抛物面

由方程

$$\frac{x^2}{p}+\frac{y^2}{q}=2z \quad (p,q>0) \tag{3.26}$$

所表示的曲面称为**椭圆抛物面**，它有以下性质：

(1) 对称性。它关于 xOz 面，yOz 面，z 轴对称。

(2) 范围。$z\geqslant 0$。

(3) 形状。它与 xOz 面，yOz 面交线分别为

$$\begin{cases}x^2=2pz\\ y=0\end{cases} \quad 和 \quad \begin{cases}y^2=2qz\\ x=0\end{cases}$$

这些都是抛物线。用 $z=h(h\geqslant 0)$ 去截该曲面所得到的截痕为

$$\begin{cases}\dfrac{x^2}{p}+\dfrac{y^2}{q}=2h\\ z=h\end{cases}$$

它们是椭圆或原点。

综上所述，椭圆抛物面的图形如图 3.48 所示。

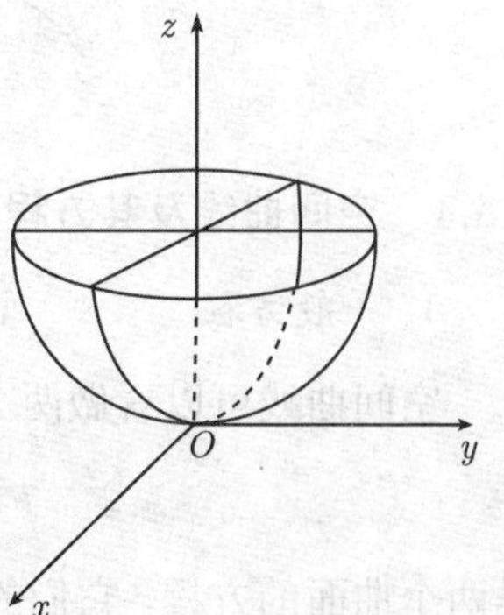

图 3.48

由方程

$$\frac{x^2}{p}-\frac{y^2}{q}=2z \quad (p,q>0) \tag{3.27}$$

所表示的曲面称为**双曲抛物面或马鞍面**，它有以下性质：

(1) 对称性。如椭圆抛物面。

(2) 形状。它与 xOy 面的交线为

$$\begin{cases}\dfrac{x^2}{p}-\dfrac{y^2}{q}=0\\ z=0\end{cases}$$

这是一对相交直线。它与 xOz 面，yOz 面交线分别为

$$\begin{cases}x^2=2pz\\ y=0\end{cases} \quad 和 \quad \begin{cases}y^2=-2qz\\ x=0\end{cases}$$

这些都是抛物线。用 $z=h(h\neq 0)$ 去截该曲面所得到的截痕为

$$\begin{cases}\dfrac{x^2}{p}-\dfrac{y^2}{q}=2h\\ z=h\end{cases}$$

这是双曲线。

综上所述，双曲抛物面的图形如图 3.49 所示。

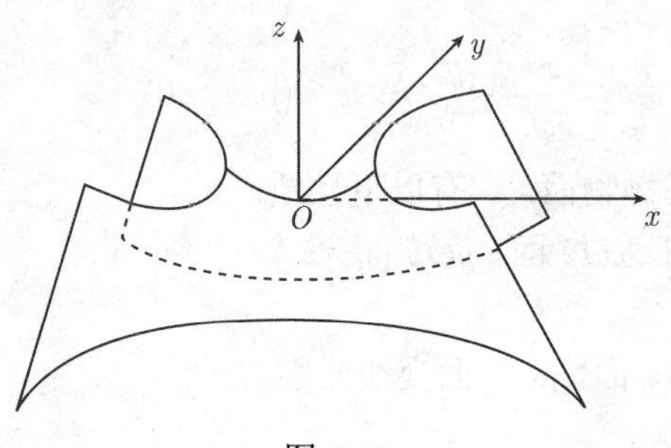

图 3.49

3.5.4 空间曲线及其方程

1. 一般方程

空间曲线可以看做两个曲面的交线。设

$$F(x,y,z)=0 \quad 及 \quad G(x,y,z)=0$$

是两个曲面的方程，它们的交线为 C。因为曲线 C 上的任意点的坐标应同时满足这两个曲面的方程，所以应满足方程组

$$\begin{cases} F(x,y,z)=0 \\ G(x,y,z)=0 \end{cases} \tag{3.28}$$

反过来，如果点 M 不在曲线 C 上，那么它不可能同时在这两个曲面上，所以它的坐标不满足方程组 (3.28)。因此，曲线 C 可以用方程组 (3.28) 来表示，方程组 (3.28) 称为空间曲线 C 的一般方程。

例 3.38　方程组 $\begin{cases} z=\sqrt{a^2-x^2-y^2} \\ \left(x-\dfrac{a}{2}\right)^2+y^2=\dfrac{a^2}{4} \end{cases}$ 表示怎样的曲线？

解　方程组中的第一个方程表示球心在原点 O，半径为 a 的上半球面，第二个方程表示母线平行于 z 轴的圆柱面，它的准线是 xOy 面上的圆，圆心为 $\left(\dfrac{a}{2},0\right)$，半径为 $\dfrac{a}{2}$，方程组表示上述半球面与圆柱面的交线 (图 3.50)。

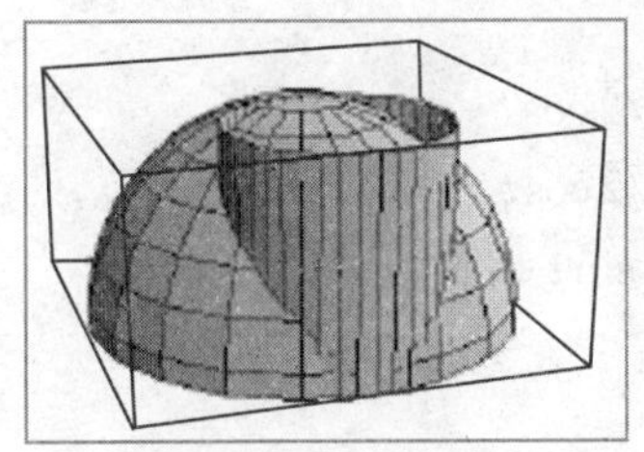
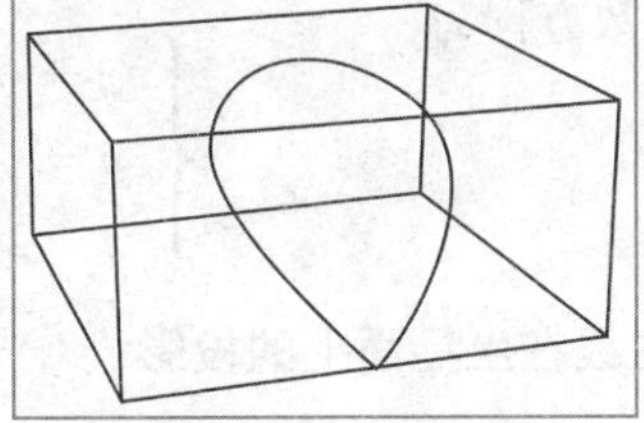

图 3.50

2. 参数方程

称方程组

$$\begin{cases} x=x(t) \\ y=y(t) \\ z=z(t) \end{cases} \tag{3.29}$$

为空间曲线 C 的参数方程。

例 3.39　有一空间质点沿圆柱面 $x^2+y^2=r^2$ 移动，一方面它绕 z 轴以等角速度 ω 旋转，另一方面，又以等速度 v_0 沿 z 轴正向移动，设开始时质点在 $(r,0,0)$ 处，求质点运动的轨迹方程。

解　设经过时间 t，动点由初始点 $A(r,0,0)$ 运动到点 $M(x,y,z)$，记 M' 为 M 在 xOy 面上的投影点，则 M' 与 M 的横坐标和纵坐标相同，即

$$x=|OM'|\cos\angle AOM'=r\cos\omega t$$

$$y=|OM'|\sin\angle AOM'=r\sin\omega t$$

因为动点同时以等速度 v_0 沿 z 轴正向移动，故

$$z=v_0t$$

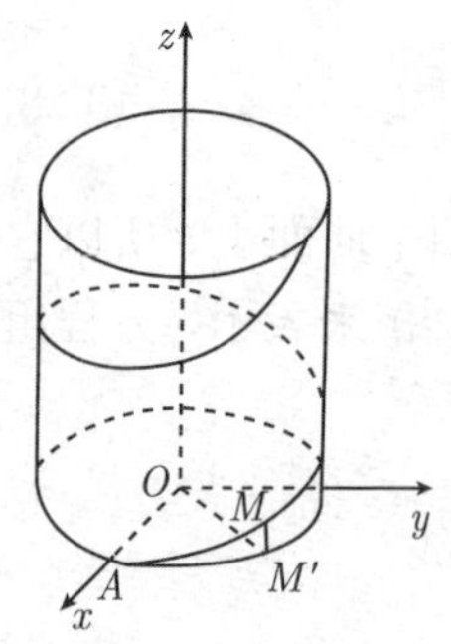

图 3.51

从而所求轨迹的方程为

$$\begin{cases} x = r\cos\omega t \\ y = r\sin\omega t \\ z = v_0 t \end{cases}$$

称上述方程所表示的曲线为**螺旋线**(图 3.51)。

例 3.40 将空间曲线的一般方程 $\begin{cases} x^2+y^2+z^2=4 \\ y=x \end{cases}$ 化为参数方程。

解 将 $y=x$ 代入到 $x^2+y^2+z^2=4$ 中得 $2x^2+z^2=4$，从而该曲线又可以表示为

$$\begin{cases} 2x^2+z^2=4 \\ y=x \end{cases}$$

则该曲线的参数方程为

$$\begin{cases} x=\sqrt{2}\cos t \\ y=\sqrt{2}\cos t \\ z=2\sin t \end{cases}$$

3.5.5 空间曲线在坐标面上的投影

设空间曲线 C 的一般方程为

$$\begin{cases} F(x,y,z)=0 \\ G(x,y,z)=0 \end{cases}$$

现设由方程组消去变量 z 所得的方程为

$$H(x,y)=0 \tag{3.30}$$

易见，曲线 C 的所有点都在方程 (3.30) 所表示的曲面上，而方程 (3.30) 是一个母线平行于 z 轴的柱面，从而这柱面一定包含曲线 C。

定义 3.13 以曲线 C 为准线，母线平行于 z 轴的柱面称为曲线 C 关于 xOy 面的**投影柱面**。投影柱面与 xOy 面的交线称为空间曲线 C 在 xOy 面的投影曲线，简称**投影**。

因此，方程 (3.30) 所表示的柱面必定包含投影柱面，而

$$\begin{cases} H(x,y)=0 \\ z=0 \end{cases} \tag{3.31}$$

表示的曲线必定包含 C 在 xOy 面的投影。

同理，从方程组中消去 x 或 y，再分别和 $x=0$ 或 $y=0$ 联立，就可得出包含曲线 C 在 yOz 或 xOz 面上的投影的曲线方程

$$\begin{cases} R(y,z)=0 \\ x=0 \end{cases} \quad \text{或} \quad \begin{cases} T(x,z)=0 \\ y=0 \end{cases}$$

例 3.41　求曲线 C: $\begin{cases} x^2+y^2+z^2=1, \\ x^2+(y-1)^2+(z-1)^2=1 \end{cases}$ 在 xOy 面的投影。

解　先求 C 关于 xOy 面的投影柱面方程。从方程中消去 z，得 $x^2+2y^2-2y=0$, 从而所求的投影为

$$\begin{cases} x^2+2y^2-2y=0 \\ z=0 \end{cases}$$

例 3.42　设一个立体由上半球面 $z=\sqrt{4-x^2-y^2}$ 和锥面 $z=\sqrt{3(x^2+y^2)}$ 所围成 (图 3.52)，求它在 xOy 面上的投影。

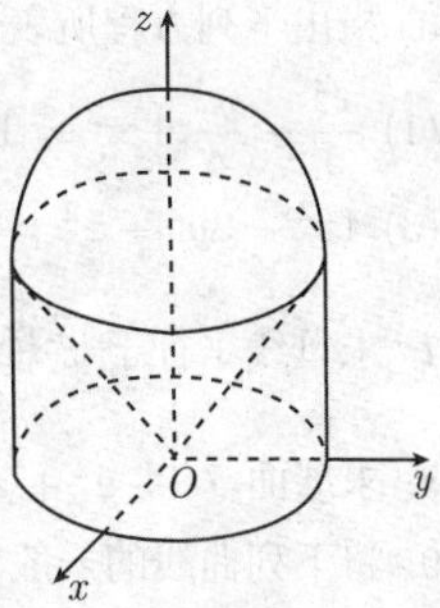

图 3.52

解　半球面与锥面的交线 C 为

$$\begin{cases} z=\sqrt{4-x^2-y^2} \\ z=\sqrt{3(x^2+y^2)} \end{cases}$$

从方程中消去 z 得投影柱面 $x^2+y^2=1$，则交线 C 在 xOy 面上的投影为

$$\begin{cases} x^2+y^2=1 \\ z=0 \end{cases}$$

这是 xOy 面上的一个圆。因此所求立体在 xOy 面上的投影就是该圆在 xOy 面上所围成的区域

$$\begin{cases} x^2+y^2\leqslant 1 \\ z=0 \end{cases}$$

习　题　3.5

1. 求与坐标原点 O 及点 $(2,3,4)$ 的距离之比为 $1:2$ 的点的全体所组成的曲面方程，它表示怎样的曲面?

2. 建立以点 $(1,3,-2)$ 为球心且通过原点的球面方程。

3. 在空间中，下列方程表示什么曲面? 若是球面，指出它的球心与半径。

(1) $4x^2+y^2=1$；(2) $y^2-z^2=1$；(3) $z=2-x^2$；(4) $y^2=1$；

(5) $x^2+y^2+z^2-2x+4z+1=0$。

4. 求以下列方式生成的旋转曲面方程

(1) xOz 面上的抛物线 $z^2=5x$ 绕 x 轴旋转一周；

(2) xOy 面上的双曲线 $4x^2-9y^2=36$ 绕 y 轴旋转一周；

(3) yOz 面上的椭圆 $\dfrac{y^2}{b^2}+\dfrac{z^2}{c^2}=1$ 绕 z 轴旋转一周。

5. 说明下列旋转曲面是怎样生成的？

(1) $\dfrac{x^2}{9}+y^2+z^2=1$；　　(2) $x^2-y^2+z^2=1$；

(3) $\dfrac{x^2}{4}-y^2-z^2=1$；　　(4) $(x-2)^2=y^2+z^2$。

6. 指出下列方程所表示的曲面，并作略图。

(1) $\dfrac{x^2}{9}+\dfrac{y^2}{4}+z^2=1$；　　(2) $\dfrac{z}{2}=\dfrac{x^2}{4}+\dfrac{y^2}{9}$；

(3) $4x^2+9y^2-z^2=36$；　　(4) $x^2+2y^2-4z^2=0$。

7. 求母线平行于 z 轴且通过曲线 $\begin{cases}2x^2+y^2+z^2=16\\x^2-y^2+z^2=0\end{cases}$ 的柱面方程。

8. 求球面 $x^2+y^2+z^2=9$ 与平面 $x+z=1$ 的交线在 xOy 面上的投影方程。

9. 将下列曲线的一般方程化为参数方程

(1) $\begin{cases}x^2+y^2+z^2=9\\y=x\end{cases}$；　　(2) $\begin{cases}(x-1)^2+y^2+(z+1)^2=4\\z=0\end{cases}$。

10. 指出下列方程表示什么曲线？

(1) $\begin{cases}x^2+y^2+z^2=25\\x=3\end{cases}$；　　(2) $\begin{cases}x^2+4y^2+9z^2=36\\y=1\end{cases}$。

11. 求上半球 $0\leqslant z\leqslant\sqrt{a^2-x^2-y^2}$ 与圆柱体 $x^2+y^2\leqslant ax(a>0)$ 的公共部分在 xOy 面及 xOz 面上的投影。

12. 画出下列各曲面所围成的立体图形

(1) $x=0,y=0,z=0,x=2,y=1,3x+4y+2z-12=0$；

(2) $z=0,z=3,x-y=0,x-\sqrt{3}y=0,x^2+y^2=1$。

3.6　应用实例

例 3.43(液体流量的计算)　设液体通过平面 π 上面积为 A 的一个区域，液体在这区域上各点处的流速为 $\overrightarrow{v}$(常向量)。设 $\overrightarrow{n}$ 为垂直于 π 的单位向量 (图 3.53)，计算单位时间内经过这区域流向 $\overrightarrow{n}$ 所指一方的液体的质量 P(液体的密度为 ρ)。

解　单位时间内流过区域 A 的液体组成一个底面积为 A，斜高为 $|\overrightarrow{v}|$ 的斜柱体 (图 3.54)。设 $\overrightarrow{v}$ 与 $\overrightarrow{n}$ 的夹角为 θ，则这个柱体的斜高为 $|\overrightarrow{v}|\cos\theta$，体积为

$$A|\overrightarrow{v}|\cos\theta=A\overrightarrow{v}\cdot\overrightarrow{n}$$

从而，单位时间内经过区域 A 流向 $\overrightarrow{n}$ 所指一方的液体的质量为

$$P = A\rho\overrightarrow{v}\cdot\overrightarrow{n}$$

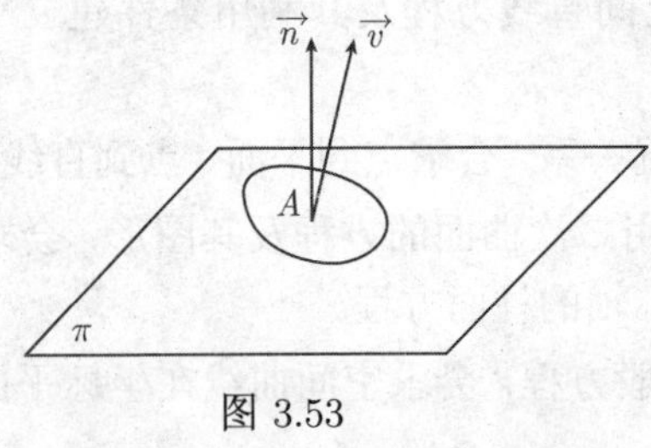

图 3.53

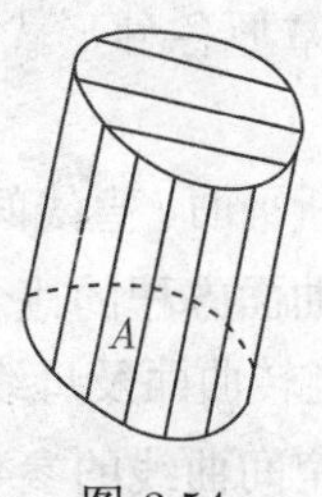

图 3.54

例 3.44(地形测量中点的位置的确定)　在陆地或海底地形测量等实际问题中，往往需要确定满足某些性质的点的位置。已知三点 $A(0,0,0)$、$B(1,0,0)$ 与 $C(0,1,1)$，在由三点 A,B,C 所决定的平面 π 上求到这三点距离相等的点 M 的坐标。

解　设点 $M(x,y,z)$，因为 M 在平面 π 上，向量 $\overrightarrow{AM},\overrightarrow{AB}$ 与 $\overrightarrow{AC}$ 共面，故

$$\begin{vmatrix} x & y & z \\ 1 & 0 & 0 \\ 0 & 1 & 1 \end{vmatrix} = 0$$

即

$$y - z = 0$$

又因为点 M 到这三点距离相等，故

$$x^2+y^2+z^2=(x-1)^2+y^2+z^2,$$
$$x^2+y^2+z^2=x^2+(y-1)^2+(z-1)^2$$

解由上述三个方程组成的方程组，可得

$$x=y=z=\frac{1}{2}$$

所以点 M 的坐标为 $\left(\frac{1}{2},\frac{1}{2},\frac{1}{2}\right)$。

3.7 本章小结

3.7.1 基本要求

1) 理解向量的概念与空间直角坐标系。

2) 掌握向量、单位向量、方向余弦的坐标表达式。

3) 熟练掌握向量的数量积、向量积及混合积。

4) 熟记两向量垂直、平行及三向量共面的条件，会求两向量的夹角。

5) 熟练掌握各种形式的平面和空间直线方程及其利用条件建立平面、直线方程。

6) 会判断平面、直线间的各种位置关系，会求点到平面、点到直线的距离。

7) 理解曲面方程的概念，了解常用二次曲面的方程及其图形，会求以坐标轴为旋转轴的旋转曲面及母线平行于坐标轴的柱面方程。

8) 了解空间曲线的参数方程和一般方程，会求空间曲线在坐标平面上的投影方程。

3.7.2 内容提要

1. 向量的概念

(1) 向量：既有大小又有方向的量。

(2) 向量的模：向量的大小 (长度)。

(3) 单位向量：模为 1 的向量。

(4) 方向余弦：向量与三个坐标向量 $\boldsymbol{i},\boldsymbol{j},\boldsymbol{k}$ 的夹角 α,β,γ 称为它的方向角，它们的余弦 $\cos\alpha,\cos\beta,\cos\gamma$ 称为方向余弦。

(5) 零向量：模为 0 的向量称为零向量，记作$\mathbf{0}$。零向量的方向不确定。

(6) 与向量 $\boldsymbol{\alpha}$ 的模相等，方向相反的向量称为 $\boldsymbol{\alpha}$ 的负向量，记为 $-\boldsymbol{\alpha}$。

2. 向量的线性运算

(1) 加减法：$\boldsymbol{\alpha}\pm\boldsymbol{\beta}=(x_1\pm x_2,y_1\pm y_2,z_1\pm z_2)$。

(2) 数乘：$k\boldsymbol{\alpha}=(kx_1,ky_1,kz_1)$。

3. 向量的数量积

(1) 定义：$\boldsymbol{\alpha}\cdot\boldsymbol{\beta}=|\boldsymbol{\alpha}||\boldsymbol{\beta}|\cos\theta$。

(2) 坐标表示：$\boldsymbol{\alpha}\cdot\boldsymbol{\beta}=x_1x_1+y_1y_2+z_1z_2$。

(3) 两向量的夹角：$\cos\theta=\dfrac{\boldsymbol{\alpha}\cdot\boldsymbol{\beta}}{|\boldsymbol{\alpha}|\cdot|\boldsymbol{\beta}|}=\dfrac{x_1x_2+y_1y_2+z_1z_2}{\sqrt{x_1^2+y_1^2+z_1^2}\sqrt{x_2^2+y_2^2+z_2^2}}$。

(4) 向量 $\boldsymbol{\beta}$ 在向量 $\boldsymbol{\alpha}$ 方向的投影：

$$\mathrm{Prj}_{\boldsymbol{\alpha}}\boldsymbol{\beta}=|\boldsymbol{\beta}|\cos\angle(\boldsymbol{\alpha},\boldsymbol{\beta})=\frac{\boldsymbol{\alpha}\cdot\boldsymbol{\beta}}{|\boldsymbol{\alpha}|}=\frac{x_1x_2+y_1y_2+z_1z_2}{\sqrt{x_1^2+y_1^2+z_1^2}}。$$

4. 向量的向量积

(1) 定义：① $|\boldsymbol{\alpha}\times\boldsymbol{\beta}|=|\boldsymbol{\alpha}||\boldsymbol{\beta}|\sin\theta$；② $\boldsymbol{\alpha}\times\boldsymbol{\beta}$ 垂直于 $\boldsymbol{\alpha}$ 与 $\boldsymbol{\beta}$ 所决定的平面且 $\boldsymbol{\alpha},\boldsymbol{\beta},\boldsymbol{\alpha}\times\boldsymbol{\beta}$ 构成右手系。

(2) 坐标表示：$\boldsymbol{\alpha}\times\boldsymbol{\beta}=\begin{vmatrix}\boldsymbol{i}&\boldsymbol{j}&\boldsymbol{k}\\x_1&y_1&z_1\\x_2&y_2&z_2\end{vmatrix}$。

(3) 几何意义：$|\boldsymbol{\alpha}\times\boldsymbol{\beta}|=|\boldsymbol{\alpha}||\boldsymbol{\beta}|\sin\theta$ 表示以 $\boldsymbol{\alpha},\boldsymbol{\beta}$ 为边的平行四边形的面积。

5. 混合积

(1) 定义：$(\boldsymbol{\alpha}\times\boldsymbol{\beta})\cdot\boldsymbol{\gamma}$。

(2) 坐标表示：$(\boldsymbol{\alpha}\times\boldsymbol{\beta})\cdot\boldsymbol{\gamma}=\begin{vmatrix}x_1&y_1&z_1\\x_2&y_2&z_2\\x_3&y_3&z_3\end{vmatrix}$。

(3) 几何意义：$|(\boldsymbol{\alpha}\times\boldsymbol{\beta})\cdot\boldsymbol{\gamma}|$ 表示以 $\boldsymbol{\alpha},\boldsymbol{\beta},\boldsymbol{\gamma}$ 为棱的平行六面体的体积。

6. 两向量垂直、平行及三向量共面的条件

(1) $\boldsymbol{\alpha}\perp\boldsymbol{\beta}\Leftrightarrow\boldsymbol{\alpha}\cdot\boldsymbol{\beta}=0\Leftrightarrow x_1x_1+y_1y_2+z_1z_2=0$。

(2) $\boldsymbol{\alpha}//\boldsymbol{\beta}\Leftrightarrow\boldsymbol{\alpha}\times\boldsymbol{\beta}=\mathbf{0}\Leftrightarrow\dfrac{x_1}{x_2}=\dfrac{y_1}{y_2}=\dfrac{z_1}{z_2}$。

(3) $\boldsymbol{\alpha},\boldsymbol{\beta},\boldsymbol{\gamma}$ 共面 $\Leftrightarrow(\boldsymbol{\alpha}\times\boldsymbol{\beta})\cdot\boldsymbol{\gamma}=0\Leftrightarrow\begin{vmatrix}x_1&y_1&z_1\\x_2&y_2&z_2\\x_3&y_3&z_3\end{vmatrix}=0$。

7. 平面的方程

(1) 点法式：$A(x-x_0)+B(y-y_0)+C(z-z_0)=0$。

(2) 一般式：$Ax+By+Cz+D=0$。

(3) 截距式：$\dfrac{x}{a}+\dfrac{y}{b}+\dfrac{z}{c}=1$。

8. 平面之间的位置关系

设 π_1：$A_1x+B_1y+C_1z+D_1=0$，π_2：$A_2x+B_2y+C_2z+D_2=0$，则

(1) π_1,π_2 平行 $\Leftrightarrow\dfrac{A_1}{A_2}=\dfrac{B_1}{B_2}=\dfrac{C_1}{C_2}\neq\dfrac{D_1}{D_2}$。

(2) π_1,π_2 重合 $\Leftrightarrow\dfrac{A_1}{A_2}=\dfrac{B_1}{B_2}=\dfrac{C_1}{C_2}=\dfrac{D_1}{D_2}$。

(3) π_1,π_2 垂直 $\Leftrightarrow A_1A_2+B_1B_2+C_1C_2=0$。

(4) π_1 与 π_2 的夹角 $\theta\left(0\leqslant\theta\leqslant\dfrac{\pi}{2}\right)$，

$$\cos\theta=\frac{|A_1A_2+B_1B_2+C_1C_2|}{\sqrt{A_1^2+B_1^2+C_1^2}\cdot\sqrt{A_2^2+B_2^2+C_2^2}}$$

9. 直线的方程

(1) 对称式 (点向式或标准式)：$\dfrac{x-x_0}{l}=\dfrac{y-y_0}{m}=\dfrac{z-z_0}{n}$。

(2) 一般式：$\begin{cases}A_1x+B_1y+C_1z+D_1=0\\A_2x+B_2y+C_2z+D_2=0\end{cases}$。

(3) 参数式：$\begin{cases}x=x_0+lt\\y=y_0+mt\\z=z_0+nt\end{cases}$。

10. 两直线的位置关系

对于两直线 L_1：$\dfrac{x-x_1}{l_1}=\dfrac{y-y_1}{m_1}=\dfrac{z-z_1}{n_1}$，$L_2$：$\dfrac{x-x_2}{l_2}=\dfrac{y-y_2}{m_2}=\dfrac{z-z_2}{n_2}$，则

(1) L_1，L_2 平行 $\Leftrightarrow \overrightarrow{s_1}//\overrightarrow{s_2}$ 但不平行于 $\overrightarrow{M_1M_2}$；

$\Leftrightarrow l_1:m_1:n_1=l_2:m_2:n_2\neq(x_2-x_1):(y_2-y_1):(z_2-z_1)$。

(2) L_1，L_2 垂直 $\Leftrightarrow \overrightarrow{s_1}\perp\overrightarrow{s_2}\Leftrightarrow l_1l_2+m_1m_2+n_1n_2=0$。

(3) L_1，L_2 相交 $\Leftrightarrow L_1, L_2$ 共面且 L_1, L_2 不平行；

$\Leftrightarrow \overrightarrow{s_1},\overrightarrow{s_2},\overrightarrow{M_1M_2}$ 共面且 L_1,L_2 不平行；

$$\Leftrightarrow\begin{vmatrix}l_1&m_1&n_1\\l_2&m_2&n_2\\x_2-x_1&y_2-y_1&z_2-z_1\end{vmatrix}=0 \text{ 且 } l_1:m_1:n_1\neq l_2:m_2:n_2。$$

(4) L_1，L_2 异面 $\Leftrightarrow \overrightarrow{s_1},\overrightarrow{s_2},\overrightarrow{M_1M_2}$ 不共面 $\Leftrightarrow\begin{vmatrix}l_1&m_1&n_1\\l_2&m_2&n_2\\x_2-x_1&y_2-y_1&z_2-z_1\end{vmatrix}\neq0$。

(5) 两直线的夹角 $\theta\ (0\leqslant\theta\leqslant\dfrac{\pi}{2})$，

$$\cos\theta=\frac{|l_1l_2+m_1m_2+n_1n_2|}{\sqrt{l_1^2+m_1^2+n_1^2}\cdot\sqrt{l_2^2+m_2^2+n_2^2}}$$

11. 直线和平面的位置关系

对于两直线 L：$\dfrac{x-x_0}{l}=\dfrac{y-y_0}{m}=\dfrac{z-z_0}{n}$，$\pi$：$Ax+By+Cz+D=0$，则

(1) $L//\pi\Leftrightarrow\vec{s}\perp\vec{n}\Leftrightarrow Al+Bm+Cn=0$。

(2) $L\perp\pi \Leftrightarrow \vec{s}//\vec{n} \Leftrightarrow A:B:C=l:m:n$。

(3) 直线与平面的夹角 $\theta\ \left(0\leqslant\theta\leqslant\dfrac{\pi}{2}\right)$,

$$\sin\theta=|\cos\angle(\vec{s},\vec{n})|=\frac{|Al+Bm+Cn|}{\sqrt{A^2+B^2+C^2}\cdot\sqrt{l^2+m^2+n^2}}$$

12. 距离

(1) 点到平面的距离：$d=\dfrac{|Ax_0+By_0+Cz_0+D|}{\sqrt{A^2+B^2+C^2}}$。

(2) 点到直线的距离：设直线 L 过点 M_0，方向向量为 $\vec{s}$，则直线外的一点 M 到 L 的距离 d 为

$$d=\frac{|\overrightarrow{M_0M}\times\vec{s}|}{|\vec{s}|}$$

13. 空间曲面及其方程

1) 一般方程 $F(x,y,z)=0$。

2) 旋转曲面

以一条平面曲线 C 绕其平面上的一条直线旋转一周所成的曲面叫做旋转曲面，该曲线 C 和定直线分别称为旋转曲面的母线和轴。

yOz 面上的曲线 C：$F(y,z)=0$ 绕 y 轴旋转所生成的旋转曲面方程为

$$F(y,\pm\sqrt{x^2+z^2})=0$$

曲线 C 绕 z 轴旋转所生成的旋转曲面方程为

$$F(\pm\sqrt{x^2+y^2},z)=0$$

其他坐标面上的曲线绕相关的坐标轴旋转所成的旋转曲面的方程，可用类似的方法得到。

3) 柱面

设已知一空间曲线 C 及一个非零向量 $\boldsymbol{v}$，那么，平行于向量 $\boldsymbol{v}$ 且沿曲线 C 移动的直线 L 形成的轨迹称为柱面。定曲线 C 称为柱面的准线，动直线 L 称为柱面的母线。

只含 x,y 而缺 z 的方程 $F(x,y)=0$, 在空间直角坐标系中表示以 xOy 面上的曲线 $F(x,y)=0$ 为准线，母线平行于 z 轴的柱面。

类似地，只含 x,z 而缺 y 的方程 $G(x,z)=0$ 与只含 y,z 而缺 x 的方程 $H(y,z)=0$, 分别表示母线平行于 y 轴和 x 轴的柱面。

4) 锥面

在空间通过一定点且与定曲线相交的一族直线所生成的曲面称为锥面，这些直线称为锥面的母线，那个定点称为锥面的顶点，定曲线称为锥面的准线。

5) 常见的二次曲面

(1) 球面：

$$(x-x_0)^2+(y-y_0)^2+(z-z_0)^2=R^2$$

(2) 椭球面：

$$\frac{x^2}{a^2}+\frac{y^2}{b^2}+\frac{z^2}{c^2}=1 \quad (a,b,c>0)$$

(3) 单叶双曲面：

$$\frac{x^2}{a^2}+\frac{y^2}{b^2}-\frac{z^2}{c^2}=1 \quad (a,b,c>0)$$

(4) 双叶双曲面：

$$\frac{x^2}{a^2}+\frac{y^2}{b^2}-\frac{z^2}{c^2}=-1 \quad (a,b,c>0)$$

(5) 椭圆抛物面：

$$\frac{x^2}{p}+\frac{y^2}{q}=2z \quad (p,q>0)$$

(6) 双曲抛物面：

$$\frac{x^2}{p}-\frac{y^2}{q}=2z \quad (p,q>0)$$

(7) 二次锥面：

$$\frac{x^2}{a^2}+\frac{y^2}{b^2}-\frac{z^2}{c^2}=0$$

14. 空间曲线及其方程

1) 一般方程：$\begin{cases} F(x,y,z)=0 \\ G(x,y,z)=0 \end{cases}$。

2) 参数方程：$\begin{cases} x=x(t) \\ y=y(t) \\ z=z(t) \end{cases}$。

3) 空间曲线在坐标面上的投影

设空间曲线 C 的一般方程为

$$\begin{cases} F(x,y,z)=0 \\ G(x,y,z)=0 \end{cases}$$

由方程组消去变量 z 所得的方程为 $H(x,y)=0$，则包含曲线 C 在 xOy 面的投影的曲线方程为

$$\begin{cases} H(x,y)=0 \\ z=0 \end{cases}$$

同理，从方程组中消去 x 或 y，再分别和 $x=0$ 或 $y=0$ 联立，就可得出包含曲线 C 在 yOz 或 xOz 面上的投影的曲线方程为

$$\begin{cases} R(y,z)=0 \\ x=0 \end{cases} \quad 或 \quad \begin{cases} T(x,z)=0 \\ y=0 \end{cases}$$

第 3 章总习题

一、单项选择题

1. $|\vec{a}+\vec{b}|=|\vec{a}-\vec{b}|$ 的充要条件是　(　　)

A. $\vec{a}=\vec{0}$ 或 $\vec{b}=\vec{0}$　　B. $\vec{a}\times\vec{b}=\vec{0}$　　C. $\vec{a}\cdot\vec{b}=\vec{0}$　　D. $|\vec{a}|=|\vec{b}|$

2. 设 $\vec{a}=(-1,-2,2),\vec{b}=(3,\lambda,4)$，已知向量 $\vec{a}$ 在向量 $\vec{b}$ 上的投影是 1，则 $\lambda=$　(　　)

A. 0　　B. $\dfrac{20}{3}$　　C. 0 或 $\dfrac{20}{3}$　　D. $-\dfrac{20}{3}$

3. 设向量 $\vec{a}=(\lambda,\mu,-1),\vec{b}=(-1,\lambda,\mu),\vec{a}\times\vec{b}//(1,-1,2)$，则 $\vec{a}\times\vec{b}=$　(　　)

A. $(10,-10,20)$　　B. $(14,-14,28)$　　C. $(5,-5,10)$　　D. $(7,-7,14)$

4. 设向量 $\vec{a}=(3,\lambda,-2),\vec{b}=(2,-1,-1),\vec{c}=(\lambda,-1,-1)$ 且 $(\vec{a}\times\vec{b})\cdot\vec{c}=3$，则 $\lambda=$　(　　)

A. 0　　B. -1　　C. 1　　D. ±1

5. 若 $(\vec{a}\times\vec{b})\cdot\vec{c}=1$，则 $[(\vec{a}+\vec{b})\times(\vec{b}+\vec{c})]\cdot(\vec{c}+\vec{a})=$　(　　)

A. 1　　B. 2　　C. 3　　D. 4

6. 设三个向量 $\vec{a_i}=(x_i,y_i,z_i)\,(i=1,2,3)$，矩阵 $\boldsymbol{A}=\begin{pmatrix} x_1 & y_1 & z_1 \\ x_2 & y_2 & z_2 \\ x_3 & y_3 & z_3 \end{pmatrix}$ 的行列式 $\det\boldsymbol{A}=0$，而其伴随矩阵 $\boldsymbol{A}^*\neq\boldsymbol{0}$ 的充要条件是　(　　)

A. 三向量互相平行　　B. 存在不共线两向量

C. 三向量共面　　D. 三向量共面，有两向量不共线

二、计算和证明题

1. 已知 $\vec{a}$、$\vec{b}$、$\vec{c}$、$\vec{d}$ 四个三维向量，当 $\vec{a}$、$\vec{b}$、$\vec{c}$ 不共面时，试将 $\vec{d}$ 用 $\vec{a}$、$\vec{b}$、$\vec{c}$ 表出。

2. 已知向量 $\vec{a}=\boldsymbol{i}+\boldsymbol{j}-4\boldsymbol{k}$，$\vec{b}=2\boldsymbol{i}-\boldsymbol{j}-t\boldsymbol{k}$，试确定实数 t，使 $\vec{a},\vec{b}$ 之夹角为 $\dfrac{\pi}{4}$，并求 $\vec{a}$ 在 $\vec{b}$ 上的投影。

3. 证明三角形三条中线交于一点。

4. 若 $\vec{a}+3\vec{b}$ 垂直于 $7\vec{a}-5\vec{b}$，$\vec{a}-4\vec{b}$ 垂直于 $7\vec{a}-2\vec{b}$，求 $\vec{a},\vec{b}$ 之夹角。

5. 设 $\vec{a}=(2,-1,1),\vec{b}=(1,3,-1)$，试在 $\vec{a},\vec{b}$ 所确定的平面内求一个与 $\vec{a}$ 垂直的单位向量。

6. 求直线 $\begin{cases}3x-y-2z=1\\6x-3y+2z=2\end{cases}$ 与各坐标面的交点及与各坐标轴的夹角。

7. 求过点 $M(-1,0,4)$，平行于平面 π: $3x-4y+z-10=0$ 且与直线 L: $\dfrac{x+1}{3}=y-3=\dfrac{z}{2}$ 相交的直线方程。

8. 求过三平面 $2x+y-z-2=0,x-3y+z+1=0,x+y+z-3=0$ 的交点，并平行于 $x+y+2z=0$ 的平面方程。

9. 已知直线 L_1: $\begin{cases}x=2z+1\\y=2z+2\end{cases}$，$L_2$: $\begin{cases}x-y+z-2=0\\3x-2y-2=0\end{cases}$，

(1) 证明 $L_1//L_2$；(2) 求 L_1,L_2 所确定的平面方程。

10. 直线 L 过点 $A(-3,5,-9)$ 且与两直线 L_1: $\begin{cases}y=3x+5\\z=2x-3\end{cases}$，$L_2$: $\begin{cases}y=4x-7\\z=5x+10\end{cases}$ 相交，求直线 L 的方程。

11*. 已知直线 L_1: $\dfrac{x-9}{4}=\dfrac{y+2}{-3}=\dfrac{z}{1}$，$L_2$: $\dfrac{x}{-2}=\dfrac{y+7}{9}=\dfrac{z-2}{2}$，求 L_1,L_2 的公垂线方程。

12. 设有一平面与 xOy 面的交线是 $\begin{cases}2x+y-2=0\\z=0\end{cases}$，且它与三个坐标面围成的四面体的体积等于 2，求这个平面方程。

13. 由与平面 $z=-1$ 及点 $M(0,0,1)$ 等距离运动的动点 $P(x,y,z)$所生成的曲面记为 π_1，将 yOz 平面上曲线 $\begin{cases}y^2+z=5\\x=0\end{cases}$ 以 z 轴为旋转轴所生成的旋转曲面记为 π_2，则

(1) 求 π_1 和 π_2 的方程；

(2) 求 π_1 与 π_2 的交线在 xOy 平面上的投影曲线方程。

14. 求曲线 $\begin{cases}z=\sqrt{a^2-x^2-y^2}\\x^2+y^2=2ax\end{cases}$ 在 yOz 面上的投影曲线方程。

第4章　$\boldsymbol{n}$ 维向量

向量空间是线性代数的重要研究对象，具有广泛的应用。在本章中，我们首先从三维向量出发，引入 n 维向量及 n 维向量空间的定义；然后研究向量组的线性相关性与向量组的秩，进而给出 n 维向量空间的基、维数及坐标等重要概念，为下一章研究线性方程组解的结构提供理论基础。

4.1　n 维向量及其运算

由第 3 章我们已熟知，建立了空间直角坐标系后，空间中的向量可以用三元数组 (x_1, x_2, x_3) 来表示。设有两个向量 $\boldsymbol{\alpha} = (a_1, a_2, a_3), \boldsymbol{\beta} = (b_1, b_2, b_3)$，则

$$\boldsymbol{\alpha} = \boldsymbol{\beta} \Leftrightarrow a_i = b_i \ (i = 1, 2, 3)$$

$$\boldsymbol{\alpha} + \boldsymbol{\beta} = (a_1 + b_1, a_2 + b_2, a_3 + b_3)$$

$$k\boldsymbol{\alpha} = (ka_1, ka_2, ka_3)$$

对于三元一次方程组

$$\begin{cases} a_{11}x_1 + a_{12}x_2 + a_{13}x_3 = b_1 \\ a_{21}x_1 + a_{22}x_2 + a_{23}x_3 = b_2 \\ a_{31}x_1 + a_{32}x_2 + a_{33}x_3 = b_3 \end{cases}$$

用矩阵乘法可表示为 $\boldsymbol{Ax} = \boldsymbol{b}$，其中，

$$\boldsymbol{A} = \begin{pmatrix} a_{11} & a_{12} & a_{13} \\ a_{21} & a_{22} & a_{23} \\ a_{31} & a_{32} & a_{33} \end{pmatrix}, \quad \boldsymbol{x} = \begin{pmatrix} x_1 \\ x_2 \\ x_3 \end{pmatrix}, \quad \boldsymbol{b} = \begin{pmatrix} b_1 \\ b_2 \\ b_3 \end{pmatrix}$$

若对系数矩阵 $\boldsymbol{A}$ 按列分块，记 $\boldsymbol{A} = (\boldsymbol{\alpha}_1, \boldsymbol{\alpha}_2, \boldsymbol{\alpha}_3)$，那么按分块矩阵乘法，方程组又可以改写成

$$(\boldsymbol{\alpha}_1, \boldsymbol{\alpha}_2, \boldsymbol{\alpha}_3)\begin{pmatrix} x_1 \\ x_2 \\ x_3 \end{pmatrix} = \boldsymbol{b}$$

即

$$x_1\boldsymbol{\alpha}_1 + x_2\boldsymbol{\alpha}_2 + x_3\boldsymbol{\alpha}_3 = \boldsymbol{b}$$

在这里 $\boldsymbol{\alpha}_1, \boldsymbol{\alpha}_2, \boldsymbol{\alpha}_3, \boldsymbol{b}$ 都是三元数组表示的向量。由此可见，方程组的问题也可转化为向量的问题。要讨论 n 元线性方程组的理论，就要涉及 n 维向量的概念。

4.1.1　n 维向量的定义

定义 4.1　n 个数 $a_1, a_2, \cdots, a_n$ 组成的有序数组 $(a_1, a_2, \cdots, a_n)$ 称为 n 维向量，这 n 个数称为该向量的 n 个分量，第 i 个数 a_i 称为它的第 i 个分量。

分量全为实数的向量称为实向量，分量中有复数的向量称为复向量。本书中只讨论实向量。

n 维向量可以写成一行，也可以写成一列，分别称为行向量与列向量，也就是第 2 章中的行矩阵和列矩阵。因此，从矩阵的角度来看，n 维列向量 $\boldsymbol{\alpha} = \begin{pmatrix} a_1 \\ a_2 \\ \vdots \\ a_n \end{pmatrix}$ 与 n 维行向量 $\boldsymbol{\alpha}^{\mathrm{T}} = (a_1, a_2, \cdots, a_n)$ 是不同的两个矩阵 (按定义 4.1，$\boldsymbol{\alpha}$ 与 $\boldsymbol{\alpha}^{\mathrm{T}}$ 应是同一向量)。

从现在开始，列向量用黑体希腊字母 $\boldsymbol{\alpha}, \boldsymbol{\beta}$ 等表示，行向量则用 $\boldsymbol{\alpha}^{\mathrm{T}}, \boldsymbol{\beta}^{\mathrm{T}}$ 等表示。所讨论的向量在没有指明是行向量还是列向量时，都当做列向量。

定义 4.2　设 $\boldsymbol{\alpha} = (a_1, a_2, \cdots, a_n)^{\mathrm{T}}, \boldsymbol{\beta} = (b_1, b_2, \cdots, b_n)^{\mathrm{T}}$ 是两个 n 维向量，当且仅当它们各个对应的分量相等，即 $a_i = b_i (i = 1, 2, \cdots, n)$ 时，称向量 $\boldsymbol{\alpha}$ 与向量 $\boldsymbol{\beta}$ 相等，记作 $\boldsymbol{\alpha} = \boldsymbol{\beta}$。

定义 4.3　分量全为零的向量称为**零向量**，记为 $\mathbf{0}$，即 $\mathbf{0} = (0, 0, \cdots, 0)^{\mathrm{T}}$。

定义 4.4　若 $\boldsymbol{\alpha} = (a_1, a_2, \cdots, a_n)^{\mathrm{T}}$，则称 $(-a_1, -a_2, \cdots, -a_n)^{\mathrm{T}}$ 为 $\boldsymbol{\alpha}$ 的**负向量**，记为 $-\boldsymbol{\alpha}$。

4.1.2　n 维向量的运算

定义 4.5　设 $\boldsymbol{\alpha} = (a_1, a_2, \cdots, a_n)^{\mathrm{T}}$，$\boldsymbol{\beta} = (b_1, b_2, \cdots, b_n)^{\mathrm{T}}$ 都是 n 维向量，那么向量 $(a_1 + b_1, a_2 + b_2, \cdots, a_n + b_n)^{\mathrm{T}}$ 叫做向量 $\boldsymbol{\alpha}$ 与 $\boldsymbol{\beta}$ 的**和向量**，记作 $\boldsymbol{\alpha} + \boldsymbol{\beta}$，即

$$\boldsymbol{\alpha} + \boldsymbol{\beta} = (a_1 + b_1, a_2 + b_2, \cdots, a_n + b_n)^{\mathrm{T}}$$

向量 $\boldsymbol{\alpha}$ 与 $\boldsymbol{\beta}$ 的**差向量**可以定义为 $\boldsymbol{\alpha} + (-\boldsymbol{\beta})$，即

$$\boldsymbol{\alpha} - \boldsymbol{\beta} = \boldsymbol{\alpha} + (-\boldsymbol{\beta}) = (a_1 - b_1, a_2 - b_2, \cdots, a_n - b_n)^{\mathrm{T}}$$

定义 4.6　设 $\boldsymbol{\alpha} = (a_1, a_2, \cdots, a_n)^{\mathrm{T}}$ 是 n 维向量，k 是一个数，那么向量 $(ka_1, ka_2, \cdots, ka_n)^{\mathrm{T}}$ 叫做数 k 与向量 $\boldsymbol{\alpha}$ 的**数量乘积**(简称**数乘**)，记为 $k\boldsymbol{\alpha}$，即

$$k\boldsymbol{\alpha} = (ka_1, ka_2, \cdots, ka_n)^{\mathrm{T}}$$

向量的和、差及数乘运算统称为向量的**线性运算**。向量的线性运算满足下列运算规律:

设 $\boldsymbol{\alpha},\boldsymbol{\beta},\boldsymbol{\gamma}$ 都是 n 维向量，k,l 是常数，则有

(1) $\boldsymbol{\alpha}+\boldsymbol{\beta}=\boldsymbol{\beta}+\boldsymbol{\alpha}$;

(2) $(\boldsymbol{\alpha}+\boldsymbol{\beta})+\boldsymbol{\gamma}=\boldsymbol{\alpha}+(\boldsymbol{\beta}+\boldsymbol{\gamma})$;

(3) $\boldsymbol{\alpha}+\mathbf{0}=\boldsymbol{\alpha}$;

(4) $\boldsymbol{\alpha}+(-\boldsymbol{\alpha})=\mathbf{0}$;

(5) $1\cdot\boldsymbol{\alpha}=\boldsymbol{\alpha}$;

(6) $k(l\boldsymbol{\alpha})=(kl)\boldsymbol{\alpha}$;

(7) $k(\boldsymbol{\alpha}+\boldsymbol{\beta})=k\boldsymbol{\alpha}+k\boldsymbol{\beta}$;

(8) $(k+l)\boldsymbol{\alpha}=k\boldsymbol{\alpha}+l\boldsymbol{\alpha}$。

定义 4.7　实数域上的全体 n 维向量，当定义了上述向量的和及数乘向量运算之后，就称其为实数域上的 n 维向量空间，记作 $\mathbf{R}^n$。

当 $n\leqslant 3$ 时，$\mathbf{R}^n$ 有直观的几何意义。$\mathbf{R}^3$ 可以看做在空间直角坐标系中以坐标原点为起点的有向线段的全体；$\mathbf{R}^2$ 可以看做在平面直角坐标系中以坐标原点为起点的有向线段的全体；$\mathbf{R}^1$ 可以看做在某一数轴上以坐标原点为起点的有向线段的全体。当 $n>3$ 时，$\mathbf{R}^n$ 没有直观的几何意义。我们之所以仍然称它为向量，一方面是由于它包括通常的几何向量作为特殊情形，另一方面是由于它与通常的几何向量有许多共同的性质。

现在考虑线性方程组

$$\begin{cases} a_{11}x_1+a_{12}x_2+\cdots+a_{1n}x_n=b_1 \\ a_{21}x_1+a_{22}x_2+\cdots+a_{2n}x_n=b_2 \\ \qquad\cdots\cdots \\ a_{m1}x_1+a_{m2}x_2+\cdots+a_{mn}x_n=b_m \end{cases}$$

令

$$\boldsymbol{\alpha}_1=\begin{pmatrix} a_{11} \\ a_{21} \\ \vdots \\ a_{m1} \end{pmatrix},\quad \boldsymbol{\alpha}_2=\begin{pmatrix} a_{12} \\ a_{22} \\ \vdots \\ a_{m2} \end{pmatrix},\cdots,\boldsymbol{\alpha}_n=\begin{pmatrix} a_{1n} \\ a_{2n} \\ \vdots \\ a_{mn} \end{pmatrix},\quad \boldsymbol{b}=\begin{pmatrix} b_1 \\ b_2 \\ \vdots \\ b_m \end{pmatrix}$$

根据向量加法与数乘的定义，容易验证上述方程组可写成向量形式

$$x_1\boldsymbol{\alpha}_1+x_2\boldsymbol{\alpha}_2+\cdots+x_n\boldsymbol{\alpha}_n=\boldsymbol{b}$$

因此，我们可以用 n 维向量研究 n 元线性方程组。

例 4.1　设 $3(\boldsymbol{\alpha}_1-\boldsymbol{\alpha})+2(\boldsymbol{\alpha}_2+\boldsymbol{\alpha})=5(\boldsymbol{\alpha}_3+\boldsymbol{\alpha})$，其中，$\boldsymbol{\alpha}_1=(2,5,1,3)^{\mathrm{T}}$，$\boldsymbol{\alpha}_2=(10,1,5,10)^{\mathrm{T}}$，$\boldsymbol{\alpha}_3=(4,1-1,1)^{\mathrm{T}}$，求 $\boldsymbol{\alpha}$。

解 由关系式 $3(\boldsymbol{\alpha}_1-\boldsymbol{\alpha})+2(\boldsymbol{\alpha}_2+\boldsymbol{\alpha})=5(\boldsymbol{\alpha}_3+\boldsymbol{\alpha})$ 得

$$3\boldsymbol{\alpha}_1-3\boldsymbol{\alpha}+2\boldsymbol{\alpha}_2+2\boldsymbol{\alpha}=5\boldsymbol{\alpha}_3+5\boldsymbol{\alpha}$$

即

$$3\boldsymbol{\alpha}_1+2\boldsymbol{\alpha}_2-5\boldsymbol{\alpha}_3=6\boldsymbol{\alpha}$$

所以

$$\begin{aligned}\boldsymbol{\alpha}&=\frac{1}{6}(3\boldsymbol{\alpha}_1+2\boldsymbol{\alpha}_2-5\boldsymbol{\alpha}_3)\\&=\frac{1}{6}[(6,15,3,9)^{\mathrm{T}}+(20,2,10,20)^{\mathrm{T}}-(20,5-5,5)^{\mathrm{T}}]\\&=(1,2,3,4)^{\mathrm{T}}\end{aligned}$$

习 题 4.1

设 $\boldsymbol{\alpha}=(1,1,0)^{\mathrm{T}}$，$\boldsymbol{\beta}=(0,1,1,)^{\mathrm{T}}$，$\boldsymbol{\gamma}=(3,4,0)^{\mathrm{T}}$，求 $\boldsymbol{\alpha}-\boldsymbol{\beta}$ 与 $3\boldsymbol{\alpha}+2\boldsymbol{\beta}-\boldsymbol{\gamma}$。

4.2 向量组的线性相关性

在第 3 章中，当我们建立了空间直角坐标系后，对任何一个向量 $\boldsymbol{\alpha}\in\mathbf{R}^3$，有

$$\boldsymbol{\alpha}=x\boldsymbol{i}+y\boldsymbol{j}+z\boldsymbol{k}$$

向量间的这种关系在 n 维向量空间 $\mathbf{R}^n$ 中推广为下面的线性组合的概念。

4.2.1 线性组合

定义 4.8 设 $\boldsymbol{\alpha}_1,\boldsymbol{\alpha}_2,\cdots,\boldsymbol{\alpha}_m,\boldsymbol{\beta}\in\mathbf{R}^n$，如果存在一组实数 $k_1,k_2,\cdots,k_m$，使

$$\boldsymbol{\beta}=k_1\boldsymbol{\alpha}_1+k_2\boldsymbol{\alpha}_2+\cdots+k_m\boldsymbol{\alpha}_m$$

则称向量 $\boldsymbol{\beta}$ 是向量组 $\boldsymbol{\alpha}_1,\boldsymbol{\alpha}_2,\cdots,\boldsymbol{\alpha}_m$ 的一个**线性组合**，或称向量 $\boldsymbol{\beta}$ 可以由向量组 $\boldsymbol{\alpha}_1,\boldsymbol{\alpha}_2,\cdots,\boldsymbol{\alpha}_m$**线性表示**，称 $k_1,k_2,\cdots,k_m$ 为**组合系数**。

由 4.1 节知，含有 m 个未知量的线性方程组可写为

$$x_1\boldsymbol{\alpha}_1+x_2\boldsymbol{\alpha}_2+\cdots+x_m\boldsymbol{\alpha}_m=\boldsymbol{\beta}$$

显然，如果这个方程组有一组解 $x_1=c_1,x_2=c_2,\cdots,x_m=c_m$，则

$$c_1\boldsymbol{\alpha}_1+c_2\boldsymbol{\alpha}_2+\cdots+c_m\boldsymbol{\alpha}_m=\boldsymbol{\beta}$$

即 $\boldsymbol{\beta}$ 可以由向量组 $\boldsymbol{\alpha}_1,\boldsymbol{\alpha}_2,\cdots,\boldsymbol{\alpha}_m$ 线性表示。反之，如果 $\boldsymbol{\beta}$ 可以由向量组 $\boldsymbol{\alpha}_1,\boldsymbol{\alpha}_2,\cdots,\boldsymbol{\alpha}_m$ 线性表示，则组合系数就是这个方程组的一组解。从而有下面的结论：

定理 4.1　设 $\boldsymbol{\alpha}_1, \boldsymbol{\alpha}_2, \cdots, \boldsymbol{\alpha}_m, \boldsymbol{\beta} \in \mathbf{R}^n$，则 $\boldsymbol{\beta}$ 可以由向量组 $\boldsymbol{\alpha}_1, \boldsymbol{\alpha}_2, \cdots, \boldsymbol{\alpha}_m$ 线性表示的充要条件是线性方程组 $x_1\boldsymbol{\alpha}_1 + x_2\boldsymbol{\alpha}_2 + \cdots + x_m\boldsymbol{\alpha}_m = \boldsymbol{\beta}$ 有解。

例 4.2　判断向量 $\boldsymbol{\alpha}$ 能否由向量组 $\boldsymbol{\alpha}_1, \boldsymbol{\alpha}_2, \boldsymbol{\alpha}_3$ 线性表出？若能，写出它的一个线性组合。

$$\boldsymbol{\alpha} = (2,-1,3,4)^{\mathrm{T}}, \boldsymbol{\alpha}_1 = (1,2,-3,1)^{\mathrm{T}}, \boldsymbol{\alpha}_2 = (5,-5,12,11)^{\mathrm{T}}, \boldsymbol{\alpha}_3 = (1,-3,6,3)^{\mathrm{T}}$$

解　$\boldsymbol{\alpha}$ 可以由向量组 $\boldsymbol{\alpha}_1, \boldsymbol{\alpha}_2, \boldsymbol{\alpha}_3$ 线性表示的充要条件是线性方程组

$$x_1\boldsymbol{\alpha}_1 + x_2\boldsymbol{\alpha}_2 + x_3\boldsymbol{\alpha}_3 = \boldsymbol{\alpha}$$

有解。即方程组

$$\begin{cases} k_1 + 5\ k_2 + \ \ k_3 = 2 \\ 2\ k_1 - 5\ k_2 - 3k_3 = -1 \\ -3k_1 + 12k_2 + 6k_3 = 3 \\ k_1 + 11k_2 + 3k_3 = 4 \end{cases}$$

有解。对上述方程组的增广矩阵作初等行变换：

$$\boldsymbol{B} = (\boldsymbol{A} \vdots \boldsymbol{b}) \to \left(\begin{array}{ccc:c} 1 & 5 & 1 & 2 \\ 2 & -5 & -3 & -1 \\ -3 & 12 & 6 & 3 \\ 1 & 11 & 3 & 4 \end{array}\right) \to \left(\begin{array}{ccc:c} 1 & 5 & 1 & 2 \\ 0 & 3 & 1 & 1 \\ 0 & 0 & 0 & 0 \\ 0 & 0 & 0 & 0 \end{array}\right) \to \left(\begin{array}{ccc:c} 1 & 0 & -\dfrac{2}{3} & \dfrac{1}{3} \\ 0 & 1 & \dfrac{1}{3} & \dfrac{1}{3} \\ 0 & 0 & 0 & 0 \\ 0 & 0 & 0 & 0 \end{array}\right)$$

因为 $\mathrm{r}(\boldsymbol{A}) = \mathrm{r}(\boldsymbol{B}) = 2 < 3$, 所以方程组有无穷解。它的一般解为

$$\begin{cases} k_1 = \dfrac{1}{3} + \dfrac{2}{3}k_3 \\ k_2 = \dfrac{1}{3} - \dfrac{1}{3}k_3 \end{cases}$$

即 $\boldsymbol{\alpha}$ 能由向量组 $\boldsymbol{\alpha}_1, \boldsymbol{\alpha}_2, \boldsymbol{\alpha}_3$ 线性表出，且表示法不唯一。令 $k_3 = 1$，得到此方程组的一个解 $(1,\ 0,\ 1)$，从而可给出某一种线性组合的表示法为 $\boldsymbol{\alpha} = \boldsymbol{\alpha}_1 + \boldsymbol{\alpha}_3$。

例 4.3　n 维向量组 $\boldsymbol{\varepsilon}_1 = (1,0,\cdots,0)^{\mathrm{T}}, \boldsymbol{\varepsilon}_2 = (0,1,\cdots,0)^{\mathrm{T}}, \cdots, \boldsymbol{\varepsilon}_n = (0,0,\cdots,1)^{\mathrm{T}}$ 称为 n 维基本向量组，试证 $\mathbf{R}^n$ 中任一个向量都可由 $\boldsymbol{\varepsilon}_1, \boldsymbol{\varepsilon}_2, \cdots, \boldsymbol{\varepsilon}_n$ 线性表示，且表示方法唯一。

证　设 $\boldsymbol{\alpha} = (a_1, a_2, \cdots, a_n)^{\mathrm{T}} \in \mathbf{R}^n$，则显然有

$$\boldsymbol{\alpha} = a_1\boldsymbol{\varepsilon}_1 + a_2\boldsymbol{\varepsilon}_2 + \cdots + a_n\boldsymbol{\varepsilon}_n$$

若有另一组数 $k_1, k_2, \cdots, k_n$ 使得

$$\boldsymbol{\alpha} = k_1\varepsilon_1 + k_2\varepsilon_2 + \cdots + k_n\varepsilon_n$$

则

$$\boldsymbol{\alpha} = (a_1, a_2, \cdots, a_n)^{\mathrm{T}} = (k_1, k_2, \cdots, k_n)^{\mathrm{T}}$$

即 $a_i = k_i, i = 1, 2, \cdots, n$，从而表示法是唯一的。

我们在 $\mathbf{R}^3$ 中讨论过共线和共面向量，那么在 n 维向量空间 $\mathbf{R}^n$ 中是否也有类似的概念?

4.2.2　线性相关

定义 4.9　设 $\boldsymbol{\alpha}_1, \boldsymbol{\alpha}_2, \cdots, \boldsymbol{\alpha}_s \in \mathbf{R}^n$，如果存在不全为零的实数 $k_1, k_2, \cdots, k_s$，使

$$k_1\boldsymbol{\alpha}_1 + k_2\boldsymbol{\alpha}_2 + \cdots + k_s\boldsymbol{\alpha}_s = \mathbf{0} \tag{4.1}$$

则称向量组 $\boldsymbol{\alpha}_1, \boldsymbol{\alpha}_2, \cdots, \boldsymbol{\alpha}_s$ 线性相关。否则，称向量组 $\boldsymbol{\alpha}_1, \boldsymbol{\alpha}_2, \cdots, \boldsymbol{\alpha}_s$ 线性无关，即要使

$$k_1\boldsymbol{\alpha}_1 + k_2\boldsymbol{\alpha}_2 + \cdots + k_s\boldsymbol{\alpha}_s = \mathbf{0}$$

成立，必有 $k_1 = k_2 = \cdots = k_s = 0$。

易见，一个向量 $\boldsymbol{\alpha}$ 线性相关的充要条件是 $\boldsymbol{\alpha} = \mathbf{0}$；由定理 3.1 可知，两个三维向量 $\boldsymbol{\alpha}_1, \boldsymbol{\alpha}_2$ 线性相关的充要条件是 $\boldsymbol{\alpha}_1, \boldsymbol{\alpha}_2$ 共线。

例 4.4　证明：n 维基本向量组 $\varepsilon_1, \varepsilon_2, \cdots, \varepsilon_n$ 线性无关。

证　若有一组数 $k_1, k_2, \cdots, k_m$，使式 (4.1) 成立，即

$$k_1\varepsilon_1 + k_2\varepsilon_2 + \cdots + k_m\varepsilon_m = (k_1, k_2, \cdots, k_m) = \mathbf{0}$$

则显然必有 $k_1 = 0, k_2 = 0, \cdots, k_m = 0$，从而向量组 $\varepsilon_1, \varepsilon_2, \cdots, \varepsilon_n$ 线性无关。

例 4.5　判断向量组 $\boldsymbol{\alpha}_1 = (1, 2, 1)^{\mathrm{T}}$，$\boldsymbol{\alpha}_2 = (2, 4, 2)^{\mathrm{T}}$，$\boldsymbol{\alpha}_3 = (5, 9, 10)^{\mathrm{T}}$ 的线性相关性。

解　由观察可见 $\boldsymbol{\alpha}_2 = 2\boldsymbol{\alpha}_1$，因此 $2\boldsymbol{\alpha}_1 - \boldsymbol{\alpha}_2 + 0\boldsymbol{\alpha}_3 = \mathbf{0}$，所以 $\boldsymbol{\alpha}_1, \boldsymbol{\alpha}_2, \boldsymbol{\alpha}_3$ 是线性相关的。

对于一般的向量组，由线性方程组的向量形式，我们不难得到判断线性相关性的如下结论。

定理 4.2　下列说法等价：

(1) 向量组 $\boldsymbol{\alpha}_1, \boldsymbol{\alpha}_2, \cdots, \boldsymbol{\alpha}_s$ 线性相关 (线性无关)；

(2) 齐次线性方程组 $x_1\boldsymbol{\alpha}_1 + x_2\boldsymbol{\alpha}_2 + \cdots + x_s\boldsymbol{\alpha}_s = \mathbf{0}$ 有非零解 (仅有零解)；

(3) 矩阵 $\boldsymbol{A} = (\boldsymbol{\alpha}_1, \boldsymbol{\alpha}_2, \cdots, \boldsymbol{\alpha}_s)$ 的秩小于 (等于) s。

推论 4.1　设 n 个 n 维向量 $\boldsymbol{\alpha}_1,\boldsymbol{\alpha}_2,\cdots,\boldsymbol{\alpha}_n$，$\boldsymbol{A}=(\boldsymbol{\alpha}_1,\boldsymbol{\alpha}_2,\cdots,\boldsymbol{\alpha}_n)$，则它们线性相关 (线性无关) 的充要条件是 $|\boldsymbol{A}|=0$ ($|\boldsymbol{A}|\neq 0$)。

由此，三个三维向量 $\boldsymbol{\alpha}_1,\boldsymbol{\alpha}_2,\boldsymbol{\alpha}_3$ 线性相关的充要条件是 $\boldsymbol{\alpha}_1,\boldsymbol{\alpha}_2,\boldsymbol{\alpha}_3$ 共面。

推论 4.2　设 n 维向量组 $\boldsymbol{\alpha}_1,\boldsymbol{\alpha}_2,\cdots,\boldsymbol{\alpha}_m, m>n$，即向量组所含向量的个数大于向量的维数，则它们一定线性相关。

由此，$\mathbf{R}^n$ 中任意 $n+1$ 个向量都是线性相关的，从而，任意线性无关的 n 维向量组最多含有 n 个向量。

例 4.6　讨论向量组 $\boldsymbol{\alpha}_1=(1,1,1,2,)^{\mathrm{T}}$，$\boldsymbol{\alpha}_2=(0,2,1,3)^{\mathrm{T}}$，$\boldsymbol{\alpha}_3=(3,1,0,1)^{\mathrm{T}}$，$\boldsymbol{\alpha}_4=(2,-4,-3,-7)^{\mathrm{T}}$ 的线性相关性。

解法一　考虑齐次线性方程组 $x_1\boldsymbol{\alpha}_1+x_2\boldsymbol{\alpha}_2+x_3\boldsymbol{\alpha}_3+x_4\boldsymbol{\alpha}_4=\mathbf{0}$，即

$$(\boldsymbol{\alpha}_1\ \ \boldsymbol{\alpha}_2\ \ \boldsymbol{\alpha}_3\ \ \boldsymbol{\alpha}_4)\begin{pmatrix}x_1\\x_2\\x_3\\x_4\end{pmatrix}=\mathbf{0}$$

对系数矩阵 $\boldsymbol{A}$ 作初等行变换

$$\boldsymbol{A}=\begin{pmatrix}1&0&3&2\\1&2&1&-4\\1&1&0&-3\\2&3&1&-7\end{pmatrix}\longrightarrow\begin{pmatrix}1&0&3&2\\0&2&-2&-6\\0&1&-3&-5\\0&3&-5&-11\end{pmatrix}\longrightarrow\begin{pmatrix}1&0&3&2\\0&1&0&-2\\0&0&1&1\\0&0&0&0\end{pmatrix}$$

所以 $\mathrm{r}(\boldsymbol{A})=3<4$, 故上述的齐次线性方程组有非零解, 即 $\boldsymbol{\alpha}_1,\boldsymbol{\alpha}_2,\boldsymbol{\alpha}_3,\boldsymbol{\alpha}_4$ 是线性相关的。

解法二　因为

$$|\boldsymbol{A}|=\begin{vmatrix}1&0&3&2\\1&2&1&-4\\1&1&0&-3\\2&3&1&-7\end{vmatrix}=\begin{vmatrix}1&0&3&2\\0&2&-2&-6\\0&1&-3&-5\\0&3&-5&-11\end{vmatrix}=\begin{vmatrix}1&0&3&2\\0&2&-2&-6\\0&1&-3&-5\\0&2&-2&-6\end{vmatrix}=0$$

所以 $\boldsymbol{\alpha}_1,\boldsymbol{\alpha}_2,\boldsymbol{\alpha}_3,\boldsymbol{\alpha}_4$ 线性相关。

例 4.7　设向量组 $\boldsymbol{\alpha}_1,\boldsymbol{\alpha}_2,\boldsymbol{\alpha}_3$ 线性无关，证明向量组 $\boldsymbol{\beta}_1=\boldsymbol{\alpha}_1+\boldsymbol{\alpha}_2,\boldsymbol{\beta}_2=\boldsymbol{\alpha}_2+\boldsymbol{\alpha}_3,\boldsymbol{\beta}_3=\boldsymbol{\alpha}_3+\boldsymbol{\alpha}_1$ 也线性无关。

证　设有一组数 k_1,k_2,k_3，使得

$$k_1\boldsymbol{\beta}_1+k_2\boldsymbol{\beta}_2+k_3\boldsymbol{\beta}_3=\mathbf{0}$$

即　$$k_1(\boldsymbol{\alpha}_1+\boldsymbol{\alpha}_2)+k_2(\boldsymbol{\alpha}_2+\boldsymbol{\alpha}_3)+k_3(\boldsymbol{\alpha}_3+\boldsymbol{\alpha}_1)=\mathbf{0}$$

从而　$$(k_1+k_3)\boldsymbol{\alpha}_1+(k_1+k_2)\boldsymbol{\alpha}_2+(k_2+k_3)\boldsymbol{\alpha}_3=\mathbf{0}$$

因为 $\boldsymbol{\alpha}_1,\boldsymbol{\alpha}_2,\boldsymbol{\alpha}_3$ 线性无关, 故

$$\begin{cases}k_1+k_3=0\\k_1+k_2=0\\k_2+k_3=0\end{cases}$$

解此方程组得唯一零解 $k_1=k_2=k_3=0$。所以 $\boldsymbol{\beta}_1,\boldsymbol{\beta}_2,\boldsymbol{\beta}_3$ 线性无关。

线性相关性是向量组的一个重要性质。下面我们给出有关它的一些重要结论。

4.2.3　线性相关的有关理论

定理 4.3　向量组 $\boldsymbol{\alpha}_1,\boldsymbol{\alpha}_2,\cdots,\boldsymbol{\alpha}_m$ $(m\geqslant 2)$ 线性相关的充要条件是向量组中至少有一个向量可以由其余 $m-1$ 个向量线性表示。

证　**必要性**　若 $\boldsymbol{\alpha}_1,\boldsymbol{\alpha}_2,\cdots,\boldsymbol{\alpha}_m$ 线性相关，由定义知存在一组不全为零的实数 $k_1,k_2,\cdots,k_m$，使得

$$k_1\boldsymbol{\alpha}_1+k_2\boldsymbol{\alpha}_2+\cdots+k_m\boldsymbol{\alpha}_m=\mathbf{0}$$

不妨设 $k_i\neq 0$, 则有

$$\boldsymbol{\alpha}_i=\left(-\frac{k_1}{k_i}\right)\boldsymbol{\alpha}_1+\cdots+\left(-\frac{k_{i-1}}{k_i}\right)\boldsymbol{\alpha}_{i-1}+\left(-\frac{k_{i+1}}{k_i}\right)\boldsymbol{\alpha}_{i+1}+\cdots+\left(-\frac{k_m}{k_i}\right)\boldsymbol{\alpha}_m$$

即 $\boldsymbol{\alpha}_i$ 可由其余 $m-1$ 个向量 $\boldsymbol{\alpha}_1,\cdots,\boldsymbol{\alpha}_{i-1},\boldsymbol{\alpha}_{i+1},\cdots,\boldsymbol{\alpha}_m$ 线性表示。

充分性　设有 $\boldsymbol{\alpha}_j$ 可由其余 $m-1$ 个向量 $\boldsymbol{\alpha}_1,\cdots,\boldsymbol{\alpha}_{j-1},\boldsymbol{\alpha}_{j+1},\cdots,\boldsymbol{\alpha}_m$ 线性表示, 即

$$\boldsymbol{\alpha}_j=k_1\boldsymbol{\alpha}_1+\cdots+k_{j-1}\boldsymbol{\alpha}_{j-1}+k_{j+1}\boldsymbol{\alpha}_{j+1}+\cdots+k_m\boldsymbol{\alpha}_m$$

移项得　$$k_1\boldsymbol{\alpha}_1+\cdots+k_{j-1}\boldsymbol{\alpha}_{j-1}-\boldsymbol{\alpha}_j+k_{j+1}\boldsymbol{\alpha}_{j+1}+\cdots+k_m\boldsymbol{\alpha}_m=\mathbf{0}$$

而系数 $k_1,\cdots,k_{j-1},-1,k_{j+1},\cdots,k_m$ 不全为零, 所以 $\boldsymbol{\alpha}_1,\boldsymbol{\alpha}_2,\cdots,\boldsymbol{\alpha}_m$ 线性相关。

注　如果 $\boldsymbol{\alpha}_1,\boldsymbol{\alpha}_2,\cdots,\boldsymbol{\alpha}_m$ 线性相关, 定理 4.3 并没有断定这个向量组中的每一个向量都可由其余 $m-1$ 个向量线性表示, 而且也不能断定其中的某个特定向量一定可以由其余的 $m-1$ 个向量线性表示。关于这个问题，我们有下面进一步的结论:

定理 4.4　设 $\boldsymbol{\alpha}_1,\boldsymbol{\alpha}_2,\cdots,\boldsymbol{\alpha}_m$ 线性无关，而 $\boldsymbol{\alpha}_1,\boldsymbol{\alpha}_2,\cdots,\boldsymbol{\alpha}_m,\boldsymbol{\beta}$ 线性相关，则 $\boldsymbol{\beta}$ 能由 $\boldsymbol{\alpha}_1,\boldsymbol{\alpha}_2,\cdots,\boldsymbol{\alpha}_m$ 线性表示，且表示法是唯一的。

证　由 $\boldsymbol{\alpha}_1,\boldsymbol{\alpha}_2,\cdots,\boldsymbol{\alpha}_m,\boldsymbol{\beta}$ 的线性相关知，存在不全为零的数 $k_1,k_2,\cdots,k_m,l$，使得

$$k_1\boldsymbol{\alpha}_1+k_2\boldsymbol{\alpha}_2+\cdots+k_m\boldsymbol{\alpha}_m+l\boldsymbol{\beta}=\mathbf{0}$$

要证 $\boldsymbol{\beta}$ 能由 $\boldsymbol{\alpha}_1,\boldsymbol{\alpha}_2,\cdots,\boldsymbol{\alpha}_m$ 线性表示，只需证 $l\neq 0$。下面用反证法，假设 $l=0$，则 $k_1,k_2,\cdots,k_m$ 不全为零，且有 $k_1\boldsymbol{\alpha}_1+k_2\boldsymbol{\alpha}_2+\cdots+k_m\boldsymbol{\alpha}_m=\mathbf{0}$，这与 $\boldsymbol{\alpha}_1,\boldsymbol{\alpha}_2,\cdots,\boldsymbol{\alpha}_m$ 线性无关矛盾，所以 $l\neq 0$。于是

$$\boldsymbol{\beta}=-\frac{k_1}{l}\boldsymbol{\alpha}_1-\frac{k_2}{l}\boldsymbol{\alpha}_2-\cdots-\frac{k_m}{l}\boldsymbol{\alpha}_m$$

即 $\boldsymbol{\beta}$ 能由 $\boldsymbol{\alpha}_1,\boldsymbol{\alpha}_2,\cdots,\boldsymbol{\alpha}_m$ 线性表示。

再证表示法的唯一性。假设 β 有两种表示法：

$$\boldsymbol{\beta}=t_1\boldsymbol{\alpha}_1+t_2\boldsymbol{\alpha}_2+\cdots+t_m\boldsymbol{\alpha}_m,\quad \boldsymbol{\beta}=s_1\boldsymbol{\alpha}_1+s_2\boldsymbol{\alpha}_2+\cdots+s_m\boldsymbol{\alpha}_m$$

两式相减，得　$(t_1-s_1)\boldsymbol{\alpha}_1+(t_2-s_2)\boldsymbol{\alpha}_2+\cdots+(t_m-s_m)\boldsymbol{\alpha}_m=\mathbf{0}$

因 $\boldsymbol{\alpha}_1,\boldsymbol{\alpha}_2,\cdots,\boldsymbol{\alpha}_m$ 线性无关，所以 $t_i-s_i=0\ (i=1,2,\cdots,m)$，即

$$t_i=s_i\ \ (i=1,2,\cdots,m)$$

定理 4.3 和定理 4.4 给出了线性相关与线性表示之间的关系。

例 4.8　设向量组 $\boldsymbol{\alpha}_1,\boldsymbol{\alpha}_2,\boldsymbol{\alpha}_3$ 线性相关，证明向量组 $\boldsymbol{\alpha}_1,\boldsymbol{\alpha}_2,\boldsymbol{\alpha}_3,\boldsymbol{\alpha}_4$ 也线性相关。

证　由 $\boldsymbol{\alpha}_1,\boldsymbol{\alpha}_2,\boldsymbol{\alpha}_3$ 的线性相关知，存在不全为零的数 k_1,k_2,k_3 使得

$$k_1\boldsymbol{\alpha}_1+k_2\boldsymbol{\alpha}_2+k_3\boldsymbol{\alpha}_3=\mathbf{0}$$

由此得 $k_1\boldsymbol{\alpha}_1+k_2\boldsymbol{\alpha}_2+k_3\boldsymbol{\alpha}_3+0\cdot\boldsymbol{\alpha}_4=\mathbf{0}$，可见系数 $k_1,k_2,k_3,0$ 不全为零，由定义知 $\boldsymbol{\alpha}_1,\boldsymbol{\alpha}_2,\boldsymbol{\alpha}_3,\boldsymbol{\alpha}_4$ 也线性相关。

按照此例题的证明方法，我们得到下面一般性的结论：

定理 4.5　在向量组 $\boldsymbol{\alpha}_1,\boldsymbol{\alpha}_2,\cdots,\boldsymbol{\alpha}_m$ 中，若有部分向量构成的向量组线性相关，则全体向量组也线性相关；反之，若全体向量组线性无关，则任意部分向量组也线性无关。

定理 4.6　若 n 维向量组 $\boldsymbol{\alpha}_i=(\boldsymbol{\alpha}_{i1},\boldsymbol{\alpha}_{i2},\cdots,\boldsymbol{\alpha}_{in})^{\mathrm{T}}$, $i=1,2,\cdots,s$ 线性无关，则 $n+1$ 维向量组 $\boldsymbol{\beta}_i=(\boldsymbol{\alpha}_{i1},\boldsymbol{\alpha}_{i2},\cdots,\boldsymbol{\alpha}_{in},\boldsymbol{\alpha}_{in+1})^{\mathrm{T}}$, $i=1,2,\cdots,s$ 也线性无关。

证　用反证法证明。假设 $\boldsymbol{\beta}_1,\boldsymbol{\beta}_2,\cdots,\boldsymbol{\beta}_s$ 线性相关，则齐次线性方程组 $x_1\boldsymbol{\beta}_1+x_2\boldsymbol{\beta}_2+\cdots+x_s\boldsymbol{\beta}_s=\mathbf{0}$ 有非零解。而方程组

$$\begin{cases} a_{11}x_1+a_{21}x_2+\cdots+a_{s1}x_s=0\\ a_{12}x_2+a_{22}x_2+\cdots+a_{s2}x_s=0\\ \cdots\cdots\\ a_{1n}x_1+a_{2n}x_2+\cdots+a_{sn}x_s=0\\ a_{1n+1}x_1+a_{2n+1}x_2+\cdots+a_{sn+1}x_s=0\end{cases}$$

的解必是方程组

$$\begin{cases} a_{11}x_1+a_{21}x_2+\cdots+a_{s1}x_s=0 \\ a_{12}x_2+a_{22}x_2+\cdots+a_{s2}x_s=0 \\ \cdots\cdots \\ a_{1n}x_1+a_{2n}x_2+\cdots+a_{sn}x_s=0 \end{cases}$$

的解，所以齐次线性方程组 $x_1\boldsymbol{\alpha}_1+x_2\boldsymbol{\alpha}_2+\cdots+x_s\boldsymbol{\alpha}_s=\mathbf{0}$ 有非零解，从而 $\boldsymbol{\alpha}_1,\boldsymbol{\alpha}_2,\cdots,\boldsymbol{\alpha}_s$ 线性相关，与已知条件矛盾，故假设不成立。

例 4.9 设向量组 $\boldsymbol{\alpha}_1,\boldsymbol{\alpha}_2,\boldsymbol{\alpha}_3$ 线性相关，$\boldsymbol{\alpha}_2,\boldsymbol{\alpha}_3,\boldsymbol{\alpha}_4$ 线性无关，问:

(1) $\boldsymbol{\alpha}_1$ 能否由 $\boldsymbol{\alpha}_2,\boldsymbol{\alpha}_3$ 线性表示? (2) $\boldsymbol{\alpha}_4$ 能否由 $\boldsymbol{\alpha}_1,\boldsymbol{\alpha}_2,\boldsymbol{\alpha}_3$ 线性表示?

解 (1) $\boldsymbol{\alpha}_1$ 能由 $\boldsymbol{\alpha}_2,\boldsymbol{\alpha}_3$ 线性表示。

事实上，因为 $\boldsymbol{\alpha}_2,\boldsymbol{\alpha}_3,\boldsymbol{\alpha}_4$ 线性无关，由定理 4.5 知，$\boldsymbol{\alpha}_2,\boldsymbol{\alpha}_3$ 线性无关。又已知 $\boldsymbol{\alpha}_1,\boldsymbol{\alpha}_2,\boldsymbol{\alpha}_3$ 线性相关，由定理 4.4 知，$\boldsymbol{\alpha}_1$ 能由 $\boldsymbol{\alpha}_2,\boldsymbol{\alpha}_3$ 线性表示。

(2) $\boldsymbol{\alpha}_4$ 不能由 $\boldsymbol{\alpha}_1,\boldsymbol{\alpha}_2,\boldsymbol{\alpha}_3$ 线性表示。

用反证法。若 $\boldsymbol{\alpha}_4$ 能由 $\boldsymbol{\alpha}_1,\boldsymbol{\alpha}_2,\boldsymbol{\alpha}_3$ 线性表示，由 (1) 知，$\boldsymbol{\alpha}_4$ 能由 $\boldsymbol{\alpha}_2,\boldsymbol{\alpha}_3$ 线性表示，从而由定理 4.3 知，$\boldsymbol{\alpha}_2,\boldsymbol{\alpha}_3,\boldsymbol{\alpha}_4$ 线性相关，这与题设矛盾。

习 题 4.2

1. 判断下列说法是否正确?

(1) 若向量组 $\boldsymbol{\alpha}_1,\boldsymbol{\alpha}_2,\cdots,\boldsymbol{\alpha}_m$ 线性相关，则 $\boldsymbol{\alpha}_1$ 可由 $\boldsymbol{\alpha}_2,\cdots,\boldsymbol{\alpha}_m$ 线性表示;

(2) 若 $\boldsymbol{\beta}$ 不能由 $\boldsymbol{\alpha}_1,\boldsymbol{\alpha}_2,\cdots,\boldsymbol{\alpha}_m$ 线性表示，则 $\boldsymbol{\alpha}_1,\boldsymbol{\alpha}_2,\cdots,\boldsymbol{\alpha}_m,\boldsymbol{\beta}$ 线性无关;

(3) 若存在一组全为零的实数 $k_1,k_2,\cdots,k_m$，使得 $k_1\boldsymbol{\alpha}_1+k_2\boldsymbol{\alpha}_2+\cdots+k_m\boldsymbol{\alpha}_m=\mathbf{0}$，则 $\boldsymbol{\alpha}_1,\boldsymbol{\alpha}_2,\cdots,\boldsymbol{\alpha}_m$ 线性无关;

(4) 若对任意不全为零的实数 $k_1,k_2,\cdots,k_m$，都有 $k_1\boldsymbol{\alpha}_1+k_2\boldsymbol{\alpha}_2+\cdots+k_m\boldsymbol{\alpha}_m\neq\mathbf{0}$，则 $\boldsymbol{\alpha}_1,\boldsymbol{\alpha}_2,\cdots,\boldsymbol{\alpha}_m$ 线性无关;

(5) 若 $\boldsymbol{\alpha}_1,\boldsymbol{\alpha}_2$ 线性相关，$\boldsymbol{\beta}_1,\boldsymbol{\beta}_2$ 线性相关，则 $\boldsymbol{\alpha}_1+\boldsymbol{\beta}_1,\boldsymbol{\alpha}_2+\boldsymbol{\beta}_2$ 线性相关。

2. 将向量 $\boldsymbol{\beta}$ 表示成向量 $\boldsymbol{\alpha}_1,\boldsymbol{\alpha}_2,\boldsymbol{\alpha}_3$ 的线性组合，其中，

$$\boldsymbol{\alpha}_1=(1,0,1)^{\mathrm{T}},\quad \boldsymbol{\alpha}_2=(1,1,0)^{\mathrm{T}},\quad \boldsymbol{\alpha}_3=(1,1,1)^{\mathrm{T}},\quad \boldsymbol{\beta}=(1,2,3)^{\mathrm{T}}$$

3. 设向量组 $\boldsymbol{\alpha}_1=\begin{pmatrix}1\\0\\1\\0\end{pmatrix}$，$\boldsymbol{\alpha}_2=\begin{pmatrix}3\\-1\\2\\1\end{pmatrix}$，$\boldsymbol{\alpha}_3=\begin{pmatrix}1\\a\\b\\0\end{pmatrix}$，$\boldsymbol{\beta}=\begin{pmatrix}1\\2\\-2\\1\end{pmatrix}$，问 a,b 为何值时，向量 $\boldsymbol{\beta}$ 可由向量 $\boldsymbol{\alpha}_1,\boldsymbol{\alpha}_2,\boldsymbol{\alpha}_3$ 线性表示?

4. 讨论下列向量组的线性相关性

(1) $\boldsymbol{\alpha}_1=\begin{pmatrix}1\\1\\0\\0\end{pmatrix}, \boldsymbol{\alpha}_2=\begin{pmatrix}1\\0\\1\\0\end{pmatrix}, \boldsymbol{\alpha}_3=\begin{pmatrix}0\\0\\1\\1\end{pmatrix}, \boldsymbol{\alpha}_4=\begin{pmatrix}0\\1\\0\\1\end{pmatrix}$;

(2) $\boldsymbol{\alpha}_1=\begin{pmatrix}1\\1\\1\end{pmatrix}, \boldsymbol{\alpha}_2=\begin{pmatrix}1\\2\\2\end{pmatrix}, \boldsymbol{\alpha}_3=\begin{pmatrix}1\\6\\3\end{pmatrix}$;

(3) $\boldsymbol{\alpha}_1=\begin{pmatrix}1\\a\\a^2\\a^3\end{pmatrix}, \boldsymbol{\alpha}_2=\begin{pmatrix}1\\b\\b^2\\b^3\end{pmatrix}, \boldsymbol{\alpha}_3=\begin{pmatrix}1\\c\\c^2\\c^3\end{pmatrix} \boldsymbol{\alpha}_4=\begin{pmatrix}1\\d\\d^2\\d^3\end{pmatrix}$，其中，$a,b,c,d$ 各不相同。

5. 设 $\boldsymbol{\beta}_1=\boldsymbol{\alpha}_1+\boldsymbol{\alpha}_2,\boldsymbol{\beta}_2=\boldsymbol{\alpha}_2+\boldsymbol{\alpha}_3,\boldsymbol{\beta}_3=\boldsymbol{\alpha}_3+\boldsymbol{\alpha}_4,\boldsymbol{\beta}_4=\boldsymbol{\alpha}_4+\boldsymbol{\alpha}_1$，证明：向量组 $\boldsymbol{\beta}_1,\boldsymbol{\beta}_2,\boldsymbol{\beta}_3,\boldsymbol{\beta}_4$ 线性相关。

6. 设向量组 $\boldsymbol{\alpha}_1,\boldsymbol{\alpha}_2,\boldsymbol{\alpha}_3$ 线性无关，证明：向量组 $\boldsymbol{\beta}_1=\boldsymbol{\alpha}_1,\boldsymbol{\beta}_2=\boldsymbol{\alpha}_1+\boldsymbol{\alpha}_2$，$\boldsymbol{\beta}_3=\boldsymbol{\alpha}_1+\boldsymbol{\alpha}_2+\boldsymbol{\alpha}_3$ 也线性无关。

4.3 向量组的秩

4.2 节介绍了一个向量组内部向量之间的线性表示与线性相关性，本节将讨论两个向量组之间的线性表示与线性相关性方面的一些问题，进而引入向量组秩的概念，并进一步揭示向量组的秩与矩阵的秩之间的关系。

4.3.1 向量组的等价

定义 4.10 设有两个 n 维向量组 A: $\boldsymbol{\alpha}_1,\boldsymbol{\alpha}_2,\cdots,\boldsymbol{\alpha}_s$ 和 B: $\boldsymbol{\beta}_1,\boldsymbol{\beta}_2,\cdots,\boldsymbol{\beta}_t$, 若 B 中任一向量都可以由 A 中的向量线性表示，则称**B 可以由 A 线性表示**。

下面的定理说明了向量组之间的线性表示具有传递性。

定理 4.7 若向量组 A: $\boldsymbol{\alpha}_1,\boldsymbol{\alpha}_2,\cdots,\boldsymbol{\alpha}_s$ 能由向量组 B: $\boldsymbol{\beta}_1,\boldsymbol{\beta}_2,\cdots,\boldsymbol{\beta}_t$ 线性表示, 又向量组 B 能由向量组 C: $\boldsymbol{\gamma}_1,\boldsymbol{\gamma}_2,\cdots,\boldsymbol{\gamma}_m$ 线性表示，则向量组 A 能由向量组 C 线性表示。

证明 因为向量组 A 能由向量组 B 线性表示, 故可设

$$\begin{cases}\boldsymbol{\alpha}_1=a_{11}\boldsymbol{\beta}_1+\cdots+a_{1t}\boldsymbol{\beta}_t\\ \cdots\cdots\\ \boldsymbol{\alpha}_s=a_{s1}\boldsymbol{\beta}_1+\cdots+a_{st}\boldsymbol{\beta}_t\end{cases}$$

即
$$(\boldsymbol{\alpha}_1,\boldsymbol{\alpha}_2,\cdots,\boldsymbol{\alpha}_s)=(\boldsymbol{\beta}_1,\boldsymbol{\beta}_2,\cdots,\boldsymbol{\beta}_t)\begin{pmatrix} a_{11} & a_{21} & \cdots & a_{s1}\\ a_{12} & a_{22} & \cdots & a_{s2}\\ \vdots & \vdots & & \vdots\\ a_{1t} & a_{2t} & \cdots & a_{st}\end{pmatrix}$$

又向量组 B 能由向量组 C 线性表示，故可设

$$\begin{cases}\boldsymbol{\beta}_1=b_{11}\boldsymbol{\gamma}_1+\cdots+b_{1m}\boldsymbol{\gamma}_m\\ \qquad\cdots\cdots\\ \boldsymbol{\beta}_t=b_{t1}\boldsymbol{\gamma}_1+\cdots+b_{tm}\boldsymbol{\gamma}_m\end{cases}$$

即
$$(\boldsymbol{\beta}_1,\boldsymbol{\beta}_2,\cdots,\boldsymbol{\beta}_t)=(\boldsymbol{\gamma}_1,\boldsymbol{\gamma}_2,\cdots,\boldsymbol{\gamma}_m)\begin{pmatrix} b_{11} & b_{21} & \cdots & b_{t1}\\ b_{12} & b_{22} & \cdots & b_{t2}\\ \vdots & \vdots & & \vdots\\ b_{1m} & b_{2m} & \cdots & b_{tm}\end{pmatrix}$$

因此

$$\begin{aligned}(\boldsymbol{\alpha}_1,\boldsymbol{\alpha}_2,\cdots,\boldsymbol{\alpha}_s)&=(\boldsymbol{\gamma}_1,\boldsymbol{\gamma}_2,\cdots,\boldsymbol{\gamma}_m)\begin{pmatrix} b_{11} & b_{21} & \cdots & b_{t1}\\ b_{12} & b_{22} & \cdots & b_{t2}\\ \vdots & \vdots & & \vdots\\ b_{1m} & b_{2m} & \cdots & b_{tm}\end{pmatrix}\begin{pmatrix} a_{11} & a_{21} & \cdots & a_{s1}\\ a_{12} & a_{22} & \cdots & a_{s2}\\ \vdots & \vdots & & \vdots\\ a_{1t} & a_{2t} & \cdots & a_{st}\end{pmatrix}\\ &=(\boldsymbol{\gamma}_1,\boldsymbol{\gamma}_2,\cdots\boldsymbol{\gamma}_m)\begin{pmatrix} c_{11} & c_{21} & \cdots & c_{s1}\\ c_{12} & c_{22} & \cdots & c_{s2}\\ \vdots & \vdots & & \vdots\\ c_{1m} & c_{2m} & \cdots & c_{sm}\end{pmatrix}\end{aligned}$$

其中，

$$c_{ij}=a_{i1}b_{1j}+a_{i2}b_{2j}+\cdots+a_{it}b_{tj}=\sum_{k=1}^{t}a_{ik}b_{kj}\quad(i=1,2,\cdots,s;j=1,2,\cdots,m)$$

即
$$\begin{cases}\boldsymbol{\alpha}_1=c_{11}\boldsymbol{\gamma}_1+\cdots+c_{1m}\boldsymbol{\gamma}_1\\ \qquad\cdots\cdots\\ \boldsymbol{\alpha}_s=c_{s1}\boldsymbol{\gamma}_1+\cdots+c_{sm}\boldsymbol{\gamma}_m\end{cases}$$

所以向量组 A 能由向量组 C 线性表示。

定义 4.11 若向量组 A 能由向量组 B 线性表示，又向量组 B 能由向量组 A 线性表示，则称向量组 A 与向量组 B **等价**，记作 $A\sim B$。

由此定义及定理 4.7 易知，向量组之间的等价关系具有下面三条性质：

(1) (反身性) $A \sim A$；

(2) (对称性) 若 $A \sim B$，则 $B \sim A$；

(3) (传递性) 若 $A \sim B$，$B \sim C$，则 $A \sim C$。

定理 4.8　设 $\boldsymbol{\alpha}_1, \boldsymbol{\alpha}_2, \cdots, \boldsymbol{\alpha}_r$ 与 $\boldsymbol{\beta}_1, \boldsymbol{\beta}_2, \cdots, \boldsymbol{\beta}_s$ 为两个 n 维向量组，若

(1) 向量组 $\boldsymbol{\alpha}_1, \boldsymbol{\alpha}_2, \cdots, \boldsymbol{\alpha}_r$ 可由 $\boldsymbol{\beta}_1, \boldsymbol{\beta}_2, \cdots, \boldsymbol{\beta}_s$ 线性表出；

(2) $r > s$，

则向量组 $\boldsymbol{\alpha}_1, \boldsymbol{\alpha}_2, \cdots, \boldsymbol{\alpha}_r$ 必线性相关。

证　由 (1) 有 $\boldsymbol{\alpha}_i = \sum\limits_{j=1}^{s} t_{ij}\boldsymbol{\beta}_j$，$i = 1, 2, \cdots, r$。要证 $\boldsymbol{\alpha}_1, \boldsymbol{\alpha}_2, \cdots, \boldsymbol{\alpha}_r$ 线性相关，即证有不全为 0 的数 $k_1, k_2, \cdots, k_r$，使

$$k_1\boldsymbol{\alpha}_1 + k_2\boldsymbol{\alpha}_2 + \cdots + k_r\boldsymbol{\alpha}_r = \mathbf{0}$$

作线性组合 $x_1\boldsymbol{\alpha}_1 + x_2\boldsymbol{\alpha}_2 + \cdots + x_r\boldsymbol{\alpha}_r = \sum\limits_{i=1}^{r} x_i\boldsymbol{\alpha}_i = \sum\limits_{i=1}^{r} x_i \sum\limits_{j=1}^{s} t_{ij}\boldsymbol{\beta}_j$

$$= \sum_{i=1}^{r}\sum_{j=1}^{s} x_i t_{ij}\boldsymbol{\beta}_j = \sum_{j=1}^{s}\left(\sum_{i=1}^{r} x_i t_{ij}\right)\boldsymbol{\beta}_j$$

若能找到不全为 0 的 $x_1, x_2, \cdots, x_r$，使

$$\sum_{i=1}^{r} x_i t_{ij} = 0, \quad j = 1, 2, \cdots, s$$

则也使 $x_1\boldsymbol{\alpha}_1 + x_2\boldsymbol{\alpha}_2 + \cdots + x_r\boldsymbol{\alpha}_r = \mathbf{0}$。

在方程组

$$\begin{cases} t_{11}x_1 + t_{12}x_2 + \cdots + t_{1r}x_r = 0 \\ t_{21}x_1 + t_{22}x_2 + \cdots + t_{2r}x_r = 0 \\ \qquad\qquad \cdots\cdots \\ t_{s1}x_1 + t_{s2}x_2 + \cdots + t_{sr}x_r = 0 \end{cases} \tag{4.2}$$

中，由于方程的个数 $s <$ 未知量的个数 r，由推论 4.2 知，方程组 (4.2) 有非零解，从而有不全为零的数 $x_1, x_2, \cdots, x_r$，使 $x_1\boldsymbol{\alpha}_1 + x_2\boldsymbol{\alpha}_2 + \cdots + x_r\boldsymbol{\alpha}_r = \mathbf{0}$，所以 $\boldsymbol{\alpha}_1, \boldsymbol{\alpha}_2, \cdots, \boldsymbol{\alpha}_r$ 线性相关。

推论 4.3　若向量组 $\boldsymbol{\alpha}_1, \boldsymbol{\alpha}_2, \cdots, \boldsymbol{\alpha}_r$ 可由向量组 $\boldsymbol{\beta}_1, \boldsymbol{\beta}_2, \cdots, \boldsymbol{\beta}_s$ 线性表示，且 $\boldsymbol{\alpha}_1, \boldsymbol{\alpha}_2, \cdots, \boldsymbol{\alpha}_r$ 线性无关，则 $r \leqslant s$。

证　用反证法。假设 $r > s$, 因为向量组 $\boldsymbol{\alpha}_1, \boldsymbol{\alpha}_2, \cdots, \boldsymbol{\alpha}_r$ 可由向量组 $\boldsymbol{\beta}_1, \boldsymbol{\beta}_2, \cdots, \boldsymbol{\beta}_s$ 线性表示，故由定理 4.8 知，$\boldsymbol{\alpha}_1, \boldsymbol{\alpha}_2, \cdots, \boldsymbol{\alpha}_r$ 线性相关，与已知矛盾，所以 $r \leqslant s$。

推论 4.4 两个等价的线性无关向量组，所含向量的个数相同。

证 设向量组 $\boldsymbol{\alpha}_1,\boldsymbol{\alpha}_2,\cdots,\boldsymbol{\alpha}_r$ 与向量组 $\boldsymbol{\beta}_1,\boldsymbol{\beta}_2,\cdots,\boldsymbol{\beta}_s$ 等价，且都线性无关。因为 $\boldsymbol{\alpha}_1,\boldsymbol{\alpha}_2,\cdots,\boldsymbol{\alpha}_r$ 可由向量组 $\boldsymbol{\beta}_1,\boldsymbol{\beta}_2,\cdots,\boldsymbol{\beta}_s$ 线性表示，且线性无关，于是由推论 4.3 得 $r\leqslant s$；又因为向量组 $\boldsymbol{\beta}_1,\boldsymbol{\beta}_2,\cdots,\boldsymbol{\beta}_s$ 可由向量组 $\boldsymbol{\alpha}_1,\boldsymbol{\alpha}_2,\cdots,\boldsymbol{\alpha}_r$ 线性表示，且 $\boldsymbol{\beta}_1,\boldsymbol{\beta}_2,\cdots,\boldsymbol{\beta}_s$ 线性无关，于是由推论 4.3 得 $s\leqslant t$，所以 $s=t$。

由推论 4.2 我们知道，$\mathbf{R}^n$ 中任意 $n+1$ 个向量都是线性相关的，从而，任意线性无关的 n 维向量组最多含有 n 个向量。我们又知道 n 维基本向量组 $\varepsilon_1,\varepsilon_2,\cdots,\varepsilon_n$ 线性无关，因此，向量空间 $\mathbf{R}^n$ 中确有 n 个线性无关的向量，没有更多数目的线性无关的向量。这是向量空间 $\mathbf{R}^n$ 的一个重要特点。关于这一点，我们将在 4.4 节中作进一步的讨论。

类似地，对于一个向量组而言，其中至多有几个线性无关的向量呢？为此引入下面的向量组的极大无关组的概念。

4.3.2 极大线性无关组

定义 4.12 如果向量组 A: $\boldsymbol{\alpha}_1,\boldsymbol{\alpha}_2,\cdots,\boldsymbol{\alpha}_s$ 中有一个部分组 $\boldsymbol{\alpha}_{i1},\boldsymbol{\alpha}_{i2},\cdots,\boldsymbol{\alpha}_{ir}$ 满足:

(1) $\boldsymbol{\alpha}_{i1},\boldsymbol{\alpha}_{i2},\cdots,\boldsymbol{\alpha}_{ir}$ 线性无关;

(2) 添加 A 中任一个其他向量 $\boldsymbol{\alpha}$ (如果存在的话)，$\boldsymbol{\alpha}_{i1},\boldsymbol{\alpha}_{i2},\cdots,\boldsymbol{\alpha}_{ir},\boldsymbol{\alpha}$ 线性相关，则称 $\boldsymbol{\alpha}_{i1},\boldsymbol{\alpha}_{i2},\cdots,\boldsymbol{\alpha}_{ir}$ 为向量组 A: $\boldsymbol{\alpha}_1,\boldsymbol{\alpha}_2,\cdots,\boldsymbol{\alpha}_s$ 的一个**极大线性无关组**(简称**极大无关组**)。

由此定义容易得到下面的结论:

(1) 一个向量组线性无关的充要条件是它的极大无关组就是其自身;

(2) 向量组 A 中任一个向量都可由它的极大无关组线性表示;

(3) 向量组 A 与它的极大无关组等价。

例 4.10 已知 $\boldsymbol{\alpha}_1=(1,2,-1),\boldsymbol{\alpha}_2=(2,-3,1),\boldsymbol{\alpha}_3=(4,1,-1)$，求 $\boldsymbol{\alpha}_1,\boldsymbol{\alpha}_2,\boldsymbol{\alpha}_3$ 的一个极大无关组。

解 因为 $\boldsymbol{\alpha}_1,\boldsymbol{\alpha}_2$ 线性无关，而 $\boldsymbol{\alpha}_3=2\boldsymbol{\alpha}_1+\boldsymbol{\alpha}_2$，所以 $\boldsymbol{\alpha}_1,\boldsymbol{\alpha}_2$ 是一个极大无关组。同理可以验证，$\boldsymbol{\alpha}_2,\boldsymbol{\alpha}_3$ 和 $\boldsymbol{\alpha}_1,\boldsymbol{\alpha}_3$ 也是原向量组的极大无关组。

由例 4.10 可知:

(1) 一个向量组只要含有非零向量，则一定存在极大无关组;

(2) 一个向量组的极大无关组有可能不唯一。

那么，同一个向量组的不同的极大无关组中所含向量的个数是否相等呢?

定理 4.9 一个向量组的任意两个极大无关组都含有相同个数的向量。

证 设向量组 $A_0:\boldsymbol{\alpha}_1,\boldsymbol{\alpha}_2,\cdots,\boldsymbol{\alpha}_r$ 与向量组 $B_0:\boldsymbol{\beta}_1,\boldsymbol{\beta}_2,\cdots,\boldsymbol{\beta}_s$ 是 A 的两个极大无关组，则 $A_0\sim A$，$B_0\sim A$，由等价的传递性知：$A_0\sim B_0$。而 A_0，B_0 都是

线性无关的，所以由推论 4.4 知 $s=r$。

4.3.3　向量组的秩

定义 4.13　向量组 A 的极大线性无关组中所含向量的个数称为这个向量组的**秩**，记作 $\mathrm{rank}(A)$，简记为 $\mathrm{r}(A)$。规定只含零向量的向量组的秩为 0。

由此定义知，向量组的秩小于或等于向量组中所含向量的个数。

定理 4.10　一个向量组线性无关的充要条件是向量组的秩等于它所含向量的个数。

此定理给出了一种判断向量组线性相关性的方法。

关于向量组的秩，还有如下结论：

定理 4.11　如果向量组 A 可以由向量组 B 线性表示，则 $\mathrm{r}(A)\leqslant\mathrm{r}(B)$。

证　设 A_0 是向量组 A 的一个极大无关组，B_0 是向量组 B 的一个极大无关组，因为向量组 A 可以由向量组 B 线性表示，而 $A_0\sim A$，$B_0\sim B$，根据定理 4.7 知，A_0 可由 B_0 线性表示，又 A_0 线性无关，由推论 4.3 知，A_0 所含的向量个数不超过 B_0 所含的向量个数，即 $\mathrm{r}(A)\leqslant\mathrm{r}(B)$。

推论 4.5　向量组 A 与向量组 B 等价，则 $\mathrm{r}(A)=\mathrm{r}(B)$。

4.3.4　向量组的秩与矩阵的秩的关系

向量组的秩是一个反映向量组线性相关性的本质的量，用定义求向量组的极大无关组和秩不太方便。下面我们通过讨论向量组的秩和矩阵的秩的关系，给出一个求向量组秩的简便而有效的方法。为此，我们首先讨论向量组和矩阵的关系。

设 $m\times n$ 矩阵

$$\boldsymbol{A}=\begin{pmatrix} a_{11} & a_{12} & \cdots & a_{1n} \\ a_{21} & a_{22} & \cdots & a_{2n} \\ \vdots & \vdots & & \vdots \\ a_{m1} & a_{m2} & \cdots & a_{mn} \end{pmatrix}$$

$\boldsymbol{A}$ 的每一行都是一个 n 维向量，称为矩阵 $\boldsymbol{A}$ 的行向量。可见 $\boldsymbol{A}$ 有 m 个行向量

$$\boldsymbol{\alpha}_1=(a_{11},a_{12},\cdots,a_{1n})$$

$$\boldsymbol{\alpha}_2=(a_{21},a_{22},\cdots,a_{2n})$$

$$\cdots\cdots$$

$$\boldsymbol{\alpha}_m=(a_{m1},a_{m2},\cdots,a_{mn})$$

向量组 $\boldsymbol{\alpha}_1,\boldsymbol{\alpha}_2,\cdots,\boldsymbol{\alpha}_m$ 称为矩阵 $\boldsymbol{A}$ 的行向量组。

同样，矩阵 $\boldsymbol{A}$ 的每一列都是一个 m 维向量，称为矩阵 $\boldsymbol{A}$ 的列向量。可见 $\boldsymbol{A}$ 有 n 个列向量：

$$\boldsymbol{\beta}_1=\begin{pmatrix}a_{11}\\a_{21}\\\vdots\\a_{m1}\end{pmatrix},\quad \boldsymbol{\beta}_2=\begin{pmatrix}a_{12}\\a_{22}\\\vdots\\a_{m2}\end{pmatrix},\cdots,\quad \boldsymbol{\beta}_n=\begin{pmatrix}a_{1n}\\a_{2n}\\\vdots\\a_{mn}\end{pmatrix}$$

向量组 $\boldsymbol{\beta}_1,\boldsymbol{\beta}_2,\cdots,\boldsymbol{\beta}_n$ 称为矩阵 $\boldsymbol{A}$ 的列向量组。

定义 4.14　矩阵 $\boldsymbol{A}$ 的行向量组的秩称为 $\boldsymbol{A}$ 的**行秩**，$\boldsymbol{A}$ 的列向量组的秩称为 A 的**列秩**。

定理 4.12　矩阵 $\boldsymbol{A}$ 的行秩、列秩都等于 $\boldsymbol{A}$ 的秩。

证　设 $\mathrm{r}(\boldsymbol{A})=r$，则由第 2 章矩阵秩的定义知，$\boldsymbol{A}$ 中至少存在一个 r 阶子式不等于零，不失一般性，设 $\boldsymbol{A}$ 的不等于零的最高阶子式 D_r 位于的左上角：

$$\boldsymbol{A}=\begin{pmatrix}a_{11}&\cdots&a_{1r}&a_{1r+1}&\cdots&a_{1n}\\\vdots&&\vdots&\vdots&&\vdots\\a_{r1}&\cdots&a_{rr}&a_{rr+1}&\cdots&a_{rn}\\a_{r+11}&\cdots&a_{r+1r}&a_{r+1r+1}&\cdots&a_{r+1n}\\\vdots&&\vdots&\vdots&&\vdots\\a_{m1}&\cdots&a_{mr}&a_{mr+1}&\cdots&a_{mn}\end{pmatrix}$$

由推论 4.1 知行向量组

$$(a_{11},a_{12},\cdots,a_{1r})$$
$$(a_{21},a_{22},\cdots,a_{2r})$$
$$\cdots\cdots$$
$$(a_{r1},a_{r2},\cdots,a_{rr})$$

线性无关，由定理 4.6 知增加分量后的行向量组

$$\boldsymbol{\alpha}_1=(a_{11},a_{12},\cdots,a_{1r},a_{1r+1},\cdots,a_{1n})$$
$$\boldsymbol{\alpha}_2=(a_{21},a_{22},\cdots,a_{2r},a_{2r+1},\cdots,a_{2n})$$
$$\cdots\cdots$$
$$\boldsymbol{\alpha}_r=(a_{r1},a_{r2},\cdots,a_{rr},a_{rr+1},\cdots,a_{rn})$$

也线性无关，即矩阵 $\boldsymbol{A}$ 的行向量组 $\boldsymbol{\alpha}_1,\boldsymbol{\alpha}_2,\cdots,\boldsymbol{\alpha}_r$ 线性无关。

下面证 $\boldsymbol{A}$ 的其他行向量 $\boldsymbol{\alpha}_l(r+1\leqslant l\leqslant m)$ 都可由 $\boldsymbol{\alpha}_1,\boldsymbol{\alpha}_2,\cdots,\boldsymbol{\alpha}_r$ 线性表示。为此作 $r+1$ 阶行列式

$$D_k=\begin{vmatrix} a_{11} & \cdots & a_{1r} & a_{1k} \\ \vdots & & \vdots & \vdots \\ a_{r1} & \cdots & a_{rr} & a_{rk} \\ a_{l1} & \cdots & a_{lr} & a_{lk} \end{vmatrix}$$

当 $1\leqslant k\leqslant r$ 时，D_k 中有两列相同，因而 $D_k=0$；当 $r<k\leqslant n$ 时，D_k 是 $\boldsymbol{A}$ 的 $r+1$ 阶子式，因而 $D_k=0$。总之，对每一个 $k(k=1,2,\cdots,n)$ 都有 $D_k=0$。

将 D_k 按最后一列展开，得

$$a_{1k}A_1+a_{2k}A_2+\cdots+a_{rk}A_r+a_{lk}D_r=0\quad(k=1,2,\cdots,n)$$

其中，A_i 与 k 无关，因为 $D_r\neq 0$，所以

$$a_{lk}=-\frac{A_1}{D_r}a_{1k}-\frac{A_2}{D_r}a_{2k}-\cdots-\frac{A_r}{D_r}a_{rk}\quad(k=1,2,\cdots,n)$$

即

$$\boldsymbol{\alpha}_l=-\frac{A_1}{D_r}\boldsymbol{\alpha}_1-\frac{A_2}{D_r}\boldsymbol{\alpha}_2-\cdots-\frac{A_r}{D_r}\boldsymbol{\alpha}_r$$

可见行向量 $\boldsymbol{\alpha}_l\ (r+1\leqslant l\leqslant m)$ 都可由 $\boldsymbol{\alpha}_1,\boldsymbol{\alpha}_2,\cdots,\boldsymbol{\alpha}_r$ 线性表示。

综上所述，$\boldsymbol{\alpha}_1,\boldsymbol{\alpha}_2,\cdots,\boldsymbol{\alpha}_r$ 是 $\boldsymbol{A}$ 的行向量组的极大无关组，因而 $\boldsymbol{A}$ 的行秩等于 $\boldsymbol{A}$ 的秩 r。同理可证 $\boldsymbol{A}$ 的列秩等于 $\boldsymbol{A}$ 的秩。

利用定理 4.12 的结论，我们常把求向量组的秩转化为利用初等变换计算相应的矩阵的秩。下面的定理提供了利用初等变换求向量组的极大无关组的理论依据。

定理 4.13　矩阵的初等行变换不改变列向量之间的线性关系；矩阵的初等列变换不改变行向量之间的线性关系。

证　设 $\boldsymbol{A}$ 为一个矩阵，它经过有限次初等行变换变成矩阵 $\boldsymbol{B}$。任取矩阵 $\boldsymbol{A}$ 的 k 列构成矩阵 $\boldsymbol{A}_k$，此时 $\boldsymbol{A}_k$ 变成矩阵 $\boldsymbol{B}_k$。显然 $\boldsymbol{B}_k$ 的列向量就是 $\boldsymbol{B}$ 中与 $\boldsymbol{A}_k$ 的各列向量位置对应的列向量。由定理 4.2 知，$\boldsymbol{A}_k$ 与 $\boldsymbol{B}_k$ 的各列向量之间的线性关系分别由齐次线性方程组 $\boldsymbol{A}_k\boldsymbol{x}=\boldsymbol{0}$ 与 $\boldsymbol{B}_k\boldsymbol{x}=\boldsymbol{0}$ 决定，其中，$\boldsymbol{x}=(x_1,x_2,\cdots,x_k)^{\mathrm{T}}$。但是，由 Gauss 消元法知，这两个齐次线性方程组同解，所以，$\boldsymbol{A}_k$ 的列向量与 $\boldsymbol{B}_k$ 的列向量有相同的线性关系。

由于 $\boldsymbol{A}^{\mathrm{T}}$ 的列向量就是 $\boldsymbol{A}$ 的行向量，所以对 $\boldsymbol{A}^{\mathrm{T}}$ 使用定理的前半部分，就可得到后半部分的结论。

例 4.11　求向量组 $\boldsymbol{\alpha}_1=(1,4,1,0,2)^{\mathrm{T}},\boldsymbol{\alpha}_2=(2,5,-1,-3,2)^{\mathrm{T}},\boldsymbol{\alpha}_3=(-1,2,5,6,2)^{\mathrm{T}}$，　$\boldsymbol{\alpha}_4=(0,2,2-1,0)^{\mathrm{T}}$ 的秩和它的一个极大线性无关组，并把其余向量表示为所求的极大线性无关组的线性组合。

解　把向量组按列排成矩阵 $\boldsymbol{A}=(\boldsymbol{\alpha}_1,\boldsymbol{\alpha}_2,\boldsymbol{\alpha}_3,\boldsymbol{\alpha}_4)$，用初等行变换把 $\boldsymbol{A}$ 化为行最简形 $\boldsymbol{B}$，由定理 4.12 可知向量组的秩就等于 $\boldsymbol{A}$ 的秩，也就是 $\boldsymbol{B}$ 的秩；再由定理 4.13 可从 $\boldsymbol{B}$ 的列向量的线性关系推断出 $\boldsymbol{A}$ 的列向量的线性关系。

具体做法如下：

$$\boldsymbol{A}=(\boldsymbol{\alpha}_1,\boldsymbol{\alpha}_2,\boldsymbol{\alpha}_3,\boldsymbol{\alpha}_4)\longrightarrow\begin{pmatrix}1&2&-1&0\\4&5&2&2\\1&-1&5&2\\0&-3&6&-1\\2&2&2&0\end{pmatrix}\longrightarrow\begin{pmatrix}1&2&-1&0\\0&-3&6&2\\0&-3&6&2\\0&-3&6&-1\\0&-2&4&0\end{pmatrix}$$

$$\longrightarrow\begin{pmatrix}1&2&-1&0\\0&1&-2&-\dfrac{2}{3}\\0&0&0&1\\0&0&0&0\\0&0&0&0\end{pmatrix}\longrightarrow\begin{pmatrix}1&0&3&0\\0&1&-2&0\\0&0&0&1\\0&0&0&0\\0&0&0&0\end{pmatrix}$$

$$=\boldsymbol{B}=(\boldsymbol{\beta}_1\ \ \boldsymbol{\beta}_2\ \ \boldsymbol{\beta}_3\ \ \boldsymbol{\beta}_4)$$

因为矩阵 $\boldsymbol{B}$ 有三个非零行，所以 $\mathrm{r}(\boldsymbol{\alpha}_1,\boldsymbol{\alpha}_2,\boldsymbol{\alpha}_3,\boldsymbol{\alpha}_4)=\mathrm{r}(\boldsymbol{A})=\mathrm{r}(\boldsymbol{B})=3$；又易见矩阵 $\boldsymbol{B}$ 的第 1，2，4 列 $\boldsymbol{\beta}_1,\boldsymbol{\beta}_2,\boldsymbol{\beta}_4$ 线性无关，故 $\boldsymbol{A}$ 的列向量 $\boldsymbol{\alpha}_1,\boldsymbol{\alpha}_2,\boldsymbol{\alpha}_4$ 线性无关，即为向量组 $\boldsymbol{\alpha}_1,\boldsymbol{\alpha}_2,\boldsymbol{\alpha}_3,\boldsymbol{\alpha}_4$ 的一个极大无关组。

由矩阵 $\boldsymbol{B}$ 可见，$\boldsymbol{\beta}_3=3\boldsymbol{\beta}_1-2\boldsymbol{\beta}_2$，从而 $\boldsymbol{\alpha}_3=3\boldsymbol{\alpha}_1-2\boldsymbol{\alpha}_2$。

利用向量组的相关理论，我们可以证明几个有关矩阵秩的常用性质。

性质 4.1　$\mathrm{r}(\boldsymbol{A}+\boldsymbol{B})\leqslant\mathrm{r}(\boldsymbol{A})+\mathrm{r}(\boldsymbol{B})$。

证　设 $\boldsymbol{A}$，$\boldsymbol{B}$ 均是 $m\times n$ 矩阵，$\mathrm{r}(\boldsymbol{A})=s$，$\mathrm{r}(\boldsymbol{B})=t$，将 $\boldsymbol{A}$，$\boldsymbol{B}$ 按列分块为

$$\boldsymbol{A}=(\boldsymbol{\alpha}_1,\boldsymbol{\alpha}_2,\cdots,\boldsymbol{\alpha}_n),\ \ \boldsymbol{B}=(\boldsymbol{\beta}_1,\boldsymbol{\beta}_2,\cdots,\boldsymbol{\beta}_n)$$

则
$$\boldsymbol{A}+\boldsymbol{B}=(\boldsymbol{\alpha}_1+\boldsymbol{\beta}_1,\boldsymbol{\alpha}_2+\boldsymbol{\beta}_2,\cdots,\boldsymbol{\alpha}_n+\boldsymbol{\beta}_n)$$

不妨设 $\boldsymbol{A}$ 和 $\boldsymbol{B}$ 的列向量组的极大线性无关组分别为 $\boldsymbol{\alpha}_1,\boldsymbol{\alpha}_2,\cdots,\boldsymbol{\alpha}_s$ 和 $\boldsymbol{\beta}_1,\boldsymbol{\beta}_2,\cdots,\boldsymbol{\beta}_t$，于是 $\boldsymbol{A}+\boldsymbol{B}$ 的列向量可以由 $\boldsymbol{\alpha}_1,\boldsymbol{\alpha}_2,\cdots,\boldsymbol{\alpha}_s,\boldsymbol{\beta}_1,\boldsymbol{\beta}_2,\cdots,\boldsymbol{\beta}_t$ 线性表示，所以由定理 4.11 及定理 4.12 有

$$\mathrm{r}(\boldsymbol{A}+\boldsymbol{B})\leqslant\mathrm{r}(\boldsymbol{\alpha}_1,\boldsymbol{\alpha}_2,\cdots,\boldsymbol{\alpha}_s,\boldsymbol{\beta}_1,\boldsymbol{\beta}_2,\cdots,\boldsymbol{\beta}_t)\leqslant s+t=\mathrm{r}(\boldsymbol{A})+\mathrm{r}(\boldsymbol{B})$$

性质 4.2　$\mathrm{r}(\boldsymbol{AB})\leqslant\min\{\mathrm{r}(\boldsymbol{A}),\mathrm{r}(\boldsymbol{B})\}$。

证　设 $\boldsymbol{C}_{m\times n}=\boldsymbol{A}_{m\times s}\boldsymbol{B}_{s\times n}$，将 $\boldsymbol{C}$ 和 $\boldsymbol{A}$ 用列向量表示为

$$\boldsymbol{C}=(\boldsymbol{\gamma}_1,\boldsymbol{\gamma}_2,\cdots,\boldsymbol{\gamma}_n),\quad \boldsymbol{A}=(\boldsymbol{\alpha}_1,\boldsymbol{\alpha}_2,\cdots,\boldsymbol{\alpha}_s)$$

由
$$(\gamma_1,\gamma_2,\cdots,\gamma_n)=(\boldsymbol{\alpha}_1,\boldsymbol{\alpha}_2,\cdots,\boldsymbol{\alpha}_s)\boldsymbol{B}$$
知，矩阵 $\boldsymbol{C}$ 的列向量组能由矩阵 $\boldsymbol{A}$ 的列向量组线性表示，由定理 4.11 有

$$\mathrm{r}(\gamma_1,\gamma_2,\cdots,\gamma_n)\leqslant \mathrm{r}(\boldsymbol{\alpha}_1,\boldsymbol{\alpha}_2,\cdots,\boldsymbol{\alpha}_s)$$

再由定理 4.12 知，$\mathrm{r}(\boldsymbol{C})=\mathrm{r}(\boldsymbol{AB})\leqslant \mathrm{r}(\boldsymbol{A})$。

因 $\boldsymbol{C}^{\mathrm{T}}=\boldsymbol{B}^{\mathrm{T}}\boldsymbol{A}^{\mathrm{T}}$，由上面已证的结果，得

$$\mathrm{r}(\boldsymbol{C})=\mathrm{r}(\boldsymbol{C}^{\mathrm{T}})\leqslant \mathrm{r}(\boldsymbol{B}^{\mathrm{T}})=\mathrm{r}(\boldsymbol{B})$$

从而
$$\mathrm{r}(\boldsymbol{AB})\leqslant \min\{\mathrm{r}(\boldsymbol{A}),\mathrm{r}(\boldsymbol{B})\}$$

习　题　4.3

1. 求下列向量组的秩和它的一个极大线性无关组，并把其余向量表示为所求的极大线性无关组的线性组合，

(1) $\boldsymbol{\alpha}_1=(1,-1,2,4)^{\mathrm{T}},\boldsymbol{\alpha}_2=(0,3,1,2)^{\mathrm{T}},\boldsymbol{\alpha}_3=(3,0,7,14)^{\mathrm{T}},\boldsymbol{\alpha}_4=(1,-1,2,0)^{\mathrm{T}},\boldsymbol{\alpha}_5=(2,1,5,0)^{\mathrm{T}}$；

(2) $\boldsymbol{\alpha}_1=(6,4,1,-1,2)^{\mathrm{T}},\boldsymbol{\alpha}_2=(1,0,2,3,-4)^{\mathrm{T}},\boldsymbol{\alpha}_3=(1,4,-9,-16,22)^{\mathrm{T}}$。

2. 证明：n 维向量组 $\boldsymbol{\alpha}_1,\boldsymbol{\alpha}_2,\cdots,\boldsymbol{\alpha}_n$ 线性无关的充要条件是任意 n 维向量都可由它们线性表示。

3. 已知 $\mathrm{r}(\boldsymbol{\alpha}_1,\boldsymbol{\alpha}_2,\boldsymbol{\alpha}_3)=\mathrm{r}(\boldsymbol{\alpha}_1,\boldsymbol{\alpha}_2,\boldsymbol{\alpha}_3,\boldsymbol{\alpha}_4)=3$，$\mathrm{r}(\boldsymbol{\alpha}_1,\boldsymbol{\alpha}_2,\boldsymbol{\alpha}_3,\boldsymbol{\alpha}_5)=4$，试证明：$\mathrm{r}(\boldsymbol{\alpha}_1,\boldsymbol{\alpha}_2,\boldsymbol{\alpha}_3,\boldsymbol{\alpha}_5-\boldsymbol{\alpha}_4)=4$。

4. 设 $\boldsymbol{\alpha}_1$ 是任意一个非零的四维向量，$\boldsymbol{\alpha}_2=(2,1,0,0),\boldsymbol{\alpha}_3=(4,1,4,0),\boldsymbol{\alpha}_4=(1,0,2,0)$，若向量组 $\boldsymbol{\beta}_1,\boldsymbol{\beta}_2,\boldsymbol{\beta}_3,\boldsymbol{\beta}_4$ 可由向量组 $\boldsymbol{\alpha}_1,\boldsymbol{\alpha}_2,\boldsymbol{\alpha}_3,\boldsymbol{\alpha}_4$ 线性表示，试证向量组 $\boldsymbol{\beta}_1,\boldsymbol{\beta}_2,\boldsymbol{\beta}_3,\boldsymbol{\beta}_4$ 线性相关。

4.4　向 量 空 间

4.4.1　向量空间及其子空间

4.1 节中把实数域上的全体 n 维向量构成的集合称为 n 维向量空间 $\mathbf{R}^n$。下面将进一步给出一般向量空间的概念：

定义 4.15　设 V 是 n 维向量空间 $\mathbf{R}^n$ 的一个非空子集，如果

(1) V 对于向量加法是封闭的，即 $\forall\boldsymbol{\alpha},\boldsymbol{\beta}\in V$，有 $\boldsymbol{\alpha}+\boldsymbol{\beta}\in V$；

(2) V 对于数乘向量是封闭的，即 $\forall\boldsymbol{\alpha}\in V$，$\forall k\in\mathbf{R}$，有 $k\boldsymbol{\alpha}\in V$，

则称集合 V 是一个**(实) 向量空间**。

由此定义，仅由一个零向量组成的集合 $\{\mathbf{0}\}$是一个向量空间，称为**零空间**。$\mathbf{R}^n$ 也是一个向量空间。

例 4.12　判断下列集合是否为向量空间?

(1) $V_1 = \{\boldsymbol{X} = (0, x_2, x_3, \cdots, x_n) | x_2, \cdots, x_n \in \mathbf{R}\}$;

(2) $V_2 = \{\boldsymbol{X} = (1, x_2, x_3, \cdots, x_n) | x_2, \cdots, x_n \in \mathbf{R}\}$。

解　(1) 因为对任意的 $\boldsymbol{\alpha} = (0, a_2, \cdots, a_n) \in V_1$，$\boldsymbol{\beta} = (0, b_2, \cdots, b_n) \in V_1$，$k \in \mathbf{R}$，有

$$\boldsymbol{\alpha} + \boldsymbol{\beta} = (0, a_2 + b_2, \cdots, a_n + b_n) \in V_1, \quad k\boldsymbol{\alpha} = (0, ka_2, \cdots, ka_n) \in V_1$$

所以 V_1 是向量空间。

(2) 因为若 $\boldsymbol{\alpha} = (1, a_2, \cdots, a_n) \in V_2$，则 $2\boldsymbol{\alpha} = (2, 2a_2, \cdots, 2a_n) \notin V_2$，所以 V_2 不是向量空间。

例 4.13　设 $\boldsymbol{\alpha}, \boldsymbol{\beta}$ 为两个已知的 n 维向量，那么集合

$$L(\boldsymbol{\alpha}, \boldsymbol{\beta}) = \{\boldsymbol{X} = k\boldsymbol{\alpha} + h\boldsymbol{\beta} | k, h \in \mathbf{R}\}$$

是一个向量空间。因为如果 $\boldsymbol{X}_1 = k_1\boldsymbol{\alpha} + h_1\boldsymbol{\beta}$，$\boldsymbol{X}_2 = k_2\boldsymbol{\alpha} + h_2\boldsymbol{\beta}, k, k_1, k_2, h_1, h_2 \in \mathbf{R}$，那么

$$\boldsymbol{X}_1 + \boldsymbol{X}_2 = (k_1 + k_2)\boldsymbol{\alpha} + (h_1 + h_2)\boldsymbol{\beta} \in L(\boldsymbol{\alpha}, \boldsymbol{\beta})$$
$$k\boldsymbol{X}_1 = (kk_1)\boldsymbol{\alpha} + (kh_1)\boldsymbol{\beta} \in L(\boldsymbol{\alpha}, \boldsymbol{\beta})$$

这个向量空间称为**由向量 $\boldsymbol{\alpha}$，$\boldsymbol{\beta}$ 所生成的向量空间**。

一般地，**由向量$\boldsymbol{\alpha}_1$，$\boldsymbol{\alpha}_2$，$\cdots$，$\boldsymbol{\alpha}_m$ 所生成的向量空间为**

$$L(\boldsymbol{\alpha}_1, \boldsymbol{\alpha}_2, \cdots, \boldsymbol{\alpha}_m) = \{\boldsymbol{X} = k_1\boldsymbol{\alpha}_1 + k_2\boldsymbol{\alpha}_2 + \cdots + k_m\boldsymbol{\alpha}_m | k_1, k_2, \cdots, k_m \in \mathbf{R}\}$$

例 4.14　设向量组 $\boldsymbol{\alpha}_1, \boldsymbol{\alpha}_2, \cdots, \boldsymbol{\alpha}_m$ 与向量组 $\boldsymbol{\beta}_1, \boldsymbol{\beta}_2, \cdots, \boldsymbol{\beta}_m$ 等价，则

$$L(\boldsymbol{\alpha}_1, \boldsymbol{\alpha}_2, \cdots, \boldsymbol{\alpha}_m) = L(\boldsymbol{\beta}_1, \boldsymbol{\beta}_2, \cdots, \boldsymbol{\beta}_m)$$

证　对 $\forall \boldsymbol{\alpha} \in L(\boldsymbol{\alpha}_1, \boldsymbol{\alpha}_2, \cdots, \boldsymbol{\alpha}_m)$，因 $\boldsymbol{\alpha}$ 可由 $\boldsymbol{\alpha}_1, \boldsymbol{\alpha}_2, \cdots, \boldsymbol{\alpha}_m$ 线性表示，而 $\boldsymbol{\alpha}_1, \boldsymbol{\alpha}_2, \cdots, \boldsymbol{\alpha}_m$ 又可由 $\boldsymbol{\beta}_1, \boldsymbol{\beta}_2, \cdots, \boldsymbol{\beta}_m$ 线性表示，故 $\boldsymbol{\alpha}$ 可由 $\boldsymbol{\beta}_1, \boldsymbol{\beta}_2, \cdots, \boldsymbol{\beta}_m$ 线性表示，即 $\boldsymbol{\alpha} \in L(\boldsymbol{\beta}_1, \boldsymbol{\beta}_2, \cdots, \boldsymbol{\beta}_m)$，所以

$$L(\boldsymbol{\alpha}_1, \boldsymbol{\alpha}_2, \cdots, \boldsymbol{\alpha}_m) \subseteq L(\boldsymbol{\beta}_1, \boldsymbol{\beta}_2, \cdots, \boldsymbol{\beta}_m)$$

类似地可证　$$L(\boldsymbol{\alpha}_1, \boldsymbol{\alpha}_2, \cdots, \boldsymbol{\alpha}_m) \supseteq L(\boldsymbol{\beta}_1, \boldsymbol{\beta}_2, \cdots, \boldsymbol{\beta}_m)$$

因此　$$L(\boldsymbol{\alpha}_1, \boldsymbol{\alpha}_2, \cdots, \boldsymbol{\alpha}_m) = L(\boldsymbol{\beta}_1, \boldsymbol{\beta}_2, \cdots, \boldsymbol{\beta}_m)$$

定义 4.16　设有向量空间 V, W，如果 $V \subset W$，就称 V 是 W 的**子空间**。

例如，向量空间 $V=\{\boldsymbol{X}|\boldsymbol{X}=(0,x_2,\cdots,x_n),x_2,\cdots,x_n\in\mathbf{R}\}$ 是 $\mathbf{R}^n$ 的子空间。一般地，任何由 n 维向量组成的向量空间都是 $\mathbf{R}^n$ 的子空间。

在 4.3 节中我们提到过 n 维向量空间 $\mathbf{R}^n$ 的一个重要特点：它有 n 个线性无关的向量，没有更多数目的线性无关的向量, 而且任一个 n 维向量都可由这 n 个线性无关的向量唯一地表示。那么，对一般的向量空间，是否也有类似的性质呢?

4.4.2　向量空间的基与维数

定义 4.17　设 $\boldsymbol{\alpha}_1,\boldsymbol{\alpha}_2,\cdots,\boldsymbol{\alpha}_r$ 是向量空间 V 中的向量，满足

(1) $\boldsymbol{\alpha}_1,\boldsymbol{\alpha}_2,\cdots,\boldsymbol{\alpha}_r$ 线性无关;

(2) V 中任一向量都可以由 $\boldsymbol{\alpha}_1,\boldsymbol{\alpha}_2,\cdots,\boldsymbol{\alpha}_r$ 线性表示,

则称 $\boldsymbol{\alpha}_1,\boldsymbol{\alpha}_2,\cdots,\boldsymbol{\alpha}_r$ 为向量空间 V 的一个**基**，r 称为向量空间 V 的**维数**，并称 V 为 $\boldsymbol{r}$ **维向量空间**。

零空间没有基，它的维数规定为 0。

若把向量空间 V 看做向量组，则 V 的基就是向量组的极大线性无关组，V 的维数就是向量组的秩。

n 维基本向量组 ε_1，ε_2，$\cdots$，ε_n 是 $\mathbf{R}^n$ 的一个基，所以 $\mathbf{R}^n$ 的维数为 n。易知，任何 n 个线性无关的 n 维向量都是向量空间 $\mathbf{R}^n$ 的一个基。

例 4.15　求由 n 维向量组 $\boldsymbol{\alpha}_1,\boldsymbol{\alpha}_2,\cdots,\boldsymbol{\alpha}_m$ 所生成的向量空间

$$L(\boldsymbol{\alpha}_1,\boldsymbol{\alpha}_2,\cdots,\boldsymbol{\alpha}_m)=\{\boldsymbol{X}=k_1\boldsymbol{\alpha}_1+k_2\boldsymbol{\alpha}_2+\cdots+k_m\boldsymbol{\alpha}_m|k_1,k_2,\cdots,k_m\in\mathbf{R}\}$$

的基与维数。

解　$\forall\boldsymbol{\alpha}\in L(\boldsymbol{\alpha}_1,\boldsymbol{\alpha}_2,\cdots,\boldsymbol{\alpha}_m)$，$\boldsymbol{\alpha}$ 可由向量组 $\boldsymbol{\alpha}_1,\boldsymbol{\alpha}_2,\cdots,\boldsymbol{\alpha}_m$ 线性表示，设 $\boldsymbol{\alpha}_1,\boldsymbol{\alpha}_2,\cdots,\boldsymbol{\alpha}_r$ 是 $\boldsymbol{\alpha}_1,\boldsymbol{\alpha}_2,\cdots,\boldsymbol{\alpha}_m$ 任一极大无关组，则 $\boldsymbol{\alpha}$ 可由向量组 $\boldsymbol{\alpha}_1,\boldsymbol{\alpha}_2,\cdots,\boldsymbol{\alpha}_r$ 线性表示，所以 $\boldsymbol{\alpha}_1,\boldsymbol{\alpha}_2,\cdots,\boldsymbol{\alpha}_m$ 的任一极大无关组 $\boldsymbol{\alpha}_1,\boldsymbol{\alpha}_2,\cdots,\boldsymbol{\alpha}_r$ 就是 $L(\boldsymbol{\alpha}_1,\boldsymbol{\alpha}_2,\cdots,\boldsymbol{\alpha}_m)$ 的一组基，由此可知

$$L(\boldsymbol{\alpha}_1,\boldsymbol{\alpha}_2,\cdots,\boldsymbol{\alpha}_m)\text{ 的维数 }=\mathrm{r}(\boldsymbol{\alpha}_1,\boldsymbol{\alpha}_2,\cdots,\boldsymbol{\alpha}_m)$$

注　向量的维数与向量空间的维数不是同一个概念。

在第 3 章, 我们看到对三维向量引入坐标可简化对三维向量的研究。对于一般的向量空间，坐标同样是一个有力的工具。

定义 4.18　设 $\boldsymbol{\alpha}_1,\boldsymbol{\alpha}_2,\cdots,\boldsymbol{\alpha}_r$ 是向量空间 V 的一个基，$\boldsymbol{\alpha}\in V$，若

$$\boldsymbol{\alpha}=x_1\boldsymbol{\alpha}_1+x_2\boldsymbol{\alpha}_2+\cdots+x_r\boldsymbol{\alpha}_r$$

则称有序数组 $(x_1,x_2,\cdots,x_r)^{\mathrm{T}}$ 为向量 $\boldsymbol{\alpha}$ 在基 $\boldsymbol{\alpha}_1,\boldsymbol{\alpha}_2,\cdots,\boldsymbol{\alpha}_r$ 下的**坐标**。

显然，向量空间的基不是唯一的，但向量在给定基下的坐标是唯一的。

例 4.16　在 $\mathbf{R}^3$ 中，取基本向量组 $\varepsilon_1,\varepsilon_2,\varepsilon_3$ 为其一组基，则对 $\mathbf{R}^3$ 中任意向量 $\boldsymbol{\alpha}=\begin{pmatrix}x_1\\x_2\\x_3\end{pmatrix}$，都有

$$\boldsymbol{\alpha}=x_1\varepsilon_1+x_2\varepsilon_2+x_3\varepsilon_3$$

因此，向量 $\boldsymbol{\alpha}$ 在基 $\varepsilon_1,\varepsilon_2,\varepsilon_3$ 下的坐标为 $\begin{pmatrix}x_1\\x_2\\x_3\end{pmatrix}$。

又 $\boldsymbol{\alpha}_1=\begin{pmatrix}1\\0\\0\end{pmatrix}$，$\boldsymbol{\alpha}_2=\begin{pmatrix}1\\1\\0\end{pmatrix}$，$\boldsymbol{\alpha}_3=\begin{pmatrix}1\\1\\1\end{pmatrix}$ 也是 $\mathbf{R}^3$ 的一组基，不难证明

$$\boldsymbol{\alpha}=(x_1-x_2)\boldsymbol{\alpha}_1+(x_2-x_3)\boldsymbol{\alpha}_2+x_3\boldsymbol{\alpha}_3$$

因此，向量 $\boldsymbol{\alpha}$ 在基 $\boldsymbol{\alpha}_1,\boldsymbol{\alpha}_2,\boldsymbol{\alpha}_3$ 下的坐标为 $\begin{pmatrix}x_1-x_2\\x_2-x_3\\x_3\end{pmatrix}$。

由此例可见，同一向量在不同基下的坐标是不同的。那么，同一向量在不同基下的坐标有怎样的关系呢？

4.4.3　过渡矩阵与坐标变换

定义 4.19　设 $\boldsymbol{\alpha}_1,\boldsymbol{\alpha}_2,\cdots,\boldsymbol{\alpha}_n$ 与 $\boldsymbol{\beta}_1,\boldsymbol{\beta}_2,\cdots,\boldsymbol{\beta}_n$ 是 $\mathbf{R}^n$ 的两组基，显然它们可以相互线性表示。若

$$\begin{cases}\boldsymbol{\beta}_1=c_{11}\boldsymbol{\alpha}_1+c_{21}\boldsymbol{\alpha}_2+\cdots+c_{n1}\boldsymbol{\alpha}_n\\ \boldsymbol{\beta}_2=c_{12}\boldsymbol{\alpha}_1+c_{22}\boldsymbol{\alpha}_2+\cdots+c_{n2}\boldsymbol{\alpha}_n\\ \qquad\cdots\cdots\\ \boldsymbol{\beta}_n=c_{1n}\boldsymbol{\alpha}_1+c_{2n}\boldsymbol{\alpha}_2+\cdots+c_{nn}\boldsymbol{\alpha}_n\end{cases}\tag{4.3}$$

记

$$\boldsymbol{C}=\begin{pmatrix}c_{11}&c_{12}&\cdots&c_{1n}\\c_{21}&c_{22}&\cdots&c_{2n}\\\vdots&\vdots&&\vdots\\c_{n1}&c_{n2}&\cdots&c_{nn}\end{pmatrix}$$

则利用分块矩阵的乘法，式 (4.3) 可表示成

$$(\boldsymbol{\beta}_1,\boldsymbol{\beta}_2,\cdots,\boldsymbol{\beta}_n)=(\boldsymbol{\alpha}_1,\boldsymbol{\alpha}_2,\cdots,\boldsymbol{\alpha}_n)\boldsymbol{C}\tag{4.4}$$

式 (4.4) 称为**基变换公式**，其中，矩阵 $\boldsymbol{C}$ 称为由基 $\boldsymbol{\alpha}_1,\boldsymbol{\alpha}_2,\cdots,\boldsymbol{\alpha}_n$ 到基 $\boldsymbol{\beta}_1,\boldsymbol{\beta}_2,\cdots,\boldsymbol{\beta}_n$ 的**过渡矩阵**。过渡矩阵 $\boldsymbol{C}$ 的第 j 列就是 $\boldsymbol{\beta}_j$ 在基 $\boldsymbol{\alpha}_1,\boldsymbol{\alpha}_2,\cdots,\boldsymbol{\alpha}_n$ 下的坐标。

由于 $\boldsymbol{\alpha}_1,\boldsymbol{\alpha}_2,\cdots,\boldsymbol{\alpha}_n$ 和 $\boldsymbol{\beta}_1,\boldsymbol{\beta}_2,\cdots,\boldsymbol{\beta}_n$ 都线性无关，对式 (4.4) 两边取行列式可知，$|\boldsymbol{C}|\neq 0$，故过渡矩阵 $\boldsymbol{C}$ 是可逆的。

定理 4.14　设 $\mathbf{R}^n$ 中的向量 $\boldsymbol{\alpha}$ 在基 $\boldsymbol{\alpha}_1,\boldsymbol{\alpha}_2,\cdots,\boldsymbol{\alpha}_n$ 下的坐标为 $\boldsymbol{X}=(x_1,x_2,\cdots,x_n)^{\mathrm{T}}$，在基 $\boldsymbol{\beta}_1,\boldsymbol{\beta}_2,\cdots,\boldsymbol{\beta}_n$ 下的坐标为 $\boldsymbol{Y}=(x_1',x_2',\cdots,x_n')^{\mathrm{T}}$，且由基 $\boldsymbol{\alpha}_1,\boldsymbol{\alpha}_2,\cdots,\boldsymbol{\alpha}_n$ 到基 $\boldsymbol{\beta}_1,\boldsymbol{\beta}_2,\cdots,\boldsymbol{\beta}_n$ 的过渡矩阵为 $\boldsymbol{C}$，则有如下**坐标变换公式**

$$\boldsymbol{X}=\boldsymbol{C}\boldsymbol{Y}\ 或\ \boldsymbol{Y}=\boldsymbol{C}^{-1}\boldsymbol{X} \tag{4.5}$$

证　因为

$$\boldsymbol{\alpha}=x_1\boldsymbol{\alpha}_1+x_2\boldsymbol{\alpha}_2+\cdots+x_n\boldsymbol{\alpha}_n=(\boldsymbol{\alpha}_1,\boldsymbol{\alpha}_2,\cdots,\boldsymbol{\alpha}_n)\boldsymbol{X} \tag{4.6}$$

$$\boldsymbol{\alpha}=x_1'\boldsymbol{\beta}_1+x_2'\boldsymbol{\beta}_2+\cdots+x_n'\boldsymbol{\beta}_n=(\boldsymbol{\beta}_1,\boldsymbol{\beta}_2,\cdots,\boldsymbol{\beta}_n)\boldsymbol{Y} \tag{4.7}$$

所以将式 (4.4) 代入式 (4.7) 可得

$$\boldsymbol{\alpha}=(\boldsymbol{\beta}_1,\boldsymbol{\beta}_2,\cdots,\boldsymbol{\beta}_n)\boldsymbol{Y}=(\boldsymbol{\alpha}_1,\boldsymbol{\alpha}_2,\cdots,\boldsymbol{\alpha}_n)\boldsymbol{C}\boldsymbol{Y} \tag{4.8}$$

又因为向量 $\boldsymbol{\alpha}$ 在基 $\boldsymbol{\alpha}_1,\boldsymbol{\alpha}_2,\cdots,\boldsymbol{\alpha}_n$ 下的坐标是唯一的，所以对比式 (4.6) 与式 (4.8) 有

$$\boldsymbol{X}=\boldsymbol{C}\boldsymbol{Y}\ 或\ \boldsymbol{Y}=\boldsymbol{C}^{-1}\boldsymbol{X}$$

例 4.17　设 $\mathbf{R}^3$ 中的两组基

$$\text{Ⅰ}:\boldsymbol{\alpha}_1=\begin{pmatrix}1\\0\\1\end{pmatrix},\quad \boldsymbol{\alpha}_2=\begin{pmatrix}1\\1\\-1\end{pmatrix},\quad \boldsymbol{\alpha}_3=\begin{pmatrix}0\\1\\0\end{pmatrix}$$

$$\text{Ⅱ}:\boldsymbol{\beta}_1=\begin{pmatrix}1\\-2\\1\end{pmatrix},\quad \boldsymbol{\beta}_2=\begin{pmatrix}1\\2\\-1\end{pmatrix},\quad \boldsymbol{\beta}_3=\begin{pmatrix}0\\1\\-2\end{pmatrix}$$

求：(1) 基Ⅰ到基Ⅱ的过渡矩阵及基变换公式；

(2) 向量 $\boldsymbol{\alpha}=3\boldsymbol{\beta}_1+2\boldsymbol{\beta}_3$ 在基Ⅰ及自然基 $\varepsilon_1,\varepsilon_2,\varepsilon_3$ 下的坐标。

解　(1) 设基Ⅰ到基Ⅱ的过渡矩阵为 $\boldsymbol{C}$，记矩阵 $\boldsymbol{A}=(\boldsymbol{\alpha}_1,\boldsymbol{\alpha}_2,\boldsymbol{\alpha}_3)$，$\boldsymbol{B}=(\boldsymbol{\beta}_1,\boldsymbol{\beta}_2,\boldsymbol{\beta}_3)$，则由基变换公式知 $\boldsymbol{B}=\boldsymbol{A}\boldsymbol{C}$，于是

$$\boldsymbol{C}=\boldsymbol{A}^{-1}\boldsymbol{B}=\frac{1}{2}\begin{pmatrix}1&0&1\\1&0&-1\\-1&2&1\end{pmatrix}\begin{pmatrix}1&1&0\\-2&2&1\\1&-1&-2\end{pmatrix}=\begin{pmatrix}1&0&-1\\0&1&1\\-2&1&0\end{pmatrix}$$

基 I 到基 II 的基变换公式为

$$(\boldsymbol{\beta}_1,\boldsymbol{\beta}_2,\boldsymbol{\beta}_3)=(\boldsymbol{\alpha}_1,\boldsymbol{\alpha}_2,\boldsymbol{\alpha}_3)\boldsymbol{C}$$

(2) 由坐标变换公式知，$\boldsymbol{\alpha}=3\boldsymbol{\beta}_1+2\boldsymbol{\beta}_3$ 在基 I 下的坐标为

$$\boldsymbol{X}=\boldsymbol{CY}=\begin{pmatrix}1&0&-1\\0&1&1\\-2&1&0\end{pmatrix}\begin{pmatrix}3\\0\\2\end{pmatrix}=\begin{pmatrix}1\\2\\-6\end{pmatrix}$$

$\boldsymbol{\alpha}=3\boldsymbol{\beta}_1+2\boldsymbol{\beta}_3$ 在自然基下的坐标为

$$\boldsymbol{\alpha}=3\boldsymbol{\beta}_1+2\boldsymbol{\beta}_3=3\begin{pmatrix}1\\-2\\1\end{pmatrix}+2\begin{pmatrix}0\\1\\-2\end{pmatrix}=\begin{pmatrix}3\\-4\\-1\end{pmatrix}$$

例 4.18 设 $\mathbf{R}^3$ 中的两个基 $\boldsymbol{\alpha}_1,\boldsymbol{\alpha}_2,\boldsymbol{\alpha}_3$ 及 $\boldsymbol{\beta}_1,\boldsymbol{\beta}_2,\boldsymbol{\beta}_3$，$\boldsymbol{\alpha}$ 是 $\mathbf{R}^3$ 中的向量，已知

$$\boldsymbol{\alpha}=x_1\boldsymbol{\alpha}_1+x_2\boldsymbol{\alpha}_2+x_3\boldsymbol{\alpha}_3,\quad \boldsymbol{\alpha}=x_1'\boldsymbol{\beta}_1+x_2'\boldsymbol{\beta}_2+x_3'\boldsymbol{\beta}_3$$

且 $\begin{cases}x_1'=x_1+x_2+x_3\\x_2'=x_2+x_3\\x_3'=x_3\end{cases}$，求相应的过渡矩阵和基变换公式。

解 因为 $$\boldsymbol{Y}=\begin{pmatrix}x_1'\\x_2'\\x_3'\end{pmatrix}=\begin{pmatrix}1&1&1\\0&1&1\\0&0&1\end{pmatrix}\begin{pmatrix}x_1\\x_2\\x_3\end{pmatrix}=\boldsymbol{C}^{-1}\boldsymbol{X}$$

所以由基 $\boldsymbol{\alpha}_1,\boldsymbol{\alpha}_2,\boldsymbol{\alpha}_3$ 到基 $\boldsymbol{\beta}_1,\boldsymbol{\beta}_2,\boldsymbol{\beta}_3$ 的过渡矩阵为

$$\boldsymbol{C}=\begin{pmatrix}1&1&1\\0&1&1\\0&0&1\end{pmatrix}^{-1}=\begin{pmatrix}1&-1&0\\0&1&-1\\0&0&1\end{pmatrix}$$

从而基变换公式为

$$(\boldsymbol{\beta}_1\ \ \boldsymbol{\beta}_2\ \ \boldsymbol{\beta}_3)=(\boldsymbol{\alpha}_1\ \ \boldsymbol{\alpha}_2\ \ \boldsymbol{\alpha}_3)\boldsymbol{C}$$

习 题 4.4

1. 判断下列集合是否为向量空间

(1) $V_1=\{\boldsymbol{X}=(x_1,x_2,x_3,\cdots,x_n)^{\mathrm{T}}|x_1,x_2,\cdots,x_n\in\mathbf{R}$ 且满足 $x_1+x_2+\cdots+x_n=0\}$；

(2) $V_2 = \{\boldsymbol{X} = (x_1, x_2, x_3, \cdots, x_n)^{\mathrm{T}} | x_1, x_2, \cdots, x_n \in \mathbf{R}$ 且满足 $x_1 x_2 = 0\}$。

2. 设向量 $\boldsymbol{\alpha}_1 = \begin{pmatrix} 1 \\ 1 \\ 0 \\ 0 \end{pmatrix}$，$\boldsymbol{\alpha}_2 = \begin{pmatrix} 1 \\ 0 \\ 1 \\ 1 \end{pmatrix}$，$\boldsymbol{\beta}_1 = \begin{pmatrix} 2 \\ -1 \\ 3 \\ 3 \end{pmatrix}$，$\boldsymbol{\beta}_2 = \begin{pmatrix} 0 \\ 1 \\ -1 \\ -1 \end{pmatrix}$，证明：$L(\boldsymbol{\alpha}_1, \boldsymbol{\alpha}_2) = L(\boldsymbol{\beta}_1, \boldsymbol{\beta}_2)$。

3. 设向量 $\boldsymbol{\alpha}_1 = \begin{pmatrix} 1 \\ -1 \\ 0 \end{pmatrix}$，$\boldsymbol{\alpha}_2 = \begin{pmatrix} 2 \\ 1 \\ 3 \end{pmatrix}$，$\boldsymbol{\alpha}_3 = \begin{pmatrix} 3 \\ 1 \\ 2 \end{pmatrix}$ 与 $\boldsymbol{\beta}_1 = \begin{pmatrix} 5 \\ 0 \\ 7 \end{pmatrix}$，$\boldsymbol{\beta}_2 = \begin{pmatrix} -9 \\ -8 \\ -13 \end{pmatrix}$，验证向量组 $\boldsymbol{\alpha}_1, \boldsymbol{\alpha}_2, \boldsymbol{\alpha}_3$ 为 $\mathbf{R}^3$ 的一个基，并求向量 $\boldsymbol{\beta}_1, \boldsymbol{\beta}_2$ 在基 $\boldsymbol{\alpha}_1, \boldsymbol{\alpha}_2, \boldsymbol{\alpha}_3$ 下的坐标。

4. 求向量空间 $V = \{\boldsymbol{X} = (0, x_2, x_3, \cdots, x_n)^{\mathrm{T}} | x_2, \cdots, x_n \in \mathbf{R}\}$ 的维数及一个基。

5. 在 $\mathbf{R}^4$ 中取两个基

$$\mathrm{I}: \begin{cases} \boldsymbol{\alpha}_1 = (1, 2, -1, 0)^{\mathrm{T}} \\ \boldsymbol{\alpha}_2 = (1, -1, 1, 1)^{\mathrm{T}} \\ \boldsymbol{\alpha}_3 = (-1, 2, 1, 1)^{\mathrm{T}} \\ \boldsymbol{\alpha}_4 = (-1, -1, 0, 1)^{\mathrm{T}} \end{cases} \quad 与 \mathrm{II}: \begin{cases} \boldsymbol{\beta}_1 = (2, 1, 0, 1)^{\mathrm{T}} \\ \boldsymbol{\beta}_2 = (0, 1, 2, 2)^{\mathrm{T}} \\ \boldsymbol{\beta}_3 = (-2, 1, 1, 2)^{\mathrm{T}} \\ \boldsymbol{\beta}_4 = (1, 3, 1, 2)^{\mathrm{T}} \end{cases}$$

(1) 求从基 I 到基 II 的过渡矩阵，并写出基变换公式；

(2) 写出对应的坐标变换公式。

4.5　向量空间的正交性

把几何空间作为向量空间的具体模型，我们会发现向量有长度、夹角等度量概念，而在解析几何中，这两个度量是通过向量的内积来表示的。下面我们将这些概念推广到任意 n 维向量。

4.5.1　向量的内积、长度和夹角

定义 4.20　设 $\boldsymbol{\alpha} = (a_1, a_2, \cdots, a_n)^{\mathrm{T}}$，$\boldsymbol{\beta} = (b_1, b_2, \cdots, b_n)^{\mathrm{T}}$ 为 $\mathbf{R}^n$ 中的两个向量，记

$$(\boldsymbol{\alpha}, \boldsymbol{\beta}) = \boldsymbol{\alpha}^{\mathrm{T}} \boldsymbol{\beta} = (a_1, a_2, \cdots, a_n) \begin{pmatrix} b_1 \\ b_2 \\ \vdots \\ b_n \end{pmatrix} = a_1 b_1 + a_2 b_2 + \cdots + a_n b_n = \sum_{i=1}^{n} a_i b_i$$

$(\boldsymbol{\alpha},\boldsymbol{\beta})$ 称为向量 $\boldsymbol{\alpha}$ 与 $\boldsymbol{\beta}$ 的内积。显然两个 n 维向量 $\boldsymbol{\alpha}$ 与 $\boldsymbol{\beta}$ 的内积是一个实数。

内积具有下列运算性质 $(\boldsymbol{\alpha},\boldsymbol{\beta},\boldsymbol{\gamma}\in\mathbf{R}^n, k\in\mathbf{R})$:

(1) $(\boldsymbol{\alpha},\boldsymbol{\beta})=(\boldsymbol{\beta},\boldsymbol{\alpha})$;

(2) $(k\boldsymbol{\alpha},\boldsymbol{\beta})=k(\boldsymbol{\alpha},\boldsymbol{\beta})$;

(3) $(\boldsymbol{\alpha}+\boldsymbol{\beta},\boldsymbol{\gamma})=(\boldsymbol{\alpha},\boldsymbol{\gamma})+(\boldsymbol{\beta},\boldsymbol{\gamma})$;

(4) $(\boldsymbol{\alpha},\boldsymbol{\alpha})\geqslant 0$，且 $(\boldsymbol{\alpha},\boldsymbol{\alpha})=0\Leftrightarrow\boldsymbol{\alpha}=\mathbf{0}$。

由上述性质还可以得到

(5) $(k\boldsymbol{\alpha},l\boldsymbol{\beta})=kl(\boldsymbol{\alpha},\boldsymbol{\beta})$;

(6) $(\boldsymbol{\alpha},\boldsymbol{\beta}+\boldsymbol{\gamma})=(\boldsymbol{\alpha},\boldsymbol{\beta})+(\boldsymbol{\alpha},\boldsymbol{\gamma})$;

(7) $(\boldsymbol{\alpha},\mathbf{0})=(\mathbf{0},\boldsymbol{\alpha})=0$;

(8) $\left(\sum\limits_{i=1}^{m}k_i\boldsymbol{\alpha}_i,\sum\limits_{j=1}^{n}l_j\boldsymbol{\beta}_j\right)=\sum\limits_{i=1}^{m}\sum\limits_{j=1}^{n}k_il_j(\boldsymbol{\alpha}_i,\boldsymbol{\beta}_j)$，其中，$k_i,l_j\in\mathbf{R}$。

仿三维向量的情形，我们利用向量的内积可以定义向量的长度和两向量间的夹角。

定义 4.21　设 $\boldsymbol{\alpha}=(a_1,a_2,\cdots,a_n)^{\mathrm{T}}$ 为 $\mathbf{R}^n$ 中的向量，记

$$|\boldsymbol{\alpha}|=\sqrt{(\boldsymbol{\alpha},\boldsymbol{\alpha})}=\sqrt{a_1^2+a_2^2+\cdots+a_n^2}$$

$|\boldsymbol{\alpha}|$ 称为向量 $\boldsymbol{\alpha}$ 的长度 (或模)。

可以证明，向量的长度具有下述性质 $(\boldsymbol{\alpha},\boldsymbol{\beta}\in\mathbf{R}^n,k\in\mathbf{R})$:

(1) $|\boldsymbol{\alpha}|\geqslant 0$，且 $|\boldsymbol{\alpha}|=0\Leftrightarrow\boldsymbol{\alpha}=\mathbf{0}$;

(2) $|k\boldsymbol{\alpha}|=|k|\,|\boldsymbol{\alpha}|$;

(3) $(\boldsymbol{\alpha},\boldsymbol{\beta})^2\leqslant|\boldsymbol{\alpha}|^2\,|\boldsymbol{\beta}|^2$。

长度为 1 的向量称为单位向量。对于非零向量 $\boldsymbol{\alpha}$，$\dfrac{\boldsymbol{\alpha}}{|\boldsymbol{\alpha}|}$ 是单位向量，称 $\dfrac{\boldsymbol{\alpha}}{|\boldsymbol{\alpha}|}$ 为将向量 $\boldsymbol{\alpha}$ 单位化。

定义 4.22　设非零向量 $\boldsymbol{\alpha},\boldsymbol{\beta}\in\mathbf{R}^n$，规定 $\boldsymbol{\alpha}$ 与 $\boldsymbol{\beta}$ 的夹角 θ 由

$$\cos\theta=\frac{(\boldsymbol{\alpha},\boldsymbol{\beta})}{|\boldsymbol{\alpha}|\,|\boldsymbol{\beta}|}\quad(0\leqslant\theta\leqslant\pi)$$

所确定。

如果 $(\boldsymbol{\alpha},\boldsymbol{\beta})=0$，称向量 $\boldsymbol{\alpha}$ 与 $\boldsymbol{\beta}$ 正交，记为 $\boldsymbol{\alpha}\perp\boldsymbol{\beta}$。显然零向量与任何向量正交。两个非零向量正交的充分必要条件是 $\theta=\dfrac{\pi}{2}$。

例 4.19　求向量 $\boldsymbol{\alpha}=(1,2,3,2)^{\mathrm{T}},\boldsymbol{\beta}=(3,1,1,5)^{\mathrm{T}}$ 的夹角。

解　由 $|\boldsymbol{\alpha}|=3\sqrt{2},|\boldsymbol{\beta}|=6,(\boldsymbol{\alpha},\boldsymbol{\beta})=18$，得

$$\cos\theta=\frac{(\boldsymbol{\alpha},\boldsymbol{\beta})}{|\boldsymbol{\alpha}|\,|\boldsymbol{\beta}|}=\frac{\sqrt{2}}{2},\quad 从而\ \theta=\frac{\pi}{4}$$

定义 4.23　如果非零向量组 $\boldsymbol{\alpha}_1,\boldsymbol{\alpha}_2,\cdots,\boldsymbol{\alpha}_m$ 两两正交，那么向量组 $\boldsymbol{\alpha}_1,\boldsymbol{\alpha}_2,\cdots,\boldsymbol{\alpha}_m$ 称为正交向量组。例如，$\mathbf{R}^n$ 的基本单位向量组 $\varepsilon_1,\varepsilon_2,\cdots,\varepsilon_n$ 是正交向量组，因为 $(\varepsilon_i,\varepsilon_j)=0(i\neq j)$。

定理 4.15　正交向量组 $\boldsymbol{\alpha}_1,\boldsymbol{\alpha}_2,\cdots,\boldsymbol{\alpha}_m$ 一定是线性无关的向量组。

证　设有一组数 $k_1,k_2,\cdots,k_m$，使

$$k_1\boldsymbol{\alpha}_1+k_2\boldsymbol{\alpha}_2+\cdots+k_m\boldsymbol{\alpha}_m=\mathbf{0}$$

因为 $\boldsymbol{\alpha}_1,\boldsymbol{\alpha}_2,\cdots,\boldsymbol{\alpha}_m$ 两两正交，所以用 $\boldsymbol{\alpha}_i(i=1,2,\cdots,m)$ 对上式两边作内积，得

$$(k_1\boldsymbol{\alpha}_1+k_2\boldsymbol{\alpha}_2+\cdots+k_m\boldsymbol{\alpha}_m,\boldsymbol{\alpha}_i)=k_i(\boldsymbol{\alpha}_i,\boldsymbol{\alpha}_i)=0$$

因为 $\boldsymbol{\alpha}_i\neq\mathbf{0},(\boldsymbol{\alpha}_i,\boldsymbol{\alpha}_i)\neq 0$，从而 $k_i=0\ (i=1,2,\cdots,m)$，所以向量组 $\boldsymbol{\alpha}_1,\boldsymbol{\alpha}_2,\cdots,\boldsymbol{\alpha}_m$ 线性无关。

4.5.2　$\mathbf{R}^n$ 的标准正交基与施密特正交化方法

定义 4.24　设 $\boldsymbol{\alpha}_1,\boldsymbol{\alpha}_2,\cdots,\boldsymbol{\alpha}_n$ 是 $\mathbf{R}^n$ 的一个基，如果它们两两正交，则称其为 $\mathbf{R}^n$ 的一个正交基。如果每个向量 $\boldsymbol{\alpha}_i(i=1,2,\cdots,n)$ 都是单位向量，则称 $\boldsymbol{\alpha}_1,\boldsymbol{\alpha}_2,\cdots,\boldsymbol{\alpha}_n$ 是 $\mathbf{R}^n$ 的一个**标准正交基**。

由定义，$\boldsymbol{\alpha}_1,\boldsymbol{\alpha}_2,\cdots,\boldsymbol{\alpha}_n$ 是 $\mathbf{R}^n$ 的标准正交基 $\Leftrightarrow (\boldsymbol{\alpha}_i,\boldsymbol{\alpha}_j)=\begin{cases}1, & 当\ i=j\ 时\\ 0, & 当\ i\neq j\ 时\end{cases}$

$(i,j=1,2,\cdots,n)$。

显然 $\mathbf{R}^n$ 的基本单位向量组 $\varepsilon_1,\varepsilon_2,\cdots,\varepsilon_n$ 是 $\mathbf{R}^n$ 的一个标准正交基。

我们知道维数为 r 的向量空间 V 中任意 r 个线性无关的向量 $\boldsymbol{\alpha}_1,\boldsymbol{\alpha}_2,\cdots,\boldsymbol{\alpha}_r$ 都可以作为 V 的一个基。这个基不一定是标准正交基，但可以找到 V 的一个标准正交基 $\boldsymbol{e}_1,\boldsymbol{e}_2,\cdots,\boldsymbol{e}_r$，使向量组 $\boldsymbol{e}_1,\boldsymbol{e}_2,\cdots,\boldsymbol{e}_r$ 与 $\boldsymbol{\alpha}_1,\boldsymbol{\alpha}_2,\cdots,\boldsymbol{\alpha}_r$ 等价，这种将线性无关向量组化为等价的正交向量组的方法，称为**施密特正交化方法**。

设向量组 $\boldsymbol{\alpha}_1,\boldsymbol{\alpha}_2,\cdots,\boldsymbol{\alpha}_r$ 线性无关，令

$$\boldsymbol{\beta}_1=\boldsymbol{\alpha}_1$$
$$\boldsymbol{\beta}_2=\boldsymbol{\alpha}_2+k_{21}\boldsymbol{\beta}_1$$

其中，待定系数 k_{21} 由 $(\boldsymbol{\beta}_2,\boldsymbol{\beta}_1)=0$ 确定，求得 $k_{21}=-\dfrac{(\boldsymbol{\alpha}_2,\boldsymbol{\beta}_1)}{(\boldsymbol{\beta}_1,\boldsymbol{\beta}_1)}$，即 $\boldsymbol{\beta}_2=\boldsymbol{\alpha}_2-\dfrac{(\boldsymbol{\alpha}_2,\boldsymbol{\beta}_1)}{(\boldsymbol{\beta}_1,\boldsymbol{\beta}_1)}\boldsymbol{\beta}_1$，此时向量组 $\boldsymbol{\beta}_1,\boldsymbol{\beta}_2$ 正交且与向量组 $\boldsymbol{\alpha}_1,\boldsymbol{\alpha}_2$ 等价；重复这个过程，假设 $\boldsymbol{\beta}_1,\boldsymbol{\beta}_2,\cdots,\boldsymbol{\beta}_{r-1}$ 已求出，则设

$$\boldsymbol{\beta}_r=\boldsymbol{\alpha}_r+k_{r1}\boldsymbol{\beta}_1+k_{r2}\boldsymbol{\beta}_2+\cdots+k_{r,r-1}\boldsymbol{\beta}_{r-1}$$

其中，待定系数 $k_{r1},k_{r2},\cdots,k_{r,r-1}$ 由 $(\boldsymbol{\beta}_r,\boldsymbol{\beta}_1)=0,(\boldsymbol{\beta}_r,\boldsymbol{\beta}_2)=0,\cdots,(\boldsymbol{\beta}_r,\boldsymbol{\beta}_{r-1})=0$ 确定出

$$\boldsymbol{\beta}_r=\boldsymbol{\alpha}_r-\frac{(\boldsymbol{\alpha}_r,\boldsymbol{\beta}_1)}{(\boldsymbol{\beta}_1,\boldsymbol{\beta}_1)}\boldsymbol{\beta}_1-\frac{(\boldsymbol{\alpha}_r,\boldsymbol{\beta}_2)}{(\boldsymbol{\beta}_2,\boldsymbol{\beta}_2)}\boldsymbol{\beta}_2-\cdots-\frac{(\boldsymbol{\alpha}_r,\boldsymbol{\beta}_{r-1})}{(\boldsymbol{\beta}_{r-1},\boldsymbol{\beta}_{r-1})}\boldsymbol{\beta}_{r-1}$$

这样可以得到的向量组 $\boldsymbol{\beta}_1,\boldsymbol{\beta}_2,\cdots,\boldsymbol{\beta}_r$ 两两正交，且与 $\boldsymbol{\alpha}_1,\boldsymbol{\alpha}_2,\cdots,\boldsymbol{\alpha}_r$ 等价，即

$$\begin{aligned}
&\boldsymbol{\beta}_1=\boldsymbol{\alpha}_1\\
&\boldsymbol{\beta}_2=\boldsymbol{\alpha}_2-\frac{(\boldsymbol{\alpha}_2,\boldsymbol{\beta}_1)}{(\boldsymbol{\beta}_1,\boldsymbol{\beta}_1)}\boldsymbol{\beta}_1\\
&\qquad\qquad\cdots\cdots\\
&\boldsymbol{\beta}_r=\boldsymbol{\alpha}_r-\frac{(\boldsymbol{\alpha}_r,\boldsymbol{\beta}_1)}{(\boldsymbol{\beta}_1,\boldsymbol{\beta}_1)}\boldsymbol{\beta}_1-\frac{(\boldsymbol{\alpha}_r,\boldsymbol{\beta}_2)}{(\boldsymbol{\beta}_2,\boldsymbol{\beta}_2)}\boldsymbol{\beta}_2-\cdots-\frac{(\boldsymbol{\alpha}_r,\boldsymbol{\beta}_{r-1})}{(\boldsymbol{\beta}_{r-1},\boldsymbol{\beta}_{r-1})}\boldsymbol{\beta}_{r-1}
\end{aligned}$$

再将向量组 $\boldsymbol{\beta}_1,\boldsymbol{\beta}_2,\cdots,\boldsymbol{\beta}_r$ 单位化，令

$$\boldsymbol{e}_1=\frac{\boldsymbol{\beta}_1}{|\boldsymbol{\beta}_1|},\boldsymbol{e}_2=\frac{\boldsymbol{\beta}_2}{|\boldsymbol{\beta}_2|},\cdots,\boldsymbol{e}_r=\frac{\boldsymbol{\beta}_r}{|\boldsymbol{\beta}_r|}$$

就得到 V 的一个标准正交基 $\boldsymbol{e}_1,\boldsymbol{e}_2,\cdots,\boldsymbol{e}_r$。

例 4.20　已知 $\mathbf{R}^4$ 中的向量组 $\boldsymbol{\alpha}_1=(1,0,1,0)^{\mathrm{T}},\boldsymbol{\alpha}_2=(1,0,0,1)^{\mathrm{T}},\boldsymbol{\alpha}_3=(1,1,0,0)^{\mathrm{T}}$，试用施密特正交化方法将此向量组化为标准正交向量组。

解　令

$$\begin{aligned}
\boldsymbol{\beta}_1&=\boldsymbol{\alpha}_1=(1,0,1,0)^{\mathrm{T}}\\
\boldsymbol{\beta}_2&=\boldsymbol{\alpha}_2-\frac{(\boldsymbol{\alpha}_2,\boldsymbol{\beta}_1)}{(\boldsymbol{\beta}_1,\boldsymbol{\beta}_1)}\boldsymbol{\beta}_1=(1,0,0,1)^{\mathrm{T}}-\frac{1}{2}(1,0,1,0)^{\mathrm{T}}=\frac{1}{2}(1,0,-1,2)^{\mathrm{T}}\\
\boldsymbol{\beta}_3&=\boldsymbol{\alpha}_3-\frac{(\boldsymbol{\alpha}_3,\boldsymbol{\beta}_1)}{(\boldsymbol{\beta}_1,\boldsymbol{\beta}_1)}\boldsymbol{\beta}_1-\frac{(\boldsymbol{\alpha}_3,\boldsymbol{\beta}_2)}{(\boldsymbol{\beta}_2,\boldsymbol{\beta}_2)}\boldsymbol{\beta}_2\\
&=(1,1,0,0)^{\mathrm{T}}-\frac{1}{2}(1,0,1,0)^{\mathrm{T}}-\frac{\frac{1}{2}}{\frac{3}{2}}(1,0,1,0)^{\mathrm{T}}=\frac{1}{3}(1,3,-1,-1)^{\mathrm{T}}
\end{aligned}$$

再将 $\boldsymbol{\beta}_1,\boldsymbol{\beta}_2,\boldsymbol{\beta}_3$ 单位化，得

$$\begin{aligned}
\boldsymbol{e}_1&=\frac{\boldsymbol{\beta}_1}{|\boldsymbol{\beta}_1|}=\frac{1}{\sqrt{2}}(1,0,1,0)^{\mathrm{T}}\\
\boldsymbol{e}_2&=\frac{\boldsymbol{\beta}_2}{|\boldsymbol{\beta}_2|}=\frac{1}{\sqrt{6}}(1,0,-1,2)^{\mathrm{T}}\\
\boldsymbol{e}_3&=\frac{\boldsymbol{\beta}_3}{|\boldsymbol{\beta}_3|}=\frac{1}{2\sqrt{3}}(1,3,-1,-1)^{\mathrm{T}}
\end{aligned}$$

4.5.3　正交矩阵

定义 4.25　如果 n 阶矩阵 $\boldsymbol{A}$ 满足 $\boldsymbol{A}\boldsymbol{A}^{\mathrm{T}}=\boldsymbol{A}^{\mathrm{T}}\boldsymbol{A}=\boldsymbol{I}$，则称 $\boldsymbol{A}$ 为**正交矩阵**。

正交矩阵具有以下性质:

(1) 若 $\boldsymbol{A}$ 为正交矩阵，则 $\boldsymbol{A}$ 可逆，且 $\boldsymbol{A}^{-1}=\boldsymbol{A}^{\mathrm{T}}$;

(2) 若 $\boldsymbol{A}$ 为正交矩阵，则 $\boldsymbol{A}^{\mathrm{T}},\boldsymbol{A}^{-1}$ 都是正交矩阵;

(3) 若 $\boldsymbol{A},\boldsymbol{B}$ 为同阶的正交矩阵，那么 $\boldsymbol{AB},\boldsymbol{BA}$ 也是正交矩阵;

(4) 若 $\boldsymbol{A}$ 为正交矩阵，则 $|\boldsymbol{A}|=1$ 或 -1。

定理 4.16　n 阶实矩阵 $\boldsymbol{A}$ 是正交矩阵的充分必要条件是 $\boldsymbol{A}$ 的列向量组 (或行向量组) 是 $\mathbf{R}^n$ 的一个标准正交基。

证　设 $\boldsymbol{A}=(\boldsymbol{\alpha}_1,\boldsymbol{\alpha}_2,\cdots,\boldsymbol{\alpha}_n)$，其中，$\boldsymbol{\alpha}_j\ (j=1,2,\cdots,n)$ 为 $\boldsymbol{A}$ 的列向量，则

$$\boldsymbol{A}^{\mathrm{T}}\boldsymbol{A}=\begin{pmatrix}\boldsymbol{\alpha}_1^{\mathrm{T}}\\\boldsymbol{\alpha}_2^{\mathrm{T}}\\\vdots\\\boldsymbol{\alpha}_n^{\mathrm{T}}\end{pmatrix}(\boldsymbol{\alpha}_1,\boldsymbol{\alpha}_2,\cdots,\boldsymbol{\alpha}_n)=\begin{pmatrix}\boldsymbol{\alpha}_1^{\mathrm{T}}\boldsymbol{\alpha}_1 & \boldsymbol{\alpha}_1^{\mathrm{T}}\boldsymbol{\alpha}_2 & \cdots & \boldsymbol{\alpha}_1^{\mathrm{T}}\boldsymbol{\alpha}_n\\\boldsymbol{\alpha}_2^{\mathrm{T}}\boldsymbol{\alpha}_1 & \boldsymbol{\alpha}_2^{\mathrm{T}}\boldsymbol{\alpha}_2 & \cdots & \boldsymbol{\alpha}_2^{\mathrm{T}}\boldsymbol{\alpha}_n\\\vdots & \vdots & & \vdots\\\boldsymbol{\alpha}_n^{\mathrm{T}}\boldsymbol{\alpha}_1 & \boldsymbol{\alpha}_n^{\mathrm{T}}\boldsymbol{\alpha}_2 & \cdots & \boldsymbol{\alpha}_n^{\mathrm{T}}\boldsymbol{\alpha}_n\end{pmatrix}$$

$$\boldsymbol{A}^{\mathrm{T}}\boldsymbol{A}=\boldsymbol{I}_n\Leftrightarrow\boldsymbol{\alpha}_i^{\mathrm{T}}\boldsymbol{\alpha}_j=(\boldsymbol{\alpha}_i,\boldsymbol{\alpha}_j)=\begin{cases}1, & \text{当 } i=j \text{ 时}\\0, & \text{当 } i\neq j \text{ 时}\end{cases}\quad(i,j=1,2,\cdots,n)$$

即 $\boldsymbol{A}$ 是正交矩阵的充分必要条件是 $\boldsymbol{A}$ 的列向量组是 $\mathbf{R}^n$ 的一个标准正交基。考虑到 $\boldsymbol{A}^{\mathrm{T}}\boldsymbol{A}=\boldsymbol{I}_n$ 与 $\boldsymbol{A}\boldsymbol{A}^{\mathrm{T}}=\boldsymbol{I}_n$ 等价，所以上述结论对 $\boldsymbol{A}$ 的行向量组也成立，即 $\boldsymbol{A}$ 是正交矩阵的充分必要条件是 $\boldsymbol{A}$ 的行向量组也是 $\mathbf{R}^n$ 的一个标准正交基。

例 4.21　设 $\boldsymbol{x}$ 是 n 维实列向量，且 $\boldsymbol{x}^{\mathrm{T}}\boldsymbol{x}=1,\boldsymbol{H}=\boldsymbol{I}_n-2\boldsymbol{x}\boldsymbol{x}^{\mathrm{T}}$。证明: 矩阵 $\boldsymbol{H}$ 是对称的正交矩阵。

证　因 $\boldsymbol{x}$ 是 n 维实列向量，故矩阵 $\boldsymbol{H}$ 是 n 阶实矩阵，又

$$\boldsymbol{H}^{\mathrm{T}}=(\boldsymbol{I}_n-2\boldsymbol{x}\boldsymbol{x}^{\mathrm{T}})^{\mathrm{T}}=\boldsymbol{I}_n^{\mathrm{T}}-2(\boldsymbol{x}\boldsymbol{x}^{\mathrm{T}})^{\mathrm{T}}=\boldsymbol{I}_n-2\boldsymbol{x}\boldsymbol{x}^{\mathrm{T}}=\boldsymbol{H}$$

即 $\boldsymbol{H}$ 为实对称矩阵，而

$$\begin{aligned}\boldsymbol{H}^{\mathrm{T}}\boldsymbol{H}&=(\boldsymbol{I}_n-2\boldsymbol{x}\boldsymbol{x}^{\mathrm{T}})(\boldsymbol{I}_n-2\boldsymbol{x}\boldsymbol{x}^{\mathrm{T}})=\boldsymbol{I}_n-4\boldsymbol{x}\boldsymbol{x}^{\mathrm{T}}+4\boldsymbol{x}\boldsymbol{x}^{\mathrm{T}}\boldsymbol{x}\boldsymbol{x}^{\mathrm{T}}\\&=\boldsymbol{I}_n-4\boldsymbol{x}\boldsymbol{x}^{\mathrm{T}}+4\boldsymbol{x}(\boldsymbol{x}^{\mathrm{T}}\boldsymbol{x})\boldsymbol{x}^{\mathrm{T}}=\boldsymbol{I}_n-4\boldsymbol{x}\boldsymbol{x}^{\mathrm{T}}+4\boldsymbol{x}\boldsymbol{x}^{\mathrm{T}}=\boldsymbol{I}_n\end{aligned}$$

所以 $\boldsymbol{H}$ 又是正交矩阵。

习　题　4.5

1. 已知 $\mathbf{R}^3$ 中的两个向量 $\boldsymbol{\alpha}_1=(1,1,1)^{\mathrm{T}},\boldsymbol{\alpha}_2=(1,-2,1)^{\mathrm{T}}$ 正交，试求一个非零向量 $\boldsymbol{\alpha}_3$，使 $\boldsymbol{\alpha}_1,\boldsymbol{\alpha}_2,\boldsymbol{\alpha}_3$ 两两正交，并将其标准正交化。

2. 用施密特正交化方法将向量组 $\boldsymbol{\alpha}_1=(1,1,0,0)^{\mathrm{T}},\boldsymbol{\alpha}_2=(1,0,11)^{\mathrm{T}},\boldsymbol{\alpha}_3=(1,1,1,1)^{\mathrm{T}}$ 标准正交化。

3. 设 $\boldsymbol{A}=\begin{pmatrix} a & \frac{1}{\sqrt{2}} & 0 \\ \frac{1}{\sqrt{2}} & b & 0 \\ 0 & 0 & 1 \end{pmatrix}$ 为正交矩阵，求 a,b 的值。

4. 证明：(1) 若 $\boldsymbol{A},\boldsymbol{B}$ 为同阶的正交矩阵，那么 $\boldsymbol{AB},\boldsymbol{BA}$ 也是正交矩阵；

(2) 若 $\boldsymbol{A}$ 为正交矩阵，则 $|\boldsymbol{A}|=1$ 或 -1。

5. 设 $\boldsymbol{A}$ 为 n 阶正交矩阵，求证：

(1) 对 $\mathbf{R}^n$ 中的任意两个列向量 $\boldsymbol{\alpha}_1,\boldsymbol{\alpha}_2$，总有 $(\boldsymbol{A\alpha}_1,\boldsymbol{A\alpha}_2)=(\boldsymbol{\alpha}_1,\boldsymbol{\alpha}_2)$；

(2) 若列向量 $\boldsymbol{\alpha}_1,\boldsymbol{\alpha}_2,\cdots,\boldsymbol{\alpha}_n$ 是 $\mathbf{R}^n$ 的一组标准正交基，则 $\boldsymbol{A\alpha}_1,\boldsymbol{A\alpha}_2,\cdots,\boldsymbol{A\alpha}_n$ 也是 $\mathbf{R}^n$ 的一组标准正交基。

4.6 本章小结

4.6.1 基本要求

1) 理解 n 维向量的概念与向量的线性表示。

2) 理解向量的线性相关、线性无关的定义，熟练掌握向量组的线性相关性的有关性质及判别法。

3) 理解向量组的极大线性无关组和秩的概念，会求向量组的极大线性无关组和秩。

4) 理解向量组等价的概念，了解向量组的秩与矩阵的秩的关系。

5) 理解向量空间与子空间的概念，理解向量空间的基与维数的概念，会求向量在给定基下的坐标。

6) 了解过渡矩阵与坐标变换的定义，会求向量空间的两个基之间的过渡矩阵与基变换公式，会利用坐标变换公式求向量的坐标。

7) 了解内积的概念与性质，会用施密特正交化方法将线性无关的向量组化为标准正交向量组。

4.6.2 内容提要

1. 关于 n 维向量的主要概念

1) n 维向量及其运算

(1) n 维向量：n 个实数 $a_1,a_2,\cdots,a_n$ 组成的有序数组称为实数域上的 n 维向量，记作 $\boldsymbol{\alpha}=\begin{pmatrix} a_1 \\ a_2 \\ \vdots \\ a_n \end{pmatrix}$ 或 $\boldsymbol{\alpha}=(a_1,a_2,\cdots,a_n)$。

(2) 向量相等：设 $\boldsymbol{\alpha}=(a_1,a_2,\cdots,a_n)^{\mathrm{T}},\boldsymbol{\beta}=(b_1,b_2,\cdots,b_n)^{\mathrm{T}}$ 是两个 n 维向量，当且仅当它们各个对应的分量相等，即 $a_i=b_i(i=1,2,\cdots,n)$ 时，称向量 $\boldsymbol{\alpha}$ 与向量 $\boldsymbol{\beta}$ 相等，记作 $\boldsymbol{\alpha}=\boldsymbol{\beta}$。

(3) 向量的加法与减法：设 $\boldsymbol{\alpha}=(a_1,a_2,\cdots,a_n)^{\mathrm{T}},\boldsymbol{\beta}=(b_1,b_2,\cdots,b_n)^{\mathrm{T}}$ 都是 n 维向量，则

$$\boldsymbol{\alpha}+\boldsymbol{\beta}=(a_1+b_1,a_2+b_2,\cdots,a_n+b_n)^{\mathrm{T}}$$
$$\boldsymbol{\alpha}-\boldsymbol{\beta}=\boldsymbol{\alpha}+(-\boldsymbol{\beta})=(a_1-b_1,a_2-b_2,\cdots,a_n-b_n)^{\mathrm{T}}$$

(4) 向量的数乘：设 $\boldsymbol{\alpha}=(a_1,a_2,\cdots,a_n)^{\mathrm{T}}$ 是 n 维向量，k 是一个数，则数 k 与向量 $\boldsymbol{\alpha}$ 的数量乘积 (简称数乘) $k\boldsymbol{\alpha}=(ka_1,ka_2,\cdots,ka_n)^{\mathrm{T}}$。

2) 向量的线性相关性

(1) 线性组合：设 $\boldsymbol{\alpha}_1,\boldsymbol{\alpha}_2,\cdots,\boldsymbol{\alpha}_m,\boldsymbol{\beta}\in\mathbf{R}^n$，如果存在一组实数 $k_1,k_2,\cdots,k_m$，使

$$\boldsymbol{\beta}=k_1\boldsymbol{\alpha}_1+k_2\boldsymbol{\alpha}_2+\cdots+k_m\boldsymbol{\alpha}_m$$

则称向量 $\boldsymbol{\beta}$ 是向量组 $\boldsymbol{\alpha}_1,\boldsymbol{\alpha}_2,\cdots,\boldsymbol{\alpha}_m$ 的一个线性组合，或称向量 $\boldsymbol{\beta}$ 可以由向量组 $\boldsymbol{\alpha}_1,\boldsymbol{\alpha}_2,\cdots,\boldsymbol{\alpha}_m$ 线性表示，称 $k_1,k_2,\cdots,k_m$ 为组合系数。

(2) 线性相关、线性无关：设 $\boldsymbol{\alpha}_1,\boldsymbol{\alpha}_2,\cdots,\boldsymbol{\alpha}_s\in\mathbf{R}^n$，如果存在不全为零的实数 $k_1,k_2,\cdots,k_s$，使

$$k_1\boldsymbol{\alpha}_1+k_2\boldsymbol{\alpha}_2+\cdots+k_s\boldsymbol{\alpha}_s=\mathbf{0}$$

则称向量组 $\boldsymbol{\alpha}_1,\boldsymbol{\alpha}_2,\cdots,\boldsymbol{\alpha}_s$ 线性相关，否则，称向量组 $\boldsymbol{\alpha}_1,\boldsymbol{\alpha}_2,\cdots,\boldsymbol{\alpha}_s$ 线性无关，即要使

$$k_1\boldsymbol{\alpha}_1+k_2\boldsymbol{\alpha}_2+\cdots+k_s\boldsymbol{\alpha}_s=\mathbf{0}$$

成立，必有 $k_1=k_2=\cdots=k_s=0$。

3) 向量组的极大线性无关组与秩

(1) 向量组的等价：设向量组 A: $\boldsymbol{\alpha}_1,\boldsymbol{\alpha}_2,\cdots,\boldsymbol{\alpha}_s$，$B$: $\boldsymbol{\beta}_1,\boldsymbol{\beta}_2,\cdots,\boldsymbol{\beta}_t$。若 B 中任一向量都可以由 A 中的向量线性表示，则称 B 可以由 A 线性表示。如果 B 可以由 A 线性表示，而且 A 也可以由 B 线性表示，则称 A 与 B 等价。

(2) 向量组的极大线性无关组：如果向量组 A: $\boldsymbol{\alpha}_1,\boldsymbol{\alpha}_2,\cdots,\boldsymbol{\alpha}_s$ 中有一个部分组 $\boldsymbol{\alpha}_{i1},\boldsymbol{\alpha}_{i2},\cdots,k\boldsymbol{\alpha}_{ir}$ 满足

① $\boldsymbol{\alpha}_{i1},\boldsymbol{\alpha}_{i2},\cdots,\boldsymbol{\alpha}_{ir}$ 线性无关；

② 添加 A 中任一个其他向量 $\boldsymbol{\alpha}$ (如果存在的话)，$\boldsymbol{\alpha}_{i1},\boldsymbol{\alpha}_{i2},\cdots,\boldsymbol{\alpha}_{ir}$ 线性相关，则称 $\boldsymbol{\alpha}_{i1},\boldsymbol{\alpha}_{i2},\cdots,\boldsymbol{\alpha}_{ir}$ 为向量组 A: $\boldsymbol{\alpha}_1,\boldsymbol{\alpha}_2,\cdots,\boldsymbol{\alpha}_s$ 的一个极大线性无关组。

(3) 向量组的秩：向量组 A 的极大线性无关组中所含向量的个数称为这个向量组的秩，记作 $\mathrm{rank}(A)$，简记为 $\mathrm{r}(A)$。规定只含零向量的向量组的秩为 0。

4) 向量空间

(1) 向量空间：设 V 是 n 维向量空间的一个非空子集，如果

① V 对于向量加法是封闭的，即 $\forall \boldsymbol{\alpha}, \boldsymbol{\beta} \in V$，有 $\boldsymbol{\alpha}+\boldsymbol{\beta} \in V$；

② V 对于数乘向量是封闭的，即 $\forall \boldsymbol{\alpha} \in V$，$\forall k \in \mathbf{R}$，有 $k\boldsymbol{\alpha} \in V$，
则称集合 V 是一个 (实) 向量空间。

(2) 子空间：设有向量空间 V, W，如果 $V \subset W$，就称 V 是 W 的子空间。

(3) 向量空间的基、维数：设 $\boldsymbol{\alpha}_1, \boldsymbol{\alpha}_2, \cdots, \boldsymbol{\alpha}_r$ 是向量空间 V 中的向量，满足

① $\boldsymbol{\alpha}_1, \boldsymbol{\alpha}_2, \cdots, \boldsymbol{\alpha}_r$ 线性无关；

② V 中任一向量都可以由 $\boldsymbol{\alpha}_1, \boldsymbol{\alpha}_2, \cdots, \boldsymbol{\alpha}_r$ 线性表示，
则称 $\boldsymbol{\alpha}_1, \boldsymbol{\alpha}_2, \cdots, \boldsymbol{\alpha}_r$ 为向量空间 V 的一个基，r 称为向量空间 V 的维数，并称 V 为 r 维向量空间。

(4) 向量的坐标：设 $\boldsymbol{\alpha}_1, \boldsymbol{\alpha}_2, \cdots, \boldsymbol{\alpha}_r$ 是向量空间 V 的一个基，$\boldsymbol{\alpha} \in V$，若

$$\boldsymbol{\alpha} = x_1\boldsymbol{\alpha}_1 + x_2\boldsymbol{\alpha}_2 + \cdots + x_r\boldsymbol{\alpha}_r$$

则称有序数组 $(x_1, x_2, \cdots, x_r)^{\mathrm{T}}$ 为向量 $\boldsymbol{\alpha}$ 在基 $\boldsymbol{\alpha}_1, \boldsymbol{\alpha}_2, \cdots, \boldsymbol{\alpha}_r$ 下的坐标。

(5) 过渡矩阵：设 $\boldsymbol{\alpha}_1, \boldsymbol{\alpha}_2, \cdots, \boldsymbol{\alpha}_n$ 与 $\boldsymbol{\beta}_1, \boldsymbol{\beta}_2, \cdots, \boldsymbol{\beta}_n$ 是 $\mathbf{R}^n$ 的两组基，显然它们可以相互线性表示。若

$$\begin{cases} \boldsymbol{\beta}_1 = c_{11}\boldsymbol{\alpha}_1 + c_{21}\boldsymbol{\alpha}_2 + \cdots + c_{n1}\boldsymbol{\alpha}_n \\ \boldsymbol{\beta}_2 = c_{12}\boldsymbol{\alpha}_1 + c_{22}\boldsymbol{\alpha}_2 + \cdots + c_{n2}\boldsymbol{\alpha}_n \\ \cdots\cdots \\ \boldsymbol{\beta}_n = c_{1n}\boldsymbol{\alpha}_1 + c_{2n}\boldsymbol{\alpha}_2 + \cdots + c_{nn}\boldsymbol{\alpha}_n \end{cases}$$

记

$$\boldsymbol{C} = \begin{pmatrix} c_{11} & c_{12} & \cdots & c_{1n} \\ c_{21} & c_{22} & \cdots & c_{2n} \\ \vdots & \vdots & & \vdots \\ c_{n1} & c_{n2} & \cdots & c_{nn} \end{pmatrix}$$

则称

$$(\boldsymbol{\beta}_1, \boldsymbol{\beta}_2, \cdots, \boldsymbol{\beta}_n) = (\boldsymbol{\alpha}_1, \boldsymbol{\alpha}_2, \cdots, \boldsymbol{\alpha}_n)\boldsymbol{C}$$

为基变换公式，其中，矩阵 $\boldsymbol{C}$ 称为由基 $\boldsymbol{\alpha}_1, \boldsymbol{\alpha}_2, \cdots, \boldsymbol{\alpha}_n$ 到基 $\boldsymbol{\beta}_1, \boldsymbol{\beta}_2, \cdots, \boldsymbol{\beta}_n$ 的过渡矩阵。

(6) 坐标变换公式：设 $\mathbf{R}^n$ 中的向量 $\boldsymbol{\alpha}$，在基 $\boldsymbol{\alpha}_1, \boldsymbol{\alpha}_2, \cdots, \boldsymbol{\alpha}_n$ 下的坐标为 $\boldsymbol{X} = (x_1, x_2, \cdots, x_n)^{\mathrm{T}}$，在基 $\boldsymbol{\beta}_1, \boldsymbol{\beta}_2, \cdots, \boldsymbol{\beta}_n$ 下的坐标为 $\boldsymbol{Y} = (x_1', x_2', \cdots, x_n')^{\mathrm{T}}$，且由基 $\boldsymbol{\alpha}_1, \boldsymbol{\alpha}_2, \cdots, \boldsymbol{\alpha}_n$ 到基 $\boldsymbol{\beta}_1, \boldsymbol{\beta}_2, \cdots, \boldsymbol{\beta}_n$ 的过渡矩阵为 $\boldsymbol{C}$，则有如下坐标变换公式

$$\boldsymbol{X} = \boldsymbol{C}\boldsymbol{Y} \text{ 或 } \boldsymbol{Y} = \boldsymbol{C}^{-1}\boldsymbol{X}$$

5) 向量组的正交性

(1) 内积与正交向量组

①内积：设 $\boldsymbol{\alpha}=(a_1,a_2,\cdots,a_n)^{\mathrm{T}}$，$\boldsymbol{\beta}=(b_1,b_2,\cdots,b_n)^{\mathrm{T}}$ 为 $\mathbf{R}^n$ 中的两个向量，则

$$(\boldsymbol{\alpha},\boldsymbol{\beta})=\boldsymbol{\alpha}^{\mathrm{T}}\boldsymbol{\beta}=\sum_{i=1}^{n}a_ib_i$$

称为向量 $\boldsymbol{\alpha}$ 与 $\boldsymbol{\beta}$ 的内积；

②长度：$|\boldsymbol{\alpha}|=\sqrt{(\boldsymbol{\alpha},\boldsymbol{\alpha})}=\sqrt{a_1^2+a_2^2+\cdots+a_n^2}$；

③夹角：$\theta=\arccos\dfrac{(\boldsymbol{\alpha},\boldsymbol{\beta})}{|\boldsymbol{\alpha}|\,|\boldsymbol{\beta}|}\quad(0\leqslant\theta\leqslant\pi)$；

④正交向量组：两两正交且不含零向量的向量组；

⑤正交向量组是线性无关的向量组；

⑥每一个向量都是单位向量的正交向量组，称为标准正交向量组。

(2) 施密特正交化方法

设向量组 $\boldsymbol{\alpha}_1,\boldsymbol{\alpha}_2,\cdots,\boldsymbol{\alpha}_r$ 线性无关，令

$$\begin{aligned}
\boldsymbol{\beta}_1&=\boldsymbol{\alpha}_1\\
\boldsymbol{\beta}_2&=\boldsymbol{\alpha}_2-\frac{(\boldsymbol{\alpha}_2,\boldsymbol{\beta}_1)}{(\boldsymbol{\beta}_1,\boldsymbol{\beta}_1)}\boldsymbol{\beta}_1\\
\boldsymbol{\beta}_3&=\boldsymbol{\alpha}_3-\frac{(\boldsymbol{\alpha}_3,\boldsymbol{\beta}_1)}{(\boldsymbol{\beta}_1,\boldsymbol{\beta}_1)}\boldsymbol{\beta}_1-\frac{(\boldsymbol{\alpha}_3,\boldsymbol{\beta}_2)}{(\boldsymbol{\beta}_2,\boldsymbol{\beta}_2)}\boldsymbol{\beta}_2\\
&\cdots\cdots\\
\boldsymbol{\beta}_r&=\boldsymbol{\alpha}_r-\frac{(\boldsymbol{\alpha}_r,\boldsymbol{\beta}_1)}{(\boldsymbol{\beta}_1,\boldsymbol{\beta}_1)}\boldsymbol{\beta}_1-\frac{(\boldsymbol{\alpha}_r,\boldsymbol{\beta}_2)}{(\boldsymbol{\beta}_2,\boldsymbol{\beta}_2)}\boldsymbol{\beta}_2-\cdots-\frac{(\boldsymbol{\alpha}_r,\boldsymbol{\beta}_{r-1})}{(\boldsymbol{\beta}_{r-1},\boldsymbol{\beta}_{r-1})}\boldsymbol{\beta}_{r-1}
\end{aligned}$$

再将向量组 $\boldsymbol{\beta}_1,\boldsymbol{\beta}_2,\cdots,\boldsymbol{\beta}_r$ 单位化，令

$$\boldsymbol{e}_1=\frac{\boldsymbol{\beta}_1}{|\boldsymbol{\beta}_1|},\quad \boldsymbol{e}_2=\frac{\boldsymbol{\beta}_2}{|\boldsymbol{\beta}_2|},\quad \cdots,\boldsymbol{e}_r=\frac{\boldsymbol{\beta}_r}{|\boldsymbol{\beta}_r|}$$

则 $\boldsymbol{e}_1,\boldsymbol{e}_2,\cdots,\boldsymbol{e}_r$ 是一组与 $\boldsymbol{\alpha}_1,\boldsymbol{\alpha}_2,\cdots,\boldsymbol{\alpha}_r$ 等价的标准 (规范) 正交向量组。

2. 线性相关性及矩阵秩的一些重要结论

1) 与线性相关性有关的定理

(1) 向量组 $\boldsymbol{\alpha}_1,\boldsymbol{\alpha}_2,\cdots,\boldsymbol{\alpha}_m(m\geqslant 2)$ 线性相关的充要条件是向量组中至少有一个向量可以由其余 $m-1$ 个向量线性表示。

(2) 设 $\boldsymbol{\alpha}_1,\boldsymbol{\alpha}_2,\cdots,\boldsymbol{\alpha}_m$ 线性无关，而 $\boldsymbol{\alpha}_1,\boldsymbol{\alpha}_2,\cdots,\boldsymbol{\alpha}_m,\boldsymbol{\beta}$ 线性相关，则 $\boldsymbol{\beta}$ 能由 $\boldsymbol{\alpha}_1,\boldsymbol{\alpha}_2,\cdots,\boldsymbol{\alpha}_m$ 线性表示，且表示法是唯一的。

(3) 在向量组 $\boldsymbol{\alpha}_1,\boldsymbol{\alpha}_2,\cdots,\boldsymbol{\alpha}_m$ 中，若有部分向量构成的向量组线性相关，则全体向量组也线性相关；反之，若全体向量组线性无关，则任意部分向量组也线性无关。

(4) 若 n 维向量组 $\boldsymbol{\alpha}_i=(\boldsymbol{\alpha}_{i1},\boldsymbol{\alpha}_{i2},\cdots,\boldsymbol{\alpha}_{in})^{\mathrm{T}},i=1,2,\cdots,s$ 线性无关，则 $n+1$ 维向量组 $\boldsymbol{\beta}_i=(\boldsymbol{\alpha}_{i1},\boldsymbol{\alpha}_{i2},\cdots,\boldsymbol{\alpha}_{in},\boldsymbol{\alpha}_{in+1})^{\mathrm{T}}$，$i=1,2,\cdots,s$ 也线性无关。

(5) $\mathbf{R}^n$ 中任意 $n+1$ 个向量都是线性相关的。

(6) 若向量组 $\boldsymbol{\alpha}_1,\boldsymbol{\alpha}_2,\cdots,\boldsymbol{\alpha}_r$ 可由向量组 $\boldsymbol{\beta}_1,\boldsymbol{\beta}_2,\cdots,\boldsymbol{\beta}_s$ 线性表示，且 $\boldsymbol{\alpha}_1,\boldsymbol{\alpha}_2,\cdots,\boldsymbol{\alpha}_r$ 线性无关，则 $r\leqslant s$。

(7) 如果向量组 A 可以由向量组 B 线性表示，则 $\mathrm{r}(A)\leqslant\mathrm{r}(B)$。

(8) 向量组 A 与向量组 B 等价，则 $\mathrm{r}(A)=\mathrm{r}(B)$。

2) 与方程组相关的定理

(1) 设 $\boldsymbol{\alpha}_1,\boldsymbol{\alpha}_2,\cdots,\boldsymbol{\alpha}_m,\boldsymbol{\beta}\in\mathbf{R}^n$，则 $\boldsymbol{\beta}$ 可以由向量组 $\boldsymbol{\alpha}_1,\boldsymbol{\alpha}_2,\cdots,\boldsymbol{\alpha}_m$ 线性表示的充要条件是线性方程组 $x_1\boldsymbol{\alpha}_1+x_2\boldsymbol{\alpha}_2+\cdots+x_m\boldsymbol{\alpha}_m=\boldsymbol{\beta}$ 有解。

(2) 向量组 $\boldsymbol{\alpha}_1,\boldsymbol{\alpha}_2,\cdots,\boldsymbol{\alpha}_s$ 线性相关 (线性无关) 的充要条件是齐次线性方程组 $x_1\boldsymbol{\alpha}_1+x_2\boldsymbol{\alpha}_2+\cdots+x_s\boldsymbol{\alpha}_s=\mathbf{0}$ 有非零解 (仅有零解)。这里 $\boldsymbol{A}=(\boldsymbol{\alpha}_1,\boldsymbol{\alpha}_2,\cdots,\boldsymbol{\alpha}_s)$。

3) 与矩阵的秩相关的定理

(1) 矩阵 $\boldsymbol{A}$ 的行秩、列秩都等于矩阵 $\boldsymbol{A}$ 的秩。

(2) $\mathrm{r}(\boldsymbol{A}+\boldsymbol{B})\leqslant\mathrm{r}(\boldsymbol{A})+\mathrm{r}(\boldsymbol{B})$。

(3) $\mathrm{r}(\boldsymbol{AB})\leqslant\min\{\mathrm{r}(\boldsymbol{A}),\mathrm{r}(\boldsymbol{B})\}$。

第4章总习题

一、单项选择题

1. 已知向量组 $\boldsymbol{\alpha}_1,\boldsymbol{\alpha}_2,\boldsymbol{\alpha}_3,\boldsymbol{\alpha}_4$ 线性无关, 则向量组 (　　) 线性无关。

A. $\boldsymbol{\alpha}_1+\boldsymbol{\alpha}_2,\boldsymbol{\alpha}_2+\boldsymbol{\alpha}_3,\boldsymbol{\alpha}_3+\boldsymbol{\alpha}_4,\boldsymbol{\alpha}_4+\boldsymbol{\alpha}_1$

B. $\boldsymbol{\alpha}_1-\boldsymbol{\alpha}_2,\boldsymbol{\alpha}_2-\boldsymbol{\alpha}_3,\boldsymbol{\alpha}_3-\boldsymbol{\alpha}_4,\boldsymbol{\alpha}_4-\boldsymbol{\alpha}_1$

C. $\boldsymbol{\alpha}_1+\boldsymbol{\alpha}_2,\boldsymbol{\alpha}_2+\boldsymbol{\alpha}_3,\boldsymbol{\alpha}_3+\boldsymbol{\alpha}_4,\boldsymbol{\alpha}_4-\boldsymbol{\alpha}_1$

D. $\boldsymbol{\alpha}_1+\boldsymbol{\alpha}_2,\boldsymbol{\alpha}_2+\boldsymbol{\alpha}_3,\boldsymbol{\alpha}_3-\boldsymbol{\alpha}_4,\boldsymbol{\alpha}_4-\boldsymbol{\alpha}_1$

2. 设有向量组 $\boldsymbol{\alpha}_1=(1,-1,2,4)^{\mathrm{T}}$，$\boldsymbol{\alpha}_2=(0,3,1,2)^{\mathrm{T}}$，$\boldsymbol{\alpha}_3=(3,0,7,14)^{\mathrm{T}}$，$\boldsymbol{\alpha}_4=(1,-2,2,0)^{\mathrm{T}}$，$\boldsymbol{\alpha}_5=(2,1,5,10)^{\mathrm{T}}$, 则该向量组的极大线性无关组是 (　　)

A. $\boldsymbol{\alpha}_1,\boldsymbol{\alpha}_2,\boldsymbol{\alpha}_3$　　B. $\boldsymbol{\alpha}_1,\boldsymbol{\alpha}_2,\boldsymbol{\alpha}_4$　　C. $\boldsymbol{\alpha}_1,\boldsymbol{\alpha}_2,\boldsymbol{\alpha}_5$　　D. $\boldsymbol{\alpha}_1,\boldsymbol{\alpha}_2,\boldsymbol{\alpha}_4,\boldsymbol{\alpha}_5$

3. 若向量组 $\boldsymbol{\alpha},\boldsymbol{\beta},\boldsymbol{\gamma}$ 线性无关；$\boldsymbol{\alpha},\boldsymbol{\beta},\boldsymbol{\delta}$ 线性相关，则 (　　)

A. $\boldsymbol{\alpha}$ 必可由 $\boldsymbol{\beta},\boldsymbol{\gamma},\boldsymbol{\delta}$ 线性表示　　B. $\boldsymbol{\beta}$ 必不可由 $\boldsymbol{\alpha},\boldsymbol{\gamma},\boldsymbol{\delta}$ 线性表示

C. $\boldsymbol{\delta}$ 必可由 $\boldsymbol{\beta},\boldsymbol{\gamma},\boldsymbol{\alpha}$ 线性表示　　D. $\boldsymbol{\delta}$ 必不可由 $\boldsymbol{\beta},\boldsymbol{\gamma},\boldsymbol{\alpha}$ 线性表示

4. 设向量 $\boldsymbol{\beta}$ 可由向量组 $\boldsymbol{\alpha}_1,\boldsymbol{\alpha}_2,\cdots,\boldsymbol{\alpha}_m$ 线性表示, 但不能由向量组 Ⅰ : $\boldsymbol{\alpha}_1,\boldsymbol{\alpha}_2,\cdots,\boldsymbol{\alpha}_{m-1}$ 线性表示，记向量组Ⅱ: $\boldsymbol{\alpha}_1,\boldsymbol{\alpha}_2,\cdots,\boldsymbol{\alpha}_{m-1},\boldsymbol{\beta}$，则 (　　)

A. $\boldsymbol{\alpha}_m$ 不能由Ⅰ线性表示，也不能由Ⅱ线性表示

B. $\boldsymbol{\alpha}_m$ 不能由Ⅰ线性表示，但可由Ⅱ线性表示

C. $\boldsymbol{\alpha}_m$ 可由Ⅰ线性表示，也可由Ⅱ线性表示

D. $\boldsymbol{\alpha}_m$ 可由 I 线性表示，但不能由 II 线性表示

5. 设 $\boldsymbol{A}$ 是 $n(n \geqslant 3)$ 阶方阵且 $|\boldsymbol{A}|=0$，则 $\boldsymbol{A}$ 的行向量中必定　　(　　)

A. 有一个零向量　　B. 有两个向量线性相关

C. 至少有一个向量可由其他的向量线性表示　D. 任何一个向量可由其他的向量线性表示

6. 下列结论正确的是　　(　　)

A. 等价的线性无关的向量组，所含的向量个数相同

B. 在一个向量组中，它的任意两个极大无关组不一定是等价的

C. 向量组 A 与向量组 B 等价的充要条件是它们所含的向量个数是相同的

D. 等价的向量组的秩不一定相同

二、解答题

1. 已知 $\boldsymbol{\alpha}_1=(1,0,2,3)^{\mathrm{T}}, \boldsymbol{\alpha}_2=(1,1,3,5)^{\mathrm{T}}, \boldsymbol{\alpha}_3=(1,-1,a+2,1)^{\mathrm{T}}, \boldsymbol{\alpha}_4=(1,2,4,a+8)^{\mathrm{T}}$ 及 $\boldsymbol{\beta}=(1,1,b+3,5)^{\mathrm{T}}$，问:

(1) a,b 为何值时，$\boldsymbol{\beta}$ 不能由 $\boldsymbol{\alpha}_1,\boldsymbol{\alpha}_2,\boldsymbol{\alpha}_3,\boldsymbol{\alpha}_4$ 线性表示;

(2) a,b 为何值时，$\boldsymbol{\beta}$ 可由 $\boldsymbol{\alpha}_1,\boldsymbol{\alpha}_2,\boldsymbol{\alpha}_3,\boldsymbol{\alpha}_4$ 唯一线性表示? 并写出该表示式。

2. 设 $\boldsymbol{\alpha}_1=(x,3,2)^{\mathrm{T}}, \boldsymbol{\alpha}_2=(2,-1,3)^{\mathrm{T}}, \boldsymbol{\alpha}_3=(3,2,1)^{\mathrm{T}}$，当 x 为何值时，$\boldsymbol{\alpha}_1,\boldsymbol{\alpha}_2,\boldsymbol{\alpha}_3$ 线性无关? 当 x 为何值时，$\boldsymbol{\alpha}_1,\boldsymbol{\alpha}_2,\boldsymbol{\alpha}_3$ 线性相关?

3. 已知 $\boldsymbol{\alpha}_1=(a_1,a_2,a_3)^{\mathrm{T}}, \boldsymbol{\alpha}_2=(b_1,b_2,b_3)^{\mathrm{T}}, \boldsymbol{\alpha}_3=(c_1,c_2,c_3)^{\mathrm{T}}$，其中，$a_i^2+b_i^2 \neq 0$，三条直线 L_i: $a_ix+b_iy+c_i=0, i=1,2,3$，证明: 三条直线相交于一点的充要条件为 $\boldsymbol{\alpha}_1,\boldsymbol{\alpha}_2$ 线性无关，$\boldsymbol{\alpha}_1,\boldsymbol{\alpha}_2,\boldsymbol{\alpha}_3$ 线性相关。

4. 在 $\mathbf{R}^3$ 中，求由基 $\boldsymbol{\alpha}_1=\begin{pmatrix}1\\0\\1\end{pmatrix}$，$\boldsymbol{\alpha}_2=\begin{pmatrix}1\\1\\-1\end{pmatrix}$，$\boldsymbol{\alpha}_3=\begin{pmatrix}0\\1\\0\end{pmatrix}$到基 $\boldsymbol{\eta}_1=\begin{pmatrix}1\\-2\\1\end{pmatrix}$，$\boldsymbol{\eta}_2=\begin{pmatrix}1\\2\\-1\end{pmatrix}$，$\boldsymbol{\eta}_3=\begin{pmatrix}0\\1\\-2\end{pmatrix}$的过渡矩阵。

5. 设向量组

$$\boldsymbol{\alpha}_1=\begin{pmatrix}1\\2\\-1\\0\end{pmatrix}, \boldsymbol{\alpha}_2=\begin{pmatrix}1\\1\\0\\2\end{pmatrix}, \boldsymbol{\alpha}_3=\begin{pmatrix}2\\1\\1\\a\end{pmatrix}, \boldsymbol{\beta}=\begin{pmatrix}2\\5\\-3\\b\end{pmatrix}$$

$V=L(\boldsymbol{\alpha}_1,\boldsymbol{\alpha}_2,\boldsymbol{\alpha}_3)$ 是 $\boldsymbol{\alpha}_1,\boldsymbol{\alpha}_2,\boldsymbol{\alpha}_3$ 生成的二维空间且 $\boldsymbol{\beta}\in V$，

(1) 求 a,b;

(2) 求 V 的一个基，并求 $\boldsymbol{\beta}$ 在此基下的坐标。

6. 假设 n 维列向量 $\boldsymbol{\beta}_1=a\boldsymbol{\alpha}_1+b\boldsymbol{\alpha}_2, \boldsymbol{\beta}_2=c\boldsymbol{\alpha}_1+d\boldsymbol{\alpha}_2$，若 $\boldsymbol{\beta}_1,\boldsymbol{\beta}_2$ 线性无关，证明: $\boldsymbol{\alpha}_1,\boldsymbol{\alpha}_2$ 线性无关，并且行列式 $\begin{vmatrix}a & b\\c & d\end{vmatrix}\neq 0$。

第 5 章　线性方程组

在现代科技的众多领域中，常常会遇到线性方程组的求解问题。在第 2 章我们已经讨论了线性方程组解的存在性问题，但没有从向量角度探讨清楚线性方程组解的结构。本章主要讨论线性方程组解的结构以及通解表达式，首先从齐次线性方程组解的结构入手。

5.1　齐次线性方程组

任一齐次线性线性方程组肯定是相容的，因为每个未知量都取成 0 就是其解，这样的解称为零解，其余的解称为非零解。因此，对于齐次线性方程组来说，重要的是要知道它有没有非零解。在这一节，我们将讨论当齐次线性方程组有非零解时，解的结构以及如何求出它的所有解。

5.1.1　齐次线性方程组解的性质

设齐次线性方程组

$$\begin{cases} a_{11}x_1 + a_{12}x_2 + \cdots + a_{1n}x_n = 0 \\ a_{21}x_1 + a_{22}x_2 + \cdots + a_{2n}x_n = 0 \\ \cdots\cdots \\ a_{m1}x_1 + a_{m2}x_2 + \cdots + a_{mn}x_n = 0 \end{cases} \tag{5.1}$$

记 $$\boldsymbol{A} = \begin{pmatrix} a_{11} & a_{12} & \cdots & a_{1n} \\ a_{21} & a_{22} & \cdots & a_{2n} \\ \vdots & \vdots & & \vdots \\ a_{m1} & a_{m2} & \cdots & a_{mn} \end{pmatrix}, \boldsymbol{x} = \begin{pmatrix} x_1 \\ x_2 \\ \vdots \\ x_n \end{pmatrix}, \boldsymbol{0} = \begin{pmatrix} 0 \\ 0 \\ \vdots \\ 0 \end{pmatrix}$$

方程组 (5.1) 的矩阵形式为

$$\boldsymbol{Ax} = \boldsymbol{0} \tag{5.2}$$

若 $x_1 = c_1, x_2 = c_2, \cdots, x_n = c_n$ 是方程组 (5.1) 的解，则称

$$\boldsymbol{\xi} = (c_1, c_2, \cdots c_n)^{\mathrm{T}} \tag{5.3}$$

为方程组 (5.1) 或 (5.2) 的**解向量**，简称为**解**。

由第 2 章定理 2.10 知，n 元齐次线性方程组 $\boldsymbol{Ax}=\mathbf{0}$ 有非零解的充要条件是 $\mathrm{r}(\boldsymbol{A})=r<n$, 那么如何求非零解?

为了研究这个问题, 我们先讨论它的解的性质。

性质 5.1　齐次线性方程组解向量之和仍然是解向量。

证　设 $\boldsymbol{\xi}_1$ 与 $\boldsymbol{\xi}_2$ 是齐次线性方程组 (5.2) 的任意两个解，则有 $\boldsymbol{A\xi}_1=\mathbf{0}$，$\boldsymbol{A\xi}_2=\mathbf{0}$。从而

$$\boldsymbol{A}(\boldsymbol{\xi}_1+\boldsymbol{\xi}_2)=\boldsymbol{A\xi}_1+\boldsymbol{A\xi}_2=\mathbf{0}+\mathbf{0}=\mathbf{0}$$

所以 $\boldsymbol{\xi}_1+\boldsymbol{\xi}_2$ 都是方程组 (5.2) 的解向量。

性质 5.2　齐次线性方程组解向量的倍数仍然是解向量。

证　设 $\boldsymbol{\xi}$ 是齐次线性方程组 (5.2) 的任意解，k 是任意常数，则

$$\boldsymbol{A}(k\boldsymbol{\xi})=k(\boldsymbol{A\xi})=k\mathbf{0}=\mathbf{0}$$

故 $k\boldsymbol{\xi}$ 是齐次线性方程组 (5.2) 的解向量。

推论 5.1　齐次线性方程组 (5.2) 的解 $\boldsymbol{\xi}_1,\boldsymbol{\xi}_2,\cdots,\boldsymbol{\xi}_t$ 的任意线性组合 $k_1\boldsymbol{\xi}_1+k_2\boldsymbol{\xi}_2+\cdots+k_t\boldsymbol{\xi}_t$ 也是它的解。

5.1.2　齐次线性方程组的基础解系及解的结构

由性质 5.1 和性质 5.2 可知，齐次线性方程组 $\boldsymbol{Ax}=\mathbf{0}$ 的全体解向量所组成的集合对于向量加法和数乘运算是封闭的，因此构成一个向量空间，称此向量空间为齐次线性方程组 $\boldsymbol{Ax}=\mathbf{0}$ 的**解空间**，记作 S。

定义 5.1　齐次线性方程组 $\boldsymbol{Ax}=\mathbf{0}$ 的解空间 S 的基称为齐次线性方程组的**基础解系**，也即如果向量组 $\boldsymbol{\xi}_1,\boldsymbol{\xi}_2,\cdots,\boldsymbol{\xi}_t$ 满足

(1) $\boldsymbol{\xi}_1,\boldsymbol{\xi}_2,\cdots,\boldsymbol{\xi}_t$ 是 $\boldsymbol{Ax}=\mathbf{0}$ 的一组线性无关的解;

(2) $\boldsymbol{Ax}=\mathbf{0}$ 的任一解都可由 $\boldsymbol{\xi}_1,\boldsymbol{\xi}_2,\cdots,\boldsymbol{\xi}_t$ 线性表示，

则称其为齐次线性方程组 $\boldsymbol{Ax}=\mathbf{0}$ 的一个基础解系。

若 $\boldsymbol{\xi}_1,\boldsymbol{\xi}_2,\cdots,\boldsymbol{\xi}_t$ 是齐次线性方程组 (5.2) 的一个基础解系，则方程组 (5.2) 的任意解都是基础解系的一个线性组合，而基础解系的任意线性组合都是方程组 (5.2) 的解，所以方程组 (5.2) 的解空间为

$$S=\{k_1\boldsymbol{\xi}_1+k_2\boldsymbol{\xi}_2+\cdots+k_t\boldsymbol{\xi}_t|k_1,k_2,\cdots,k_t\ 为任意常数\}$$

称 $k_1\boldsymbol{\xi}_1+k_2\boldsymbol{\xi}_2+\cdots+k_t\boldsymbol{\xi}_t$ 为齐次线性方程组 (5.2) 的**通解**。

定理 5.1　设 $\boldsymbol{A}$ 是 $m\times n$ 矩阵，$\mathrm{r}(\boldsymbol{A})=r<n$，则齐次线性方程组 $\boldsymbol{Ax}=\mathbf{0}$ 存在基础解系，且基础解系含有 $n-r$ 个解向量。

证　由 $\mathrm{r}(\boldsymbol{A})=r\ (r<n)$，不妨设 $\boldsymbol{A}$ 的前 r 个列向量线性无关。对 $\boldsymbol{A}$ 施行初等行变换可以得到行最简形矩阵

$$A \to B = \begin{pmatrix} 1 & \cdots & 0 & c_{1r+1} & \cdots & c_{1n} \\ \vdots & & \vdots & \vdots & & \vdots \\ 0 & \cdots & 1 & c_{rr+1} & \cdots & c_{rn} \\ 0 & \cdots & 0 & 0 & \cdots & 0 \\ \vdots & & \vdots & \vdots & & \vdots \\ 0 & \cdots & 0 & 0 & \cdots & 0 \end{pmatrix}$$

由矩阵 $\boldsymbol{B}$ 对应的方程组与原方程组同解，即

$$\begin{cases} x_1 = -c_{1r+1}x_{r+1} - c_{1r+2}x_{r+2} - \cdots - c_{1n}x_n \\ x_2 = -c_{2r+1}x_{r+1} - c_{2r+2}x_{r+2} - \cdots - c_{2n}x_n \\ \cdots\cdots \\ x_r = -c_{rr+1}x_{r+1} - c_{rr+2}x_{r+2} - \cdots - c_{rn}x_n \end{cases} \tag{5.4}$$

分别取
$$\begin{pmatrix} x_{r+1} \\ x_{r+2} \\ \vdots \\ x_n \end{pmatrix} = \begin{pmatrix} 1 \\ 0 \\ \vdots \\ 0 \end{pmatrix}, \begin{pmatrix} 0 \\ 1 \\ \vdots \\ 0 \end{pmatrix}, \cdots, \begin{pmatrix} 0 \\ 0 \\ \vdots \\ 1 \end{pmatrix}$$

得一组解
$$\boldsymbol{\xi}_1 = \begin{pmatrix} -c_{1r+1} \\ -c_{2r+1} \\ \vdots \\ -c_{rr+1} \\ 1 \\ 0 \\ \vdots \\ 0 \end{pmatrix}, \quad \boldsymbol{\xi}_2 = \begin{pmatrix} -c_{1r+2} \\ -c_{2r+2} \\ \vdots \\ -c_{rr+2} \\ 0 \\ 1 \\ \vdots \\ 0 \end{pmatrix}, \cdots, \boldsymbol{\xi}_{n-r} = \begin{pmatrix} -c_{1n} \\ -c_{2n} \\ \vdots \\ -c_{rn} \\ 0 \\ 0 \\ \vdots \\ 1 \end{pmatrix} \tag{5.5}$$

下面证明 (5.5) 中的这组解是齐次线性方程组的一个基础解系。

首先，由于 $n-r$ 个 $n-r$ 维向量

$$\begin{pmatrix} 1 \\ 0 \\ \vdots \\ 0 \end{pmatrix}, \begin{pmatrix} 0 \\ 1 \\ \vdots \\ 0 \end{pmatrix}, \cdots, \begin{pmatrix} 0 \\ 0 \\ \vdots \\ 1 \end{pmatrix}$$

线性无关，由定理 4.6，分别在每个向量前面添加 r 个分量而得到的 $n-r$ 个 n 维向量组也线性无关。

其次，证明 $\boldsymbol{Ax}=\boldsymbol{0}$ 的任一解向量 $\boldsymbol{x}=\boldsymbol{\xi}=\begin{pmatrix}k_1\\k_2\\\vdots\\k_n\end{pmatrix}$ 都可由 $\boldsymbol{\xi}_1,\boldsymbol{\xi}_2,\cdots,\boldsymbol{\xi}_{n-r}$ 线性表示。为此，作向量

$$\boldsymbol{\eta}=k_{r+1}\boldsymbol{\xi}_1+k_{r+2}\boldsymbol{\xi}_2+\cdots+k_n\boldsymbol{\xi}_{n-r}$$

由于 $\boldsymbol{\xi}_1,\boldsymbol{\xi}_2,\cdots,\boldsymbol{\xi}_{n-r}$ 是 $\boldsymbol{Ax}=\boldsymbol{0}$ 的解，由性质 5.1 及性质 5.2 知，$\boldsymbol{\eta}$ 也是 $\boldsymbol{Ax}=\boldsymbol{0}$ 的解，比较向量 $\boldsymbol{\xi}$ 与 $\boldsymbol{\eta}$，知道它们后面 $n-r$ 个分量对应相等。由于它们都应满足方程组 (5.2)，从而它们前面 r 个分量也一定对应相等。因此 $\boldsymbol{\xi}=\boldsymbol{\eta}$，即

$$\boldsymbol{\xi}=k_{r+1}\boldsymbol{\xi}_1+k_{r+2}\boldsymbol{\xi}_2+\cdots+k_n\boldsymbol{\xi}_{n-r}$$

这就证明了 $\boldsymbol{Ax}=\boldsymbol{0}$ 的任一解都可由 $\boldsymbol{\xi}_1,\boldsymbol{\xi}_2,\cdots,\boldsymbol{\xi}_{n-r}$ 线性表示。因此，$\boldsymbol{\xi}_1,\boldsymbol{\xi}_2,\cdots,\boldsymbol{\xi}_{n-r}$ 是 $\boldsymbol{Ax}=\boldsymbol{0}$ 的一个基础解系。

最后，我们证明 $\boldsymbol{Ax}=\boldsymbol{0}$ 的任一基础解系中均含 $n-r$ 个线性无关的解向量。假设 $\eta_1,\eta_2,\cdots,\eta_t$ 是一个基础解系，由基础解系的定义，$\eta_1,\eta_2,\cdots,\eta_t$ 是线性无关的，且与线性无关的向量组 $\boldsymbol{\xi}_1,\boldsymbol{\xi}_2,\cdots,\boldsymbol{\xi}_{n-r}$ 是等价的，则 $t=n-r$。

注　由定理 5.1 还可以看出齐次线性方程组解的结构的一个重要特点：

系数矩阵的秩 + 基础解系含解向量的个数 = 未知数的个数

例 5.1　求齐次线性方程组

$$\begin{cases}x_1-x_2-\ x_3+\ x_4=0\\x_1-x_2+\ x_3-3x_4=0\\x_1-x_2-2x_3+3x_4=0\end{cases}$$

的一个基础解系及通解。

解　对齐次线性方程组的系数矩阵 $\boldsymbol{A}$ 施行初等行变换，使它变成行最简形矩阵

$$\boldsymbol{A}=\begin{pmatrix}1&-1&-1&1\\1&-1&1&-3\\1&-1&-2&3\end{pmatrix}\xrightarrow[r_3-r_1]{r_2-r_1}\begin{pmatrix}1&-1&-1&1\\0&0&2&-4\\0&0&-1&2\end{pmatrix}$$

$$\xrightarrow[r_3+r_2]{r_2\div 2}\begin{pmatrix}1&-1&-1&1\\0&0&1&-2\\0&0&0&0\end{pmatrix}\xrightarrow{r_1+r_2}\begin{pmatrix}1&-1&0&-1\\0&0&1&-2\\0&0&0&0\end{pmatrix}$$

它对应的方程组为

$$\begin{cases} x_1 = x_2 + x_4 \\ x_3 = \quad\ 2x_4 \end{cases}$$

分别取
$$\begin{pmatrix} x_2 \\ x_4 \end{pmatrix} = \begin{pmatrix} 1 \\ 0 \end{pmatrix}, \begin{pmatrix} 0 \\ 1 \end{pmatrix}$$
得到的解向量

$$\boldsymbol{\xi}_1 = \begin{pmatrix} 1 \\ 1 \\ 0 \\ 0 \end{pmatrix}, \quad \boldsymbol{\xi}_2 = \begin{pmatrix} 1 \\ 0 \\ 2 \\ 1 \end{pmatrix}$$

就是这个方程组的一个基础解系。于是齐次线性方程组的通解为

$$\boldsymbol{x} = k_1\boldsymbol{\xi}_1 + k_2\boldsymbol{\xi}_2$$

其中，k_1, k_2 为任意常数。

根据定理 5.1，如果 n 个未知量的齐次线性方程组 $\boldsymbol{Ax} = \boldsymbol{0}$ 的系数矩阵 $\boldsymbol{A}$ 的秩为 r，则 $\boldsymbol{Ax} = \boldsymbol{0}$ 的解空间一定是 $n - r$ 维的。特别地，如果 $r = n$，则 $\boldsymbol{Ax} = \boldsymbol{0}$ 只有零解，没有基础解系。

同时，定理 5.1 的证明还给出了求 $\boldsymbol{Ax} = \boldsymbol{0}$ 的解空间的基，即齐次线性方程组的基础解系的方法，先求得形如方程组 (5.4) 的同解方程组，然后将方程组右端的自由未知量的每一个依次取 1，其余取 0，这样得到的一组解就是齐次线性方程组的基础解系。

注 自由未知量的取值不唯一，故基础解系也不唯一。

例 5.2 求齐次线性方程组 $nx_1 + (n-1)x_2 + \cdots + 2x_{n-1} + x_n = 0$ 的基础解系。

解 这个方程含有 n 个未知量，显然，系数矩阵的秩为 1，因此，这个方程组的任意 $n-1$ 个线性无关的解向量都是它基础解系。将原方程写为

$$x_n = -nx_1 - (n-1)x_2 - \cdots - 2x_{n-1}$$

可得
$$\boldsymbol{\xi}_1 = \begin{pmatrix} 1 \\ 0 \\ \vdots \\ 0 \\ -n \end{pmatrix}, \quad \boldsymbol{\xi}_2 = \begin{pmatrix} 0 \\ 1 \\ \vdots \\ 0 \\ -(n-1) \end{pmatrix}, \cdots, \boldsymbol{\xi}_{n-1} = \begin{pmatrix} 0 \\ 0 \\ \vdots \\ 1 \\ -2 \end{pmatrix}$$

这 $n-1$ 个解向量就是这个方程组的基础解系。

例 5.3　设 $\boldsymbol{A}$ 为 n 阶方阵，对任意 n 维列向量 $\boldsymbol{X}=(x_1,x_2,\cdots,x_n)^{\mathrm{T}}$，均有 $\boldsymbol{AX}=\boldsymbol{0}$，证明 $\boldsymbol{A}=\boldsymbol{0}$。

证法一　取 n 维线性无关的列向量 $\boldsymbol{X}_1,\boldsymbol{X}_2,\cdots,\boldsymbol{X}_n$，令 $\boldsymbol{B}=(\boldsymbol{X}_1,\boldsymbol{X}_2,\cdots,\boldsymbol{X}_n)$，由 $\boldsymbol{AX}_i=\boldsymbol{0}(i=1,2,\cdots,n)$ 得 $\boldsymbol{AB}=\boldsymbol{0}$，又 $\mathrm{r}(\boldsymbol{B})=n$，即 $\boldsymbol{B}$ 可逆，得 $\boldsymbol{A}=\boldsymbol{0}$。

证法二　已知任意的 n 维向量都是齐次线性方程组 $\boldsymbol{AX}=\boldsymbol{0}$ 的解，故单位向量 $\boldsymbol{\varepsilon}_1=(1,0,\cdots,0)^{\mathrm{T}},\boldsymbol{\varepsilon}_2=(0,1,\cdots,0)^{\mathrm{T}},\cdots,\boldsymbol{\varepsilon}_n=(0,0,\cdots,1)^{\mathrm{T}}$ 均为 $\boldsymbol{AX}=\boldsymbol{0}$ 的解向量，$\boldsymbol{AX}=\boldsymbol{0}$ 的基础解系含有 n 个向量 (因为 $\boldsymbol{\varepsilon}_1,\boldsymbol{\varepsilon}_2,\cdots,\boldsymbol{\varepsilon}_n$ 线性无关), 故 $\mathrm{r}(\boldsymbol{A})=0$，得 $\boldsymbol{A}=\boldsymbol{0}$。

例 5.4　设齐次线性方程组

$$\begin{cases}(\lambda+3)x_1+x_2+2x_3=0\\ \lambda x_1+(\lambda-1)x_2+x_3=0\\ 3(\lambda+1)x_1+\lambda x_2+(\lambda+3)x_3=0\end{cases}$$

求 λ 的值，使方程组有非零解，并求通解。

解　计算系数行列式

$$|\boldsymbol{A}|=\begin{vmatrix}\lambda+3 & 1 & 2\\ \lambda & \lambda-1 & 1\\ 3(\lambda+1) & \lambda & \lambda+3\end{vmatrix}=\lambda^2(\lambda-1)$$

当 $|\boldsymbol{A}|=\lambda^2(\lambda-1)=0$，即 $\lambda=0,1$ 时，方程组有非零解。

当 $\lambda=0$ 时, 方程组变成

$$\begin{cases}3x_1+x_2+2x_3=0\\ -x_2+x_3=0\\ 3x_1+3x_3=0\end{cases}$$

其系数矩阵 $$\boldsymbol{A}_1=\begin{pmatrix}3 & 1 & 2\\ 0 & -1 & 1\\ 3 & 0 & 3\end{pmatrix}\to\begin{pmatrix}1 & 0 & 1\\ 0 & 1 & -1\\ 0 & 0 & 0\end{pmatrix}$$

得同解方程组

$$\begin{cases}x_1=-x_3\\ x_2=x_3\end{cases}$$

通解为 $$\begin{pmatrix}x_1\\ x_2\\ x_3\end{pmatrix}=k\begin{pmatrix}-1\\ 1\\ 1\end{pmatrix},\quad k\text{ 为任意常数}$$

当 $\lambda=1$ 时，方程组变成

$$\begin{cases} 4x_1+x_2+2x_3=0 \\ x_1 \qquad +\ x_3=0 \\ 6x_1+x_2+4x_3=0 \end{cases}$$

其系数矩阵

$$A_2=\begin{pmatrix} 4 & 1 & 2 \\ 1 & 0 & 1 \\ 6 & 1 & 4 \end{pmatrix}\to\begin{pmatrix} 1 & 0 & 1 \\ 0 & 1 & -2 \\ 0 & 0 & 0 \end{pmatrix}$$

得同解方程组

$$\begin{cases} x_1=-x_3 \\ x_2=\ 2x_3 \end{cases}$$

通解为

$$\begin{pmatrix} x_1 \\ x_2 \\ x_3 \end{pmatrix}=k\begin{pmatrix} -1 \\ 2 \\ 1 \end{pmatrix},\quad k\text{ 为任意常数}$$

例 5.5 设 $\boldsymbol{B}$ 是一个三阶非零矩阵, 它的每一列都是齐次线性方程组

$$\begin{cases} x_1+2x_2-2x_3=0 \\ 2x_1-\ x_2+\lambda x_3=0 \\ 3x_1+\ x_2-\ x_3=0 \end{cases}$$

的解, 求 λ 的值和 $|\boldsymbol{B}|$。

解 记该齐次线性方程组为 $\boldsymbol{Ax}=\boldsymbol{0}$。由于 $\boldsymbol{B}=(\boldsymbol{\beta}_1,\boldsymbol{\beta}_2,\boldsymbol{\beta}_3)$ 是一个三阶非零矩阵，所以 $\boldsymbol{B}$ 中至少有一列向量是非零向量 (不妨令 $\boldsymbol{\beta}_2\neq\boldsymbol{0}$)，又由于 $\boldsymbol{B}$ 的每一列都是上面齐次线性方程组的解, 故该方程组有非零解 $\boldsymbol{\beta}_2$，所以系数矩阵 $\boldsymbol{A}$ 非满秩，即

$$|\boldsymbol{A}|=\begin{vmatrix} 1 & 2 & -2 \\ 2 & -1 & \lambda \\ 3 & 1 & -1 \end{vmatrix}=5\lambda-5=0$$

得 $\lambda=1$。

当 $\lambda=1$ 时，$\mathrm{r}(\boldsymbol{A})=2$, 方程组的基础解系含 $n-\mathrm{r}(\boldsymbol{A})=3-2=1$ 个解，因而 $\boldsymbol{B}$ 的三个列向量必线性相关，得 $|\boldsymbol{B}|=0$。

定理 5.1 揭示了矩阵 $\boldsymbol{A}$ 的秩与 $\boldsymbol{Ax}=\boldsymbol{0}$ 的基础解系所含向量个数的关系, 它不仅对求解方程组 $\boldsymbol{Ax}=\boldsymbol{0}$ 有重要意义, 而且可以用来解决矩阵的秩的一些问题。

例 5.6 设 $\boldsymbol{A}$ 是 $s\times n$ 矩阵，$\boldsymbol{B}$ 是 $n\times m$ 矩阵，$\boldsymbol{AB}=\boldsymbol{0}$，求证:

$$\mathrm{r}(\boldsymbol{B})\leqslant n-\mathrm{r}(\boldsymbol{A})\ [\text{或 } \mathrm{r}(\boldsymbol{A})+\mathrm{r}(\boldsymbol{B})\leqslant n]$$

证　设矩阵 $\boldsymbol{B}$ 与零矩阵按列分块，

$$\boldsymbol{B}=(\boldsymbol{\beta}_1,\boldsymbol{\beta}_2,\cdots,\boldsymbol{\beta}_m)$$

由分块矩阵乘法，

$$\boldsymbol{A}(\boldsymbol{\beta}_1,\boldsymbol{\beta}_2,\cdots,\boldsymbol{\beta}_m)=(\boldsymbol{0},\boldsymbol{0},\cdots,\boldsymbol{0})$$

$$(\boldsymbol{A}\boldsymbol{\beta}_1,\boldsymbol{A}\boldsymbol{\beta}_2,\cdots,\boldsymbol{A}\boldsymbol{\beta}_m)=(\boldsymbol{0},\boldsymbol{0},\cdots,\boldsymbol{0})$$

有
$$\boldsymbol{A}\boldsymbol{\beta}_j=\boldsymbol{0}\quad(j=1,2,\cdots,m)$$
即 $\boldsymbol{\beta}_1,\boldsymbol{\beta}_2,\cdots,\boldsymbol{\beta}_m$ 是齐次线性方程组 $\boldsymbol{Ax}=\boldsymbol{0}$ 的解向量组。

若 $\mathrm{r}(\boldsymbol{A})=n$，则 $\boldsymbol{Ax}=\boldsymbol{0}$ 只有零解，所以，$\boldsymbol{B}=\boldsymbol{0}$，即 $\mathrm{r}(\boldsymbol{B})=0=n-\mathrm{r}(\boldsymbol{A})$；

若 $\mathrm{r}(\boldsymbol{A})=r<n$，$\boldsymbol{\xi}_1,\boldsymbol{\xi}_2,\cdots,\boldsymbol{\xi}_{n-r}$ 是 $\boldsymbol{Ax}=\boldsymbol{0}$ 的一个基础解系，则 $\boldsymbol{\beta}_1,\boldsymbol{\beta}_2,\cdots,\boldsymbol{\beta}_m$ 可由 $\boldsymbol{\xi}_1,\boldsymbol{\xi}_2,\cdots,\boldsymbol{\xi}_{n-r}$ 线性表示，所以 $\mathrm{r}(\boldsymbol{\beta}_1,\boldsymbol{\beta}_2,\cdots,\boldsymbol{\beta}_m)\leqslant\mathrm{r}(\boldsymbol{\xi}_1,\boldsymbol{\xi}_2,\cdots,\boldsymbol{\xi}_{n-r})$，而

$$\mathrm{r}(\boldsymbol{B})=\mathrm{r}(\boldsymbol{\beta}_1,\boldsymbol{\beta}_2,\cdots,\boldsymbol{\beta}_m),\quad n-\mathrm{r}(\boldsymbol{A})=\mathrm{r}(\boldsymbol{\xi}_1,\boldsymbol{\xi}_2,\cdots,\boldsymbol{\xi}_{n-r})$$

综上所述，$\mathrm{r}(\boldsymbol{B})\leqslant n-\mathrm{r}(\boldsymbol{A})$。

习　题　5.1

1. 求下列齐次线性方程组的一个基础解系及通解

(1) $\begin{cases}2x_1+3x_2-x_3+5x_4=0\\3x_1+x_2+2x_3-7x_4=0\\4x_1+x_2-3x_3+6x_4=0\\x_1-2x_2+4x_3-7x_4=0\end{cases}$；　(2) $\begin{cases}x_1+2x_2+x_3-x_4=0\\3x_1+6x_2-x_3-3x_4=0\\5x_1+10x_2+x_3-5x_4=0\end{cases}$。

2. 已知矩阵 $\begin{pmatrix}1&-11&3&7\\-2&16&-4&-10\\1&-2&0&1\\0&-3&1&2\\0&0&0&0\end{pmatrix}$ 的各个列向量都是齐次线性方程组

$$\begin{cases}4x_1+3x_2+2x_3+2x_5=0\\x_1+x_2+x_3+x_4+x_5=0\\2x_1+x_2-2x_4=0\\3x_1+2x_2+x_3-x_4+x_5=0\end{cases}$$

的解向量，问这四个解向量能否构成方程组的基础解系？是多了还是少了？多了如何去掉？少了如何补充？

3. 设 $\boldsymbol{A}$ 为 $m\times n$ 实矩阵，证明：齐次线性方程组 $\boldsymbol{Ax}=\boldsymbol{0}$ 与 $\boldsymbol{A}^{\mathrm{T}}\boldsymbol{Ax}=\boldsymbol{0}$ 同解。

4. 已知两个四元方程组成的齐次线性方程组的通解为

$$\boldsymbol{x} = k_1(1,0,2,3)^{\mathrm{T}} + k(0,1,-1,1)^{\mathrm{T}}$$

求原线性方程组。

5. 设 $\boldsymbol{A}$ 是 n 阶方阵，$\boldsymbol{A}^*$ 是 $\boldsymbol{A}$ 的伴随矩阵，证明：

$$\mathrm{r}(\boldsymbol{A}^*) = \begin{cases} n, & \mathrm{r}(\boldsymbol{A}) = n \\ 1, & \mathrm{r}(\boldsymbol{A}) = n-1 \\ 0, & \mathrm{r}(\boldsymbol{A}) < n-1 \end{cases}$$

6. 设 $\boldsymbol{A}$ 为 $m \times n$ 矩阵, $\boldsymbol{B}$ 为 $k \times n$ 矩阵, 且 $\mathrm{r}(\boldsymbol{A}) + \mathrm{r}(\boldsymbol{B}) < n$, 证明: 齐次线性方程组 $\boldsymbol{Ax} = \boldsymbol{0}$ 与 $\boldsymbol{Bx} = \boldsymbol{0}$ 有非零公共解。

5.2 非齐次线性方程组

本节首先讨论非齐次线性方程组解的性质，然后给出非齐次线性方程组的解的结构。非齐次线性方程组的一般形式是

$$\begin{cases} a_{11}x_1 + a_{12}x_2 + \cdots + a_{1n}x_n = b_1 \\ a_{21}x_1 + a_{22}x_2 + \cdots + a_{2n}x_n = b_2 \\ \cdots\cdots \\ a_{m1}x_1 + a_{m2}x_2 + \cdots + a_{mn}x_n = b_m \end{cases} \tag{5.6}$$

记

$$\boldsymbol{A} = \begin{pmatrix} a_{11} & a_{12} & \cdots & a_{1n} \\ a_{21} & a_{22} & \cdots & a_{2n} \\ \vdots & \vdots & & \vdots \\ a_{m1} & a_{m2} & \cdots & a_{mn} \end{pmatrix}, \quad \boldsymbol{x} = \begin{pmatrix} x_1 \\ x_2 \\ \vdots \\ x_n \end{pmatrix}, \quad \boldsymbol{b} = \begin{pmatrix} b_1 \\ b_2 \\ \vdots \\ b_m \end{pmatrix}$$

方程组 (5.6) 的**矩阵形式**为

$$\boldsymbol{Ax} = \boldsymbol{b} \tag{5.7}$$

对应的齐次线性方程组 $\boldsymbol{Ax} = \boldsymbol{0}$ 称为 $\boldsymbol{Ax} = \boldsymbol{b}$ 的导出组。

5.2.1 非齐次线性方程组解的性质

性质 5.3 设 $\boldsymbol{\eta}_1, \boldsymbol{\eta}_2$ 是非齐次线性方程组 $\boldsymbol{Ax} = \boldsymbol{b}$ 的解向量，则 $\boldsymbol{\eta}_1 - \boldsymbol{\eta}_2$ 是对应的齐次线性方程组 $\boldsymbol{Ax} = \boldsymbol{0}$ 的解向量。

证 由 $\boldsymbol{\eta}_1, \boldsymbol{\eta}_2$ 都是非齐次线性方程组 $\boldsymbol{Ax} = \boldsymbol{b}$ 的解向量，所以

$$\boldsymbol{A\eta}_1 = \boldsymbol{b}, \quad \boldsymbol{A\eta}_2 = \boldsymbol{b}$$

故
$$A(\boldsymbol{\eta}_1-\boldsymbol{\eta}_2)=A\boldsymbol{\eta}_1-A\boldsymbol{\eta}_2=\boldsymbol{b}-\boldsymbol{b}=\boldsymbol{0}$$
即 $\boldsymbol{\eta}_1-\boldsymbol{\eta}_2$ 是 $\boldsymbol{Ax}=\boldsymbol{0}$ 的解向量。

性质 5.4　设 $\boldsymbol{\eta}$ 是非齐次线性方程组 $\boldsymbol{Ax}=\boldsymbol{b}$ 的解向量，$\boldsymbol{\xi}$ 是对应的齐次线性方程组 $\boldsymbol{Ax}=\boldsymbol{0}$ 的解向量，则 $\boldsymbol{\xi}+\boldsymbol{\eta}$ 是 $\boldsymbol{Ax}=\boldsymbol{b}$ 的解向量。

证　由 $\boldsymbol{\eta}$ 是 $\boldsymbol{Ax}=\boldsymbol{b}$ 的解向量，$\boldsymbol{\xi}$ 是 $\boldsymbol{Ax}=\boldsymbol{0}$ 的解向量，则 $\boldsymbol{A\eta}=\boldsymbol{b}$，$\boldsymbol{A\xi}=\boldsymbol{0}$，于是
$$\boldsymbol{A}(\boldsymbol{\xi}+\boldsymbol{\eta})=\boldsymbol{A\eta}+\boldsymbol{A\xi}=\boldsymbol{b}+\boldsymbol{0}=\boldsymbol{b}$$
即 $\boldsymbol{\xi}+\boldsymbol{\eta}$ 是 $\boldsymbol{Ax}=\boldsymbol{b}$ 的解向量。

5.2.2　非齐次线性方程组解的结构

定理 5.2　设 $m\times n$ 矩阵 $\boldsymbol{A}$ 是非齐次线性方程组 $\boldsymbol{Ax}=\boldsymbol{b}$ 的系数矩阵，$\boldsymbol{B}=(\boldsymbol{A}\,\vdots\,\boldsymbol{b})$ 是其增广矩阵，则

(1) $\boldsymbol{Ax}=\boldsymbol{b}$ 有解的充要条件是 $\mathrm{r}(\boldsymbol{A})=\mathrm{r}(\boldsymbol{B})$；

(2) $\mathrm{r}(\boldsymbol{A})=\mathrm{r}(\boldsymbol{B})=n$ 时，$\boldsymbol{Ax}=\boldsymbol{b}$ 有唯一解；

(3) $\mathrm{r}(\boldsymbol{A})=\mathrm{r}(\boldsymbol{B})=r<n$ 时，$\boldsymbol{Ax}=\boldsymbol{b}$ 有无穷多个解，通解为
$$\boldsymbol{x}=k_1\boldsymbol{\xi}_1+k_2\boldsymbol{\xi}_2+\cdots+k_{n-r}\boldsymbol{\xi}_{n-r}+\boldsymbol{\eta}^*$$
其中，$\boldsymbol{\eta}^*$ 是方程组 (5.7) 的一个解 (称为**特解**)，$\boldsymbol{\xi}_1,\boldsymbol{\xi}_2,\cdots,\boldsymbol{\xi}_{n-r}$ 是对应的齐次线性方程组 $\boldsymbol{Ax}=\boldsymbol{0}$ 的一个基础解系，$k_1,k_2,\cdots,k_{n-r}$ 为任意常数。

证　(1)，(2) 的证明见定理 2.9。

当 $\mathrm{r}(\boldsymbol{A})=\mathrm{r}(\boldsymbol{B})=r<n$ 时，$\boldsymbol{Ax}=\boldsymbol{b}$ 有无穷多个解，以下给出通解表达式。

由性质 5.3，$\boldsymbol{x}-\boldsymbol{\eta}^*$ 是对应的齐次线性方程组 $\boldsymbol{Ax}=\boldsymbol{0}$ 的解，可由基础解系 $\boldsymbol{\xi}_1,\boldsymbol{\xi}_2,\cdots,\boldsymbol{\xi}_{n-r}$ 线性表示，$\boldsymbol{x}-\boldsymbol{\eta}^*=k_1\boldsymbol{\xi}_1+k_2\boldsymbol{\xi}_2+\cdots+k_{n-r}\boldsymbol{\xi}_{n-r}$，即
$$\boldsymbol{x}=k_1\boldsymbol{\xi}_1+k_2\boldsymbol{\xi}_2+\cdots+k_{n-r}\boldsymbol{\xi}_{n-r}+\boldsymbol{\eta}^*$$
反之，对任意常数 $k_1,k_2,\cdots,k_{n-r}$，令
$$\boldsymbol{\xi}=k_1\boldsymbol{\xi}_1+k_2\boldsymbol{\xi}_2+\cdots+k_{n-r}\boldsymbol{\xi}_{n-r}+\boldsymbol{\eta}^*$$
有
$$\boldsymbol{A\xi}=\boldsymbol{A}(k_1\boldsymbol{\xi}_1+k_2\boldsymbol{\xi}_2+\cdots+k_{n-r}\boldsymbol{\xi}_{n-r})+\boldsymbol{A\eta}^*=\boldsymbol{0}+\boldsymbol{b}=\boldsymbol{b}$$
故 $\boldsymbol{\xi}$ 是方程组 (5.7) 的解向量。

综上所述，$k_1\boldsymbol{\xi}_1+k_2\boldsymbol{\xi}_2+\cdots+k_{n-r}\boldsymbol{\xi}_{n-r}+\boldsymbol{\eta}^*$ 是 $\boldsymbol{Ax}=\boldsymbol{b}$ 的全部解 (称为**通解**)，$k_1,k_2,\cdots,k_{n-r}$ 为任意常数。

可见，非齐次线性方程组的通解结构为

非齐次线性方程组的通解 = 非齐次线性方程组的特解

+ 对应齐次线性方程组的通解

一般地，对 $\boldsymbol{Ax}=\boldsymbol{b}$ 的增广矩阵 $\boldsymbol{B}=(\boldsymbol{A}\mid\boldsymbol{b})$ 施行一系列初等行变换化为行阶梯形矩阵 (或行最简形矩阵) $\boldsymbol{B}_1=(\boldsymbol{A}_1\mid\boldsymbol{b}_1)$，则 $\boldsymbol{Ax}=\boldsymbol{b}$ 与 $\boldsymbol{A}_1\boldsymbol{x}=\boldsymbol{b}_1$ 同解，$\boldsymbol{Ax}=\boldsymbol{0}$ 与 $\boldsymbol{A}_1\boldsymbol{x}=\boldsymbol{0}$ 同解。因此，方程组 (5.7) 有解的充要条件是 $\mathrm{r}(\boldsymbol{A}_1)=\mathrm{r}(\boldsymbol{B}_1)$。有解时，求出 $\boldsymbol{A}_1\boldsymbol{x}=\boldsymbol{b}_1$ 的一个特解和 $\boldsymbol{A}_1\boldsymbol{x}=\boldsymbol{0}$ 的一个基础解系，就可得到 $\boldsymbol{Ax}=\boldsymbol{b}$ 的通解。

例 5.7　求非齐次线性方程组

$$\begin{cases} x_1+x_2-x_3+2x_4=3 \\ 2x_1+x_2-3x_4=1 \\ -4x_1-2x_2+6x_4=-2 \end{cases}$$

的通解。

解　写出增广矩阵 $\boldsymbol{B}$，并作初等行变换化为

$$\boldsymbol{B}=(\boldsymbol{A}\mid\boldsymbol{b})=\left(\begin{array}{cccc|c} 1 & 1 & -1 & 2 & 3 \\ 2 & 1 & 0 & -3 & 1 \\ -4 & -2 & 0 & 6 & -2 \end{array}\right)\xrightarrow[r_3+4r_1]{r_2-2r_1}\left(\begin{array}{cccc|c} 1 & 1 & -1 & 2 & 3 \\ 0 & -1 & 2 & -7 & -5 \\ 0 & 2 & -4 & 14 & 10 \end{array}\right)$$

$$\xrightarrow{r_3+2r_2}\left(\begin{array}{cccc|c} 1 & 1 & -1 & 2 & 3 \\ 0 & -1 & 2 & -7 & -5 \\ 0 & 0 & 0 & 0 & 0 \end{array}\right)\xrightarrow[r_2\times(-1)]{r_1+r_2}\left(\begin{array}{cccc|c} 1 & 0 & 1 & -5 & -2 \\ 0 & 1 & -2 & 7 & 5 \\ 0 & 0 & 0 & 0 & 0 \end{array}\right)$$

故 $\mathrm{r}(\boldsymbol{A})=\mathrm{r}(\boldsymbol{B})=2$，原方程组有解。

同解方程组为

$$\begin{cases} x_1=-x_3+5x_4-2 \\ x_2=2x_3-7x_4+5 \end{cases}$$

令 $x_3=x_4=0$，解得 $x_1=-2, x_2=5$，得特解 $\boldsymbol{\eta}^*=(-2,5,0,0)^{\mathrm{T}}$。

对应齐次线性方程组的基础解系含 $4-\mathrm{r}(\boldsymbol{A})=4-2=2$ 个解向量，取 $\begin{pmatrix} x_3 \\ x_4 \end{pmatrix}=$

$\begin{pmatrix} 1 \\ 0 \end{pmatrix}$，$\begin{pmatrix} 0 \\ 1 \end{pmatrix}$，分别代入方程组

$$\begin{cases} x_1=-x_3+5x_4 \\ x_2=2x_3-7x_4 \end{cases}$$

得基础解系 $\boldsymbol{\xi}_1=(-1,2,1,0)^{\mathrm{T}}$，$\boldsymbol{\xi}_2=(5,-7,0,1)^{\mathrm{T}}$，则原方程组的通解为

$$\boldsymbol{x}=k_1\boldsymbol{\xi}_1+k_2\boldsymbol{\xi}_2+\boldsymbol{\eta}^*=k_1(-1,2,1,0)^{\mathrm{T}}+k_2(5,-7,0,1)^{\mathrm{T}}+(-2,5,0,0)^{\mathrm{T}}$$

其中，k_1,k_2 为任意常数。

例 5.8　讨论 a 为何值时，下列方程组

$$\begin{cases}ax_1+\ x_2+\ x_3=1\\ x_1+ax_2+\ x_3=a\\ x_1+\ x_2+ax_3=a^2\end{cases}$$

无解？有唯一解？有无穷多解？当方程组有无穷多解时，求出其通解。

解　先计算这个方程组的系数矩阵的行列式

$$|\boldsymbol{A}|=\begin{vmatrix}a&1&1\\1&a&1\\1&1&a\end{vmatrix}=(a-1)^2(a+2)$$

(1) 当 $a=-2$ 时，方程组的增广矩阵为

$$\boldsymbol{B}=(\boldsymbol{A}\,\vdots\,\boldsymbol{b})=\begin{pmatrix}-2&1&1&1\\1&-2&1&-2\\1&1&-2&4\end{pmatrix}\xrightarrow[r_3+2r_1]{\substack{r_1\leftrightarrow r_3\\ r_2-r_1}}\begin{pmatrix}1&1&-2&4\\0&-3&3&-6\\0&3&-3&9\end{pmatrix}$$

$$\xrightarrow{r_3+r_2}\begin{pmatrix}1&1&-2&4\\0&-3&3&-6\\0&0&0&3\end{pmatrix}$$

$\mathrm{r}(\boldsymbol{A})=2$，$\mathrm{r}(\boldsymbol{B})=3$，方程组无解。

(2) 当 $a\neq-2$ 且 $a\neq1$ 时，$|\boldsymbol{A}|\neq0$，由克莱姆法则，方程组有唯一解。

(3) 当 $a=1$ 时，方程组的增广矩阵为 $\boldsymbol{B}=\begin{pmatrix}1&1&1&1\\1&1&1&1\\1&1&1&1\end{pmatrix}\xrightarrow[r_3-r_1]{r_2-r_1}\begin{pmatrix}1&1&1&1\\0&0&0&0\\0&0&0&0\end{pmatrix}$

$\mathrm{r}(\boldsymbol{A})=\mathrm{r}(\boldsymbol{B})=1$，方程组有无穷多解。原方程组写为 $x_1=1-x_2-x_3$，通解是

$$\begin{pmatrix}x_1\\x_2\\x_3\end{pmatrix}=\begin{pmatrix}1-k_1-k_2\\k_1\\k_2\end{pmatrix}=\begin{pmatrix}1\\0\\0\end{pmatrix}+k_1\begin{pmatrix}-1\\1\\0\end{pmatrix}+k_2\begin{pmatrix}-1\\0\\1\end{pmatrix}$$

其中，k_1,k_2 是任意常数。

例 5.9　设 $\boldsymbol{\eta}_0,\boldsymbol{\eta}_1,\cdots,\boldsymbol{\eta}_{n-r}$ 是 $\boldsymbol{Ax}=\boldsymbol{b}\ (\boldsymbol{b}\neq\boldsymbol{0})$ 的 $n-r+1$ 个线性无关的解向量，$\mathrm{r}(\boldsymbol{A})=r$，证明：$\boldsymbol{\eta}_1-\boldsymbol{\eta}_0,\boldsymbol{\eta}_2-\boldsymbol{\eta}_0,\cdots,\boldsymbol{\eta}_{n-r}-\boldsymbol{\eta}_0$ 是 $\boldsymbol{Ax}=\boldsymbol{0}$ 的基础解系。

证　因为 $A\boldsymbol{\eta}_i = \boldsymbol{b}\ (i=0,1,2,\cdots,n-r)$，所以

$$\boldsymbol{A}(\boldsymbol{\eta}_i-\boldsymbol{\eta}_0)=\boldsymbol{A}\boldsymbol{\eta}_i-\boldsymbol{A}\boldsymbol{\eta}_0=\boldsymbol{b}-\boldsymbol{b}=\boldsymbol{0}\ (i=1,2,\cdots,n-r)$$

$\boldsymbol{\eta}_i-\boldsymbol{\eta}_0=\boldsymbol{b}\ (i=1,2,\cdots,n-r)$ 是 $\boldsymbol{Ax}=\boldsymbol{0}$ 的解向量，下证它们线性无关。

设
$$k_1(\boldsymbol{\eta}_1-\boldsymbol{\eta}_0)+k_2(\boldsymbol{\eta}_2-\boldsymbol{\eta}_0)+k_{n-r}(\boldsymbol{\eta}_{n-r}-\boldsymbol{\eta}_0)=\boldsymbol{0}$$

即
$$(-k_1-k_2-\cdots-k_{n-r})\boldsymbol{\eta}_0+k_1\boldsymbol{\eta}_1+k_2\boldsymbol{\eta}_2+k_{n-r}\boldsymbol{\eta}_{n-r}=\boldsymbol{0}$$

因为 $\boldsymbol{\eta}_0,\boldsymbol{\eta}_1,\cdots,\boldsymbol{\eta}_{n-r}$ 线性无关，故 $k_1=k_2=\cdots=k_{n-r}=0$，即 $\boldsymbol{\eta}_1-\boldsymbol{\eta}_0,\boldsymbol{\eta}_2-\boldsymbol{\eta}_0,\cdots$，$\boldsymbol{\eta}_{n-r}-\boldsymbol{\eta}_0$ 线性无关，因为 $\mathrm{r}(\boldsymbol{A})=r$，从而它们是 $\boldsymbol{Ax}=\boldsymbol{0}$ 的一个基础解系。

例 5.10　设四元非齐次线性方程组 $\boldsymbol{Ax}=\boldsymbol{b}$ 的系数矩阵的秩为3，已知 $\boldsymbol{\eta}_1,\boldsymbol{\eta}_2,\boldsymbol{\eta}_3$ 是它的三个解, 且

$$\boldsymbol{\eta}_1=\begin{pmatrix}2\\3\\4\\5\end{pmatrix},\quad \boldsymbol{\eta}_2+\boldsymbol{\eta}_3=\begin{pmatrix}1\\2\\3\\4\end{pmatrix}$$

求该方程组的通解。

解　因为 $n=4,\mathrm{r}(\boldsymbol{A})=3$，所以 $\boldsymbol{Ax}=\boldsymbol{b}$ 的导出组的基础解系含 $n-\mathrm{r}(\boldsymbol{A})=4-3=1$ 个解向量，而

$$\boldsymbol{A}[(\boldsymbol{\eta}_2+\boldsymbol{\eta}_3)-\boldsymbol{\eta}_1]=\boldsymbol{A}\boldsymbol{\eta}_2+\boldsymbol{A}\boldsymbol{\eta}_3-\boldsymbol{A}\boldsymbol{\eta}_1=\boldsymbol{b}+\boldsymbol{b}-\boldsymbol{b}=\boldsymbol{b}$$

故 $\boldsymbol{\eta}=(\boldsymbol{\eta}_2+\boldsymbol{\eta}_3)-\boldsymbol{\eta}_1=-(1,1,1,1)^{\mathrm{T}}$ 是 $\boldsymbol{Ax}=\boldsymbol{b}$ 的一个特解，令 $\boldsymbol{\xi}=\boldsymbol{\eta}_1-\boldsymbol{\eta}$，由性质 5.3，$\boldsymbol{\xi}$ 是对应齐次线性方程组的一个解向量，$\boldsymbol{\xi}=2\boldsymbol{\eta}_1-(\boldsymbol{\eta}_2+\boldsymbol{\eta}_3)=(3,4,5,6)^{\mathrm{T}}$ 是非零向量，构成 $\boldsymbol{Ax}=\boldsymbol{0}$ 的一个基础解系，因此方程组 $\boldsymbol{Ax}=\boldsymbol{b}$ 的通解为

$$\boldsymbol{x}=k\boldsymbol{\xi}+\boldsymbol{\eta}_1=k(3,4,5,6)^{\mathrm{T}}+(2,3,4,5)^{\mathrm{T}},\quad k\ \text{为任意常数}$$

例 5.11　已知向量组 $\boldsymbol{\alpha}_1=(1,0,2,3)^{\mathrm{T}},\boldsymbol{\alpha}_2=(1,1,3,5)^{\mathrm{T}},\boldsymbol{\alpha}_3=(1,-1,a,1)^{\mathrm{T}}$，$\boldsymbol{\beta}=(1,b,4,7)^{\mathrm{T}}$，问：

(1) a,b 取何值时，$\boldsymbol{\beta}$ 不能由 $\boldsymbol{\alpha}_1,\boldsymbol{\alpha}_2,\boldsymbol{\alpha}_3$ 线性表示？

(2) a,b 取何值时，$\boldsymbol{\beta}$ 能够由 $\boldsymbol{\alpha}_1,\boldsymbol{\alpha}_2,\boldsymbol{\alpha}_3$ 唯一线性表示？

(3) a,b 取何值时，$\boldsymbol{\beta}$ 能够由 $\boldsymbol{\alpha}_1,\boldsymbol{\alpha}_2,\boldsymbol{\alpha}_3$ 线性表示，但表示不唯一？在可线性表示时写出表达式。

解　$\boldsymbol{\beta}$ 是否可由 $\boldsymbol{\alpha}_1,\boldsymbol{\alpha}_2,\boldsymbol{\alpha}_3$ 线性表示，即是否存在数 x_1,x_2,x_3，使得

$$\boldsymbol{\beta}=x_1\boldsymbol{\alpha}_1+x_2\boldsymbol{\alpha}_2+x_3\boldsymbol{\alpha}_3$$

即等价于线性方程组

$$\begin{cases} x_1+\ x_2+\ x_3=1 \\ \qquad\ x_2-\ x_3=b \\ 2x_1+3x_2+ax_3=4 \\ 3x_1+5x_2+\ x_3=7 \end{cases}$$

何时无解、有唯一解、无穷多解？其增广矩阵为

$$\boldsymbol{B}=(\boldsymbol{A}\,\vdots\,\boldsymbol{b})=\left(\begin{array}{ccc:c} 1 & 1 & 1 & 1 \\ 0 & 1 & -1 & b \\ 2 & 3 & a & 4 \\ 3 & 5 & 1 & 7 \end{array}\right)\xrightarrow[r_4-3r_1]{r_3-2r_1}\left(\begin{array}{ccc:c} 1 & 1 & 1 & 1 \\ 0 & 1 & -1 & b \\ 0 & 1 & a-2 & 2 \\ 0 & 2 & -2 & 4 \end{array}\right)$$

$$\xrightarrow[r_4-2r_2]{r_3-r_2}\left(\begin{array}{ccc:c} 1 & 1 & 1 & 1 \\ 0 & 1 & -1 & b \\ 0 & 0 & a-1 & 2-b \\ 0 & 0 & 0 & 4-2b \end{array}\right)\xrightarrow{r_1-r_2}\left(\begin{array}{ccc:c} 1 & 0 & 2 & 1-b \\ 0 & 1 & -1 & b \\ 0 & 0 & a-1 & 2-b \\ 0 & 0 & 0 & 4-2b \end{array}\right)$$

(1) 当 $b\neq 2, a\neq 1$ 时，$\mathrm{r}(\boldsymbol{A})=3$, $\mathrm{r}(\boldsymbol{B})=4$, 方程组无解，此时 $\boldsymbol{\beta}$ 不能由 $\boldsymbol{\alpha}_1,\boldsymbol{\alpha}_2,\boldsymbol{\alpha}_3$ 线性表示；

当 $b\neq 2, a=1$ 时，$\mathrm{r}(\boldsymbol{A})=2$, $\mathrm{r}(\boldsymbol{B})=3$, 方程组无解，此时 $\boldsymbol{\beta}$ 不能由 $\boldsymbol{\alpha}_1,\boldsymbol{\alpha}_2,\boldsymbol{\alpha}_3$ 线性表示。

(2) 当 $b=2$ 且 $a\neq 1$ 时，$\mathrm{r}(\boldsymbol{A})=\mathrm{r}(\boldsymbol{B})=3$，方程组有唯一解

$$\boldsymbol{x}=(x_1,x_2,x_3)^{\mathrm{T}}=(-1,2,0)^{\mathrm{T}}$$

此时 $\boldsymbol{\beta}$ 能够由 $\boldsymbol{\alpha}_1,\boldsymbol{\alpha}_2,\boldsymbol{\alpha}_3$ 唯一线性表示，其表示式为

$$\boldsymbol{\beta}=-\boldsymbol{\alpha}_1+2\boldsymbol{\alpha}_2$$

(3) 当 $b=2$ 且 $a=1$ 时，$\mathrm{r}(\boldsymbol{A})=\mathrm{r}(\boldsymbol{B})=2$，方程组有无穷多组解

$$\boldsymbol{x}=(x_1,x_2,x_3)^{\mathrm{T}}=(-1,2,0)^{\mathrm{T}}+k(-2,1,1)^{\mathrm{T}}$$

此时 $\boldsymbol{\beta}$ 能够由 $\boldsymbol{\alpha}_1,\boldsymbol{\alpha}_2,\boldsymbol{\alpha}_3$ 线性表示，但表示法不唯一，所有的表示式为

$$\boldsymbol{\beta}=(-2k-1)\boldsymbol{\alpha}_1+(k+2)\boldsymbol{\alpha}_2+k\boldsymbol{\alpha}_3\ (k\text{为任意常数})$$

习 题 5.2

1. 求下列非齐次线性方程组的通解

(1) $\begin{cases} 4x_1+2x_2-x_3=2 \\ 3x_1-x_2+2x_3=10 \\ 11x_1+3x_2=8 \end{cases}$； (2) $\begin{cases} 2x_1+x_2-x_3+x_4=1 \\ 4x_1+2x_2-2x_3+x_4=2 \\ 2x_1+x_2-x_3-x_4=1 \end{cases}$；

(3) $\begin{cases} x_1+x_2+x_3+x_4+x_5=1 \\ 3x_1+2x_2+x_3+x_4-3x_5=0 \\ 5x_1+4x_2+3x_3+3x_4-x_5=2 \end{cases}$。

2. 设四元非齐次线性方程组的系数矩阵的秩为 3，已知 $\boldsymbol{\eta}_1,\boldsymbol{\eta}_2,\boldsymbol{\eta}_3$ 是其三个解向量，且 $\boldsymbol{\eta}_1=(2,3,4,5)^{\mathrm{T}}$，$\boldsymbol{\eta}_2+\boldsymbol{\eta}_3=(1,2,3,4)^{\mathrm{T}}$，求该方程组的通解。

3. 已知四阶方阵 $\boldsymbol{A}=(\boldsymbol{\alpha}_1,\boldsymbol{\alpha}_2,\boldsymbol{\alpha}_3,\boldsymbol{\alpha}_4)$，$\boldsymbol{\alpha}_1,\boldsymbol{\alpha}_2,\boldsymbol{\alpha}_3,\boldsymbol{\alpha}_4$ 均为四维列向量，其中，$\boldsymbol{\alpha}_2,\boldsymbol{\alpha}_3,\boldsymbol{\alpha}_4$ 线性无关，$\boldsymbol{\alpha}_1=2\boldsymbol{\alpha}_2-3\boldsymbol{\alpha}_3$。若 $\boldsymbol{\beta}=\boldsymbol{\alpha}_1+\boldsymbol{\alpha}_2+\boldsymbol{\alpha}_3+\boldsymbol{\alpha}_4$，求线性方程组 $\boldsymbol{Ax}=\boldsymbol{\beta}$ 的通解。

4. 设 $\boldsymbol{\eta}^*$ 是非齐次线性方程组 $\boldsymbol{Ax}=\boldsymbol{b}$ 的一个解，$\boldsymbol{\xi}_1,\boldsymbol{\xi}_2,\cdots,\boldsymbol{\xi}_{n-r}$ 是对应的齐次线性方程组 $\boldsymbol{Ax}=\boldsymbol{0}$ 的一个基础解系，证明：

(1) $\boldsymbol{\eta}^*,\boldsymbol{\eta}^*+\boldsymbol{\xi}_1,\boldsymbol{\eta}^*+\boldsymbol{\xi}_2,\cdots,\boldsymbol{\eta}^*+\boldsymbol{\xi}_{n-r}$ 线性无关；

(2) $\boldsymbol{Ax}=\boldsymbol{b}$ 的任意解都可以写成 $\boldsymbol{\eta}^*,\boldsymbol{\eta}^*+\boldsymbol{\xi}_1,\boldsymbol{\eta}^*+\boldsymbol{\xi}_2,\cdots,\boldsymbol{\eta}^*+\boldsymbol{\xi}_{n-r}$ 的线性组合。

5. 设向量 $\boldsymbol{\alpha}_1=(1,4,0,2)^{\mathrm{T}},\boldsymbol{\alpha}_2=(2,7,1,3)^{\mathrm{T}},\boldsymbol{\alpha}_3=(0,1,-1,a)^{\mathrm{T}},\boldsymbol{\beta}=(3,10,b,4)^{\mathrm{T}}$，问：参数 a,b 满足什么条件时，

(1) $\boldsymbol{\beta}$ 不能由 $\boldsymbol{\alpha}_1,\boldsymbol{\alpha}_2,\boldsymbol{\alpha}_3$ 线性表示？

(2) $\boldsymbol{\beta}$ 能由 $\boldsymbol{\alpha}_1,\boldsymbol{\alpha}_2,\boldsymbol{\alpha}_3$ 线性表示？请写出表达式。

6. 设矩阵 $\boldsymbol{A}=\begin{pmatrix} 1 & 2 & 1 & 0 & -1 \\ 2 & -2 & 3 & 1 & 4 \\ 3 & 0 & 4 & 1 & 3 \\ 1 & -4 & 3 & 1 & 5 \end{pmatrix}$，分别求 $\boldsymbol{A}$ 的行向量组生成的子空间、列向量组生成的子空间以及 $\boldsymbol{Ax}=\boldsymbol{0}$ 的解空间的基和维数。

7. 非齐次线性方程组

$$\begin{cases} -2x_1+x_2+x_3=-2 \\ x_1-2x_2+x_3=\lambda \\ x_1+x_2-2x_3=\lambda^2 \end{cases}$$

当 λ 取何值时有解？并求出它的全部解。

5.3 应用实例

在这节我们将利用矩阵的秩和线性方程组解的理论，讨论几何空间中直线与直线、平面与平面的位置关系。

例 5.12　讨论空间中两直线

$$L_1\text{:}\ \begin{cases} A_1x+B_1y+C_1z+D_1=0 \\ A_2x+B_2y+C_2z+D_2=0 \end{cases} \text{和}\ L_2\text{:}\ \begin{cases} A_3x+B_3y+C_3z+D_3=0 \\ A_4x+B_4y+C_4z+D_4=0 \end{cases}$$

的位置关系。

解　记 $A_ix+B_iy+C_iz+D_i=0$ 表示平面 $\pi_i, i=1,2,3,4$，则直线 L_1, L_2 分别是 π_1 与 π_2，π_3 与 π_4 的交线。要考虑 L_1, L_2 的位置关系，只需讨论下述方程组解的情况：

$$\begin{cases} A_1x+B_1y+C_1z+D_1=0 \\ A_2x+B_2y+C_2z+D_2=0 \\ A_3x+B_3y+C_3z+D_3=0 \\ A_4x+B_4y+C_4z+D_4=0 \end{cases} \tag{5.8}$$

记

$$\boldsymbol{A}=\begin{pmatrix} A_1 & B_1 & C_1 \\ A_2 & B_2 & C_2 \\ A_3 & B_3 & C_3 \\ A_4 & B_4 & C_4 \end{pmatrix},\quad \boldsymbol{B}=\begin{pmatrix} A_1 & B_1 & C_1 & D_1 \\ A_2 & B_2 & C_2 & D_2 \\ A_3 & B_3 & C_3 & D_3 \\ A_4 & B_4 & C_4 & D_4 \end{pmatrix}$$

并记 $\boldsymbol{\alpha}_i=(A_i,B_i,C_i), i=1,2,3,4$，即 $\boldsymbol{\alpha}_i$ 是平面 π_i 的法向量。显然 $\mathrm{r}(\boldsymbol{\alpha}_1,\boldsymbol{\alpha}_2)=\mathrm{r}(\boldsymbol{\alpha}_3,\boldsymbol{\alpha}_4)=2$ (否则 π_1 与 π_2，π_3 与 π_4 无法相交得到交线)，所以一定有 $\mathrm{r}(\boldsymbol{A})\geqslant 2$。两直线 L_1, L_2 的位置关系有下面几种可能：

(1) $\mathrm{r}(\boldsymbol{A})=\mathrm{r}(\boldsymbol{B})=2$，这时 $\boldsymbol{B}$ 的第三、四个行向量可以由第一、第二个行向量线性表示，即 π_3 与 π_4 属于过直线 L_1 的同一个平面束，则 π_3 与 π_4 的交线仍然还是 L_1，从而 L_1 与 L_2 重合。

(2) $\mathrm{r}(\boldsymbol{A})=\mathrm{r}(\boldsymbol{B})=3$，这时方程组 (5.8) 有唯一解，所以 L_1 与 L_2 相交。

(3) $\mathrm{r}(\boldsymbol{A})=2$, $\mathrm{r}(\boldsymbol{B})=3$，这时方程组 (5.8) 无解，所以 L_1 与 L_2 不相交。又此时 $\boldsymbol{\alpha}_3,\boldsymbol{\alpha}_4$ 可由 $\boldsymbol{\alpha}_1,\boldsymbol{\alpha}_2$ 线性表示，即 $\boldsymbol{\alpha}_1,\boldsymbol{\alpha}_2$ 与 $\boldsymbol{\alpha}_3,\boldsymbol{\alpha}_4$ 共面，所以 $\boldsymbol{\alpha}_1\times\boldsymbol{\alpha}_2$ 与 $\boldsymbol{\alpha}_3\times\boldsymbol{\alpha}_4$ 平行，即 L_1 与 L_2 平行。

(4) $\mathrm{r}(\boldsymbol{A})=3$, $\mathrm{r}(\boldsymbol{B})=4$，这时方程组 (5.8) 无解，所以 L_1 与 L_2 不相交。此时 $\boldsymbol{\alpha}_3,\boldsymbol{\alpha}_4$ 至少有一个不可由 $\boldsymbol{\alpha}_1,\boldsymbol{\alpha}_2$ 线性表示，不妨设 $\boldsymbol{\alpha}_3$ 不可由 $\boldsymbol{\alpha}_1,\boldsymbol{\alpha}_2$ 线性表示，这样 $\boldsymbol{\alpha}_3$ 不在 $\boldsymbol{\alpha}_1,\boldsymbol{\alpha}_2$ 所确定的平面内，因而 $\boldsymbol{\alpha}_3$ 不垂直于 $\boldsymbol{\alpha}_1\times\boldsymbol{\alpha}_2$，即平面 π_3 与 L_1 不平行。因此，L_2 作为 π_3 与 π_4 的交线，与 L_1 不平行，此时 L_1 与 L_2 异面。

例 5.13　讨论下列三个平面的相对位置

$$\pi_1\text{:}\ x-y+2z-a=a$$

$$\pi_2\text{:}\ 2x+3y-z-1=0$$

$$\pi_3\text{:}\ x-6y+bz+10=0$$

其中，a,b 是参数。

解 这三个平面的位置关系，取决于下面的线性方程组解的情况：

$$\begin{cases} x-\ \ y+2z=a \\ 2x+3y-\ \ z=1 \\ x-6y+bz=-10 \end{cases}$$

方程组的系数行列式为

$$\begin{vmatrix} 1 & -1 & 2 \\ 2 & 3 & -1 \\ 1 & -6 & b \end{vmatrix}=5b-35=5(b-7)$$

当 $b\neq 7$ 时，方程组有唯一解，即三个平面交于一点。

当 $b=7$ 时，对方程组的增广矩阵进行初等行变换

$$\boldsymbol{B}=(\boldsymbol{A}\,\vdots\,\boldsymbol{b})=\left(\begin{array}{ccc:c} 1 & -1 & 2 & a \\ 2 & 3 & -1 & 1 \\ 1 & -6 & 7 & -10 \end{array}\right)\xrightarrow[r_3-r_1]{r_2-2r_1}\left(\begin{array}{ccc:c} 1 & -1 & 2 & a \\ 0 & 5 & -5 & 1-2a \\ 0 & -5 & 5 & -10-a \end{array}\right)$$

$$\xrightarrow{r_3+r_2}\left(\begin{array}{ccc:c} 1 & -1 & 2 & a \\ 0 & 5 & -5 & 1-2a \\ 0 & 0 & 0 & -9-3a \end{array}\right)$$

当 $b=7,a\neq -3$ 时，$\mathrm{r}(\boldsymbol{A})=2<\mathrm{r}(\boldsymbol{B})=3$，方程组无解，即三个平面没有公共解，又因为这三个平面互不平行，所以它们两两相交，且三条交线互相平行。

当 $b=7,a=-3$ 时，$\mathrm{r}(\boldsymbol{A})=\mathrm{r}(\boldsymbol{B})=2$，方程组有无穷多解，即三个平面相交于同一条直线。

习 题 5.3

1. 判断下列各对直线的相对位置，如果两条直线在同一平面内，试求该平面方程。

(1) $\begin{cases} x=t \\ y=-8-4t \\ z=-3-3t \end{cases}$ 和 $\begin{cases} x+y-z=0 \\ 2x-y+2z=0 \end{cases}$；

(2) $\begin{cases} x+z-1=0 \\ x-2y+3=0 \end{cases}$ 和 $\begin{cases} 3x+y-z-13=0 \\ y+2z-8=0 \end{cases}$。

2. 空间中三个平面的方程为

$$\pi_1\text{：}\lambda x+y+3z-8=0$$

$$\pi_2\text{：}2x+y+2z-6=0$$

$$\pi_3\colon 3x+2y+3z+\mu=0$$

问: 参数 λ,μ 满足什么条件时,

(1) 三个平面交于一点?

(2) 三个平面两两相交? (此时有三条不同的交线)

(3) 三个平面相交于同一条直线? 并写出此交线。

5.4 本章小结

5.4.1 基本要求

1) 掌握齐次线性方程组有非零解的充分必要条件及非齐次线性方程组有解的充分必要条件。

2) 理解并掌握齐次线性方程组解的性质及通解表达式。

3) 理解并掌握非齐次线性方程组解的性质及通解表达式。

4) 熟练掌握用矩阵的初等变换求线性方程组通解的方法。

5.4.2 内容提要

1. 齐次线性方程组解的性质与解的结构

1) 若 $\boldsymbol{\xi}_1,\boldsymbol{\xi}_2$ 都是 $\boldsymbol{Ax}=\boldsymbol{0}$ 的解, 则 $k_1\boldsymbol{\xi}_1+k_2\boldsymbol{\xi}_2$ 也是 $\boldsymbol{Ax}=\boldsymbol{0}$ 的解。进一步, $\boldsymbol{Ax}=\boldsymbol{0}$ 的解向量的任意线性组合都为该方程组的解。

2) 设 $\boldsymbol{\xi}_1,\boldsymbol{\xi}_2,\cdots,\boldsymbol{\xi}_t$ 是 $\boldsymbol{Ax}=\boldsymbol{0}$ 的一组解向量, 满足:

(1) $\boldsymbol{\xi}_1,\boldsymbol{\xi}_2,\cdots,\boldsymbol{\xi}_t$ 是线性无关的;

(2) $\boldsymbol{Ax}=\boldsymbol{0}$ 的每个解向量都可由 $\boldsymbol{\xi}_1,\boldsymbol{\xi}_2,\cdots,\boldsymbol{\xi}_t$ 线性表示,

则称 $\boldsymbol{\xi}_1,\boldsymbol{\xi}_2,\cdots,\boldsymbol{\xi}_t$ 是齐次线性方程组 $\boldsymbol{Ax}=\boldsymbol{0}$ 的基础解系。

含有 n 个未知量的齐次线性方程组 $\boldsymbol{Ax}=\boldsymbol{0}$ 的系数矩阵 $\boldsymbol{A}$ 的秩 $\mathrm{r}(\boldsymbol{A})=r<n$, 则 $\boldsymbol{Ax}=\boldsymbol{0}$ 的任一基础解系中均含 $n-r$ 个解向量。

若 $\boldsymbol{\xi}_1,\boldsymbol{\xi}_2,\cdots,\boldsymbol{\xi}_t$ 是齐次线性方程组 $\boldsymbol{Ax}=\boldsymbol{0}$ 的基础解系, 则 $\boldsymbol{Ax}=\boldsymbol{0}$ 的通解可写成

$$\boldsymbol{x}=k_1\boldsymbol{\xi}_1+k_2\boldsymbol{\xi}_2+\cdots+k_t\boldsymbol{\xi}_t$$

其中, $k_1,k_2,\cdots,k_t$ 是任意常数。

2. 非齐次线性方程组解的性质与解的结构

1) 若 $\boldsymbol{\eta}_1$ 和 $\boldsymbol{\eta}_2$ 是线性方程组 $\boldsymbol{Ax}=\boldsymbol{b}$ 的解, 则 $\boldsymbol{\eta}_2-\boldsymbol{\eta}_1$ 是其导出组 $\boldsymbol{Ax}=\boldsymbol{0}$ 的解。

若 $\boldsymbol{\eta}$ 是线性方程组 $\boldsymbol{Ax}=\boldsymbol{b}$ 的解, $\boldsymbol{\xi}$ 是其导出组 $\boldsymbol{Ax}=\boldsymbol{0}$ 的解, 则 $\boldsymbol{\eta}+\boldsymbol{\xi}$ 是 $\boldsymbol{Ax}=\boldsymbol{b}$ 的解。

2) 设 n 元非齐次线性方程组 $\boldsymbol{Ax}=\boldsymbol{b}$ 满足 $\mathrm{r}(\boldsymbol{A})=\mathrm{r}(\boldsymbol{B})=r<n$，$\boldsymbol{\eta}$ 是 $\boldsymbol{Ax}=\boldsymbol{b}$ 的一个特解，又 $\boldsymbol{\xi}_1,\boldsymbol{\xi}_2,\cdots,\boldsymbol{\xi}_{n-r}$ 是其导出组 $\boldsymbol{Ax}=\boldsymbol{0}$ 的一个基础解系，则 $\boldsymbol{Ax}=\boldsymbol{b}$ 的通解可以表示为

$$\boldsymbol{x}=\boldsymbol{\eta}+k_1\boldsymbol{\xi}_1+k_2\boldsymbol{\xi}_2+\cdots+k_{n-r}\boldsymbol{\xi}_{n-r}$$

其中，$k_1,k_2,\cdots,k_{n-r}$ 是任意常数。

第 5 章总习题

一、单项选择题

1. 设 $\boldsymbol{A}$ 是 $m\times n$ 矩阵，齐次线性方程组 $\boldsymbol{Ax}=\boldsymbol{0}$ 的基础解系中有 t 个解向量，则齐次线性方程组 $\boldsymbol{A}^{\mathrm{T}}\boldsymbol{x}=\boldsymbol{0}$ 的基础解系中向量的个数为 ( )

A. $m+n-t$　　B. $m+n+t$　　C. $m-n+t$　　D. $m-n-t$

2. 已知 $\boldsymbol{\beta}_1,\boldsymbol{\beta}_2$ 是非齐次线性方程组 $\boldsymbol{Ax}=\boldsymbol{b}$ 的两个不同的解，$\boldsymbol{\alpha}_1,\boldsymbol{\alpha}_2$ 是对应的齐次线性方程组 $\boldsymbol{Ax}=\boldsymbol{0}$ 的基础解系，k_1,k_2 为任意常数，则方程组 $\boldsymbol{Ax}=\boldsymbol{b}$ 的通解必是 ( )

A. $k_1\boldsymbol{\alpha}_1+k_2(\boldsymbol{\alpha}_1+\boldsymbol{\alpha}_2)+\dfrac{\boldsymbol{\beta}_1-\boldsymbol{\beta}_2}{2}$　　B. $k_1\boldsymbol{\alpha}_1+k_2(\boldsymbol{\alpha}_1-\boldsymbol{\alpha}_2)+\dfrac{\boldsymbol{\beta}_1+\boldsymbol{\beta}_2}{2}$

C. $k_1\boldsymbol{\alpha}_1+k_2(\boldsymbol{\beta}_1+\boldsymbol{\beta}_2)+\dfrac{\boldsymbol{\beta}_1-\boldsymbol{\beta}_2}{2}$　　D. $k_1\boldsymbol{\alpha}_1+k_2(\boldsymbol{\beta}_1-\boldsymbol{\beta}_2)+\dfrac{\boldsymbol{\beta}_1+\boldsymbol{\beta}_2}{2}$

3. 已知 $\boldsymbol{Q}=\begin{pmatrix}1&2&3\\2&4&t\\3&6&9\end{pmatrix}$，$\boldsymbol{P}$ 为三阶非零矩阵，且满足 $\boldsymbol{PQ}=\boldsymbol{0}$，则 ( )

A. $t=6$ 时，$\boldsymbol{P}$ 的秩为 1　　B. $t=6$ 时，$\boldsymbol{P}$ 的秩为 2

C. $t\neq 6$ 时，$\boldsymbol{P}$ 的秩为 1　　D. $t\neq 6$ 时，$\boldsymbol{P}$ 的秩为 2

4. 设 $\boldsymbol{A}$ 是 $m\times n$ 矩阵，则齐次线性方程组 $\boldsymbol{Ax}=\boldsymbol{0}$ 有非零解的充分必要条件是 ( )

A. $\boldsymbol{A}$ 的行向量组线性相关　　B. $\boldsymbol{A}$ 的列向量组线性相关

C. $\boldsymbol{A}$ 的行向量组线性无关　　D. $\boldsymbol{A}$ 的列向量组线性无关

二、填空题

1. 设 $\boldsymbol{A}$ 为 n 维非零行向量，则齐次线性方程组 $\boldsymbol{Ax}=\boldsymbol{0}$ 的基础解系中向量的个数为______。

2. 已知 4×4 矩阵 $\boldsymbol{A}$ 的秩为 3，$\boldsymbol{\eta}_1,\boldsymbol{\eta}_2,\boldsymbol{\eta}_3$ 是 $\boldsymbol{Ax}=\boldsymbol{b}$ 的三个解向量，且 $\boldsymbol{\eta}_1=(1,2,3,4)^{\mathrm{T}}$，$\boldsymbol{\eta}_2+\boldsymbol{\eta}_3=(3,5,7,9)^{\mathrm{T}}$，则 $\boldsymbol{Ax}=\boldsymbol{b}$ 的通解为______。

三、计算和证明题

1. 已知齐次线性方程组

$$\begin{cases} a_{11}x_1+a_{12}x_2+\cdots+a_{1,2n}x_{2n}=0 \\ a_{21}x_1+a_{22}x_2+\cdots+a_{2,2n}x_{2n}=0 \\ \cdots\cdots \\ a_{n1}x_1+a_{n2}x_2+\cdots+a_{n,2n}x_{2n}=0 \end{cases}$$

有基础解系

$$\boldsymbol{\beta}_1=(b_{11},b_{12},\cdots,b_{1,2n})^{\mathrm{T}},\boldsymbol{\beta}_2=(b_{21},b_{22},\cdots,b_{2,2n})^{\mathrm{T}},\cdots,\boldsymbol{\beta}_n=(b_{n1},b_{n2},\cdots,b_{n,2n})^{\mathrm{T}}$$

求齐次线性方程组

$$\begin{cases} b_{11}y_1+b_{12}y_2+\cdots+b_{1,2n}y_{2n}=0 \\ b_{21}y_1+b_{22}y_2+\cdots+b_{2,2n}y_{2n}=0 \\ \cdots\cdots \\ b_{n1}y_1+b_{n2}y_2+\cdots+b_{n,2n}y_{2n}=0 \end{cases}$$

的基础解系。

2. 已知下列非齐次线性方程组（Ⅰ），（Ⅱ）

$$(\text{Ⅰ})\begin{cases} x_1+x_2-2x_4=-6 \\ 4x_1-x_2-x_3-x_4=1 \\ 3x_1-x_2-x_3=3 \end{cases};\qquad (\text{Ⅱ})\begin{cases} x_1+mx_2-x_3-x_4=-5 \\ nx_2-x_3-2x_4=-11 \\ x_3-2x_4=-t+1 \end{cases}$$

(1) 求解方程组（Ⅰ）的通解；

(2) 当方程组（Ⅱ）中的参数 m,n,t 为何值时，方程组（Ⅰ）与（Ⅱ）同解？

3. p,t 取何值时，方程组 $\begin{cases} x_1+x_2-2x_3+3x_4=0 \\ 2x_1+x_2-6x_3+4x_4=-1 \\ 3x_1+2x_2+px_3+7x_4=-1 \\ x_1-x_2-6x_3-x_4=t \end{cases}$ 无解？有唯一解或无穷多解？并在有无穷多解时，求出方程组的通解。

4. 设向量 $\boldsymbol{\alpha}_1=(1,0,1,0)^{\mathrm{T}},\boldsymbol{\alpha}_2=(3,-1,2,1)^{\mathrm{T}},\boldsymbol{\alpha}_3=(1,a,b,0)^{\mathrm{T}},\boldsymbol{\beta}=(1,2,-2,1)^{\mathrm{T}}$，问：参数 a,b 满足什么条件时，

(1) $\boldsymbol{\beta}$ 不能由 $\boldsymbol{\alpha}_1,\boldsymbol{\alpha}_2,\boldsymbol{\alpha}_3$ 线性表示？

(2) $\boldsymbol{\beta}$ 能由 $\boldsymbol{\alpha}_1,\boldsymbol{\alpha}_2,\boldsymbol{\alpha}_3$ 线性表示？并写出 $a=1,b=\dfrac{1}{3}$ 时的表达式。

5. 设 $\boldsymbol{A}$ 为 $m\times n$ 实矩阵，证明：线性方程组 $\boldsymbol{Ax}=\boldsymbol{0}$ 与 $\boldsymbol{A}^{\mathrm{T}}\boldsymbol{Ax}=\boldsymbol{0}$ 同解。

6. 设 $\boldsymbol{A}$ 为 n 阶矩阵，$\boldsymbol{b}$ 是 n 维非零列向量，$\boldsymbol{\gamma}_1,\boldsymbol{\gamma}_2$ 是线性方程组 $\boldsymbol{Ax}=\boldsymbol{b}$ 的解，$\boldsymbol{\xi}$ 是对应齐次线性方程组 $\boldsymbol{Ax}=\boldsymbol{0}$ 的解。

(1) 若 $\boldsymbol{\gamma}_1\neq\boldsymbol{\gamma}_2$，证明：$\boldsymbol{\gamma}_1,\boldsymbol{\gamma}_2$ 线性无关；

(2) 若 $\boldsymbol{A}$ 的秩为 $n-1$，证明：$\boldsymbol{\xi},\boldsymbol{\gamma}_1,\boldsymbol{\gamma}_2$ 线性相关。

第 6 章　矩阵相似对角化

矩阵的特征值、特征向量以及矩阵的对角化问题在矩阵论中占有重要地位，它们在数学的其他分支乃至其他学科中也有重要应用。本章将引入特征值、特征向量和矩阵相似的概念；讨论对任一 n 阶矩阵 $\boldsymbol{A}$ 是否存在 n 阶可逆阵 $\boldsymbol{P}$，使得 $\boldsymbol{P}^{-1}\boldsymbol{AP}$ 为对角阵的问题，给出此结论成立的充要条件；并证明实对称矩阵一定相似于对角阵，得到将矩阵化为相似对角阵的方法。

6.1　特征值与特征向量

6.1.1　特征值与特征向量的定义

定义 6.1　设 $\boldsymbol{A}$ 是 n 阶矩阵，如果存在数 λ 及非零列向量 $\boldsymbol{\alpha}$，使得

$$\boldsymbol{A\alpha} = \lambda\boldsymbol{\alpha} \tag{6.1}$$

则称 λ 为矩阵 $\boldsymbol{A}$ 的一个特征值，称 $\boldsymbol{\alpha}$ 为 $\boldsymbol{A}$ 属于特征值 λ 的一个特征向量。

例如，设矩阵 $\boldsymbol{A} = \begin{pmatrix} 2 & 1 \\ 0 & 1 \end{pmatrix}, \boldsymbol{\alpha} = \begin{pmatrix} 1 \\ 0 \end{pmatrix}$，则由矩阵的乘法知

$$\boldsymbol{A\alpha} = \begin{pmatrix} 2 & 1 \\ 0 & 1 \end{pmatrix}\begin{pmatrix} 1 \\ 0 \end{pmatrix} = \begin{pmatrix} 2 \\ 0 \end{pmatrix} = 2\begin{pmatrix} 1 \\ 0 \end{pmatrix} = 2\boldsymbol{\alpha}$$

则 $\lambda = 2$ 是 $\boldsymbol{A}$ 的一个特征值，对应于 $\lambda = 2$ 的特征向量 $\boldsymbol{\alpha} = (1, 0)^{\mathrm{T}}$。

如果 $\boldsymbol{A\alpha} = \lambda\boldsymbol{\alpha}$，$\boldsymbol{\alpha} \neq \boldsymbol{0}$，那么对于任意常数 k，有

$$\boldsymbol{A}(k\boldsymbol{\alpha}) = k\boldsymbol{A\alpha} = k\lambda\boldsymbol{\alpha} = \lambda k\boldsymbol{\alpha}$$

因此，当 $k \neq 0$ 时，$k\boldsymbol{\alpha}$ 也是属于特征值 λ 的特征向量，所以属于特征值 λ 的特征向量不是唯一的。

那么如何求 $\boldsymbol{A}$ 的全部特征值与特征向量？式 (6.1) 可以改写为

$$(\lambda\boldsymbol{I} - \boldsymbol{A})\boldsymbol{\alpha} = \boldsymbol{0} \tag{6.2}$$

设 λ_0 为矩阵 $\boldsymbol{A}$ 的一个特征值，$\boldsymbol{\alpha}$ 为 $\boldsymbol{A}$ 属于特征值 λ_0 的一个特征向量，即 $\boldsymbol{A\alpha} = \lambda_0\boldsymbol{\alpha}$，于是 $(\lambda_0\boldsymbol{I} - \boldsymbol{A})\boldsymbol{\alpha} = \boldsymbol{0}, \boldsymbol{\alpha} \neq \boldsymbol{0}$；换句话说，$\boldsymbol{\alpha}$ 为齐次线性方程组 (6.2) 的一个非零解，由推论 2.7 可知，$|\lambda\boldsymbol{I} - \boldsymbol{A}| = 0$。

定义 6.2　设 $\boldsymbol{A}=(a_{ij})$ 是 n 阶矩阵，记

$$|\lambda\boldsymbol{I}-\boldsymbol{A}|=\begin{vmatrix}\lambda-a_{11} & -a_{12} & \cdots & -a_{1n}\\ -a_{21} & \lambda-a_{22} & \cdots & -a_{2n}\\ \vdots & \vdots & & \vdots\\ -a_{n1} & -a_{n2} & \cdots & \lambda-a_{nn}\end{vmatrix}\tag{6.3}$$

$|\lambda\boldsymbol{I}-\boldsymbol{A}|$ 的展开式是一个关于 λ 的 n 次多项式，称为矩阵 $\boldsymbol{A}$ 的**特征多项式**，记为 $f(\lambda)$，称以 λ 为未知量的方程 $|\lambda\boldsymbol{I}-\boldsymbol{A}|=0$ 为 $\boldsymbol{A}$ 的特征方程。特征方程在复数范围内总有 n 个根 $\lambda_1,\lambda_2,\cdots,\lambda_n$ (重根按重数计算)，也即 n 阶矩阵 $\boldsymbol{A}$ 恰有 n 个 (复) 特征值 $\lambda_1,\lambda_2,\cdots,\lambda_n$。

综上，可得以下结论：

定理 6.1　设 $\boldsymbol{A}$ 是 n 阶矩阵, 则

(1) λ_0 为 $\boldsymbol{A}$ 的一个特征值当且仅当 λ_0 是 $\boldsymbol{A}$ 的特征多项式 $|\lambda\boldsymbol{I}-\boldsymbol{A}|$ 的一个根；

(2) $\boldsymbol{\alpha}$ 为 $\boldsymbol{A}$ 的属于特征值 λ_0 的一个特征向量当且仅当 $\boldsymbol{\alpha}$ 为齐次线性方程组 $(\lambda_0\boldsymbol{I}-\boldsymbol{A})\boldsymbol{x}=\boldsymbol{0}$ 的一个非零解。

由定理 6.1 可知，求特征值与特征向量的步骤如下：

(1) 计算 $\boldsymbol{A}$ 的特征多项式 $|\lambda\boldsymbol{I}-\boldsymbol{A}|$；

(2) 求 $\boldsymbol{A}$ 的全部特征值，即求 $f(\lambda)=0$ 的全部根；

(3) 对每个不同的 $\lambda_i(i=1,2,\cdots,s,s\leqslant n)$，求齐次线性方程组 $(\lambda_i\boldsymbol{I}-\boldsymbol{A})\boldsymbol{x}=\boldsymbol{0}$ 的一个基础解系 $\boldsymbol{\xi}_1,\boldsymbol{\xi}_2,\cdots,\boldsymbol{\xi}_t$，则 $k_1\boldsymbol{\xi}_1+k_2\boldsymbol{\xi}_2+\cdots+k_t\boldsymbol{\xi}_t(k_1,k_2,\cdots,k_t$ 不全为 $0)$ 是 $\boldsymbol{A}$ 的属于 λ_i 的全部特征向量。

例 6.1　求矩阵 $\begin{pmatrix}4 & 6 & 0\\ -3 & -5 & 0\\ -3 & -6 & 1\end{pmatrix}$ 的特征值与特征向量。

解　$\boldsymbol{A}$ 的特征多项式为

$$f(\lambda)=|\lambda\boldsymbol{I}-\boldsymbol{A}|=\begin{vmatrix}\lambda-4 & -6 & 0\\ 3 & \lambda-5 & 0\\ 3 & 6 & \lambda-1\end{vmatrix}=(\lambda+2)(\lambda-1)^2$$

令 $f(\lambda)=0$，求出 $\boldsymbol{A}$ 的特征值 $\lambda_1=-2,\lambda_2=\lambda_3=1$。

(1) 当 $\lambda_1=-2$ 时，解 $(-2\boldsymbol{I}-\boldsymbol{A})\boldsymbol{x}=\boldsymbol{0}$。

$$-2\boldsymbol{I}-\boldsymbol{A}=\begin{pmatrix}-6 & -6 & 0\\ 3 & -3 & 0\\ 3 & 6 & -3\end{pmatrix}\xrightarrow{\text{初等行变换}}\begin{pmatrix}1 & 0 & 1\\ 0 & 1 & -1\\ 0 & 0 & 0\end{pmatrix}$$

得基础解系 $\boldsymbol{\xi}_1=(-1,1,1)^{\mathrm{T}}$，于是 $k_1\boldsymbol{\xi}_1(k_1\neq 0)$ 为 $\boldsymbol{A}$ 的属于 $\lambda_1=-2$ 的全部特征向量。

(2) 当 $\lambda_2=\lambda_3=1$ 时，解 $(\boldsymbol{I}-\boldsymbol{A})\boldsymbol{x}=\boldsymbol{0}$。

$$\boldsymbol{I}-\boldsymbol{A}=\begin{pmatrix}-3&-6&0\\3&6&0\\3&6&0\end{pmatrix}\xrightarrow{\text{初等行变换}}\begin{pmatrix}1&2&0\\0&0&0\\0&0&0\end{pmatrix}$$

得基础解系 $\boldsymbol{\xi}_2=(0,0,1)^{\mathrm{T}}$，$\boldsymbol{\xi}_3=(-2,1,0)^{\mathrm{T}}$，于是 $k_2\boldsymbol{\xi}_2+k_3\boldsymbol{\xi}_3(k_2,k_3$ 不全为零) 为 $\boldsymbol{A}$ 的属于 $\lambda_2=\lambda_3=1$ 的全部特征向量。

例 6.2 求矩阵 $\begin{pmatrix}1&1&0\\0&1&0\\0&0&2\end{pmatrix}$ 的特征值与特征向量。

解 $\boldsymbol{A}$ 的特征多项式为

$$f(\lambda)=|\lambda\boldsymbol{I}-\boldsymbol{A}|=\begin{vmatrix}\lambda-1&-1&0\\0&\lambda-1&0\\0&0&\lambda-2\end{vmatrix}=(\lambda-1)^2(\lambda-2)$$

令 $f(\lambda)=0$，求出 $\boldsymbol{A}$ 的特征值 $\lambda_1=\lambda_2=1,\lambda_3=2$。

(1) 当 $\lambda_1=\lambda_2=1$ 时，解 $(\boldsymbol{I}-\boldsymbol{A})\boldsymbol{x}=\boldsymbol{0}$，得基础解系 $\boldsymbol{\xi}_1=(1,0,0)^{\mathrm{T}}$，于是 $k_1\boldsymbol{\xi}_1(k_1\neq 0)$ 为 $\boldsymbol{A}$ 的属于 $\lambda_1=1$ 的全部特征向量。

(2) 当 $\lambda_3=2$ 时，解 $(2\boldsymbol{I}-\boldsymbol{A})\boldsymbol{x}=\boldsymbol{0}$，得基础解系 $\boldsymbol{\xi}_3=(0,0,1)^{\mathrm{T}}$，于是 $k_3\boldsymbol{\xi}_3(k_3\neq 0)$ 为 $\boldsymbol{A}$ 的属于 $\lambda_3=2$ 的全部特征向量。

这里强调三点：其一，零向量不是特征向量；其二，实矩阵未必有实的特征值；其三，n 重特征值未必有 n 个线性无关的特征向量。

例 6.3 设 $\boldsymbol{A}$ 为 n 阶矩阵，试证：齐次线性方程组 $\boldsymbol{Ax}=\boldsymbol{0}$ 有非零解的充分必要条件是 $\boldsymbol{A}$ 有零特征值。

证 **必要性** 设 $\boldsymbol{Ax}=\boldsymbol{0}$ 有非零解，故 $|\boldsymbol{A}|=0$，因为 $|0\boldsymbol{I}-\boldsymbol{A}|=|-\boldsymbol{A}|=(-1)^n|\boldsymbol{A}|=0$，所以 $\lambda=0$ 是 $\boldsymbol{A}$ 的特征值。

充分性 因为 $\lambda=0$ 是 $\boldsymbol{A}$ 的特征值，故 $|0\boldsymbol{I}-\boldsymbol{A}|=|-\boldsymbol{A}|=(-1)^n|\boldsymbol{A}|=0$，所以 $|\boldsymbol{A}|=0$，从而 $\boldsymbol{Ax}=\boldsymbol{0}$ 有非零解。

6.1.2 特征值与特征向量的性质

定理 6.2 若 λ 是 n 阶矩阵 $\boldsymbol{A}$ 的特征值，则

(1) λ^m 是 $\boldsymbol{A}^m$ 的特征值 (其中，m 为正整数)；

(2) k 是常数，则 $k\lambda$ 是 $k\boldsymbol{A}$ 的特征值；

(3) 若 $\boldsymbol{A}$ 可逆，则 $\lambda \neq 0$ 且 $\dfrac{1}{\lambda}$ 是 $\boldsymbol{A}^{-1}$ 的特征值；

(4) 若 $\varphi(x) = a_m x^m + \cdots + a_1 x + a_0$，则 $\varphi(\lambda)$ 为方阵 $\varphi(\boldsymbol{A})$ 的特征值，且 $\varphi(\boldsymbol{A})$ 属于特征值 $\varphi(\lambda)$ 的特征向量与 $\boldsymbol{A}$ 属于特征值 λ 的特征向量相同。

我们仅证明 (1)、(3)，对 (2)、(4) 的证明类似, 请读者自行证明。

证　(1) 设 $\boldsymbol{\alpha}$ 为 $\boldsymbol{A}$ 的属于特征值 λ 的特征向量，即 $\boldsymbol{A\alpha} = \lambda\boldsymbol{\alpha}$，则

$$\boldsymbol{A}^2\boldsymbol{\alpha} = \boldsymbol{A}(\boldsymbol{A\alpha}) = \boldsymbol{A}(\lambda\boldsymbol{\alpha}) = \lambda\boldsymbol{A\alpha} = \lambda^2\boldsymbol{\alpha}$$

由 $\boldsymbol{\alpha} \neq \boldsymbol{0}$ 知 λ^2 是 $\boldsymbol{A}^2$ 的特征向量，用数学归纳法，可证明 λ^m 是 $\boldsymbol{A}^m$ 的特征值且 $\boldsymbol{\alpha} \neq \boldsymbol{0}$ 是 $\boldsymbol{A}^m$ 属于特征值 λ^m 的特征向量。

(3) 若 $\boldsymbol{A}$ 可逆，则由 $\boldsymbol{A\alpha} = \lambda\boldsymbol{\alpha}(\boldsymbol{\alpha} \neq \boldsymbol{0})$ 可得 $\lambda \neq 0$ (否则有 $\boldsymbol{A\alpha} = \boldsymbol{0}$，即 $\boldsymbol{\alpha} \neq \boldsymbol{0}$ 是 $\boldsymbol{Ax} = \boldsymbol{0}$ 的解，此与 $\boldsymbol{A}$ 可逆时，$\boldsymbol{Ax} = \boldsymbol{0}$ 只有零解矛盾)，这时，

$$\boldsymbol{A}^{-1}\boldsymbol{A\alpha} = \boldsymbol{A}^{-1}(\lambda\boldsymbol{\alpha}), \quad \boldsymbol{\alpha} = \lambda\boldsymbol{A}^{-1}\boldsymbol{\alpha}$$

故 $\boldsymbol{A}^{-1}\boldsymbol{\alpha} = \dfrac{1}{\lambda}\boldsymbol{\alpha}$，即 $\dfrac{1}{\lambda}$ 是 $\boldsymbol{A}^{-1}$ 的特征值，$\boldsymbol{\alpha} \neq \boldsymbol{0}$ 是 $\boldsymbol{A}^{-1}$ 属于 $\dfrac{1}{\lambda}$ 的特征向量。

定义 6.3　对于 n 阶矩阵 $\boldsymbol{A} = (a_{ij})$，其主对角线上各元素之和 $a_{11} + a_{22} + \cdots + a_{nn}$ 称为 $\boldsymbol{A}$ **的迹**，记为 $\mathrm{tr}(\boldsymbol{A})$，即 $\mathrm{tr}(\boldsymbol{A}) = \sum\limits_{i=1}^{n} a_{ii}$。

定理 6.3　设 $\lambda_1, \lambda_2, \cdots, \lambda_n$ 是 n 阶矩阵 $\boldsymbol{A} = (a_{ij})$ 的全部特征值，则

(1) $\mathrm{tr}(\boldsymbol{A}) = \lambda_1 + \lambda_2 + \cdots + \lambda_n$；

(2) $|\boldsymbol{A}| = \lambda_1\lambda_2\cdots\lambda_n$。

证　由行列式的定义，

$$|\lambda\boldsymbol{I} - \boldsymbol{A}| = \begin{vmatrix} \lambda - a_{11} & -a_{12} & \cdots & -a_{1n} \\ -a_{21} & \lambda - a_{22} & \cdots & -a_{2n} \\ \vdots & \vdots & & \vdots \\ -a_{n1} & -a_{n2} & \cdots & \lambda - a_{nn} \end{vmatrix}$$

的展开式中，含有一项为

$$(\lambda - a_{11})(\lambda - a_{22})\cdots(\lambda - a_{nn}) \tag{6.4}$$

其余各项至多含有 $n-2$ 个主对角线上的元素，从而其余各项 λ 的次数不会超过 $n-2$，故 $f(\lambda)$ 的 n 次项和 $n-1$ 次项只能在式 (6.4) 中出现，得

$$f(\lambda) = \lambda^n - (a_{11} + a_{22} + \cdots + a_{nn})\lambda^{n-1} + \cdots + a_0$$

其中，a_0 为 $f(\lambda)$ 的常数项，显然，$a_0 = f(0) = |0\boldsymbol{I} - \boldsymbol{A}| = |-\boldsymbol{A}| = (-1)^n|\boldsymbol{A}|$，即

$$f(\lambda)=\lambda^n-(a_{11}+a_{22}+\cdots+a_{nn})\lambda^{n-1}+\cdots+(-1)^n|\boldsymbol{A}|$$

又因为 $\lambda_1,\lambda_2,\cdots,\lambda_n$ 为 $\boldsymbol{A}$ 的全部特征值，由根与系数的关系

$$\begin{aligned}f(\lambda)&=(\lambda-\lambda_1)(\lambda-\lambda_2)\cdots(\lambda-\lambda_n)\\&=\lambda^n-(\lambda_1+\lambda_2+\cdots+\lambda_n)\lambda^{n-1}+\cdots+(-1)^n\lambda_1\lambda_2\cdots\lambda_n\end{aligned}$$

得

$$\operatorname{tr}(\boldsymbol{A})=\sum_{i=1}^{n}a_{ii}=\lambda_1+\lambda_2+\cdots+\lambda_n$$

$$|\boldsymbol{A}|=\lambda_1\lambda_2\cdots\lambda_n$$

由定理 6.3 中的 (2)，可得以下推论：

推论 6.1 n 阶矩阵 $\boldsymbol{A}$ 可逆的充要条件为 $\boldsymbol{A}$ 的每个特征值非零。

定理 6.4 设 $\lambda_1,\lambda_2,\cdots,\lambda_m$ 是 n 阶矩阵 $\boldsymbol{A}$ 的 m 个互不相同的特征值，$\boldsymbol{\alpha}_1,\boldsymbol{\alpha}_2,\cdots,\boldsymbol{\alpha}_m$ 为与其对应的特征向量，则 $\boldsymbol{\alpha}_1,\boldsymbol{\alpha}_2,\cdots,\boldsymbol{\alpha}_m$ 是线性无关的。

证 用数学归纳法证明。

当 $m=1$ 时，矩阵 $\boldsymbol{A}$ 只有一个特征值 λ_1，$\boldsymbol{\alpha}_1$ 为与其对应的特征向量，则 $\boldsymbol{\alpha}_1\neq\boldsymbol{0}$，所以 $\boldsymbol{\alpha}_1$ 是线性无关的，结论成立。

假设定理对 $m=k$ 时成立，下面证明 $m=k+1$ 时也成立。设

$$l_1\boldsymbol{\alpha}_1+l_2\boldsymbol{\alpha}_2+\cdots+l_{k+1}\boldsymbol{\alpha}_{k+1}=\boldsymbol{0} \tag{6.5}$$

用方阵 $\boldsymbol{A}$ 左乘式 (6.5)，得 $l_1\boldsymbol{A}\boldsymbol{\alpha}_1+l_2\boldsymbol{A}\boldsymbol{\alpha}_2+\cdots+l_{k+1}\boldsymbol{A}\boldsymbol{\alpha}_{k+1}=\boldsymbol{0}$，从而

$$l_1\lambda_1\boldsymbol{\alpha}_1+l_2\lambda_2\boldsymbol{\alpha}_2+\cdots+l_{k+1}\lambda_{k+1}\boldsymbol{\alpha}_{k+1}=\boldsymbol{0} \tag{6.6}$$

将式 (6.5) $\times\,\lambda_{k+1}-$ 式 (6.6)，得

$$l_1(\lambda_{k+1}-\lambda_1)\boldsymbol{\alpha}_1+l_2(\lambda_{k+1}-\lambda_2)\boldsymbol{\alpha}_2+\cdots+l_k(\lambda_{k+1}-\lambda_k)\boldsymbol{\alpha}_k=\boldsymbol{0}$$

由假设知 $\boldsymbol{\alpha}_1,\boldsymbol{\alpha}_2,\cdots,\boldsymbol{\alpha}_k$ 线性无关，所以 $l_i(\lambda_{k+1}-\lambda_i)=0, i=1,2,\cdots,k$，则

$$l_1=l_2=\cdots=l_k=0 \tag{6.7}$$

将式 (6.7) 代入式 (6.5)，得 $l_{k+1}\boldsymbol{\alpha}_{k+1}=\boldsymbol{0}$，由特征向量 $\boldsymbol{\alpha}_{k+1}\neq\boldsymbol{0}$，得 $l_{k+1}=0$，故 $\boldsymbol{\alpha}_1,\boldsymbol{\alpha}_2,\cdots,\boldsymbol{\alpha}_{k+1}$ 线性无关。

综上所述，结论成立。

推论 6.2 设 λ_1,λ_2 是 n 阶矩阵 $\boldsymbol{A}$ 的两个不同的特征值，$\boldsymbol{\alpha}_1,\boldsymbol{\alpha}_2,\cdots,\boldsymbol{\alpha}_s$ 与 $\boldsymbol{\beta}_1,\boldsymbol{\beta}_2,\cdots,\boldsymbol{\beta}_t$ 分别为 $\boldsymbol{A}$ 的对应于 λ_1,λ_2 的线性无关的特征向量，则 $\boldsymbol{\alpha}_1,\boldsymbol{\alpha}_2,\cdots,\boldsymbol{\alpha}_s,\boldsymbol{\beta}_1,\boldsymbol{\beta}_2,\cdots,\boldsymbol{\beta}_t$ 线性无关。

证　设

$$k_1\boldsymbol{\alpha}_1+k_2\boldsymbol{\alpha}_2+\cdots+k_s\boldsymbol{\alpha}_s+l_1\boldsymbol{\beta}_1+l_2\boldsymbol{\beta}_2+\cdots l_t\boldsymbol{\beta}_t=\mathbf{0} \tag{6.8}$$

两边左乘 $\boldsymbol{A}$，得

$$k_1\boldsymbol{A}\boldsymbol{\alpha}_1+k_2\boldsymbol{A}\boldsymbol{\alpha}_2+\cdots+k_s\boldsymbol{A}\boldsymbol{\alpha}_s+l_1\boldsymbol{A}\boldsymbol{\beta}_1+l_2\boldsymbol{A}\boldsymbol{\beta}_2+\cdots+l_t\boldsymbol{A}\boldsymbol{\beta}_t=\mathbf{0}$$

$$k_1\lambda_1\boldsymbol{\alpha}_1+k_2\lambda_1\boldsymbol{\alpha}_2+\cdots+k_s\lambda_1\boldsymbol{\alpha}_s+l_1\lambda_2\boldsymbol{\beta}_1+l_2\lambda_2\boldsymbol{\beta}_2+\cdots+l_t\lambda_2\boldsymbol{\beta}_t=\mathbf{0} \tag{6.9}$$

将式 (6.8) $\times\lambda_2-$ 式 (6.9)，得

$$k_1(\lambda_2-\lambda_1)\boldsymbol{\alpha}_1+k_2(\lambda_2-\lambda_1)\boldsymbol{\alpha}_2+\cdots+k_s(\lambda_2-\lambda_1)\boldsymbol{\alpha}_s=\mathbf{0}$$

由于 $\lambda_1\neq\lambda_2$，上式可化为

$$k_1\boldsymbol{\alpha}_1+k_2\boldsymbol{\alpha}_2+\cdots+k_s\boldsymbol{\alpha}_s=\mathbf{0}$$

由于 $\boldsymbol{\alpha}_1,\boldsymbol{\alpha}_2,\cdots,\boldsymbol{\alpha}_s$ 线性无关，因此 $k_1=k_2=\cdots=k_s=0$。代入式 (6.8)，得

$$l_1\boldsymbol{\beta}_1+l_2\boldsymbol{\beta}_2+\cdots l_t\boldsymbol{\beta}_t=\mathbf{0}$$

再由 $\boldsymbol{\beta}_1,\boldsymbol{\beta}_2,\cdots,\boldsymbol{\beta}_t$ 线性无关，得 $l_1=l_2=\cdots=l_t=0$。从而 $\boldsymbol{\alpha}_1,\boldsymbol{\alpha}_2,\cdots,\boldsymbol{\alpha}_s,\boldsymbol{\beta}_1,\boldsymbol{\beta}_2,\cdots,\boldsymbol{\beta}_t$ 线性无关。

显然，此推论的结论可推广到 $\boldsymbol{A}$ 有 k 个不同的特征值的情形。

习　题　6.1

1. 求下列矩阵的特征值与特征向量

(1) $\begin{pmatrix}1&-1\\2&4\end{pmatrix}$；　(2) $\begin{pmatrix}5&6&-3\\-1&0&1\\1&2&1\end{pmatrix}$；　(3) $\begin{pmatrix}1&0&0\\1&-1&0\\2&3&2\end{pmatrix}$。

2. 设 $\boldsymbol{A}$ 为可逆阵，λ_0 为 $\boldsymbol{A}$ 的一个特征值，对应的特征向量为 $\boldsymbol{\xi}$，求：

(1) $\boldsymbol{A}^*$ 的一个特征值及对应的特征向量；

(2) $\boldsymbol{P}^{-1}\boldsymbol{A}\boldsymbol{P}$ 的一个特征值及对应的特征向量。

3. 证明：方阵 $\boldsymbol{A}$ 与其转置矩阵 $\boldsymbol{A}^{\mathrm{T}}$ 有相同的特征值。

4. 设 n 阶矩阵 $\boldsymbol{A}$ 满足 $\boldsymbol{A}^2-3\boldsymbol{A}+2\boldsymbol{I}=\mathbf{0}$，证明：$\boldsymbol{A}$ 的特征值只能取 1 或 2。

6.2　相似矩阵与矩阵的对角化

作为矩阵特征值理论的一个应用，本节讨论相似矩阵的概念与性质以及矩阵相似于对角阵的条件。

6.2.1　相似矩阵及其性质

定义 6.4　设 $\boldsymbol{A}, \boldsymbol{B}$ 均是 n 阶矩阵，如果存在一个可逆矩阵 $\boldsymbol{P}$，使得 $\boldsymbol{P}^{-1}\boldsymbol{A}\boldsymbol{P} = \boldsymbol{B}$，则称 $\boldsymbol{A}$ 与 $\boldsymbol{B}$ 相似，记作 $\boldsymbol{A} \sim \boldsymbol{B}$。

容易看到，矩阵的相似关系是一种等价关系，即具有

(1) (反身性) $\boldsymbol{A} \sim \boldsymbol{A}$;

(2) (对称性) 若 $\boldsymbol{A} \sim \boldsymbol{B}$，则 $\boldsymbol{B} \sim \boldsymbol{A}$;

(3) (传递性) 若 $\boldsymbol{A} \sim \boldsymbol{B}$，$\boldsymbol{B} \sim \boldsymbol{C}$，则 $\boldsymbol{A} \sim \boldsymbol{C}$。

例 6.4　设 $\boldsymbol{A} = \begin{pmatrix} 1 & -2 \\ -3 & 2 \end{pmatrix}$，$\boldsymbol{P} = \begin{pmatrix} 1 & -1 \\ -1 & 2 \end{pmatrix}$，$\boldsymbol{Q} = \begin{pmatrix} 2 & 1 \\ -3 & 1 \end{pmatrix}$，易知 $\boldsymbol{P}, \boldsymbol{Q}$ 均为可逆矩阵。这时，$\boldsymbol{P}^{-1}\boldsymbol{A}\boldsymbol{P} = \begin{pmatrix} 2 & 1 \\ 1 & 1 \end{pmatrix}\begin{pmatrix} 1 & -2 \\ -3 & 2 \end{pmatrix}\begin{pmatrix} 1 & -1 \\ -1 & 2 \end{pmatrix} = \begin{pmatrix} 1 & -3 \\ -2 & 2 \end{pmatrix}$，所以 $\boldsymbol{A}$ 与 $\begin{pmatrix} 1 & -3 \\ -2 & 2 \end{pmatrix}$ 相似。而 $\boldsymbol{Q}^{-1}\boldsymbol{A}\boldsymbol{Q} = \dfrac{1}{5}\begin{pmatrix} 1 & -1 \\ 3 & 2 \end{pmatrix}\begin{pmatrix} 1 & -2 \\ -3 & 2 \end{pmatrix}\begin{pmatrix} 2 & 1 \\ -3 & 1 \end{pmatrix} = \begin{pmatrix} 4 & 0 \\ 0 & -1 \end{pmatrix}$，所以 $\boldsymbol{A}$ 与 $\begin{pmatrix} 4 & 0 \\ 0 & -1 \end{pmatrix}$ 相似。

由此例看出与 $\boldsymbol{A}$ 相似的矩阵可以有多个，而且与 $\boldsymbol{A}$ 相似的两个矩阵均保持其行列式的值不变、主对角线上的元素和 $\sum\limits_{i=1}^{n} a_{ii}$ 不变等特点，下面证明：与 $\boldsymbol{A}$ 相似的任意矩阵均有此性质。

性质 6.1　若 $\boldsymbol{A}$ 与 $\boldsymbol{B}$ 相似，则 $\boldsymbol{A}$ 与 $\boldsymbol{B}$ 有相同的特征多项式，从而有相同的特征值，且 $\boldsymbol{A}$ 与 $\boldsymbol{B}$ 的迹相等。

证　已知 $\boldsymbol{A} \sim \boldsymbol{B}$，则存在一个可逆矩阵 $\boldsymbol{P}$，使得 $\boldsymbol{P}^{-1}\boldsymbol{A}\boldsymbol{P} = \boldsymbol{B}$，则

$$
\begin{aligned}
|\lambda \boldsymbol{I} - \boldsymbol{B}| &= \left|\lambda \boldsymbol{I} - \boldsymbol{P}^{-1}\boldsymbol{A}\boldsymbol{P}\right| = \left|\boldsymbol{P}^{-1}(\lambda \boldsymbol{I})\boldsymbol{P} - \boldsymbol{P}^{-1}\boldsymbol{A}\boldsymbol{P}\right| = \left|\boldsymbol{P}^{-1}(\lambda \boldsymbol{I} - \boldsymbol{A})\boldsymbol{P}\right| \\
&= \left|\boldsymbol{P}^{-1}\right| |\lambda \boldsymbol{I} - \boldsymbol{A}| \, |\boldsymbol{P}| = |\lambda \boldsymbol{I} - \boldsymbol{A})|
\end{aligned}
$$

即 $\boldsymbol{A}$ 与 $\boldsymbol{B}$ 有相同的特征多项式，从而有相同的特征值 $\lambda_1, \lambda_2, \cdots, \lambda_n$，这时

$$
\operatorname{tr}\boldsymbol{A} = \operatorname{tr}\boldsymbol{B} = \sum_{i=1}^{n} \lambda_i
$$

从而 $\boldsymbol{A}$ 与 $\boldsymbol{B}$ 的迹相等。

性质 6.2　若 $\boldsymbol{A}$ 与 $\boldsymbol{B}$ 相似，则

(1) $|\boldsymbol{A}| = |\boldsymbol{B}|$，且 $\boldsymbol{A}^m \sim \boldsymbol{B}^m$ (其中，m 为任意正整数);

(2) 当 $\boldsymbol{A}$ 可逆时，$\boldsymbol{B}$ 可逆，且 $\boldsymbol{A}^{-1} \sim \boldsymbol{B}^{-1}$。

证　(1) 已知 $\boldsymbol{A} \sim \boldsymbol{B}$，存在一个可逆矩阵 $\boldsymbol{P}$，使得 $\boldsymbol{P}^{-1}\boldsymbol{A}\boldsymbol{P}=\boldsymbol{B}$，则

$$|\boldsymbol{B}|=\left|\boldsymbol{P}^{-1}\boldsymbol{A}\boldsymbol{P}\right|=\left|\boldsymbol{P}^{-1}\right||\boldsymbol{A}||\boldsymbol{P}|=|\boldsymbol{A}|$$

由 $\boldsymbol{P}^{-1}\boldsymbol{A}\boldsymbol{P}=\boldsymbol{B}$，下面假设 $m=k$ 时，$\boldsymbol{P}^{-1}\boldsymbol{A}^k\boldsymbol{P}=\boldsymbol{B}^k$ 成立，则

$$\boldsymbol{B}^{k+1}=\boldsymbol{B}\boldsymbol{B}^k=(\boldsymbol{P}^{-1}\boldsymbol{A}\boldsymbol{P})(\boldsymbol{P}^{-1}\boldsymbol{A}^k\boldsymbol{P})=\boldsymbol{P}^{-1}\boldsymbol{A}(\boldsymbol{P}\boldsymbol{P}^{-1})\boldsymbol{A}^k\boldsymbol{P}=\boldsymbol{P}^{-1}\boldsymbol{A}^{k+1}\boldsymbol{P}$$

由数学归纳法可知，对任意 m，$\boldsymbol{P}^{-1}\boldsymbol{A}^m\boldsymbol{P}=\boldsymbol{B}^m$ 成立，即 $\boldsymbol{A}^m \sim \boldsymbol{B}^m$。

(2) 由 $\boldsymbol{P}^{-1}\boldsymbol{A}\boldsymbol{P}=\boldsymbol{B}$，当 $\boldsymbol{A}$ 可逆时，$\boldsymbol{B}$ 也可逆，且 $(\boldsymbol{P}^{-1}\boldsymbol{A}\boldsymbol{P})^{-1}=\boldsymbol{B}^{-1}$，即 $\boldsymbol{P}^{-1}\boldsymbol{A}^{-1}\boldsymbol{P}=\boldsymbol{B}^{-1}$，从而 $\boldsymbol{A}^{-1} \sim \boldsymbol{B}^{-1}$。

例 6.5　已知矩阵 $\boldsymbol{A}=\begin{pmatrix}2&0&0\\0&0&1\\0&1&x\end{pmatrix}$ 与 $\boldsymbol{B}=\begin{pmatrix}2&&\\&y&\\&&-1\end{pmatrix}$ 相似，试求 x 与 y 的值。

解　因为 $\boldsymbol{A}$ 与 $\boldsymbol{B}$ 相似，故

$$\operatorname{tr}(\boldsymbol{A})=\operatorname{tr}(\boldsymbol{B}),\quad |\boldsymbol{A}|=|\boldsymbol{B}|$$

即

$$\begin{cases}2+x=2+y-1\\-2=-2y\end{cases}$$

得

$$x=0,\quad y=1$$

6.2.2　矩阵可对角化的条件

如果 n 阶矩阵 $\boldsymbol{A}$ 可以相似于一个 n 阶对角阵 $\boldsymbol{\Lambda}$，则称 $\boldsymbol{A}$ 可以对角化，$\boldsymbol{\Lambda}$ 称为 $\boldsymbol{A}$ 的相似标准形。$\boldsymbol{A}$ 与一个对角阵相似，即能找到一个可逆矩阵 $\boldsymbol{P}$，使得 $\boldsymbol{P}^{-1}\boldsymbol{A}\boldsymbol{P}=\boldsymbol{\Lambda}$，下面讨论矩阵可对角化的条件。

定理 6.5　n 阶矩阵 $\boldsymbol{A}$ 相似于 n 阶对角阵 $\boldsymbol{\Lambda}$ 的充分必要条件是 $\boldsymbol{A}$ 有 n 个线性无关的特征向量，其中，$\boldsymbol{\Lambda}=\operatorname{diag}(\lambda_1,\lambda_2,\cdots,\lambda_n)$，$\lambda_1,\lambda_2,\cdots,\lambda_n$ 为 $\boldsymbol{A}$ 的 n 个特征值。

证　**必要性**　如果 n 阶矩阵 $\boldsymbol{A}$ 相似于 n 阶对角阵 $\boldsymbol{\Lambda}$，则存在可逆矩阵 $\boldsymbol{P}$，使得 $\boldsymbol{P}^{-1}\boldsymbol{A}\boldsymbol{P}=\boldsymbol{\Lambda}$，其中，$\boldsymbol{\Lambda}=\operatorname{diag}(\lambda_1,\lambda_2,\cdots,\lambda_n)$，或写为 $\boldsymbol{A}\boldsymbol{P}=\boldsymbol{P}\boldsymbol{\Lambda}$。将矩阵 $\boldsymbol{P}$ 按列分块，记 $\boldsymbol{P}=(\boldsymbol{\alpha}_1,\boldsymbol{\alpha}_2,\cdots,\boldsymbol{\alpha}_n)$，则

$$\boldsymbol{A}(\boldsymbol{\alpha}_1,\boldsymbol{\alpha}_2,\cdots,\boldsymbol{\alpha}_n)=(\boldsymbol{\alpha}_1,\boldsymbol{\alpha}_2,\cdots,\boldsymbol{\alpha}_n)\begin{pmatrix}\lambda_1&&&\\&\lambda_2&&\\&&\ddots&\\&&&\lambda_n\end{pmatrix}$$

$$= (\lambda_1\boldsymbol{\alpha}_1, \lambda_2\boldsymbol{\alpha}_2, \cdots, \lambda_n\boldsymbol{\alpha}_n)$$

得
$$\boldsymbol{A}\boldsymbol{\alpha}_i = \lambda_i\boldsymbol{\alpha}_i \quad (i = 1, 2, \cdots, n)$$

因为 $\boldsymbol{P}$ 可逆，$\boldsymbol{P}$ 必不含零列，即 $\boldsymbol{\alpha}_i \neq \boldsymbol{0} \quad (i = 1, 2, \cdots, n)$ 且 $\boldsymbol{\alpha}_1, \boldsymbol{\alpha}_2, \cdots, \boldsymbol{\alpha}_n$ 线性无关。因此 $\boldsymbol{\alpha}_i$ 是 $\boldsymbol{A}$ 属于特征值 λ_i 的特征向量，且 $\boldsymbol{\alpha}_1, \boldsymbol{\alpha}_2, \cdots, \boldsymbol{\alpha}_n$ 线性无关。

充分性　设 $\boldsymbol{\alpha}_1, \boldsymbol{\alpha}_2, \cdots, \boldsymbol{\alpha}_n$ 是 $\boldsymbol{A}$ 的 n 个线性无关的特征向量，它们对应的特征值分别是 $\lambda_1, \lambda_2, \cdots, \lambda_n$，记 $\boldsymbol{P} = (\boldsymbol{\alpha}_1, \boldsymbol{\alpha}_2, \cdots, \boldsymbol{\alpha}_n)$，则 $\boldsymbol{P}$ 可逆，这时

$$\boldsymbol{A}\boldsymbol{P} = \boldsymbol{A}(\boldsymbol{\alpha}_1, \boldsymbol{\alpha}_2, \cdots, \boldsymbol{\alpha}_n) = (\boldsymbol{A}\boldsymbol{\alpha}_1, \boldsymbol{A}\boldsymbol{\alpha}_2, \cdots, \boldsymbol{A}\boldsymbol{\alpha}_n) = (\lambda_1\boldsymbol{\alpha}_1, \lambda_2\boldsymbol{\alpha}_2, \cdots, \lambda_n\boldsymbol{\alpha}_n)$$
$$= (\boldsymbol{\alpha}_1, \boldsymbol{\alpha}_2, \cdots, \boldsymbol{\alpha}_n)\begin{pmatrix} \lambda_1 & & & \\ & \lambda_2 & & \\ & & \ddots & \\ & & & \lambda_n \end{pmatrix}$$

两边左乘 $\boldsymbol{P}^{-1}$，得 $\boldsymbol{P}^{-1}\boldsymbol{A}\boldsymbol{P} = \boldsymbol{\Lambda}$，即 $\boldsymbol{A}$ 与对角阵 $\boldsymbol{\Lambda}$ 相似。

由定理 6.4 知，$\boldsymbol{A}$ 的属于不同特征值的特征向量线性无关，因此很容易得到以下推论：

推论 6.3　如果 n 阶矩阵 $\boldsymbol{A}$ 有 n 个互不相同的特征值 $\lambda_1, \lambda_2, \cdots, \lambda_n$，则 $\boldsymbol{A}$ 与对角阵 $\boldsymbol{\Lambda}$ 相似，其中，$\boldsymbol{\Lambda} = \mathrm{diag}(\lambda_1, \lambda_2, \cdots, \lambda_n)$。

注　此推论只是 $\boldsymbol{A}$ 可对角化的充分条件，不是必要条件。方阵 $\boldsymbol{A}$ 可对角化，并不能判定 $\boldsymbol{A}$ 必有 n 个互不相同的特征值，例如，数量矩阵 $a\boldsymbol{I}$ 可对角化，但只有 n 重特征值 a。

假设 $\boldsymbol{A}$ 的不同的特征值为 $\lambda_1, \lambda_2, \cdots, \lambda_s$ $(s \leqslant n)$，且 λ_i 的重数为 n_i，则 $n_1 + n_2 + \cdots + n_s = n$。对每个 $\lambda_i (i = 1, 2, \cdots, s)$，若 $\mathrm{r}(\lambda_i\boldsymbol{I} - \boldsymbol{A}) = n - n_i$，从而齐次线性方程组 $(\lambda_i\boldsymbol{I} - \boldsymbol{A})\boldsymbol{x} = \boldsymbol{0}$ 的基础解系一定会有 n_i 个线性无关的特征向量，由推论 6.2 可得：矩阵 $\boldsymbol{A}$ 有 n 个线性无关的特征向量，再根据定理 6.5，故 $\boldsymbol{A}$ 可以对角化。

反过来，如果 $\boldsymbol{A}$ 相似于对角矩阵 $\boldsymbol{\Lambda}$，则对 $\boldsymbol{A}$ 的 n_i 重特征值 λ_i，矩阵 $(\lambda_i\boldsymbol{I} - \boldsymbol{A})$ 的秩一定为 $n - n_i$。

定理 6.6　n 阶矩阵 $\boldsymbol{A}$ 与 n 阶对角阵相似的充分必要条件是 $\boldsymbol{A}$ 的每个 n_i 重特征值 λ_i 都有 n_i 个线性无关的特征向量。

现在我们回顾一下例 6.1 和例 6.2，在例 6.1 中，矩阵 $\begin{pmatrix} 4 & 6 & 0 \\ -3 & -5 & 0 \\ -3 & -6 & 1 \end{pmatrix}$ 有三

个线性无关的特征向量

$$\boldsymbol{\xi}_1=(-1,1,1)^{\mathrm{T}},\quad \boldsymbol{\xi}_2=(0,0,1)^{\mathrm{T}},\quad \boldsymbol{\xi}_3=(-2,1,0)^{\mathrm{T}}$$

因此 $\boldsymbol{A}$ 可对角化，且此时，令

$$\boldsymbol{P}=(\boldsymbol{\xi}_1,\boldsymbol{\xi}_2,\boldsymbol{\xi}_3)=\begin{pmatrix}-1&0&-2\\1&0&1\\1&1&0\end{pmatrix}$$

那么

$$\boldsymbol{P}^{-1}\boldsymbol{A}\boldsymbol{P}=\begin{pmatrix}-2&&\\&1&\\&&1\end{pmatrix}$$

而在例 6.2 中，矩阵 $\boldsymbol{A}=\begin{pmatrix}1&1&0\\0&1&0\\0&0&2\end{pmatrix}$ 只有两个线性无关的特征向量，因此 $\boldsymbol{A}$ 不能相似于对角阵。

例 6.6　设 $\boldsymbol{A}=\begin{pmatrix}2&-1&2\\5&a&3\\-1&b&-2\end{pmatrix}$ 的一个特征向量为 $\boldsymbol{\xi}=\begin{pmatrix}1\\1\\-1\end{pmatrix}$，

(1) 求参数 a,b 的值及 $\boldsymbol{A}$ 的与 $\boldsymbol{\xi}$ 对应的特征值;

(2) 问: $\boldsymbol{A}$ 是否可相似对角化, 为什么?

解　(1) 设 $\boldsymbol{A}$ 的与特征向量 $\boldsymbol{\xi}$ 对应的特征值为 λ，则 $(\lambda\boldsymbol{I}-\boldsymbol{A})\boldsymbol{\xi}=\boldsymbol{0}$，即

$$\begin{pmatrix}\lambda-2&1&-2\\-5&\lambda-a&-3\\1&-b&\lambda+2\end{pmatrix}\begin{pmatrix}1\\1\\-1\end{pmatrix}=\begin{pmatrix}0\\0\\0\end{pmatrix}$$

由

$$\begin{cases}\lambda+1=0\\\lambda-a-2=0\\\lambda+b+1=0\end{cases}$$

解得

$$\begin{cases}\lambda=-1\\a=-3\\b=0\end{cases}$$

从而
$$A=\begin{pmatrix}2&-1&2\\5&-3&3\\-1&0&-2\end{pmatrix}$$

(2) $|\lambda I-A|=\begin{vmatrix}\lambda-2&1&-2\\-5&\lambda+3&-3\\1&0&\lambda+2\end{vmatrix}=-(\lambda+1)^3=0$，则 $\lambda_1=\lambda_2=\lambda_3=-1$，

$$(-I-A)=\begin{pmatrix}-3&1&-2\\-5&2&-3\\1&0&1\end{pmatrix}\to\begin{pmatrix}1&0&1\\0&1&1\\0&0&0\end{pmatrix}$$

$\mathrm{r}(-I-A)=2$，齐次线性方程组 $(-I-A)x=0$ 的基础解系含有一个向量，从而 A 的线性无关的特征向量只有一个，故 A 不能对角化。

例 6.7　设三阶矩阵 A 的特征值是 $1,-1,-1$，$\xi_1=(1,0,0)^{\mathrm{T}}$，$\xi_2=(0,1,-1)^{\mathrm{T}}$，$\xi_3=(3,2,-1)^{\mathrm{T}}$ 依次为对应的特征向量，求 A 与 A^9。

解　显然 ξ_1,ξ_2,ξ_3 线性无关，令

$$P=(\xi_1,\xi_2,\xi_3)=\begin{pmatrix}1&0&3\\0&1&2\\0&-1&-1\end{pmatrix},\quad \Lambda=\begin{pmatrix}1&&\\&-1&\\&&-1\end{pmatrix}$$

则 P 可逆，且 $P^{-1}AP=\Lambda$，从而

$$A=P\Lambda P^{-1},\quad P^{-1}=\begin{pmatrix}1&-3&-3\\0&-1&-2\\0&1&1\end{pmatrix}$$

故
$$\begin{aligned}A&=\begin{pmatrix}1&0&3\\0&1&2\\0&-1&-1\end{pmatrix}\begin{pmatrix}1&0&0\\0&-1&0\\0&0&-1\end{pmatrix}\begin{pmatrix}1&-3&-3\\0&-1&-2\\0&1&1\end{pmatrix}\\&=\begin{pmatrix}1&-6&-6\\0&-1&0\\0&0&-1\end{pmatrix}\end{aligned}$$

又
$$\begin{aligned}A^9&=(P\Lambda P^{-1})^9=(P\Lambda P^{-1})(P\Lambda P^{-1})\cdots(P\Lambda P^{-1})=P\Lambda^9P^{-1}\\&=\begin{pmatrix}1&-6&-6\\0&-1&0\\0&0&-1\end{pmatrix}\end{aligned}$$

此例提示：对于给定的矩阵 $\boldsymbol{A}$，直接计算 $\boldsymbol{A}^k$ 往往比较困难，可以通过 $\boldsymbol{A}$ 的相似对角矩阵来计算。

例 6.8　设 λ_1, λ_2 是矩阵 $\boldsymbol{A}$ 的两个不同的特征值，$\boldsymbol{\xi}_1, \boldsymbol{\xi}_2$ 分别是 λ_1, λ_2 对应的特征向量，证明：$\boldsymbol{\xi}_1 + \boldsymbol{\xi}_2$ 不是 $\boldsymbol{A}$ 的特征向量。

证　反证法　假设 $\boldsymbol{\xi}_1 + \boldsymbol{\xi}_2$ 是 $\boldsymbol{A}$ 的属于特征值 λ_0 的特征向量，即

$$\boldsymbol{A}(\boldsymbol{\xi}_1 + \boldsymbol{\xi}_2) = \lambda_0(\boldsymbol{\xi}_1 + \boldsymbol{\xi}_2)$$

由 $\boldsymbol{A}\boldsymbol{\xi}_1 = \lambda_1\boldsymbol{\xi}_1$，$\boldsymbol{A}\boldsymbol{\xi}_2 = \lambda_2\boldsymbol{\xi}_2$，则

$$\boldsymbol{A}(\boldsymbol{\xi}_1 + \boldsymbol{\xi}_2) = \boldsymbol{A}\boldsymbol{\xi}_1 + \boldsymbol{A}\boldsymbol{\xi}_2 = \lambda_1\boldsymbol{\xi}_1 + \lambda_2\boldsymbol{\xi}_2 = \lambda_0(\boldsymbol{\xi}_1 + \boldsymbol{\xi}_2)$$

整理得

$$(\lambda_0 - \lambda_1)\boldsymbol{\xi}_1 + (\lambda_0 - \lambda_2)\boldsymbol{\xi}_2 = \boldsymbol{0}$$

由于 λ_1, λ_2 是矩阵 $\boldsymbol{A}$ 的两个不同的特征值，故线性无关，从而

$$\lambda_0 - \lambda_1 = 0, \quad \lambda_0 - \lambda_2 = 0$$

即 $\lambda_1 = \lambda_2$，与已知条件矛盾，所以 $\boldsymbol{\xi}_1 + \boldsymbol{\xi}_2$ 不是 $\boldsymbol{A}$ 的特征向量。

习　题　6.2

1. 判断下列矩阵是否可对角化，若可对角化，求出可逆矩阵 $\boldsymbol{P}$，使得 $\boldsymbol{P}^{-1}\boldsymbol{A}\boldsymbol{P}$ 为对角阵，

(1) $\begin{pmatrix} 1 & 4 \\ 1 & -2 \end{pmatrix}$；　(2) $\begin{pmatrix} 0 & -1 & 1 \\ -1 & 0 & 1 \\ 1 & 1 & 0 \end{pmatrix}$；　(3) $\begin{pmatrix} 2 & 3 & 2 \\ 1 & 4 & 2 \\ 1 & -3 & 1 \end{pmatrix}$。

2. 设方阵 $\boldsymbol{A} = \begin{pmatrix} 1 & -2 & -4 \\ -2 & x & -2 \\ -4 & -2 & 1 \end{pmatrix}$ 与 $\boldsymbol{\Lambda} = \begin{pmatrix} 5 & & \\ & y & \\ & & -4 \end{pmatrix}$ 相似，求 x, y，并求相似变换矩阵 $\boldsymbol{P}$。

3. 已知 $\boldsymbol{A}$ 与 $\boldsymbol{B}$ 相似，其中，$\boldsymbol{B} = \begin{pmatrix} 1 & 0 & 0 \\ 0 & 2 & 0 \\ 0 & 0 & -1 \end{pmatrix}$，求：

(1) $\boldsymbol{A}$ 的特征多项式；(2) $\boldsymbol{A}$ 的特征值；(3) $|\boldsymbol{A}|$；(4) $\mathrm{r}(\boldsymbol{A})$。

4. 设 $\boldsymbol{A} = \begin{pmatrix} 1 & 4 & 2 \\ 0 & -3 & 4 \\ 0 & 4 & 3 \end{pmatrix}$，求 $\boldsymbol{A}^{100}$。

5. 若 $\boldsymbol{A}$ 为可逆阵，且 $\boldsymbol{A}$ 与 $\boldsymbol{B}$ 相似，证明：$\boldsymbol{A}^*$ 与 $\boldsymbol{B}^*$ 相似。

6.3 实对称矩阵的对角化

由上节的讨论可知，并非所有 n 阶方阵都可以对角化，因为这与数域有关。而任意 n 阶实对称矩阵都可以对角化，并且存在正交矩阵 $\boldsymbol{Q}$，使得 $\boldsymbol{Q}^{-1}\boldsymbol{A}\boldsymbol{Q}$ 是对角阵。这个结论在很多领域都有着广泛的应用。为此，先介绍实对称矩阵的特征值与特征向量。

定理 6.7 实对称矩阵的特征值均为实数。

证 设 $\boldsymbol{A}$ 为 n 阶实对称矩阵，则 $\boldsymbol{A}^{\mathrm{T}}=\boldsymbol{A}$，且 $\boldsymbol{A}$ 的共轭矩阵 $\overline{\boldsymbol{A}}=\boldsymbol{A}$。设 λ 为 $\boldsymbol{A}$ 的任意一个特征值，$\boldsymbol{\xi}$ 是 $\boldsymbol{A}$ 的属于 λ 的特征向量，记 $\boldsymbol{\xi}=(a_1,a_2,\cdots,a_n)^{\mathrm{T}}$，那么 a_i 为复数。对 $\boldsymbol{A}\boldsymbol{\xi}=\lambda\boldsymbol{\xi}$，两边取共轭得

$$\boldsymbol{A}\overline{\boldsymbol{\xi}}=\overline{\boldsymbol{A}}\,\overline{\boldsymbol{\xi}}=\overline{\boldsymbol{A}\boldsymbol{\xi}}=\overline{\lambda\boldsymbol{\xi}}=\overline{\lambda}\,\overline{\boldsymbol{\xi}}$$

从而 $\boldsymbol{A}\overline{\boldsymbol{\xi}}=\overline{\lambda}\,\overline{\boldsymbol{\xi}}$，两边取转置得

$$\overline{\boldsymbol{\xi}}^{\mathrm{T}}\boldsymbol{A}=\overline{\lambda}\,\overline{\boldsymbol{\xi}}^{\mathrm{T}}$$

两边右乘 $\boldsymbol{\xi}$，得

$$\lambda\overline{\boldsymbol{\xi}}^{\mathrm{T}}\boldsymbol{\xi}=\overline{\boldsymbol{\xi}}^{\mathrm{T}}\boldsymbol{A}\boldsymbol{\xi}=\overline{\lambda}\,\overline{\boldsymbol{\xi}}^{\mathrm{T}}\boldsymbol{\xi}$$

即

$$(\lambda-\overline{\lambda})\overline{\boldsymbol{\xi}}^{\mathrm{T}}\boldsymbol{\xi}=0$$

由于 $\boldsymbol{\xi}\neq\boldsymbol{0}$，$\overline{\boldsymbol{\xi}}^{\mathrm{T}}\boldsymbol{\xi}=\sum\limits_{i=1}^{n}|a_i|^2>0$，于是 $\overline{\lambda}=\lambda$，$\lambda$ 为实数。

定理 6.8 实对称矩阵的属于不同特征值的特征向量是正交的。

证 设 λ_1,λ_2 是实对称矩阵 $\boldsymbol{A}$ 的两个不同的特征值，对应的特征向量分别是 $\boldsymbol{\xi}_1,\boldsymbol{\xi}_2$，即

$$\boldsymbol{A}\boldsymbol{\xi}_1=\lambda_1\boldsymbol{\xi}_1,\quad \boldsymbol{A}\boldsymbol{\xi}_2=\lambda_2\boldsymbol{\xi}_2$$

由于

$$\begin{aligned}\lambda_1(\boldsymbol{\xi}_1,\boldsymbol{\xi}_2)&=(\lambda_1\boldsymbol{\xi}_1,\boldsymbol{\xi}_2)=(\boldsymbol{A}\boldsymbol{\xi}_1,\boldsymbol{\xi}_2)=\boldsymbol{\xi}_2^{\mathrm{T}}\boldsymbol{A}\boldsymbol{\xi}_1=\boldsymbol{\xi}_2^{\mathrm{T}}\boldsymbol{A}^{\mathrm{T}}\boldsymbol{\xi}_1\\&=(\boldsymbol{A}\boldsymbol{\xi}_2)^{\mathrm{T}}\boldsymbol{\xi}_1=(\boldsymbol{\xi}_1,\boldsymbol{A}\boldsymbol{\xi}_2)=(\boldsymbol{\xi}_1,\lambda_2\boldsymbol{\xi}_2)=\lambda_2(\boldsymbol{\xi}_1,\boldsymbol{\xi}_2)\end{aligned}$$

那么 $(\lambda_1-\lambda_2)(\boldsymbol{\xi}_1,\boldsymbol{\xi}_2)=0$，由于 $\lambda_1\neq\lambda_2$，因此 $(\boldsymbol{\xi}_1,\boldsymbol{\xi}_2)=0$，即 $\boldsymbol{\xi}_1$ 与 $\boldsymbol{\xi}_2$ 正交。

定理 6.9 设 $\boldsymbol{A}$ 是 n 阶实对称矩阵，则存在正交矩阵 $\boldsymbol{Q}$，使得

$$\boldsymbol{Q}^{-1}\boldsymbol{A}\boldsymbol{Q}=\boldsymbol{Q}^{\mathrm{T}}\boldsymbol{A}\boldsymbol{Q}=\begin{pmatrix}\lambda_1&&&\\&\lambda_2&&\\&&\ddots&\\&&&\lambda_n\end{pmatrix}$$

其中，$\lambda_1,\lambda_2,\cdots,\lambda_n$ 为 $\boldsymbol{A}$ 的特征值，$\boldsymbol{Q}$ 的列向量组 $\boldsymbol{e}_1,\boldsymbol{e}_2,\cdots,\boldsymbol{e}_n$ 是分别对应于 $\lambda_1,\lambda_2,\cdots,\lambda_n$ 的 $\boldsymbol{A}$ 的标准正交的特征向量组。

证　略。

因为对于 n 阶实对称矩阵 $\boldsymbol{A}$，属于 $\boldsymbol{A}$ 的重特征值的一组线性无关的特征向量不一定相互正交，可通过施密特正交化方法将其正交化，而 $\boldsymbol{A}$ 的属于不同特征值的特征向量一定两两正交，这样就可得到 $\boldsymbol{A}$ 的 n 个两两正交的特征向量组，再将它们单位化就可以得到 $\mathbf{R}^n$ 的一组标准正交基，以它们为列向量可构成正交矩阵 $\boldsymbol{Q}$。

实对称矩阵 $\boldsymbol{A}$ 对角化的一般步骤如下：

(1) 求出 $\boldsymbol{A}$ 的特征方程 $|\lambda\boldsymbol{I}-\boldsymbol{A}|=0$ 的所有不同的根 $\lambda_1,\lambda_2,\cdots,\lambda_s(s\leqslant n)$，其中，$\lambda_i$ 为 $\boldsymbol{A}$ 的 n_i 重特征值，$i=1,2,\cdots,s$，且 $n_1+n_2+\cdots+n_s=n$；

(2) 对每个特征值 λ_i，求齐次线性方程组 $(\lambda_i\boldsymbol{I}-\boldsymbol{A})\boldsymbol{x}=\boldsymbol{0}$ 的基础解系 $\boldsymbol{\alpha}_{i1},\boldsymbol{\alpha}_{i2},\cdots,\boldsymbol{\alpha}_{in_i}$；

(3) 利用施密特正交化方法，将 $\boldsymbol{\alpha}_{i1},\boldsymbol{\alpha}_{i2},\cdots,\boldsymbol{\alpha}_{in_i}$ 正交化和单位化，得到标准正交向量组 $\boldsymbol{e}_{i1},\boldsymbol{e}_{i2},\cdots,\boldsymbol{e}_{in_i}$，它们与 $\boldsymbol{\alpha}_{i1},\boldsymbol{\alpha}_{i2},\cdots,\boldsymbol{\alpha}_{in_i}$ 等价，因此它们也是 $\boldsymbol{A}$ 的属于 λ_i 的特征向量；

(4) 构造 n 阶矩阵 $\boldsymbol{Q}=(\boldsymbol{e}_{11},\boldsymbol{e}_{12},\cdots,\boldsymbol{e}_{1n_1},\boldsymbol{e}_{21},\boldsymbol{e}_{22},\cdots,\boldsymbol{e}_{2n_2},\cdots,\boldsymbol{e}_{s1},\boldsymbol{e}_{s2},\cdots,\boldsymbol{e}_{sn_s})$，则 $\boldsymbol{Q}$ 为正交矩阵，从而有

$$\boldsymbol{Q}^{-1}\boldsymbol{A}\boldsymbol{Q}=\boldsymbol{Q}^{\mathrm{T}}\boldsymbol{A}\boldsymbol{Q}=\boldsymbol{\Lambda}$$

其中，
$$\boldsymbol{\Lambda}=\operatorname{diag}\Big(\overbrace{\lambda_1,\cdots,\lambda_1}^{n_1\text{个}},\overbrace{\lambda_2,\cdots,\lambda_2}^{n_2\text{个}},\cdots,\overbrace{\lambda_s,\cdots,\lambda_s}^{n_s\text{个}}\Big)$$

例 6.9　设 $\boldsymbol{A}=\begin{pmatrix}1&2&2\\2&1&2\\2&2&1\end{pmatrix}$，求正交矩阵 $\boldsymbol{Q}$，使得 $\boldsymbol{Q}^{-1}\boldsymbol{A}\boldsymbol{Q}$ 为对角阵。

解
$$|\lambda\boldsymbol{I}-\boldsymbol{A}|=\begin{vmatrix}\lambda-1&-2&-2\\-2&\lambda-1&-2\\-2&-2&\lambda-1\end{vmatrix}=(\lambda-5)(\lambda+1)^2=0$$

求出三个特征值 $\lambda_1=\lambda_2=-1,\lambda_3=5$。

当 $\lambda_1=\lambda_2=-1$ 时，解 $(-\boldsymbol{I}-\boldsymbol{A})\boldsymbol{x}=\boldsymbol{0}$，

$$-\boldsymbol{I}-\boldsymbol{A}=\begin{pmatrix}-2&-2&-2\\-2&-2&-2\\-2&-2&-2\end{pmatrix}\xrightarrow{\text{初等行变换}}\begin{pmatrix}1&1&1\\0&0&0\\0&0&0\end{pmatrix}$$

得基础解系 $\boldsymbol{\xi}_1=(-1,1,0)^{\mathrm{T}},\boldsymbol{\xi}_2=(-1,0,1)^{\mathrm{T}}$，将 $\boldsymbol{\xi}_1,\boldsymbol{\xi}_2$ 正交化，得

$$\begin{aligned}\boldsymbol{\beta}_1&=\boldsymbol{\xi}_1\\ \boldsymbol{\beta}_2&=\boldsymbol{\xi}_2-\frac{(\boldsymbol{\xi}_2,\boldsymbol{\beta}_1)}{(\boldsymbol{\beta}_1,\boldsymbol{\beta}_1)}\boldsymbol{\beta}_1=(-1,0,1)^{\mathrm{T}}-\frac{1}{2}(-1,1,0)^{\mathrm{T}}\\ &=\frac{1}{2}(-1,-1,2)^{\mathrm{T}}\end{aligned}$$

再单位化得

$$\boldsymbol{e}_1=\frac{\boldsymbol{\beta}_1}{|\boldsymbol{\beta}_1|}=\frac{1}{\sqrt{2}}(-1,1,0)^{\mathrm{T}}$$

$$\boldsymbol{e}_2=\frac{\boldsymbol{\beta}_2}{|\boldsymbol{\beta}_2|}=\frac{1}{\sqrt{6}}(-1,-1,2)^{\mathrm{T}}$$

当 $\lambda_3=5$ 时，解 $(5\boldsymbol{I}-\boldsymbol{A})\boldsymbol{x}=\boldsymbol{0}$，

$$5\boldsymbol{I}-\boldsymbol{A}=\begin{pmatrix}4&-2&-2\\-2&4&-2\\-2&-2&4\end{pmatrix}\xrightarrow{\text{初等行变换}}\begin{pmatrix}1&0&-1\\0&1&-1\\0&0&0\end{pmatrix}$$

得基础解系 $\boldsymbol{\xi}_3=(1,1,1)^{\mathrm{T}}$，再单位化得

$$\boldsymbol{e}_3=\frac{\boldsymbol{\xi}_3}{|\boldsymbol{\xi}_3|}=\frac{1}{\sqrt{3}}(1,1,1)^{\mathrm{T}}$$

令

$$\boldsymbol{Q}=(\boldsymbol{e}_1,\boldsymbol{e}_2,\boldsymbol{e}_3)=\begin{pmatrix}-\frac{1}{\sqrt{2}}&-\frac{1}{\sqrt{6}}&\frac{1}{\sqrt{3}}\\ \frac{1}{\sqrt{2}}&-\frac{1}{\sqrt{6}}&\frac{1}{\sqrt{3}}\\ 0&\frac{2}{\sqrt{6}}&\frac{1}{\sqrt{3}}\end{pmatrix}$$

则 $\boldsymbol{Q}$ 为正交阵，且

$$\boldsymbol{Q}^{-1}\boldsymbol{A}\boldsymbol{Q}=\begin{pmatrix}-1&&\\&-1&\\&&5\end{pmatrix}$$

注　正交矩阵可以有不同的取法，但此时的对角阵有相应的变化，如取

$$\boldsymbol{Q}=(\boldsymbol{e}_1,\boldsymbol{e}_3,\boldsymbol{e}_2)=\begin{pmatrix}-\frac{1}{\sqrt{2}}&\frac{1}{\sqrt{3}}&\frac{1}{\sqrt{6}}\\ \frac{1}{\sqrt{2}}&\frac{1}{\sqrt{3}}&-\frac{1}{\sqrt{6}}\\ 0&\frac{1}{\sqrt{3}}&\frac{2}{\sqrt{6}}\end{pmatrix}$$

则
$$\boldsymbol{Q}^{-1}\boldsymbol{A}\boldsymbol{Q}=\boldsymbol{Q}^{\mathrm{T}}\boldsymbol{A}\boldsymbol{Q}=\begin{pmatrix}-1 & & \\ & 5 & \\ & & -1\end{pmatrix}$$

例 6.10　已知矩阵 $\boldsymbol{A}=\begin{pmatrix}2 & 0 & 0\\ 0 & a & 2\\ 0 & 2 & 3\end{pmatrix}$ 与 $\boldsymbol{B}=\begin{pmatrix}1 & & \\ & 2 & \\ & & b\end{pmatrix}$ 相似，求：

(1) a,b 的值；(2) 正交矩阵 $\boldsymbol{Q}$，使得 $\boldsymbol{Q}^{-1}\boldsymbol{A}\boldsymbol{Q}=\boldsymbol{B}$。

解　(1) 因为 $\boldsymbol{A}$ 与 $\boldsymbol{B}$ 相似，故
$$\mathrm{tr}(\boldsymbol{A})=\mathrm{tr}(\boldsymbol{B}),\quad |\boldsymbol{A}|=|\boldsymbol{B}|$$

即
$$\begin{cases}5+a=3+b\\ 2(3a-4)=2b\end{cases}$$

得
$$a=3,\ b=5$$

(2) $\boldsymbol{B}$ 的特征值是 $1,2,5$，从而 $\boldsymbol{A}$ 的特征值是 $1,2,5$。

当 $\lambda_1=1$ 时，解 $(\boldsymbol{I}-\boldsymbol{A})\boldsymbol{x}=\boldsymbol{0}$，
$$\boldsymbol{I}-\boldsymbol{A}=\begin{pmatrix}-1 & 0 & 0\\ 0 & -2 & -2\\ 0 & -2 & -2\end{pmatrix}\xrightarrow{\text{初等行变换}}\begin{pmatrix}1 & 0 & 0\\ 0 & 1 & 1\\ 0 & 0 & 0\end{pmatrix}$$

得基础解系
$$\boldsymbol{\xi}_1=(0,1,-1)^{\mathrm{T}}$$

当 $\lambda_2=2$ 时，解 $(2\boldsymbol{I}-\boldsymbol{A})\boldsymbol{x}=\boldsymbol{0}$，
$$2\boldsymbol{I}-\boldsymbol{A}=\begin{pmatrix}0 & 0 & 0\\ 0 & -1 & -2\\ 0 & -2 & -1\end{pmatrix}\xrightarrow{\text{初等行变换}}\begin{pmatrix}0 & 1 & 0\\ 0 & 0 & 1\\ 0 & 0 & 0\end{pmatrix}$$

得基础解系 $\boldsymbol{\xi}_2=(1,0,0)^{\mathrm{T}}$。

当 $\lambda_3=5$ 时，解 $(5\boldsymbol{I}-\boldsymbol{A})\boldsymbol{x}=\boldsymbol{0}$，
$$5\boldsymbol{I}-\boldsymbol{A}=\begin{pmatrix}3 & 0 & 0\\ 0 & 2 & -2\\ 0 & -2 & 2\end{pmatrix}\xrightarrow{\text{初等行变换}}\begin{pmatrix}1 & 0 & 0\\ 0 & 1 & -1\\ 0 & 0 & 0\end{pmatrix}$$

得基础解系 $\boldsymbol{\xi}_3=(0,1,1)^{\mathrm{T}}$。

直接将 $\boldsymbol{\xi}_1,\boldsymbol{\xi}_2,\boldsymbol{\xi}_3$ 单位化 (想一想，为什么不必做施密特正交化？) 得

$$\boldsymbol{e}_1=\frac{1}{\sqrt{2}}(0,1,-1)^{\mathrm{T}},\quad \boldsymbol{e}_2=(1,0,0)^{\mathrm{T}},\quad \boldsymbol{e}_3=\frac{1}{\sqrt{2}}(0,1,1)^{\mathrm{T}}$$

令
$$\boldsymbol{Q}=(\boldsymbol{e}_1,\boldsymbol{e}_2,\boldsymbol{e}_3)=\begin{pmatrix}0&1&0\\ \frac{1}{\sqrt{2}}&0&\frac{1}{\sqrt{2}}\\ -\frac{1}{\sqrt{2}}&0&\frac{1}{\sqrt{2}}\end{pmatrix}$$

则 $\boldsymbol{Q}$ 为正交阵，且

$$\boldsymbol{Q}^{-1}\boldsymbol{A}\boldsymbol{Q}=\begin{pmatrix}1&&\\&2&\\&&5\end{pmatrix}=\boldsymbol{B}$$

例 6.11　设 $\boldsymbol{A},\boldsymbol{B}$ 均为 n 阶实对称矩阵，如果特征多项式相同，则存在正交矩阵 $\boldsymbol{Q}$, 使 $\boldsymbol{Q}^{-1}\boldsymbol{A}\boldsymbol{Q}=\boldsymbol{B}$。

证　由于 $\boldsymbol{A},\boldsymbol{B}$ 的特征多项式相同，因而有相同的特征值 $\lambda_1,\lambda_2,\cdots,\lambda_n$，由定理 6.11 知存在正交矩阵 $\boldsymbol{Q}_1$ 和 $\boldsymbol{Q}_2$，使得

$$\boldsymbol{Q}_1^{-1}\boldsymbol{A}\boldsymbol{Q}_1=\begin{pmatrix}\lambda_1&&&\\&\lambda_2&&\\&&\ddots&\\&&&\lambda_n\end{pmatrix}=\boldsymbol{Q}_2^{-1}\boldsymbol{B}\boldsymbol{Q}_2$$

于是 $(\boldsymbol{Q}_1\boldsymbol{Q}_2^{-1})^{-1}\boldsymbol{A}\boldsymbol{Q}_1\boldsymbol{Q}_2^{-1}=\boldsymbol{B}$。记 $\boldsymbol{Q}=\boldsymbol{Q}_1\boldsymbol{Q}_2^{-1}$，那么 $\boldsymbol{Q}$ 为正交阵且 $\boldsymbol{Q}^{-1}\boldsymbol{A}\boldsymbol{Q}=\boldsymbol{B}$。

思考　若 $\boldsymbol{A},\boldsymbol{B}$ 只是 n 阶矩阵，如果特征多项式相同，有此结论吗？

例 6.12　假设 $-1,1,1$ 为实对称矩阵 $\boldsymbol{A}$ 的特征值，且属于特征值 -1 的特征向量为 $\boldsymbol{\xi}_1=(0,1,1)^{\mathrm{T}}$，求：

(1) 属于特征值 1 的特征向量；(2) 求矩阵 $\boldsymbol{A}$。

解　(1) 因为 $\boldsymbol{A}$ 为实对称矩阵，所以属于不同特征值的特征向量必正交，那么属于特征值 1 的特征向量 $\boldsymbol{\xi}=(x_1,x_2,x_3)^{\mathrm{T}}$ 应满足 $\boldsymbol{\xi}_1^{\mathrm{T}}\boldsymbol{\xi}=0$，即

$$x_2+x_3=0$$

得基础解系为 $\boldsymbol{\xi}_2=(1,0,0)^{\mathrm{T}},\boldsymbol{\xi}_3=(0,1,-1)^{\mathrm{T}}$，则属于特征值 1 的特征向量为 $k_2\boldsymbol{\xi}_2+k_3\boldsymbol{\xi}_3$ (k_2,k_3 不全为零)。

(2) 由于 $\boldsymbol{\xi}_2$ 与 $\boldsymbol{\xi}_3$ 已正交，故只需将 $\boldsymbol{\xi}_1,\boldsymbol{\xi}_2,\boldsymbol{\xi}_3$ 单位化，得

$$\boldsymbol{e}_1=\frac{\boldsymbol{\xi}_1}{|\boldsymbol{\xi}_1|}=\frac{1}{\sqrt{2}}\begin{pmatrix}0\\1\\1\end{pmatrix},\quad \boldsymbol{e}_2=\frac{\boldsymbol{\xi}_2}{|\boldsymbol{\xi}_2|}=\begin{pmatrix}1\\0\\0\end{pmatrix},\quad \boldsymbol{e}_3=\frac{\boldsymbol{\xi}_3}{|\boldsymbol{\xi}_3|}=\frac{1}{\sqrt{2}}\begin{pmatrix}0\\1\\-1\end{pmatrix}$$

取

$$\boldsymbol{Q}=(\boldsymbol{e}_1,\boldsymbol{e}_2,\boldsymbol{e}_3)=\begin{pmatrix}0&1&0\\\frac{1}{\sqrt{2}}&0&\frac{1}{\sqrt{2}}\\\frac{1}{\sqrt{2}}&0&-\frac{1}{\sqrt{2}}\end{pmatrix}$$

因此由 $\boldsymbol{Q}^{-1}\boldsymbol{A}\boldsymbol{Q}=\boldsymbol{\Lambda}$, 得 $\boldsymbol{A}=\boldsymbol{Q}\boldsymbol{\Lambda}\boldsymbol{Q}^{-1}=\boldsymbol{Q}\boldsymbol{\Lambda}\boldsymbol{Q}^{\mathrm{T}}$，故

$$\boldsymbol{A}=\begin{pmatrix}0&1&0\\\frac{1}{\sqrt{2}}&0&\frac{1}{\sqrt{2}}\\\frac{1}{\sqrt{2}}&0&\frac{1}{\sqrt{2}}\end{pmatrix}\begin{pmatrix}-1&&\\&1&\\&&1\end{pmatrix}\begin{pmatrix}0&\frac{1}{\sqrt{2}}&\frac{1}{\sqrt{2}}\\1&0&0\\0&\frac{1}{\sqrt{2}}&-\frac{1}{\sqrt{2}}\end{pmatrix}=\begin{pmatrix}1&0&0\\0&0&-1\\0&-1&0\end{pmatrix}$$

习　题　6.3

1. 对下列实对称矩阵 $\boldsymbol{A}$，求正交矩阵 $\boldsymbol{Q}$ 和对角阵 $\boldsymbol{\Lambda}$，使得 $\boldsymbol{Q}^{-1}\boldsymbol{A}\boldsymbol{Q}=\boldsymbol{\Lambda}$，

(1) $\begin{pmatrix}2&1\\1&2\end{pmatrix}$；　(2) $\begin{pmatrix}0&0&1\\0&0&0\\1&0&0\end{pmatrix}$；　(3) $\begin{pmatrix}2&1&1\\1&2&1\\1&1&2\end{pmatrix}$。

2. 已知三阶实对称方阵 $\boldsymbol{A}$ 的特征值为 $1,1,-2$，且 -2 对应的特征向量为 $\boldsymbol{x}_1=(1,1,-1)^{\mathrm{T}}$，求方阵 $\boldsymbol{A}$。

3. 已知三阶实对称方阵 $\boldsymbol{A}$ 的特征值为 1, -1, -1，且 -1 对应的一个特征向量为 $\boldsymbol{\alpha}_1=(1,a,-1)^{\mathrm{T}}$，1 对应的一个特征向量为 $\boldsymbol{\alpha}_2=(0,1,1)^{\mathrm{T}}$，求常数 a 与方阵 $\boldsymbol{A}$。

4. 设矩阵 $\boldsymbol{A}=\begin{pmatrix}1&1&a\\1&a&1\\a&1&1\end{pmatrix}$，$\boldsymbol{\beta}=\begin{pmatrix}1\\1\\-2\end{pmatrix}$，已知线性方程组 $\boldsymbol{A}\boldsymbol{x}=\boldsymbol{\beta}$ 有解但不唯一，试求: (1) a 的值; (2) 正交矩阵 $\boldsymbol{Q}$，使得 $\boldsymbol{Q}^{\mathrm{T}}\boldsymbol{A}\boldsymbol{Q}$ 为对角阵。

5. 设三阶方阵有三个非零的正交特征向量，证明: $\boldsymbol{A}$ 是对称矩阵。

6. 设 n 阶矩阵 $\boldsymbol{A}$ 是实对称矩阵，且满足 $\boldsymbol{A}^2=\boldsymbol{A}$，$\mathrm{r}(\boldsymbol{A})=r$, $0<r\leqslant n$，证明: $\boldsymbol{A}$ 相似于对角阵 $\boldsymbol{\Lambda}=\mathrm{diag}(\overbrace{1,1,\cdots 1}^{r\text{ 个}},\overbrace{0,0,\cdots 0}^{n-r\text{ 个}})$，并求 $|\boldsymbol{A}-2\boldsymbol{I}|$。

6.4 应用举例

例 6.13　1202 年，斐波那契 (Fibonacci) 在一本书中提出了一个问题：如果一对兔子出生一个月后开始繁殖，每个月产生一对后代，现在有一对新生兔子，假设兔子只繁殖，没有死亡，那么问每月初会有多少对兔子？

解　假设这对新生兔子出生时记为零月份，这时只有一对兔子，一个月后即 1 月初，这对兔子还未开始繁殖，所以仍然是一对兔子；2 月初，它们生了一对兔子，因此，此时有两对；3 月初，它们又生了一对兔子，而在 2 月初生的那对兔子还未繁殖，此时有 3 对兔子 …… 依次下去，有

$$1,1,2,3,5,8,13,21,34,55,\cdots$$

这一数列称为斐波那契数列。

设第 n 月初有 x_n 对兔子，则

$$x_n = x_{n-1} + x_{n-2}$$

这是一个递推公式，显然 $x_0 = x_1 = 1$。将上式用矩阵表示，有

$$\begin{pmatrix} x_n \\ x_{n+1} \end{pmatrix} = \begin{pmatrix} x_n \\ x_n + x_{n-1} \end{pmatrix} = \begin{pmatrix} 0 & 1 \\ 1 & 1 \end{pmatrix}\begin{pmatrix} x_{n-1} \\ x_n \end{pmatrix}$$

记
$$\boldsymbol{X}_n = \begin{pmatrix} x_n \\ x_{n+1} \end{pmatrix}, \quad \boldsymbol{A} = \begin{pmatrix} 0 & 1 \\ 1 & 1 \end{pmatrix}$$

那么 $\boldsymbol{X}_0 = \begin{pmatrix} x_0 \\ x_1 \end{pmatrix} = \begin{pmatrix} 1 \\ 1 \end{pmatrix}$，且

$$\boldsymbol{X}_n = \boldsymbol{A}\boldsymbol{X}_{n-1} = \boldsymbol{A}^2\boldsymbol{X}_{n-2} = \cdots = \boldsymbol{A}^n\boldsymbol{X}_0 = \boldsymbol{A}^n\begin{pmatrix} 1 \\ 1 \end{pmatrix}$$

容易求出 $\boldsymbol{A}$ 的特征值为 $\lambda_1 = \dfrac{1+\sqrt{5}}{2}, \lambda_2 = \dfrac{1-\sqrt{5}}{2}$。

属于 λ_1 的特征向量为 $\boldsymbol{\xi}_1 = \left(1, \dfrac{1+\sqrt{5}}{2}\right)^{\mathrm{T}} = (1,\lambda_1)^{\mathrm{T}}$，属于 λ_2 的特征向量为 $\boldsymbol{\xi}_2 = \left(1, \dfrac{1-\sqrt{5}}{2}\right)^{\mathrm{T}} = (1,\lambda_2)^{\mathrm{T}}$，令 $\boldsymbol{P} = (\boldsymbol{\xi}_1, \boldsymbol{\xi}_2) = \begin{pmatrix} 1 & 1 \\ \lambda_1 & \lambda_2 \end{pmatrix}$，那么 $\boldsymbol{P}^{-1}\boldsymbol{A}\boldsymbol{P} = \begin{pmatrix} \lambda_1 & 0 \\ 0 & \lambda_2 \end{pmatrix}$，而

$$\boldsymbol{P}^{-1} = \frac{1}{\lambda_2 - \lambda_1}\begin{pmatrix} \lambda_2 & -1 \\ -\lambda_1 & 1 \end{pmatrix}$$

于是
$$\boldsymbol{X}_n=\boldsymbol{A}^n\begin{pmatrix}1\\1\end{pmatrix}=\boldsymbol{P}\begin{pmatrix}\lambda_1&\\&\lambda_n\end{pmatrix}^n\left[\boldsymbol{P}^{-1}\begin{pmatrix}1\\1\end{pmatrix}\right]$$
$$=\begin{pmatrix}1&1\\\lambda_1&\lambda_2\end{pmatrix}\begin{pmatrix}\lambda_1^n&\\&\lambda_2^n\end{pmatrix}\frac{1}{\lambda_2-\lambda_1}\begin{pmatrix}\lambda_2-1\\1-\lambda_1\end{pmatrix}$$
$$=\frac{1}{\lambda_1-\lambda_2}\begin{pmatrix}\lambda_1^{n+1}-\lambda_2^{n+1}\\\lambda_1^{n+2}-\lambda_2^{n+2}\end{pmatrix}=\frac{1}{\sqrt{5}}\begin{pmatrix}\lambda_1^{n+1}-\lambda_2^{n+1}\\\lambda_1^{n+2}-\lambda_2^{n+2}\end{pmatrix}=\begin{pmatrix}x_n\\x_{n+1}\end{pmatrix}$$

所以
$$x_n=\frac{1}{\sqrt{5}}(\lambda_1^{n+1}-\lambda_2^{n+1})=\frac{1}{\sqrt{5}}\left[\left(\frac{1+\sqrt{5}}{2}\right)^{n+1}-\left(\frac{1-\sqrt{5}}{2}\right)^{n+1}\right]$$

这就是斐波那契数列的卢卡斯 (Lucas) 通项公式。

习　题　6.4

1. 某实验性生产线每年一月份进行熟练工与非熟练工的人数统计，然后将 $\frac{1}{6}$ 的熟练工支援其他部门，其缺额由招收的非熟练工补齐。新、老非熟练工经过培训及实践，至年终考核有 $\frac{2}{5}$ 的非熟练工成为熟练工。设第 n 年一月份统计的熟练工和非熟练工所占百分比分别为 x_n 和 y_n，记为向量 $\begin{pmatrix}x_n\\y_n\end{pmatrix}$。

(1) 求 $\begin{pmatrix}x_{n+1}\\y_{n+1}\end{pmatrix}$ 与 $\begin{pmatrix}x_n\\y_n\end{pmatrix}$ 的关系式，并写成矩阵形式：$\begin{pmatrix}x_{n+1}\\y_{n+1}\end{pmatrix}=\boldsymbol{A}\begin{pmatrix}x_n\\y_n\end{pmatrix}$；

(2) 当 $\begin{pmatrix}x_1\\y_1\end{pmatrix}=\begin{pmatrix}\frac{1}{2}\\\frac{1}{2}\end{pmatrix}$ 时，求 $\begin{pmatrix}x_{n+1}\\y_{n+1}\end{pmatrix}$。

2. 设数列 $\{a_n\},\{b_n\}$ 满足
$$\begin{cases}a_n=2a_{n-1}-5b_{n-1}\\b_n=\dfrac{1}{3}a_{n-1}-\dfrac{2}{3}b_{n-1}\end{cases}$$
且 $a_0=b_0=1$，求 $\{a_n\}$ 的通项及 $\lim\limits_{n\to\infty}a_n$。

6.5 本章小结

6.5.1 基本要求

1) 了解矩阵的特征值、特征向量的概念并掌握其求解方法。

2) 了解相似矩阵的概念、性质以及矩阵相似对角化的条件，会化矩阵为相似对角形矩阵。

3) 掌握将实对称矩阵相似对角化的方法。

6.5.2 内容提要

1. 特征值与特征向量的定义

设 $\boldsymbol{A}$ 是 n 阶矩阵，如果存在数 λ 及非零列向量 $\boldsymbol{\alpha}$，使得 $\boldsymbol{A\alpha}=\lambda\boldsymbol{\alpha}$，则称 λ 为矩阵 $\boldsymbol{A}$ 的一个特征值，称 $\boldsymbol{\alpha}$ 为 $\boldsymbol{A}$ 的属于特征值 λ 的一个特征向量。

2. 特征多项式与特征值

特征多项式
$$f(\lambda)=\lambda^n+a_1\lambda^{n-1}+\cdots+a_{n-1}\lambda+a_n$$

其中，
$$a_1=\lambda_1+\lambda_2+\cdots+\lambda_n$$
$$a_n=(-1)^n|\boldsymbol{A}|=(-1)^n\lambda_1\lambda_2\cdots\lambda_n$$

$\lambda_1,\lambda_2,\cdots,\lambda_n$ 是 n 阶矩阵 $\boldsymbol{A}=(a_{ij})$ 的全部特征值。

3. 特征值与特征向量的求法

1) 计算 $\boldsymbol{A}$ 的特征多项式 $|\lambda\boldsymbol{I}-\boldsymbol{A}|$；

2) 求 $\boldsymbol{A}$ 的全部特征值，即求 $f(\lambda)=0$ 的全部根；

3) 对每个不同的 $\lambda_i(i=1,2,\cdots,s,s\leqslant n)$，求齐次线性方程组 $(\lambda_i\boldsymbol{I}-\boldsymbol{A})\boldsymbol{x}=\boldsymbol{0}$ 的一个基础解系 $\boldsymbol{\xi}_1,\boldsymbol{\xi}_2,\cdots,\boldsymbol{\xi}_t$，则 $k_1\boldsymbol{\xi}_1+k_2\boldsymbol{\xi}_2+\cdots+k_t\boldsymbol{\xi}_t(k_1,k_2,\cdots,k_t$ 不全为 $0)$ 是 $\boldsymbol{A}$ 的属于 λ_i 的全部特征向量。

4. 特征值与特征向量的性质

1) 对应于不同特征值的特征向量是线性无关的；

2) 同一特征值 λ_0 的特征向量 $\boldsymbol{\alpha}_1,\boldsymbol{\alpha}_2,\cdots,\boldsymbol{\alpha}_m$ 的任意非零线性组合

$$k_1\boldsymbol{\alpha}_1+k_2\boldsymbol{\alpha}_2+\cdots+k_m\boldsymbol{\alpha}_m$$

仍然是对应于 λ_0 的特征向量；

3) 设 $\lambda_1,\lambda_2,\cdots,\lambda_n$ 是 n 阶矩阵 $\boldsymbol{A}=(a_{ij})$ 的 n 个特征值, 则

$$\lambda_1+\lambda_2+\cdots+\lambda_n=a_{11}+a_{22}+\cdots+a_{nn}=\mathrm{tr}(\boldsymbol{A}),\quad \lambda_1\lambda_2\cdots\lambda_n=|\boldsymbol{A}|$$

5. 相似矩阵

设 $\boldsymbol{A},\boldsymbol{B}$ 均是 n 阶矩阵，如果存在一个可逆矩阵 $\boldsymbol{P}$，使得 $\boldsymbol{P}^{-1}\boldsymbol{AP}=\boldsymbol{B}$，则称 $\boldsymbol{A}$ 与 $\boldsymbol{B}$ 相似，记作 $\boldsymbol{A}\sim\boldsymbol{B}$。

相似关系是一种等价关系。

6. 相似矩阵的性质

若 $\boldsymbol{B}=\boldsymbol{P}^{-1}\boldsymbol{AP}$，则有

1) $|\boldsymbol{A}|=|\boldsymbol{B}|$；

2) $\boldsymbol{A}$ 与 $\boldsymbol{B}$ 有相同的特征多项式，从而有相同的特征值；

3) 若 $f(x)=a_0+a_1x+\cdots+ax^m$，则 $f(\boldsymbol{B})=\boldsymbol{P}^{-1}f(\boldsymbol{A})\boldsymbol{P}$ (请读者自证)。

7. 矩阵的相似对角化

如果 n 阶矩阵 $\boldsymbol{A}$ 相似于对角阵 $\boldsymbol{\Lambda}=\mathrm{diag}(\lambda_1,\lambda_2,\cdots,\lambda_n)$，即存在可逆矩阵 $\boldsymbol{P}$，使得 $\boldsymbol{P}^{-1}\boldsymbol{AP}=\boldsymbol{\Lambda}$，则称 $\boldsymbol{A}$ 可以对角化。

n 阶矩阵 $\boldsymbol{A}$ 相似对角化的条件如下，

(1) 充要条件：

$\boldsymbol{A}$ 可对角化 $\Leftrightarrow$ $\boldsymbol{A}$ 有 n 个线性无关的特征向量；

$\Leftrightarrow$ 对于 $\boldsymbol{A}$ 的每个 n_i 重特征值 $\lambda_i,\mathrm{r}(\lambda_i\boldsymbol{I}-\boldsymbol{A})=n-n_i$；

$\Leftrightarrow$ 对于 $\boldsymbol{A}$ 的每个 n_i 重特征值 λ_i 都有 n_i 个线性无关的特征向量。

(2) 充分条件：n 阶矩阵 $\boldsymbol{A}$ 有 n 个互不相同的特征值，则 $\boldsymbol{A}$ 与对角阵 $\boldsymbol{\Lambda}$ 相似。

8. 矩阵对角化的步骤

1) 求出 $\boldsymbol{A}$ 的特征方程 $|\lambda\boldsymbol{I}-\boldsymbol{A}|=0$ 的所有根 $\lambda_1,\lambda_2,\cdots,\lambda_n$；

2) 对每个不同的特征值 λ_i，求 $(\lambda_i\boldsymbol{I}-\boldsymbol{A})\boldsymbol{x}=\boldsymbol{0}$ 的基础解系；

3) 以 $\boldsymbol{A}$ 的 n 个线性无关的特征向量 (如果找不到 n 个线性无关的特征向量，则不能对角化) 为列向量构成可逆矩阵 $\boldsymbol{P}=(\boldsymbol{\xi}_1,\boldsymbol{\xi}_2,\cdots,\boldsymbol{\xi}_n)$，则

$$\boldsymbol{P}^{-1}\boldsymbol{AP}=\begin{pmatrix}\lambda_1&&&\\&\lambda_2&&\\&&\ddots&\\&&&\lambda_n\end{pmatrix}$$

其中，$\boldsymbol{\xi}_1,\boldsymbol{\xi}_2,\cdots,\boldsymbol{\xi}_n$ 的排列顺序与 $\lambda_1,\lambda_2,\cdots,\lambda_n$ 一致。

9. 实对称矩阵的相似对角化

1) 实对称矩阵不同特征值的特征向量相互正交；

2) 任一实对称矩阵都可以相似对角化；

3) 实对称矩阵 $\boldsymbol{A}$ 对角化的步骤

(1) 求出 $\boldsymbol{A}$ 的特征方程 $|\lambda\boldsymbol{I}-\boldsymbol{A}|=0$ 的所有不同的根 $\lambda_1,\lambda_2,\cdots,\lambda_s\ (s\leqslant n)$，其中，$\lambda_i$ 为 $\boldsymbol{A}$ 的 n_i 重特征值 $(i=1,2,\cdots,s)$，且 $n_1+n_2+\cdots+n_s=n$；

(2) 对每个特征值 λ_i，求 $(\lambda_i\boldsymbol{I}-\boldsymbol{A})\boldsymbol{x}=\boldsymbol{0}$ 的基础解系 $\boldsymbol{\alpha}_{i1},\boldsymbol{\alpha}_{i2},\cdots,\boldsymbol{\alpha}_{in_i}$；

(3) 利用施密特正交化方法，将 $\boldsymbol{\alpha}_{i1},\boldsymbol{\alpha}_{i2},\cdots,\boldsymbol{\alpha}_{in_i}$ 正交化和单位化，得到标准正交向量组 $\boldsymbol{e}_{i1},\boldsymbol{e}_{i2},\cdots,\boldsymbol{e}_{in_i}$；

(4) 构造 n 阶矩阵 $\boldsymbol{Q}=(\boldsymbol{e}_{11},\boldsymbol{e}_{12},\cdots,\boldsymbol{e}_{1n_1},\boldsymbol{e}_{21},\boldsymbol{e}_{22},\cdots,\boldsymbol{e}_{2n_2},\cdots,\boldsymbol{e}_{s1},\boldsymbol{e}_{s2},\cdots,\boldsymbol{e}_{sn_s})$，则 $\boldsymbol{Q}$ 为正交矩阵，从而有

$$\boldsymbol{Q}^{-1}\boldsymbol{A}\boldsymbol{Q}=\boldsymbol{Q}^{\mathrm{T}}\boldsymbol{A}\boldsymbol{Q}=\boldsymbol{\Lambda}$$

其中，

$$\boldsymbol{\Lambda}=\mathrm{diag}\Big(\overbrace{\lambda_1,\cdots,\lambda_1}^{n_1\text{ 个}},\overbrace{\lambda_2,\cdots,\lambda_2}^{n_2\text{ 个}},\cdots,\overbrace{\lambda_s,\cdots,\lambda_s}^{n_s\text{ 个}}\Big)$$

第6章总习题

一、填空题

1. 设 $\boldsymbol{A}$ 与单位矩阵相似，则 $\boldsymbol{A}=$______。

2. 设 $\boldsymbol{A}=\begin{pmatrix}1&1&1\\1&1&1\\1&1&1\end{pmatrix}$，则 $\boldsymbol{A}$ 的非零特征值为______，其对应的特征向量为______。

3. 若 4 阶矩阵 $\boldsymbol{A}$ 与 $\boldsymbol{B}$ 相似，$\boldsymbol{A}$ 的特征值为 $\frac{1}{2},\frac{1}{3},\frac{1}{4},\frac{1}{5}$，则行列式 $\left|\boldsymbol{B}^{-1}-\boldsymbol{I}\right|=$______。

4. 设 n 阶实对称矩阵 $\boldsymbol{A}$ 满足 $\boldsymbol{A}^3+\boldsymbol{A}^2+\boldsymbol{A}=3\boldsymbol{I}$，则 $\boldsymbol{A}=$______。

5. 设 $\begin{pmatrix}\lambda_0&a\\0&\lambda_0\end{pmatrix}$ 相似于对角阵，则 $a=$______。

二、单项选择题

1. 设 $\boldsymbol{A},\boldsymbol{B}$ 为 n 阶矩阵，且 $\boldsymbol{A}$ 与 $\boldsymbol{B}$ 相似，则　　(　　)

A. $\lambda\boldsymbol{I}-\boldsymbol{A}=\lambda\boldsymbol{I}-\boldsymbol{B}$　　B. $\boldsymbol{A}$ 与 $\boldsymbol{B}$ 有相同的特征值和特征向量

C. $\boldsymbol{A}$ 与 $\boldsymbol{B}$ 都相似于一个对角阵　　D. 对任意常数 t, $t\boldsymbol{I}-\boldsymbol{A}$ 与 $t\boldsymbol{I}-\boldsymbol{B}$ 相似

2. 特征多项式相同是两个矩阵相似的　　(　　)

A. 充分条件　　B. 必要条件　　C. 充要条件　　D. 以上三者都不是

3. 假设 $\boldsymbol{A}$ 是三阶不可逆矩阵，且 $\boldsymbol{\alpha}_1, \boldsymbol{\alpha}_2$ 是线性方程组 $\boldsymbol{Ax}=\boldsymbol{0}$ 的基础解系，$\boldsymbol{\alpha}_3$ 是属于特征值 $\lambda=1$ 的特征向量，下列不是 $\boldsymbol{A}$ 的特征向量的是　(　　)

A. $\boldsymbol{\alpha}_1+\boldsymbol{\alpha}_3$　　B. $\boldsymbol{\alpha}_1-\boldsymbol{\alpha}_2$　　C. $\boldsymbol{\alpha}_1+3\boldsymbol{\alpha}_2$　　D. $2\boldsymbol{\alpha}_3$

4. 设 $\boldsymbol{\alpha}$ 是 n 阶对称方阵 $\boldsymbol{A}$ 的对应于特征值 λ 的特征向量，则矩阵 $(\boldsymbol{P}^{-1}\boldsymbol{AP})^{\mathrm{T}}$ 的对应于特征值 λ 的特征向量是　(　　)

A. $\boldsymbol{P}^{-1}\boldsymbol{\alpha}$　　B. $\boldsymbol{P}^{\mathrm{T}}\boldsymbol{\alpha}$　　C. $\boldsymbol{P}\boldsymbol{\alpha}$　　D. $(\boldsymbol{P}^{-1})^{\mathrm{T}}\boldsymbol{\alpha}$

5. 设 $\dfrac{1}{2}$ 是 n 阶可逆矩阵 $\boldsymbol{A}$ 的一个特征值，则 $\boldsymbol{A}$ 的伴随矩阵 $\boldsymbol{A}^*$ 的一个特征值为(　　)

A. $2|\boldsymbol{A}|$　　B. $2|\boldsymbol{A}|^n$　　C. $\dfrac{1}{2}|\boldsymbol{A}|$　　D. $\dfrac{1}{2}|\boldsymbol{A}|^n$

三、计算和证明题

1. 已知 $\boldsymbol{\alpha}=\begin{pmatrix}1\\1\\-1\end{pmatrix}$ 是 $\boldsymbol{A}=\begin{pmatrix}2&-1&2\\5&a&3\\-1&b&-2\end{pmatrix}$ 的一个特征向量。

(1) 试确定参数 a,b 及特征向量 $\boldsymbol{\alpha}$ 所对应的特征值。

(2) 问 $\boldsymbol{A}$ 能否相似于对角阵？说明理由。

2. 设 $\boldsymbol{A}=\begin{pmatrix}4&6&0\\-3&-5&0\\-3&-6&1\end{pmatrix}$，$\boldsymbol{B}=\begin{pmatrix}-1&1&0\\-4&3&0\\1&0&2\end{pmatrix}$，问 $\boldsymbol{A},\boldsymbol{B}$ 能否与对角阵相似？若能，求出相应的可逆矩阵 $\boldsymbol{P}$ 或 $\boldsymbol{Q}$，使 $\boldsymbol{P}^{-1}\boldsymbol{AP}$ 或 $\boldsymbol{Q}^{-1}\boldsymbol{BQ}$ 为对角阵。

3. 设三阶矩阵 $\boldsymbol{A}$ 的特征值为 $\lambda_1=1,\lambda_2=2,\lambda_3=3$，对应的特征向量依次为 $\boldsymbol{\alpha}_1=(1,1,1)^{\mathrm{T}},\boldsymbol{\alpha}_2=(1,2,4)^{\mathrm{T}},\boldsymbol{\alpha}_3=(1,3,9)^{\mathrm{T}}$，又向量 $\boldsymbol{\beta}=(1,1,3)^{\mathrm{T}}$，(1) 将 $\boldsymbol{\beta}$ 用 $\boldsymbol{\alpha}_1,\boldsymbol{\alpha}_2,\boldsymbol{\alpha}_3$ 线性表示；(2) 求 $\boldsymbol{A}^n\boldsymbol{\beta}$ (n 为正整数)。

4. 设矩阵 $\boldsymbol{A}=\begin{pmatrix}2&2&-2\\2&5&-4\\-2&-4&5\end{pmatrix}$，求正交矩阵 $\boldsymbol{Q}$，使 $\boldsymbol{Q}^{\mathrm{T}}\boldsymbol{AQ}$ 为对角矩阵。

5. 设 $\boldsymbol{A}$ 与 $\boldsymbol{B}$ 是同阶实对称矩阵，证明：存在正交矩阵 $\boldsymbol{Q}$ 使 $\boldsymbol{Q}^{\mathrm{T}}\boldsymbol{AQ}=\boldsymbol{B}$ 的充分必要条件是 $\boldsymbol{A}$ 与 $\boldsymbol{B}$ 有相同的特征值。

6. 已知三阶矩阵 $\boldsymbol{A}$ 与三维向量 $\boldsymbol{x}$，使得向量组 $\boldsymbol{x},\boldsymbol{Ax},\boldsymbol{A}^2\boldsymbol{x}$ 线性无关，且满足 $\boldsymbol{A}^3\boldsymbol{x}=3\boldsymbol{Ax}-2\boldsymbol{A}^2\boldsymbol{x}$, (1) 记 $\boldsymbol{P}=(\boldsymbol{x},Ax,\boldsymbol{A}^2\boldsymbol{x})$，求三阶矩阵 $\boldsymbol{B}$，使 $\boldsymbol{A}=\boldsymbol{PBP}^{-1}$；(2) 计算行列式 $|\boldsymbol{A}+\boldsymbol{I}|$。

7. 设矩阵 $\boldsymbol{A}=\begin{pmatrix}a&-1&c\\5&b&3\\1-c&0&-a\end{pmatrix}$，且 $|\boldsymbol{A}|=-1$。又设 $\boldsymbol{A}$ 的伴随矩阵 $\boldsymbol{A}^*$ 有特征值 λ_0，属于 λ_0 的特征向量为 $\boldsymbol{\alpha}=(-1,-1,1)^{\mathrm{T}}$，求 a,b,c,λ_0 的值。

第 7 章　二　次　型

二次型的研究与解析几何中化二次曲面方程为标准形的问题密切相关，在线性系统理论、概率统计和工程技术等诸多领域均有着广泛应用。本章着重讨论实二次型的标准形及正定性问题。

7.1　二次型及其标准形

7.1.1　二次型及其矩阵表示

在平面解析几何中，二次方程

$$ax^2 + 2bxy + cy^2 = d$$

表示一条二次曲线，为了能够知道此二次曲线的形状，我们可以选择适当的旋转角 θ，作坐标变换

$$\begin{cases} x = x'\cos\theta - y'\sin\theta \\ y = x'\sin\theta + y'\cos\theta \end{cases}$$

可将方程化为

$$a'x'^2 + b'y'^2 = d$$

由 a', b' 的符号能够很快判断出此二次曲线的形状。

上述的二次方程的左端是一个二次齐次多项式。从代数学的角度看，就是通过一个可逆线性变换将一个二次齐次多项式化成只含平方和的多项式。在许多理论与实际中常常会遇到这样的问题。现在我们就此展开讨论。

定义 7.1　n 元二次齐次多项式

$$\begin{aligned} f(x_1, x_2, \cdots, x_n) = a_{11}x_1^2 &+ 2a_{12}x_1x_2 + \cdots + 2a_{1n}x_1x_n \\ &+ \quad a_{22}x_2^2 + \cdots + 2a_{2n}x_2x_n \\ &+ \cdots + a_{nn}x_n^2 \end{aligned} \tag{7.1}$$

称为 n 元二次型，简称为**二次型**。

如果二次型中的系数 a_{ij} 都是实数，就称为实二次型；如果系数是复数，就称为复二次型。本章仅讨论实二次型。如果令 $a_{ij} = a_{ji}(i, j = 1, 2, \cdots, n)$，则二次型 (7.1) 可表示为

$$\begin{aligned} f(x_1, x_2, \cdots, x_n) =& a_{11}x_1^2 + a_{12}x_1x_2 + \cdots + a_{1n}x_1x_n \\ &+ a_{21}x_2x_1 + a_{22}x_2^2 + \cdots + a_{2n}x_2x_n \end{aligned}$$

$$
\begin{aligned}
&+\cdots \\
&+a_{n1}x_nx_1+a_{n2}x_nx_2+\cdots+a_{nn}x_n^2 \\
&=\sum_{i=1}^{n}\sum_{j=1}^{n}a_{ij}x_ix_j
\end{aligned}
\tag{7.2}
$$

令 $$A=\begin{pmatrix} a_{11} & a_{12} & \cdots & a_{1n} \\ a_{21} & a_{22} & \cdots & a_{2n} \\ \vdots & \vdots & & \vdots \\ a_{n1} & a_{n2} & \cdots & a_{nn} \end{pmatrix},\quad X=\begin{pmatrix} x_1 \\ x_2 \\ \vdots \\ x_n \end{pmatrix}$$

则式 (7.2) 可表示为

$$f(X)=f(x_1,x_2,\cdots,x_n)=X^{\mathrm{T}}AX \quad (A^{\mathrm{T}}=A) \tag{7.3}$$

这表明任给一个二次型，就唯一确定一个实对称矩阵；反之，任给一个 n 阶实对称矩阵 $\boldsymbol{A}$，令 $f(\boldsymbol{X})=\boldsymbol{X}^{\mathrm{T}}\boldsymbol{A}\boldsymbol{X}$，就确定了一个 n 元二次型。这样，n 元二次型与 n 阶实对称矩阵之间就建立了一一对应关系。因此，矩阵表达式 (7.3) 中的矩阵 $\boldsymbol{A}$ 称为二次型 $f(x_1,x_2,\cdots,x_n)$ 的矩阵，$f(x_1,x_2,\cdots,x_n)$ 称为对称矩阵 $\boldsymbol{A}$ 的二次型，对称矩阵 $\boldsymbol{A}$ 的秩称为二次型 $f(x_1,x_2,\cdots,x_n)$ 的秩。

例 7.1 求二次型 $f(x_1,x_2,x_3)=x_1^2-x_2^2+3x_3^2-5x_1x_2+2x_2x_3$ 的矩阵。

解 所求的矩阵为

$$A=\begin{pmatrix} 1 & -\frac{5}{2} & 0 \\ -\frac{5}{2} & -1 & 1 \\ 0 & 1 & 3 \end{pmatrix}$$

例 7.2 求对称矩阵 $\boldsymbol{A}=\begin{pmatrix} 2 & -4 & \frac{5}{2} \\ -4 & 3 & 4 \\ \frac{5}{2} & 4 & -2 \end{pmatrix}$ 所对应的二次型。

解 矩阵 $\boldsymbol{A}$ 所对应的二次型为

$$f(x_1,x_2,x_3)=2x_1^2+3x_2^2-2x_3^2-8x_1x_2+5x_1x_3+8x_2x_3$$

对于 n 元二次型 $f(x_1,x_2,\cdots,x_n)$，变换

$$\begin{cases} x_1=c_{11}y_1+c_{12}y_2+\cdots+c_{1n}y_n \\ x_2=c_{21}y_1+c_{22}y_2+\cdots+c_{2n}y_n \\ \cdots\cdots \\ x_n=c_{n1}y_1+c_{n2}y_2+\cdots+c_{nn}y_n \end{cases} \tag{7.4}$$

称为由变量 $x_1, x_2, \cdots, x_n$ 到 $y_1, y_2, \cdots, y_n$ 的线性变换。如果令

$$\boldsymbol{X} = \begin{pmatrix} x_1 \\ x_2 \\ \vdots \\ x_n \end{pmatrix}, \quad \boldsymbol{Y} = \begin{pmatrix} y_1 \\ y_2 \\ \vdots \\ y_n \end{pmatrix}$$

则

$$\boldsymbol{C} = \begin{pmatrix} c_{11} & c_{12} & \cdots & c_{1n} \\ c_{21} & c_{22} & \cdots & c_{2n} \\ \vdots & \vdots & & \vdots \\ c_{n1} & c_{n2} & \cdots & c_{nn} \end{pmatrix}$$

称为线性变换的系数矩阵，这时线性变换 (7.4) 可以表示为

$$\boldsymbol{X} = \boldsymbol{CY} \tag{7.5}$$

当线性变换的系数矩阵 $\boldsymbol{C}$ 可逆，则称为可逆线性变换或非奇异的线性变换。如果 $\boldsymbol{C}$ 是正交矩阵，则称为正交线性变换，简称为**正交变换**。

显然，可逆线性变换的逆变换及乘积仍是可逆的线性变换。

二次型经可逆线性变换后的变化如下：

设二次型

$$f(x_1, x_2, \cdots, x_n) = \sum_{i=1}^{n}\sum_{j=1}^{n} a_{ij}x_i x_j = \boldsymbol{X}^{\mathrm{T}}\boldsymbol{AX}$$

经过可逆线性变换 $\boldsymbol{X} = \boldsymbol{CY}$ 后得到

$$f(x_1, x_2, \cdots, x_n) = \boldsymbol{X}^{\mathrm{T}}\boldsymbol{AX} = (\boldsymbol{CY})^{\mathrm{T}}\boldsymbol{A}(\boldsymbol{CY}) = \boldsymbol{Y}^{\mathrm{T}}(\boldsymbol{C}^{\mathrm{T}}\boldsymbol{AC})\boldsymbol{Y} = \boldsymbol{Y}^{\mathrm{T}}\boldsymbol{BY}$$

其中，$\boldsymbol{B} = \boldsymbol{C}^{\mathrm{T}}\boldsymbol{AC}$，则 $\boldsymbol{B}$ 也是对称矩阵。这表明二次型经过可逆线性变换后仍变为二次型，变换后的矩阵满足关系：$\boldsymbol{B} = \boldsymbol{C}^{\mathrm{T}}\boldsymbol{AC}$。

7.1.2　矩阵的合同及其性质

定义 7.2　设 $\boldsymbol{A}, \boldsymbol{B}$ 是数域 $\mathbf{P}$ 上两个 n 阶矩阵，如果存在 $\mathbf{P}$ 上 n 阶可逆矩阵 $\boldsymbol{C}$，使得 $\boldsymbol{B} = \boldsymbol{C}^{\mathrm{T}}\boldsymbol{AC}$，则称 $\boldsymbol{A}$，$\boldsymbol{B}$ 是合同的，记作 $\boldsymbol{A} \cong \boldsymbol{B}$。

矩阵的合同关系满足以下性质：

(1) (反身性) $\boldsymbol{A} \cong \boldsymbol{A}$；

(2) (对称性) 如果 $\boldsymbol{A} \cong \boldsymbol{B}$，则 $\boldsymbol{B} \cong \boldsymbol{A}$；

(3) (传递性) 如果 $\boldsymbol{A} \cong \boldsymbol{B}$，$\boldsymbol{B} \cong \boldsymbol{C}$，则 $\boldsymbol{A} \cong \boldsymbol{C}$。

由合同矩阵的定义及上述说明知：如果 $\boldsymbol{A} \cong \boldsymbol{B}$，则

(1) 若 $\boldsymbol{A}$ 是对称矩阵，则 $\boldsymbol{B}$ 也是对称矩阵；

(2) 若 $\boldsymbol{A}$ 是可逆矩阵，则 $\boldsymbol{B}$ 也是可逆矩阵，反之亦然；

(3) $\mathrm{r}(\boldsymbol{B})=\mathrm{r}(\boldsymbol{A})$，从而在可逆线性变换之下，二次型的秩不变。

注 矩阵之间的合同关系与相似关系是矩阵间的两种不同关系。存在合同而不相似的矩阵以及相似而不合同的矩阵。

例 7.3 设 $\boldsymbol{A}=\begin{pmatrix}1&0\\0&1\end{pmatrix},\boldsymbol{B}=\begin{pmatrix}2&0\\0&4\end{pmatrix}$，则存在可逆矩阵 $\boldsymbol{C}=\begin{pmatrix}\sqrt{2}&0\\0&2\end{pmatrix}$，使得 $\boldsymbol{B}=\boldsymbol{C}^{\mathrm{T}}\boldsymbol{A}\boldsymbol{C}$，但是它们的特征值不相等，因此它们不相似；然而，如果 $\boldsymbol{A},\boldsymbol{B}$ 是两个相似的实对称矩阵，则它们一定是合同的。由于 $\boldsymbol{A},\boldsymbol{B}$ 相似，因此 $\boldsymbol{A},\boldsymbol{B}$ 有相同的特征值，由第 6 章知，存在正交矩阵 $\boldsymbol{Q}$ 使得 $\boldsymbol{B}=\boldsymbol{Q}^{-1}\boldsymbol{A}\boldsymbol{Q}=\boldsymbol{Q}^{\mathrm{T}}\boldsymbol{A}\boldsymbol{Q}$，这表明 $\boldsymbol{A}$ 与 $\boldsymbol{B}$ 是合同的。这是 7.2 节中讨论用正交变换化二次型为标准形的理论依据。

经可逆线性变换 $\boldsymbol{X}=\boldsymbol{C}\boldsymbol{Y}$，二次型 $f(x_1,x_2,\cdots,x_n)=\sum\limits_{i=1}^{n}\sum\limits_{j=1}^{n}a_{ij}x_ix_j=\boldsymbol{X}^{\mathrm{T}}\boldsymbol{A}\boldsymbol{X}$ 变为

$$g(y_1,y_2,\cdots,y_n)=\boldsymbol{Y}^{\mathrm{T}}\boldsymbol{B}\boldsymbol{Y}$$

则它们的矩阵 $\boldsymbol{A}$ 与 $\boldsymbol{B}$ 是合同的，即 $\boldsymbol{A}\simeq\boldsymbol{B}$。由于二次型与它的矩阵是互相唯一确定的，所以也可以表述如下：

设 $\boldsymbol{A}$ 和 $\boldsymbol{B}$ 是 n 阶实对称矩阵，如果 $\boldsymbol{A}$ 与 $\boldsymbol{B}$ 合同，即 $\boldsymbol{A}\simeq\boldsymbol{B}$，故存在可逆矩阵 $\boldsymbol{C}$，使得 $\boldsymbol{C}^{\mathrm{T}}\boldsymbol{A}\boldsymbol{C}=\boldsymbol{B}$，则二次型 $\boldsymbol{X}^{\mathrm{T}}\boldsymbol{A}\boldsymbol{X}$ 便可以经过可逆线性变换 $\boldsymbol{X}=\boldsymbol{C}\boldsymbol{Y}$ 变成二次型 $\boldsymbol{Y}^{\mathrm{T}}\boldsymbol{B}\boldsymbol{Y}$，且可逆线性变换 $\boldsymbol{Y}=\boldsymbol{C}^{-1}\boldsymbol{X}$ 就把 $\boldsymbol{Y}^{\mathrm{T}}\boldsymbol{B}\boldsymbol{Y}$ 变回 $\boldsymbol{X}^{\mathrm{T}}\boldsymbol{A}\boldsymbol{X}$。

习 题 7.1

1. 写出下列二次型的矩阵表达式

(1) $f(x_1,x_2,x_3)=x_1^2-2x_2^2+3x_3^2-2x_1x_2+4x_2x_3$；

(2) $f(x_1,x_2,x_3,x_4)=2x_1^2+3x_3^2+5x_1x_2+6x_2x_3$；

(3) $f(x,y,z)=x^2+2y^2+3z^2+4xy+4yz$。

2. 求二次型 $f(x_1,x_2,x_3)=x_1^2+2x_2^2+5x_3^2+2x_1x_2+2x_1x_3+4x_2x_3$ 的秩。

3. 设 $\boldsymbol{A}$ 是 n 阶实对称矩阵，且对任意 n 维列向量 $\boldsymbol{x}\in\mathbf{R}^n$，都有 $\boldsymbol{x}^{\mathrm{T}}\boldsymbol{A}\boldsymbol{x}=0$，求证：$\boldsymbol{A}=\boldsymbol{0}$。

7.2 二次型的标准形

7.2.1 二次型的标准形

二次型的基本问题就是如何通过可逆线性变换，把二次型化为只含平方项而

不含混合项的二次型。

定义 7.3 如果二次型 $f(x_1,x_2,\cdots,x_n)=\boldsymbol{X}^{\mathrm{T}}\boldsymbol{A}\boldsymbol{X}$ 经过可逆线性变换 $\boldsymbol{X}=\boldsymbol{C}\boldsymbol{Y}$ 变成平方和

$$\boldsymbol{X}^{\mathrm{T}}\boldsymbol{A}\boldsymbol{X}=\boldsymbol{Y}^{\mathrm{T}}\boldsymbol{C}^{\mathrm{T}}\boldsymbol{A}\boldsymbol{C}\boldsymbol{Y}=\boldsymbol{Y}^{\mathrm{T}}\boldsymbol{\Lambda}\boldsymbol{Y}=d_1y_1^2+d_2y_2^2+\cdots+d_ny_n^2$$

的形式，其中，$\boldsymbol{\Lambda}=\mathrm{diag}(d_1,d_2,\cdots,d_n)$，则称 $d_1y_1^2+d_2y_2^2+\cdots+d_ny_n^2$ **是二次型$\boldsymbol{X}^{\mathrm{T}}\boldsymbol{A}\boldsymbol{X}$的标准形**。标准形中非零项的项数就是该二次型的秩。

用矩阵的语言来说，就是要寻找可逆矩阵 $\boldsymbol{C}$，使二次型 $\boldsymbol{X}^{\mathrm{T}}\boldsymbol{A}\boldsymbol{X}$ 的矩阵 $\boldsymbol{A}$ 变成与其合同的对角矩阵 $\boldsymbol{\Lambda}$，$\boldsymbol{\Lambda}$ 的非零对角元的个数就是矩阵 $\boldsymbol{\Lambda}$ 的秩也即 $\boldsymbol{A}$ 的秩。下面介绍两种求二次型标准形的方法。

7.2.2 二次型化为标准形的方法

1. 配方法

定理 7.1 数域 $\mathbf{P}$ 上任一 n 元二次型都可以经过可逆线性变换化为标准形。

证 证明过程就是实施配方法的具体过程。

设
$$\begin{aligned}f(x_1,x_2,\cdots,x_n)=&a_{11}x_1^2+a_{12}x_1x_2+\cdots+a_{1n}x_1x_n\\&+a_{21}x_2x_1+a_{22}x_2^2+\cdots+a_{2n}x_2x_n\\&+\cdots\\&+a_{n1}x_nx_1+a_{n2}x_nx_2+\cdots+a_{nn}x_n^2\\=&\sum_{i=1}^{n}\sum_{j=1}^{n}a_{ij}x_ix_j\end{aligned}\tag{7.6}$$

对 n 用数学归纳法证明。

当 $n=1, f(x_1)=a_{11}x_1^2$，已经是标准形了。

假设 $n>1$ 且结论对 $n-1$ 元二次型结论成立。现在考虑 n 元二次型的情形，分三种情况讨论。

(1) 平方项中至少有一个不为零：不失一般性可设 $a_{11}\neq 0$，这时

$$\begin{aligned}f(x_1,x_2,\cdots,x_n)=&a_{11}x_1^2+2a_{12}x_1x_2+\cdots+2a_{1n}x_1x_n\\&+a_{22}x_2^2+\cdots+2a_{2n}x_2x_n+\cdots+a_{nn}x_n^2\\=&a_{11}\left[x_1+\frac{1}{a_{11}}(a_{12}x_2+\cdots+a_{1n}x_n)\right]^2-\frac{1}{a_{11}}(a_{12}x_2+\cdots+a_{1n}x_n)^2\\&+a_{22}x_2^2+\cdots+2a_{2n}x_2x_n+\cdots+a_{nn}x_n^2\end{aligned}$$

令
$$\begin{cases} x_1 = y_1 - \dfrac{1}{a_{11}}(a_{12}y_2 + \cdots + a_{1n}y_n) \\ x_2 = y_2 \\ \cdots\cdots \\ x_n = y_n \end{cases}$$

则上述变换是可逆线性变换，且

$$f(x_1, x_2, \cdots, x_n) = a_{11}y_1^2 - \frac{1}{a_{11}}(a_{12}y_2 + \cdots + a_{1n}y_n)^2 + a_{22}y_2^2 + \cdots + 2a_{2n}y_2y_n + \cdots + a_{nn}y_n^2$$

式中除第一项 $a_{11}y_1^2$ 外，其余各项构成 $y_2, \cdots, y_n$ 的一个 $n-1$ 元二次型，即

$$f(x_1, x_2, \cdots, x_n) = a_{11}y_1^2 + \sum_{i=2}^{n}\sum_{j=2}^{n} b_{ij}y_iy_j$$

由归纳假设，存在可逆线性变换

$$\begin{cases} y_2 = c_{22}z_2 + c_{23}z_3 + \cdots + c_{2n}z_n \\ y_3 = c_{32}z_2 + c_{33}z_3 + \cdots + c_{3n}z_n \\ \cdots\cdots \\ y_n = c_{n2}z_2 + c_{n3}z_3 + \cdots + c_{nn}z_n \end{cases}$$

化二次型 $\sum\limits_{i=2}^{n}\sum\limits_{j=2}^{n} b_{ij}y_iy_j$ 为标准形

$$d_2z_2^2 + \cdots + d_nz_n^2 \tag{7.7}$$

再作可逆线性变换

$$\begin{cases} y_1 = z_1 \\ y_2 = \qquad c_{22}z_2 + c_{23}z_3 + \cdots + c_{2n}z_n \\ \cdots\cdots \\ y_n = \qquad c_{n2}z_2 + c_{n3}z_3 + \cdots + c_{nn}z_n \end{cases}$$

则将 $f(x_1, x_2, \cdots, x_n)$ 变成标准形

$$f(x_1, x_2, \cdots, x_n) = a_{11}z_1^2 + d_2z_2^2 + \cdots + d_nz_n^2 \tag{7.8}$$

而连续施行可逆线性变换的结果仍是可逆线性变换。因此由归纳法原理知，在该情形下结论成立。

(2) 所有平方项的系数都为零，但至少有一个 $a_{1j} \neq 0\ (j > 1)$：不失一般性，可设 $a_{12} \neq 0$。这时令

$$\begin{cases} x_1 = y_1 + y_2 \\ x_2 = y_1 - y_2 \\ x_3 = y_3 \\ \quad \cdots\cdots \\ x_n = y_n \end{cases}$$

则这是一个可逆线性变换，且使

$$f(x_1, x_2, \cdots, x_n) = 2a_{12}y_1^2 - 2a_{12}y_2^2 + 2a_{13}y_1y_3 + 2a_{13}y_2y_3 + \cdots$$

这是一个关于 $y_1, y_2, \cdots, y_n$ 的 n 元二次型，且 y_1^2 的系数不为零，这就归结为第一种情形，从而可经过可逆线性变换化为标准形。

(3) $a_{11} = a_{12} = \cdots a_{1n} = 0$：由对称性，同时便有 $a_{21} = a_{31} = \cdots a_{n1} = 0$，此时二次型变成

$$f(x_1, x_2, \cdots, x_n) = \sum_{i=2}^{n}\sum_{j=2}^{n} a_{ij}x_ix_j$$

这是一个 $n-1$ 元二次型，根据归纳假设，它可以用可逆线性变换化成标准形。

注　这是中学学习过的配方法的推广，第一步就是把所有含 x_1 的项放在一起进行配方，余类推。

例 7.4　用配方法化二次型 $f(x_1, x_2, x_3) = x_1^2+2x_2^2+2x_3^2-2x_1x_2+4x_1x_3-6x_2x_3$ 为标准形，并写出所用的可逆线性变换矩阵 $\boldsymbol{C}$。

解

$$\begin{aligned} f(x_1, x_2, x_3) &= x_1^2 + 2x_2^2 + 2x_3^2 - 2x_1x_2 + 4x_1x_3 - 6x_2x_3 \\ &= (x_1 - x_2 + 2x_3)^2 + x_2^2 - 2x_3^2 - 2x_2x_3 \\ &= (x_1 - x_2 + 2x_3)^2 + (x_2 - x_3)^2 - 3x_3^2 \end{aligned}$$

令

$$\begin{cases} y_1 = x_1 - x_2 + 2x_3 \\ y_2 = \qquad x_2 - x_3 \\ y_3 = \qquad\qquad x_3 \end{cases}$$

于是

$$f(x_1, x_2, x_3) = y_1^2 + y_2^2 - 3y_3^2$$

所用的可逆线性变换为

$$\begin{cases} x_1 = y_1 + y_2 - y_3 \\ x_2 = \qquad y_2 + y_3 \\ x_3 = \qquad\qquad y_3 \end{cases}，\quad 则\ \boldsymbol{C} = \begin{pmatrix} 1 & 1 & -1 \\ 0 & 1 & 1 \\ 0 & 0 & 1 \end{pmatrix}$$

例 7.5　化二次型 $f(x_1, x_2, x_3) = 2x_1x_2 + 3x_1x_3 - x_2x_3$ 为标准形，并求出所用的可逆线性变换。

解　作可逆线性变换

$$\begin{cases} x_1 = y_1 + y_2 \\ x_2 = y_1 - y_2 \\ x_3 = \qquad\quad y_3 \end{cases}$$

于是

$$\begin{aligned} f(x_1,x_2,x_3) &= 2x_1x_2 + 3x_1x_3 - x_2x_3 \\ &= 2(y_1^2 - y_2^2) + 3(y_1+y_2)y_3 - (y_1-y_2)y_3 \\ &= 2y_1^2 + 2y_1y_3 - 2y_2^2 + 4y_2y_3 \\ &= 2\left(y_1 + \frac{1}{2}y_3\right)^2 - 2(y_2-y_3)^2 + \frac{3}{2}y_3^2 \end{aligned}$$

令

$$\begin{cases} z_1 = y_1 + \frac{1}{2}y_3 \\ z_2 = y_2 - \quad y_3 \\ z_3 = \qquad\; y_3 \end{cases}，\quad 即 \begin{cases} y_1 = z_1 - \frac{1}{2}z_3 \\ y_2 = z_2 + \quad z_3 \\ y_3 = \qquad\; z_3 \end{cases}$$

则化

$$f(x_1,x_2,x_3) = 2z_1^2 - 2z_2^2 + \frac{3}{2}z_3^2$$

所用的可逆线性变换为

$$\begin{pmatrix} x_1 \\ x_2 \\ x_3 \end{pmatrix} = \begin{pmatrix} 1 & 1 & 0 \\ 1 & -1 & 0 \\ 0 & 0 & 1 \end{pmatrix}\begin{pmatrix} y_1 \\ y_2 \\ y_3 \end{pmatrix} = \begin{pmatrix} 1 & 1 & 0 \\ 1 & -1 & 0 \\ 0 & 0 & 1 \end{pmatrix}\begin{pmatrix} 1 & 0 & -\frac{1}{2} \\ 0 & 1 & 1 \\ 0 & 0 & 1 \end{pmatrix}\begin{pmatrix} z_1 \\ z_2 \\ z_3 \end{pmatrix}$$

$$= \begin{pmatrix} 1 & 1 & \frac{1}{2} \\ 1 & -1 & -\frac{3}{2} \\ 0 & 0 & 1 \end{pmatrix}\begin{pmatrix} z_1 \\ z_2 \\ z_3 \end{pmatrix}$$

即

$$\begin{cases} x_1 = z_1 + z_2 + \frac{1}{2}z_3 \\ x_2 = z_1 - z_2 - \frac{3}{2}z_3 \\ x_3 = \qquad\qquad z_3 \end{cases}$$

或 $\begin{pmatrix} x_1 \\ x_2 \\ x_3 \end{pmatrix} = \boldsymbol{C}\begin{pmatrix} z_1 \\ z_2 \\ z_3 \end{pmatrix}$，其中，$\boldsymbol{C} = \begin{pmatrix} 1 & 1 & \frac{1}{2} \\ 1 & -1 & -\frac{3}{2} \\ 0 & 0 & 1 \end{pmatrix}$ 可逆。

2. 正交变换法

6.4 节讨论了实对称矩阵的对角化问题，并给出了任一 n 阶实对称矩阵一定正交相似于对角矩阵，即若 $\boldsymbol{A}$ 是 n 阶实对称矩阵，则存在 n 阶正交矩阵 $\boldsymbol{Q}$，使得

$$\boldsymbol{Q}^{-1}\boldsymbol{A}\boldsymbol{Q}=\begin{pmatrix}\lambda_1 & & & \\ & \lambda_2 & & \\ & & \ddots & \\ & & & \lambda_n\end{pmatrix}=\boldsymbol{\varLambda} \tag{7.9}$$

其中，$\lambda_1,\lambda_2,\cdots,\lambda_n$ 是 $\boldsymbol{A}$ 的特征值。

由于 $\boldsymbol{Q}$ 是正交矩阵，所以 $\boldsymbol{Q}^{\mathrm{T}}\boldsymbol{A}\boldsymbol{Q}=\boldsymbol{Q}^{-1}\boldsymbol{A}\boldsymbol{Q}=\boldsymbol{\varLambda}$，因此作正交线性变换 $\boldsymbol{X}=\boldsymbol{Q}\boldsymbol{Y}$，则二次型 $f(x_1,x_2,\cdots,x_n)=\boldsymbol{X}^{\mathrm{T}}\boldsymbol{A}\boldsymbol{X}$ 就化为标准形

$$\boldsymbol{Y}^{\mathrm{T}}\boldsymbol{\varLambda}\boldsymbol{Y}=(y_1,y_2,\cdots,y_n)\begin{pmatrix}\lambda_1 & & & \\ & \lambda_2 & & \\ & & \ddots & \\ & & & \lambda_n\end{pmatrix}\begin{pmatrix}y_1\\ y_2\\ \vdots\\ y_n\end{pmatrix}=\lambda_1y_1^2+\lambda_2y_2^2+\cdots+\lambda_ny_n^2$$

由此得到

定理 7.2 对任意一个 n 元实二次型 $f(x_1,x_2,\cdots,x_n)=\boldsymbol{X}^{\mathrm{T}}\boldsymbol{A}\boldsymbol{X}$，一定存在一个正交线性变换 $\boldsymbol{X}=\boldsymbol{Q}\boldsymbol{Y}$，将其化成标准形

$$\lambda_1y_1^2+\lambda_2y_2^2+\cdots+\lambda_ny_n^2 \tag{7.10}$$

其中，$\lambda_1,\lambda_2,\cdots,\lambda_n$ 是 $\boldsymbol{A}$ 的全部特征值，而正交矩阵 $\boldsymbol{Q}$ 的 n 个列向量分别为 $\boldsymbol{A}$ 对应于特征值 $\lambda_1,\lambda_2,\cdots,\lambda_n$ 的标准正交的特征向量。从而得到用正交变换化二次型为标准形的步骤如下：

(1) 写出二次型 $f(x_1,x_2,\cdots,x_n)$ 的矩阵 $\boldsymbol{A}$，并求出 $\boldsymbol{A}$ 的全部互异特征值 $\lambda_1(n_1$ 重)，$\lambda_2(n_2$ 重)，$\cdots$，$\lambda_s(n_s$ 重)，其中，$n_1+n_2+\cdots+n_s=n$；

(2) 求出 $\boldsymbol{A}$ 属于特征值 λ_i 的线性无关的特征向量 $\boldsymbol{\eta}_{i1},\boldsymbol{\eta}_{i2},\cdots,\boldsymbol{\eta}_{in_i}$ $(i=1,2,\cdots,s)$；

(3) 将 $\boldsymbol{\eta}_{i1},\boldsymbol{\eta}_{i2},\cdots,\boldsymbol{\eta}_{in_i}$ 正交化、单位化得到标准正交的特征向量 $\boldsymbol{e}_{i1},\boldsymbol{e}_{i2},\cdots,\boldsymbol{e}_{in_i}$ $(i=1,2,\cdots,s)$；

(4) 作正交矩阵 $\boldsymbol{Q}=(\boldsymbol{e}_{11},\boldsymbol{e}_{12},\cdots,\boldsymbol{e}_{1n_1},\boldsymbol{e}_{21},\boldsymbol{e}_{22},\cdots,\boldsymbol{e}_{2n_2},\cdots,\boldsymbol{e}_{s1},\boldsymbol{e}_{s2},\cdots,\boldsymbol{e}_{sn_s})$，则

$$
\boldsymbol{Q}^{\mathrm{T}}\boldsymbol{A}\boldsymbol{Q}=\begin{pmatrix}
\lambda_1 & & & & & & \\
 & \ddots & & & & & \\
 & & \lambda_1 & & & & \\
 & & & \ddots & & & \\
 & & & & \lambda_s & & \\
 & & & & & \ddots & \\
 & & & & & & \lambda_s
\end{pmatrix}
$$

(5) 作正交变换 $\boldsymbol{x}=\boldsymbol{Q}\boldsymbol{y}$，化二次型为标准形。

例 7.6　用正交变换化二次型

$$f(x_1,x_2,x_3)=2x_1^2+5x_2^2+5x_3^2+4x_1x_2-4x_1x_3-8x_2x_3$$

为标准形。

解　二次型 $f(x_1,x_2,x_3)$ 的矩阵为 $\boldsymbol{A}=\begin{pmatrix}2&2&-2\\2&5&-4\\-2&-4&5\end{pmatrix}$，

$$|\lambda\boldsymbol{I}-\boldsymbol{A}|=\begin{vmatrix}\lambda-2&-2&2\\-2&\lambda-5&4\\2&4&\lambda-5\end{vmatrix}=(\lambda-1)^2(\lambda-10)$$

则 $\boldsymbol{A}$ 的特征值是 $\lambda_1=\lambda_2=1,\lambda_3=10$。

对于特征值 $\lambda=1$，解齐次线性方程组 $(\boldsymbol{I}-\boldsymbol{A})\boldsymbol{x}=\boldsymbol{0}$，得基础解系为 $\boldsymbol{\alpha}_1=(-2,1,0)^{\mathrm{T}},\boldsymbol{\alpha}_2=(2,0,1)^{\mathrm{T}}$。将它们正交化得

$$\boldsymbol{\beta}_1=\boldsymbol{\alpha}_1=(-2,1,0)^{\mathrm{T}}$$
$$\boldsymbol{\beta}_2=\boldsymbol{\alpha}_2-\frac{(\boldsymbol{\alpha}_2,\boldsymbol{\beta}_1)}{(\boldsymbol{\beta}_1,\boldsymbol{\beta}_1)}\boldsymbol{\beta}_1=(2,0,1)^{\mathrm{T}}+\frac{4}{5}(-2,1,0)^{\mathrm{T}}=\left(\frac{2}{5},\frac{4}{5},1\right)^{\mathrm{T}}$$

再将 $\boldsymbol{\beta}_1,\boldsymbol{\beta}_2$ 单位化得

$$\boldsymbol{\eta}_1=\frac{\boldsymbol{\beta}_1}{|\boldsymbol{\beta}_1|}=\left(-\frac{2}{\sqrt{5}},\frac{1}{\sqrt{5}},0\right)^{\mathrm{T}}$$
$$\boldsymbol{\eta}_2=\frac{\boldsymbol{\beta}_2}{|\boldsymbol{\beta}_2|}=\left(\frac{2}{3\sqrt{5}},\frac{4}{3\sqrt{5}},\frac{5}{3\sqrt{5}}\right)^{\mathrm{T}}$$

对于特征值 $\lambda=10$，解齐次线性方程组 $(10\boldsymbol{I}-\boldsymbol{A})\boldsymbol{x}=\boldsymbol{0}$，得基础解系为

$$\boldsymbol{\alpha}_3=(1,2,-2)^{\mathrm{T}}$$

将 $\boldsymbol{\alpha}_3$ 单位化得

$$\boldsymbol{\eta}_3=\frac{\boldsymbol{\alpha}_3}{|\boldsymbol{\alpha}_3|}=\left(\frac{1}{3},\frac{2}{3},-\frac{2}{3}\right)^{\mathrm{T}}$$

从而得正交矩阵

$$\boldsymbol{Q}=\begin{pmatrix} -\frac{2}{\sqrt{5}} & \frac{2}{3\sqrt{5}} & \frac{1}{3} \\ \frac{1}{\sqrt{5}} & \frac{4}{3\sqrt{5}} & \frac{2}{3} \\ 0 & \frac{5}{3\sqrt{5}} & -\frac{2}{3} \end{pmatrix}$$

$f(x_1,x_2,x_3)$ 经过正交线性变换 $\boldsymbol{X}=\boldsymbol{QY}$ 得到

$$f(x_1,x_2,x_3)=y_1^2+y_2^2+10y_3^2$$

作为应用，我们讨论直角坐标系下二次曲面方程的化简问题。

例 7.7 化简二次曲面

$$6x^2-2y^2+6z^2+4xz+8x-4y-8z+1=0$$

的方程，并指出二次曲面的类型。

解 该二次曲面的方程可以表示成矩阵乘积的形式

$$(x,y,z)\begin{pmatrix} 6 & 0 & 2 \\ 0 & -2 & 0 \\ 2 & 0 & 6 \end{pmatrix}\begin{pmatrix} x \\ y \\ z \end{pmatrix}+(8,-4,-8)\begin{pmatrix} x \\ y \\ z \end{pmatrix}+1=0$$

其中，二次项部分组成一个三元二次型

$$f(x,y,z)=(x,y,z)\begin{pmatrix} 6 & 0 & 2 \\ 0 & -2 & 0 \\ 2 & 0 & 6 \end{pmatrix}\begin{pmatrix} x \\ y \\ z \end{pmatrix}$$

它的矩阵是

$$\boldsymbol{A}=\begin{pmatrix} 6 & 0 & 2 \\ 0 & -2 & 0 \\ 2 & 0 & 6 \end{pmatrix}$$

$$|\lambda\boldsymbol{I}-\boldsymbol{A}|=\begin{vmatrix} \lambda-6 & 0 & -2 \\ 0 & \lambda+2 & 0 \\ -2 & 0 & \lambda-6 \end{vmatrix}=(\lambda-8)(\lambda-4)(\lambda+2)$$

所以 $\boldsymbol{A}$ 的特征值为 8，4，−2，将它们分别代入 $(\lambda_i\boldsymbol{I}-\boldsymbol{A})\boldsymbol{x}=\boldsymbol{0}$，得基础解系

$$\boldsymbol{\alpha}_1=(1,0,1)^{\mathrm{T}},\quad \boldsymbol{\alpha}_2=(1,0,-1)^{\mathrm{T}},\quad \boldsymbol{\alpha}_3=(0,1,0)^{\mathrm{T}}$$

把它们单位化得

$$\boldsymbol{\beta}_1=\left(\frac{1}{\sqrt{2}},0,\frac{1}{\sqrt{2}}\right)^{\mathrm{T}},\quad \boldsymbol{\beta}_2=\left(\frac{1}{\sqrt{2}},0,-\frac{1}{\sqrt{2}}\right)^{\mathrm{T}},\quad \boldsymbol{\beta}_3=(0,1,0)^{\mathrm{T}}$$

于是得到正交矩阵

$$\boldsymbol{Q}=\begin{pmatrix}\frac{1}{\sqrt{2}} & \frac{1}{\sqrt{2}} & 0\\ 0 & 0 & 1\\ \frac{1}{\sqrt{2}} & -\frac{1}{\sqrt{2}} & 0\end{pmatrix}$$

作正交线性变换

$$\begin{pmatrix}x\\ y\\ z\end{pmatrix}=\boldsymbol{Q}\begin{pmatrix}x_1\\ y_1\\ z_1\end{pmatrix}$$

则原式化为　$$8x_1^2+4y_1^2-2z_1^2+8\sqrt{2}y_1-4z_1+1=0$$

配方得　$$8x_1^2+4(y_1-\sqrt{2})^2-2(z_1+1)^2=9$$

它是一个单叶双曲面。

习　题　7.2

1. 用配方法化二次型为标准形，并求出所用的可逆线性变换

(1) $f(x_1,x_2,x_3)=x_1^2+4x_1x_2-8x_2x_3$；

(2) $f(x_1,x_2,x_3)=x_1^2+x_2^2+x_3^2+2x_1x_2+2x_2x_3$；

(3) $f(x_1,x_2,x_3)=x_1^2+13x_2^2-3x_3^2+6x_1x_2-2x_1x_3-10x_2x_3$。

2. 用正交变换法化二次型为标准形，并求所用的正交变换

(1) $x_1^2+4x_2^2+x_3^2-4x_1x_2-8x_1x_3-4x_2x_3$；

(2) $x_1x_2+x_1x_3+x_2x_3$。

3. 已知二次型

$$f(x_1,x_2,x_3)=2x_1^2+3x_2^2+3x_3^2+2ax_2x_3\quad(a>0)$$

通过正交变换化为标准形

$$f(x_1,x_2,x_3)=y_1^2+2y_2^2+5y_3^2$$

求参数 a 以及所用的正交变换矩阵 $\boldsymbol{Q}$。

4. 化简二次曲面

$$x^2+y^2+z^2-2xz+4x+2y-4z-5=0$$

的方程，并指出二次曲面的类型。

5. 已知二次型 $f(x_1,x_2,x_3)=5x_1^2+5x_2^2+cx_3^2-2x_1x_2+6x_1x_3-6x_2x_3$ 的秩为 2，求常数 c，并求化二次型为标准形的正交变换。

7.3 二次型的规范形与正定

本节讨论实数域上二次型的标准形的唯一性与正定性问题。

7.3.1 二次型的规范形

设 $f(x_1,x_2,\cdots,x_n)=\boldsymbol{X}^{\mathrm{T}}\boldsymbol{A}\boldsymbol{X}$ 是实数域上秩为 r 的二次型，经过适当的可逆线性变换 $\boldsymbol{X}=\boldsymbol{C}\boldsymbol{Y}$ 化为标准形

$$d_1y_1^2+d_2y_2^2+\cdots+d_py_p^2-d_{p+1}y_{p+1}^2-\cdots-d_ry_r^2 \tag{7.11}$$

其中，$d_i>0,\ i=1,2,\cdots,r$。再作可逆线性变换

$$\begin{cases} y_1=\dfrac{1}{\sqrt{d_1}}z_1 \\ \cdots\cdots \\ y_r=\dfrac{1}{\sqrt{d_r}}z_r \\ y_{r+1}=z_{r+1} \\ \cdots\cdots \\ y_n=z_n \end{cases}$$

则式 (7.11) 化为

$$z_1^2+z_2^2+\cdots+z_p^2-z_{p+1}^2-\cdots-z_r^2 \tag{7.12}$$

称之为实二次型 $f(x_1,x_2,\cdots,x_n)$ 的**规范形**。

定理 7.3 任意一个实二次型都可以用可逆线性变换化为规范形。

自然会问，规范形是否唯一？也就是问式 (7.12) 中的 p 是否由 $f(x_1,x_2,\cdots,x_n)$ 唯一确定？答案是肯定的，即有以下结论：

定理 7.4 实二次型 $f(x_1,x_2,\cdots,x_n)$ 的规范形是唯一的，即规范形中的正项的个数 p 是唯一的，因而负项的个数 $r-p$ 也是唯一的。

定义 7.4 在实二次型 $f(x_1,x_2,\cdots,x_n)$ 的规范形 $y_1^2+y_2^2+\cdots+y_p^2-y_{p+1}^2-\cdots-y_r^2$ 中，p 称为 $f(x_1,x_2,\cdots,x_n)$ 的**正惯性指数**，$r-p$ 称为 $f(x_1,x_2,\cdots,x_n)$ 的**负惯性指数**，它们的差 $p-(r-p)=2p-r$ 称为 $f(x_1,x_2,\cdots,x_n)$ 的**符号差**。

推论 7.1 任意一个 n 阶实对称矩阵 $\boldsymbol{A}$ 唯一地合同于对角矩阵

$$\boldsymbol{\Lambda}=\begin{pmatrix}1&&&&&&&&\\&\ddots&&&&&&&\\&&1&&&&&&\\&&&-1&&&&&\\&&&&\ddots&&&&\\&&&&&-1&&&\\&&&&&&0&&\\&&&&&&&\ddots&\\&&&&&&&&0\end{pmatrix}\tag{7.13}$$

其中，主对角线上的非零元素的个数等于 $\boldsymbol{A}$ 的秩，1 和 -1 的个数分别等于二次型 $f(x_1,x_2,\cdots,x_n)=\boldsymbol{X}^{\mathrm{T}}\boldsymbol{A}\boldsymbol{X}$ 正、负惯性指数。式 (7.13) 称为实对称矩阵 $\boldsymbol{A}$ 的**规范形**。

7.3.2　正定二次型

二次型 $f(x_1,x_2,\cdots,x_n)=x_1^2+x_2^2+\cdots+x_n^2$ 具有如下特性：对任意一组不全为零的实数 $c_1,c_2,\cdots,c_n$ 都有 $f(c_1,c_2,\cdots,c_n)=c_1^2+c_2^2+\cdots+c_n^2>0$，而二次型 $f(x_1,x_2,\cdots,x_n)=x_1^2+\cdots+x_p^2-x_{p+1}^2-\cdots-x_n^2\ (p<n)$ 则不具有这样的性质，由此我们给出正定二次型的定义：

定义 7.5　如果实二次型 $f(x_1,x_2,\cdots,x_n)=\boldsymbol{X}^{\mathrm{T}}\boldsymbol{A}\boldsymbol{X}=\sum\limits_{i=1}^{n}\sum\limits_{j=1}^{n}a_{ij}x_ix_j$对任意一组不全为零的实数 $c_1,c_2,\cdots,c_n$，都使 $f(c_1,c_2,\cdots,c_n)=\sum\limits_{i=1}^{n}\sum\limits_{j=1}^{n}a_{ij}c_ic_j>0$，则称 $f(x_1,x_2,\cdots,x_n)$ 是**正定二次型**，$f(x_1,x_2,\cdots,x_n)$ 的矩阵 $\boldsymbol{A}$ 称为**正定矩阵**。

定理 7.5　如果实二次型 $f(x_1,x_2,\cdots,x_n)=\boldsymbol{X}^{\mathrm{T}}\boldsymbol{A}\boldsymbol{X}=\sum\limits_{i=1}^{n}\sum\limits_{j=1}^{n}a_{ij}x_ix_j$ 正定，则 $a_{ii}>0$，$i=1,2,\cdots,n$。

证　反证法。设二次型正定，如果某个 $a_{ii}\leqslant 0$，不失一般性可设 $a_{11}\leqslant 0$，取一组不全为零的实数 $c_1=1,c_2=\cdots=c_n=0$，则 $f(c_1,c_2,\cdots,c_n)=a_{11}\leqslant 0$，与 f 正定矛盾。

定理 7.6　二次型 $f(\boldsymbol{X})=\boldsymbol{X}^{\mathrm{T}}\boldsymbol{A}\boldsymbol{X}$ 正定的充要条件是矩阵 $\boldsymbol{A}$ 的所有特征值全为正实数。

证　设 $\boldsymbol{A}$ 的特征值是 $\lambda_1,\lambda_2,\cdots,\lambda_n$，则通过正交线性变换 $\boldsymbol{X}=\boldsymbol{Q}\boldsymbol{Y}$ 可将 $f(\boldsymbol{X})$ 化为标准形

$$f(x_1, x_2, \cdots, x_n) = \boldsymbol{X}^{\mathrm{T}}\boldsymbol{A}\boldsymbol{X} = \lambda_1 y_1^2 + \lambda_2 y_2^2 + \cdots + \lambda_n y_n^2 = g(\boldsymbol{Y}) \tag{7.14}$$

充分性 设 $\lambda_1, \lambda_2, \cdots, \lambda_n$ 全为正实数，则对任意非零实向量 $\boldsymbol{Y} \neq \boldsymbol{0}$，均有 $g(\boldsymbol{Y}) > 0$，从而对任一非零实向量 $\boldsymbol{X}$ 可得非零实向量 $\boldsymbol{Y} = \boldsymbol{Q}^{-1}\boldsymbol{X}$，使 $f(\boldsymbol{X}) = g(\boldsymbol{Y}) > 0$，即 $f(\boldsymbol{X})$ 是正定二次型。

必要性 反证法。设 $\boldsymbol{A}$ 有某个特征值 $\lambda_i \leqslant 0$，不失一般性可设 $\lambda_1 \leqslant 0$，则令 $\boldsymbol{Y} = (1, 0, \cdots, 0)^{\mathrm{T}}$，则 $\boldsymbol{X} = \boldsymbol{Q}\boldsymbol{Y} \neq \boldsymbol{0}$ 使 $f(\boldsymbol{X}) = g(\boldsymbol{Y}) = \lambda_1 \leqslant 0$，与 $f(\boldsymbol{X})$ 正定矛盾，故 $\lambda_1, \lambda_2, \cdots, \lambda_n$ 全为正实数。

由定理 7.6 可得

推论 7.2 二次型 $f(x_1, x_2, \cdots, x_n) = \boldsymbol{X}^{\mathrm{T}}\boldsymbol{A}\boldsymbol{X}$ 正定的充要条件是 $f(\boldsymbol{X})$ 的正惯性指数是 n。

证 二次型 $f(\boldsymbol{X}) = \boldsymbol{X}^{\mathrm{T}}\boldsymbol{A}\boldsymbol{X}$ 可以通过正交变换化为标准形 $\lambda_1 y_1^2 + \lambda_2 y_2^2 + \cdots + \lambda_n y_n^2$，$f(\boldsymbol{X})$ 正定的充要条件是 $\lambda_i > 0$，$i = 1, 2, \cdots, n$。于是由定理 7.6 得到推论 7.2 成立。

由于可逆线性变换不改变二次型的正负惯性指数，所以可逆线性变换不改变二次型的正定性。如果 n 元实二次型 $f(\boldsymbol{X}) = \boldsymbol{X}^{\mathrm{T}}\boldsymbol{A}\boldsymbol{X}$ 的正惯性指数为 n，则其规范形为

$$g(\boldsymbol{Y}) = y_1^2 + y_2^2 + \cdots + y_n^2 = \boldsymbol{Y}^{\mathrm{T}}\boldsymbol{I}_n\boldsymbol{Y} \tag{7.15}$$

于是 $\boldsymbol{A}$ 与单位矩阵 $\boldsymbol{I}_n$ 合同。

反之，如果 $\boldsymbol{A}$ 与单位矩阵 $\boldsymbol{I}_n$ 合同，则存在可逆矩阵 $\boldsymbol{P}$ 使得，$\boldsymbol{P}^{\mathrm{T}}\boldsymbol{A}\boldsymbol{P} = \boldsymbol{I}_n$，于是作可逆线性变换 $\boldsymbol{X} = \boldsymbol{P}\boldsymbol{Y}$，则 $f(\boldsymbol{X}) = \boldsymbol{X}^{\mathrm{T}}\boldsymbol{A}\boldsymbol{X} = \boldsymbol{Y}^{\mathrm{T}}(\boldsymbol{P}^{\mathrm{T}}\boldsymbol{A}\boldsymbol{P})\boldsymbol{Y} = \boldsymbol{Y}^{\mathrm{T}}\boldsymbol{Y} = y_1^2 + y_2^2 + \cdots + y_n^2$，从而 $f(\boldsymbol{X}) = \boldsymbol{X}^{\mathrm{T}}\boldsymbol{A}\boldsymbol{X}$ 正定，即有

推论 7.3 n 元实二次型 $f(\boldsymbol{X}) = \boldsymbol{X}^{\mathrm{T}}\boldsymbol{A}\boldsymbol{X}$ 正定的充要条件是 $\boldsymbol{A}$ 与单位矩阵 $\boldsymbol{I}_n$ 合同。

有时需要直接从二次型 $f(\boldsymbol{X}) = \boldsymbol{X}^{\mathrm{T}}\boldsymbol{A}\boldsymbol{X}$ 的矩阵 $\boldsymbol{A}$ 来判断 $f(\boldsymbol{X})$ 是否为正定二次型。为此，我们先引入顺序主子式的概念。

定义 7.6 对于 n 阶矩阵 $\boldsymbol{A} = (a_{ij})_{n\times n}$，子式

$$D_k = \begin{vmatrix} a_{11} & a_{12} & \cdots & a_{1k} \\ a_{21} & a_{22} & \cdots & a_{2k} \\ \vdots & \vdots & & \vdots \\ a_{k1} & a_{k2} & \cdots & a_{kk} \end{vmatrix}, \qquad k = 1, 2, \cdots, n \tag{7.16}$$

称为 $\boldsymbol{A}$ 的 k 阶**顺序主子式**。

定理 7.7　n 元实二次型 $f(\boldsymbol{X})=\boldsymbol{X}^{\mathrm{T}}\boldsymbol{A}\boldsymbol{X}$ 正定的充要条件是 $\boldsymbol{A}$ 的所有顺序主子式全大于零。

证　略。

例 7.8　设二次型 $f(x_1,x_2,x_3)=x_1^2+4x_2^2+4x_3^2+2\lambda x_1x_2-2x_1x_3+4x_2x_3$，问: λ 取何值时，f 是正定二次型?

解　f 的矩阵为 $\boldsymbol{A}=\begin{pmatrix}1&\lambda&-1\\\lambda&4&2\\-1&2&4\end{pmatrix}$，$\boldsymbol{A}$ 的顺序主子式为

$$D_1=1$$

$$D_2=\begin{vmatrix}1&\lambda\\\lambda&4\end{vmatrix}=4-\lambda^2$$

$$D_3=\begin{vmatrix}1&\lambda&-1\\\lambda&4&2\\-1&2&4\end{vmatrix}=-4(\lambda-1)(\lambda+2)$$

因为 $D_1=1>0$，所以 f 正定当且仅当 $D_2>0$ 且 $D_3>0$，即

$$\begin{cases}4-\lambda^2>0\\-4(\lambda-1)(\lambda+2)>0\end{cases}$$

解得 $-2<\lambda<1$，故当 $-2<\lambda<1$ 时二次型 $f(\boldsymbol{X})$ 正定。

因为二次型的正定与它的矩阵正定等价，于是可得到如下结论:

定理 7.8　设 $\boldsymbol{A}$ 是 n 阶实对称矩阵，则以下命题等价

(1) $\boldsymbol{A}$ 是正定矩阵;

(2) $\boldsymbol{A}$ 的特征值全为正实数;

(3) $\boldsymbol{A}$ 与单位阵 $\boldsymbol{I}_n$ 合同;

(4) 存在实可逆矩阵 $\boldsymbol{P}$，使得 $\boldsymbol{A}=\boldsymbol{P}^{\mathrm{T}}\boldsymbol{P}$。

证　(1)⇒(2) 由于 $\boldsymbol{A}$ 实对称，故有正交矩阵 $\boldsymbol{Q}$ 使得 $\boldsymbol{Q}^{\mathrm{T}}\boldsymbol{A}\boldsymbol{Q}=\mathrm{diag}(\lambda_1,\lambda_2,\cdots,\lambda_n)$。作正交变换 $\boldsymbol{X}=\boldsymbol{Q}\boldsymbol{Y}$，则二次型 $\boldsymbol{X}^{\mathrm{T}}\boldsymbol{A}\boldsymbol{X}=\lambda_1y_1^2+\lambda_2y_2^2+\cdots+\lambda_ny_n^2$ 正定，从而 $\lambda_i>0$，即 $\boldsymbol{A}$ 的特征值全为正实数。

(2)⇒(3) 由于存在正交矩阵 $\boldsymbol{Q}$ 使得 $\boldsymbol{Q}^{\mathrm{T}}\boldsymbol{A}\boldsymbol{Q}=\mathrm{diag}(\lambda_1,\lambda_2,\cdots,\lambda_n)$以及 $\lambda_i>0$，所以再令 $\boldsymbol{Q}_1=\mathrm{diag}\left(\dfrac{1}{\sqrt{\lambda_1}},\dfrac{1}{\sqrt{\lambda_2}},\cdots,\dfrac{1}{\sqrt{\lambda_n}}\right)$，$\boldsymbol{C}=\boldsymbol{Q}\boldsymbol{Q}_1$，则 $\boldsymbol{C}$ 可逆且 $\boldsymbol{C}^{\mathrm{T}}\boldsymbol{A}\boldsymbol{C}=\boldsymbol{I}_n$。

(3)⇒(4) 由于 $\boldsymbol{C}^{\mathrm{T}}\boldsymbol{A}\boldsymbol{C}=\boldsymbol{I}_n$，则 $\boldsymbol{A}=\boldsymbol{P}^{\mathrm{T}}\boldsymbol{P}$，其中，$\boldsymbol{P}=\boldsymbol{C}^{-1}$ 是实可逆矩阵。

(4)⇒(1) 由 (4) 知，对于任何 n 维非零列向量 $\boldsymbol{X}$，$\boldsymbol{PX} \neq \boldsymbol{0}$，从而 $\boldsymbol{X}^{\mathrm{T}}\boldsymbol{AX} = (\boldsymbol{PX})^{\mathrm{T}}\boldsymbol{PX} > 0$，故 $\boldsymbol{A}$ 是正定矩阵。

例 7.9 设 $\boldsymbol{A}$ 是 n 阶正定矩阵，则 $\boldsymbol{A}^{-1}$ 也是正定矩阵。

证 由于 $\boldsymbol{A}$ 正定，故 $|\boldsymbol{A}| > 0$，所以 $\boldsymbol{A}$ 是可逆的实对称矩阵，从而 $(\boldsymbol{A}^{-1})^{\mathrm{T}} = (\boldsymbol{A}^{\mathrm{T}})^{-1} = \boldsymbol{A}^{-1}$，即 $\boldsymbol{A}^{-1}$ 也是实对称矩阵。
由于 $\boldsymbol{A}$ 是正定矩阵，故 $\boldsymbol{A}$ 的特征值 $\lambda_1, \lambda_2, \cdots, \lambda_n$ 全大于零，从而有正交矩阵 $\boldsymbol{Q}$ 使得

$$\boldsymbol{Q}^{\mathrm{T}}\boldsymbol{AQ} = \boldsymbol{Q}^{-1}\boldsymbol{AQ} = \mathrm{diag}(\lambda_1, \lambda_2, \cdots, \lambda_n)$$

$$\boldsymbol{Q}^{\mathrm{T}}\boldsymbol{A}^{-1}\boldsymbol{Q} = \boldsymbol{Q}^{-1}\boldsymbol{A}^{-1}\boldsymbol{Q} = \mathrm{diag}\left(\frac{1}{\lambda_1}, \frac{1}{\lambda_2}, \cdots, \frac{1}{\lambda_n}\right)$$

由于 $\dfrac{1}{\lambda_i} > 0, i = 1, 2, \cdots, n$，从而 $\boldsymbol{A}^{-1}$ 也是正定矩阵。

例 7.10 设实对称矩阵 $\boldsymbol{A}$ 满足 $\boldsymbol{A}^2 - 3\boldsymbol{A} + 2\boldsymbol{I} = \boldsymbol{0}$，证明：$\boldsymbol{A}$ 是正定矩阵。

证 设 λ 是 $\boldsymbol{A}$ 的任一特征值，则存在非零列向量 $\boldsymbol{\alpha}$，使得 $\boldsymbol{A\alpha} = \lambda\boldsymbol{\alpha}$，由于

$$(\boldsymbol{A}^2 - 3\boldsymbol{A} + 2\boldsymbol{I})\boldsymbol{\alpha} = \boldsymbol{A}^2\boldsymbol{\alpha} - 3\boldsymbol{A\alpha} + 2\boldsymbol{\alpha} = \lambda^2\boldsymbol{\alpha} - 3\lambda\boldsymbol{\alpha} + 2\boldsymbol{\alpha} = (\lambda^2 - 3\lambda + 2)\boldsymbol{\alpha} = \boldsymbol{0}$$

所以 $\lambda^2 - 3\lambda + 2 = 0$，解得 $\lambda = 1$ 或 $\lambda = 2$。表明 $\boldsymbol{A}$ 的特征值均为正实数，又 $\boldsymbol{A}$ 实对称，所以 $\boldsymbol{A}$ 是正定矩阵。

习 题 7.3

1. 判断下列二次型是否正定

(1) $f_1(x_1, x_2, x_3) = 6x_1^2 + 5x_2^2 + 7x_3^2 - 4x_1x_2 + 4x_1x_3$；

(2) $f_2(x_1, x_2, x_3) = x_1^2 + x_2^2 + 14x_3^2 + 7x_4^2 + 6x_1x_3 + 4x_1x_4 - 4x_2x_3$；

(3) $f_3(x_1, x_2, x_3) = -2x_2^2 - 6x_2^2 - 4x_3^2 + 2x_1x_2 + 2x_1x_3$。

2. 确定实数 λ 的取值范围，使二次型 $f = 4x_1^2 + x_2^2 + 3x_3^2 + 2\lambda x_1x_2 + 2x_1x_3$ 正定。

3. 设矩阵 $\boldsymbol{A} = \begin{pmatrix} 1 & 0 & 1 \\ 0 & 2 & 0 \\ 1 & 0 & 1 \end{pmatrix}$，矩阵 $\boldsymbol{B} = (k\boldsymbol{I} + \boldsymbol{A})^2$，其中，$k$ 为实数，$\boldsymbol{I}$ 为单位矩阵，试求对角矩阵 $\boldsymbol{\Lambda}$，使 $\boldsymbol{B}$ 与 $\boldsymbol{\Lambda}$ 相似，并求 k 为何值时，$\boldsymbol{B}$ 为正定矩阵。

4. 设 n 阶矩阵 $\boldsymbol{A}$ 是实对称矩阵，

(1) 设 $\boldsymbol{A}^2 = \boldsymbol{A}$，$\mathrm{r}(\boldsymbol{A}) = r, 0 < r \leqslant n$，证明：$\boldsymbol{A}$ 相似于对角阵 $\boldsymbol{\Lambda} = \mathrm{diag}(\overbrace{1, 1, \cdots 1}^{r个}, \overbrace{0, 0, \cdots 0}^{n-r个}$，并求 $\det(\boldsymbol{A} - 2\boldsymbol{I})$；

(2) 设 $\boldsymbol{A}^2 = \boldsymbol{I}$ 且 $\mathrm{r}(\boldsymbol{A} + \boldsymbol{I}) = 2$，求 $\boldsymbol{A}$ 的相似对角形，并计算 $\det(\boldsymbol{A} + 2\boldsymbol{I})$。

5. 设 $\boldsymbol{A}$ 是 n 阶正定矩阵，$\boldsymbol{I}$ 是 n 阶单位矩阵，证明：$|\boldsymbol{A} + \boldsymbol{I}| > 1$。

6. 设实对称矩阵 $\boldsymbol{A}$ 满足 $\boldsymbol{A}^3 - 6\boldsymbol{A}^2 + 11\boldsymbol{A} - 6\boldsymbol{I} = \boldsymbol{0}$，证明：$\boldsymbol{A}$ 为正定矩阵。

7.4 本章小结

本章介绍了二次型及其标准形、矩阵的合同、正定二次型和正定矩阵问题。

7.4.1 基本要求

1) 理解二次型的概念，掌握二次型的两种表示法。

2) 掌握二次型化为标准形的方法，重点掌握用正交变换法化二次型为标准形的方法，会用正交变换将二次型化为标准形。

3) 理解矩阵合同的概念，了解矩阵合同的性质，掌握矩阵合同与矩阵相似的关系。

4) 理解正定二次型、正定矩阵的概念和关系。

5) 掌握二次型正定、矩阵正定的判别方法，会具体判别一个二次型或实对称矩阵是否为正定。

7.4.2 内容提要

1) 二次型是指 n 元二次齐次多项式

$$f(x_1,x_2,\cdots,x_n)=\sum_{i=1}^{n}\sum_{j=1}^{n}a_{ij}x_ix_j=\boldsymbol{X}^{\mathrm{T}}\boldsymbol{A}\boldsymbol{X}$$

其中，$a_{ij}=a_{ji}$ 或 $\boldsymbol{A}^{\mathrm{T}}=\boldsymbol{A}$。$\boldsymbol{A}$ 称为二次型 $f(x_1,x_2,\cdots,x_n)$ 的矩阵，$\boldsymbol{A}$ 的秩称为二次型 $f(x_1,x_2,\cdots,x_n)$ 的秩。

2) 二次型的标准形与规范形

实数域上任一 n 元二次型都可以经过可逆线性变换 $\boldsymbol{X}=\boldsymbol{C}\boldsymbol{Y}$ 化为标准形

$$f=d_1y_1^2+d_2y_2^2+\cdots+d_ny_n^2$$

实数域上任一 n 元二次型都可以经过可逆线性变换 $\boldsymbol{X}=\boldsymbol{P}\boldsymbol{Y}$ 化为规范形

$$f=y_1^2+\cdots+y_p^2-y_{p+1}^2-\cdots-y_r^2$$

其中，r 是二次型的秩，p 称为二次型的正惯性指数，$p-(r-p)=2p-r$ 称为符号差。

任何二次型中的正惯性指数与符号差是唯一的。

3) 矩阵的合同

(1) 矩阵的合同是两个矩阵之间的关系，具有反身性、对称性、传递性。所以与矩阵的等价、矩阵的相似一样，可以将矩阵按照合同分类。

实对称矩阵 $\boldsymbol{A},\boldsymbol{B}$ 合同当且仅当 $\boldsymbol{A},\boldsymbol{B}$ 具有相同的秩和相同的正惯性指数。

(2) 矩阵的等价、相似与合同，三者都是两个矩阵之间的关系，根据定义，我们有

若 $\boldsymbol{A},\boldsymbol{B}$ 相似，则 $\boldsymbol{A},\boldsymbol{B}$ 等价；若 $\boldsymbol{A},\boldsymbol{B}$ 合同，则 $\boldsymbol{A},\boldsymbol{B}$ 等价。反之不真。

对于实对称矩阵而言，相似与合同有如下关系：

设 $\boldsymbol{A}$ 与 $\boldsymbol{B}$ 均为 n 阶实对称矩阵，若 $\boldsymbol{A}$ 与 $\boldsymbol{B}$ 相似，则 $\boldsymbol{A}$ 与 $\boldsymbol{B}$ 合同。

4) 正定二次型与正定矩阵

对于实二次型 $f(x_1,x_2,\cdots,x_n)=\sum\limits_{i=1}^{n}\sum\limits_{j=1}^{n}a_{ij}x_ix_j=\boldsymbol{X}^{\mathrm{T}}\boldsymbol{A}\boldsymbol{X}$，如果对任意一组不全为零的实数 $x_1=c_1,x_2=c_2,\cdots,x_n=c_n$，都有

$$f(c_1,c_2,\cdots,c_n)=\sum_{i=1}^{n}\sum_{j=1}^{n}a_{ij}c_ic_j>0$$

则称 $f(x_1,x_2,\cdots,x_n)$ 是正定二次型，二次型的矩阵 $\boldsymbol{A}$ 称为正定矩阵。

5) 正定二次型与正定矩阵

(1) 在二次型中引入正定、负定等概念，实质上是用分类的方法来研究二次型。在这些分类中以正定二次型最为重要，应用也最广泛。

(2) 正定二次型的矩阵定义为正定矩阵，故正定矩阵一定是实对称矩阵。

正定矩阵与正定二次型的判别如下：

n 元实二次型 $f(x_1,x_2,\cdots,x_n)=\boldsymbol{X}^{\mathrm{T}}\boldsymbol{A}\boldsymbol{X}$ 正定

$\Leftrightarrow f$ 的正惯性指数 $p=n$；

$\Leftrightarrow f$ 的规范形是 $f=y_1^2+y_2^2+\cdots+y_n^2$；

$\Leftrightarrow \boldsymbol{A}$ 的各阶顺序主子式都大于零；

$\Leftrightarrow \boldsymbol{A}$ 的特征值全大于零。

7.4.3 主要方法

1. 化二次型为标准形的方法

1) 配方法：注意配方时，要把某一个文字一次全部配完。

2) 正交变换法，其步骤为

(1) 写出二次型 f 的矩阵 $\boldsymbol{A}$，并求出 $\boldsymbol{A}$ 的全部互异特征值 $\lambda_1(n_1$ 重)，$\lambda_2(n_2$ 重)，$\cdots$，$\lambda_s(n_s$ 重)，其中，$n_1+n_2+\cdots+n_s=n$；

(2) 求出 $\boldsymbol{A}$ 属于特征值 λ_i 的线性无关的特征向量 $\boldsymbol{\eta}_{i1},\boldsymbol{\eta}_{i2},\cdots,\boldsymbol{\eta}_{in_i}$ $(i=1,2,\cdots,s)$；

(3) 将 $\boldsymbol{\eta}_{i1},\boldsymbol{\eta}_{i2},\cdots,\boldsymbol{\eta}_{in_i}$ 正交化、单位化得到标准正交的特征向量

$$\boldsymbol{e}_{i1},\boldsymbol{e}_{i2},\cdots,\boldsymbol{e}_{in_i}\quad(i=1,2,\cdots,s)$$

(4) 作正交矩阵 $\boldsymbol{Q}=(\boldsymbol{e}_{11},\boldsymbol{e}_{12},\cdots,\boldsymbol{e}_{1n_1},\boldsymbol{e}_{21},\boldsymbol{e}_{22},\cdots,\boldsymbol{e}_{2n_2},\cdots,\boldsymbol{e}_{s1},\boldsymbol{e}_{s2},\cdots,\boldsymbol{e}_{sn_s})$，则

$$\boldsymbol{Q}^{\mathrm{T}}\boldsymbol{A}\boldsymbol{Q}=\boldsymbol{Q}^{-1}\boldsymbol{A}\boldsymbol{Q}=\mathrm{diag}(\lambda_1,\lambda_2,\cdots,\lambda_n)$$

(5) 作正交变换 $\boldsymbol{X}=\boldsymbol{QY}$，化二次型为标准形。

2. 判别矩阵正定的方法

1) 如果矩阵是具体的，就使用各阶顺序主子式都大于零证明。

2) 如果矩阵或二次型是抽象的，则用可逆线性变换，先将二次型化为标准形再证明。

3) 如果给出矩阵的特征值，则证明各特征值都大于零。

4) 设实二次型 $f(x_1,x_2,\cdots,x_n)=\boldsymbol{X}^{\mathrm{T}}\boldsymbol{AX}$，则下述命题等价：

(1) $f(x_1,x_2,\cdots,x_n)=\boldsymbol{X}^{\mathrm{T}}\boldsymbol{AX}$ 正定；

(2) $f(x_1,x_2,\cdots,x_n)=\boldsymbol{X}^{\mathrm{T}}\boldsymbol{AX}$ 的正惯性指数为 n；

(3) $f(x_1,x_2,\cdots,x_n)=\boldsymbol{X}^{\mathrm{T}}\boldsymbol{AX}$ 的规范形是 $y_1^2+y_2^2+\cdots+y_n^2$；

(4) $\boldsymbol{A}$ 是正定矩阵；

(5) $\boldsymbol{A}$ 的特征值均为正实数；

(6) $\boldsymbol{A}$ 合同于单位矩阵 $\boldsymbol{I}_n$；

(7) $\boldsymbol{A}=\boldsymbol{C}^{\mathrm{T}}\boldsymbol{C}$，其中，$\boldsymbol{C}$ 是 n 阶实可逆矩阵；

(8) $\boldsymbol{A}$ 的 n 个顺序主子式全大于零。

5) 当二次型是标准形 $f(x_1,x_2,\cdots,x_n)=d_1x_1^2+d_2x_2^2+\cdots+d_nx_n^2$，则 $f(x_1,x_2,\cdots,x_n)$ 正定当且仅当 $d_i>0$，$i=1,2,\cdots,n$。

6) 实二次型 $f(x_1,x_2,\cdots,x_n)=\sum\limits_{i=1}^{n}\sum\limits_{j=1}^{n}a_{ij}x_ix_j$ 正定，则必有

(1) $a_{ii}>0$，$i=1,2,\cdots,n$。

(2) $\boldsymbol{A}$ 的行列式一定大于零。

但 (1)、(2) 反之都不真。

第7章总习题

一、填空题

1. 设二次型 $f(x_1,x_2,x_3)=-4x_1x_2+2x_1x_3+2tx_2x_3$ 的秩是 2，则 $t=$______。

2. 二次型 $f(x_1,x_2,x_3)=2x_1^2+x_2^2+x_3^2+2x_1x_2+tx_2x_3$ 是正定的，则 t 的取值范围是__________。

3. 已知实二次型 $f(x_1,x_2,x_3)=a(x_1^2+x_2^2+x_3^2)+4x_1x_2+4x_1x_3+4x_2x_3$ 经正交变换 $\boldsymbol{X}=\boldsymbol{PY}$ 可化为标准形 $f=6y_1^2$，则 $a=$______。

4. 设 n 阶实对称矩阵 $\boldsymbol{A}$ 的特征值是 1，2，$\cdots$，n，则当________时，$t\boldsymbol{I}-\boldsymbol{A}$ 正定。

二、单项选择题

1. 设 $\boldsymbol{A}=\begin{pmatrix}2&0&0\\0&1&0\\0&0&-1\end{pmatrix}$，则与 $\boldsymbol{A}$ 合同的矩阵是 ( )

A. $\begin{pmatrix}1&0&0\\0&1&0\\0&0&1\end{pmatrix}$ B. $\begin{pmatrix}-1&0&0\\0&3&0\\0&0&2\end{pmatrix}$

C. $\begin{pmatrix}-1&0&0\\0&-2&0\\0&0&1\end{pmatrix}$ D. $\begin{pmatrix}2&0&0\\0&1&0\\0&0&2\end{pmatrix}$

2. n 阶实对称矩阵 $\boldsymbol{A}$ 正定的充要条件是 ( )

A. $\boldsymbol{A}$ 的所有 k 阶子式大于零 B. $\mathrm{r}(\boldsymbol{A})=n$

C. $\boldsymbol{A}^{-1}$ 是正定矩阵 D. $\boldsymbol{A}$ 的所有特征值均非负

3. 设 $\boldsymbol{A}=\begin{pmatrix}1&1&1&1\\1&1&1&1\\1&1&1&1\\1&1&1&1\end{pmatrix}$，$\boldsymbol{B}=\begin{pmatrix}4&0&0&0\\0&0&0&0\\0&0&0&0\\0&0&0&0\end{pmatrix}$，则 $\boldsymbol{A}$ 与 $\boldsymbol{B}$ ( )

A. 合同且相似 B. 合同但不相似

C. 不合同但相似 D. 不合同且不相似

4. n 元实二次型 $f(\boldsymbol{X})=\boldsymbol{X}^{\mathrm{T}}\boldsymbol{A}\boldsymbol{X}$ 正定的充分必要条件是 ( )

A. 负惯性指数为 0 B. 对任意 $\boldsymbol{x}=(c_1,c_2,\cdots,c_n)\neq\boldsymbol{0}$, 均有 $f(\boldsymbol{x})=\boldsymbol{x}^{\mathrm{T}}\boldsymbol{A}\boldsymbol{x}>0$

C. $|\boldsymbol{A}|>0$ D. 存在 n 阶实矩阵 $\boldsymbol{P}$, 使得 $\boldsymbol{A}=\boldsymbol{P}^{\mathrm{T}}\boldsymbol{P}$

5. 设 $\boldsymbol{A}=\begin{pmatrix}1&0&2\\0&2&0\\2&0&1\end{pmatrix}$ 要使 $\boldsymbol{A}+k\boldsymbol{I}$ 为正定矩阵, 则 k 应满足 ( )

A. $k>-3$ B. $k>-2$ C. $k>-1$ D. $k>1$

三、计算题

1. 已知二次型 $f(x_1,x_2,x_3)=5x_1^2+5x_2^2+cx_3^2-2x_1x_2+6x_1x_3-6x_2x_3$ 的秩为 2，

(1) 求参数 c 及此二次型对应矩阵的特征值；

(2) 指出方程 $f(x_1,x_2,x_3)=1$ 表示何种二次曲面。

2. 已知二次曲面方程 $x^2+ay^2+z^2+2bxy+2xz+2yz=4$ 可以经过正交变换 $\begin{pmatrix}x\\y\\z\end{pmatrix}=\boldsymbol{Q}\begin{pmatrix}\xi\\\eta\\\zeta\end{pmatrix}$ 化为椭圆柱面方程 $\eta^2+4\xi^2=4$，求 a,b 的值和正交矩阵 $\boldsymbol{Q}$。

3. 已知二次型 $f(x_1,x_2,x_3)=(1-a)x_1^2+(1-a)x_2^2+2x_3^2+2(1+a)x_1x_2$ 的秩为 2，

(1) 求 a 的值；

(2) 求正交变换 $\boldsymbol{X}=\boldsymbol{QY}$，把 $f(x_1,x_2,x_3)$ 化成标准形；

(3) 求方程 $f(x_1,x_2,x_3)=0$ 的解。

4. 问：t 为何值时，二次型 $f(x_1,x_2,x_3)=tx_1^2+tx_2^2+tx_3^2+x_1x_2+x_1x_3+x_2x_3$ 正定？

四、证明题

1. 设 $\boldsymbol{A}$ 为 m 阶实对称矩阵且正定，$\boldsymbol{B}$ 为 $m\times n$ 实矩阵，试证：$\boldsymbol{B}^{\mathrm{T}}\boldsymbol{AB}$ 为正定矩阵的充分必要条件是 $\mathrm{r}(\boldsymbol{B})=n$。

2. 设 $\boldsymbol{A},\boldsymbol{B}$ 是 n 阶正定矩阵，证明：$\boldsymbol{AB}$ 正定 $\Leftrightarrow \boldsymbol{AB}=\boldsymbol{BA}$。

3. 设 $\boldsymbol{A}$ 是 n 阶反对称矩阵，证明：$\boldsymbol{I}-\boldsymbol{A}^2$ 正定。

4. 设 $\boldsymbol{A}$ 是 n 阶正定矩阵，$\boldsymbol{\alpha}_1,\boldsymbol{\alpha}_2,\cdots,\boldsymbol{\alpha}_n$ 是 n 维非零列向量，且 $\boldsymbol{\alpha}_j^{\mathrm{T}}\boldsymbol{A}\boldsymbol{\alpha}_j=0$，$i\neq j$，证明：$\boldsymbol{\alpha}_1,\boldsymbol{\alpha}_2,\cdots,\boldsymbol{\alpha}_n$ 线性无关。

第 8 章　MATLAB 简述与应用

本章将介绍数学软件 MATLAB 的最基本的使用方法以及解决最基本的线性代数问题的有关命令, 并介绍一些需要运用线性代数知识来解决的实际问题。

MATLAB 是一种功能强大的科学与工程计算软件, 它的名字由“矩阵实验室”的英文 Matrix Laboratory 的缩写组合而来。它具有以矩阵为基础的数学计算与分析功能、丰富的可视化图形表现功能及方便的程序设计功能, 并与其他软件和语言有良好的对接性。MATLAB 可用于概念设计、算法开发、建模仿真、实时实现的理想的集成环境, 是目前最好的科学计算类软件。

8.1　MATLAB 软件的基础操作

启动 MATLAB 后, 将显示 MATLAB 操作界面, 它包含多个窗口, 其中, MATLAB 7 的用户界面主要包括以下三个方面的内容。

1. MATLAB 7 的主菜单

MATLAB 7 的主菜单 (图 8.1) 包括 File、Edit、Debug、Desktop、Window 和 Help 菜单。可以执行的操作有 New、Open、Undo、Redo、Cut、Copy 和 Step 等。

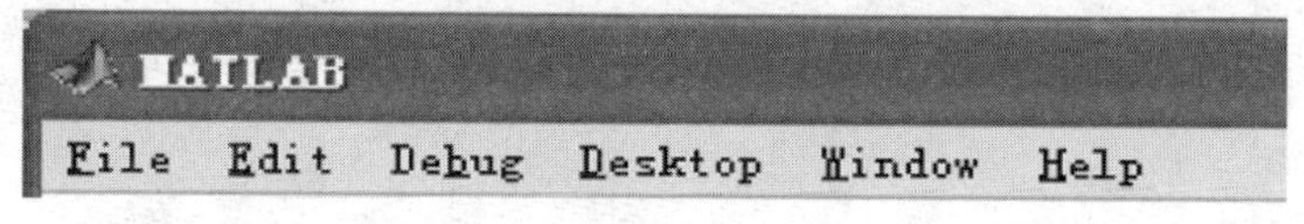

图 8.1

2. MATLAB 7 的工具栏

MATLAB 7 的工具栏包括新建文件、打开文件、剪切、复制和粘贴等常用图标 (图 8.2)。

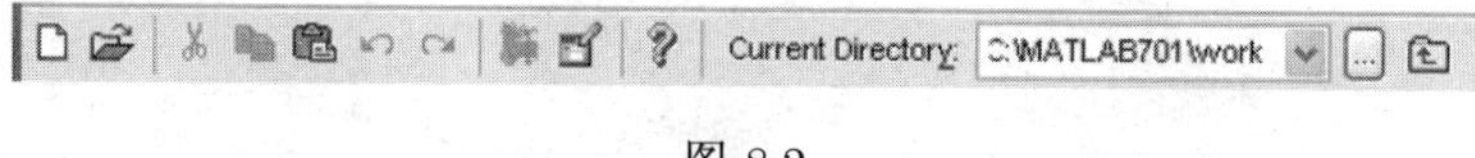

图 8.2

同时, MATLAB 7 的工具栏实时显示 MATLAB 7 的当前路径, 用户还可以通过工具栏来改变当前路径。

3. MATLAB 7 的窗口

打开 MATLAB 7，默认打开的窗口包括以下几种。

1) 命令窗口 (command window)

在默认设置下，命令窗口 (图 8.3) 自动显示于 MATLAB 界面中。

如果用户只想调出命令窗口，也可以选择 Desktop | Desktop Layout | Command Window Only 命令。

2) 命令历史窗口 (command history)

命令历史窗口 (图 8.4) 显示用户在命令窗口中所输入的每条命令的历史记录并标明使用时间，这样可以方便用户查询。如果用户想再次执行某条已经执行过的命令，只需在命令历史窗口中双击该命令。

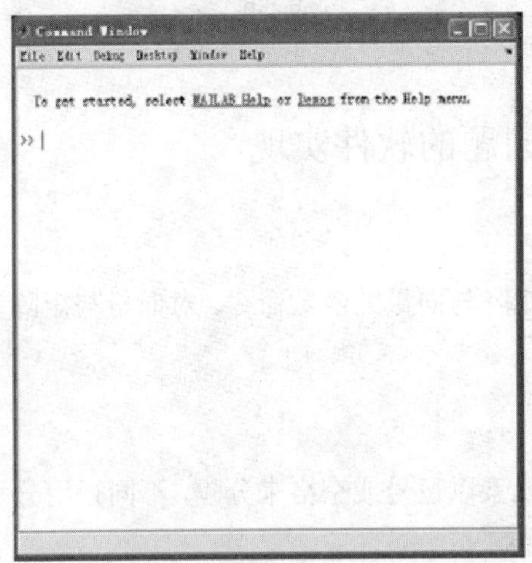

图 8.3

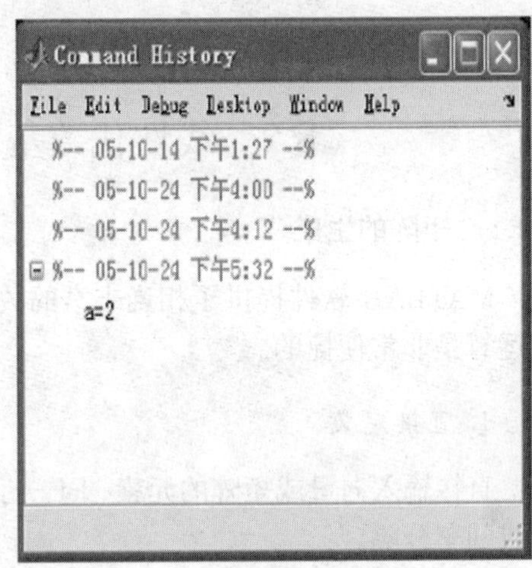

图 8.4

3) 工作间管理窗口 (workspace)

工作间管理窗口 (图 8.5) 用来显示当前计算机内存中 MATLAB 变量的名称、数学结构、变量的字节数及类型。

在默认设置下，工作间管理窗口自动显示于 MATLAB 界面中。

4) 当前路径窗口 (current directory)

在默认设置下，当前路径窗口 (图 8.6) 自动显示于 MATLAB 界面中，用户也可以选择 Desktop| Current Directory 命令调出或隐藏该命令窗口。当前路径窗口显示着当前用户工作所在的路径。

除上述介绍的四种窗口外，还有编译窗口、图形窗口和帮助窗口等其他种类的窗口。

图 8.5

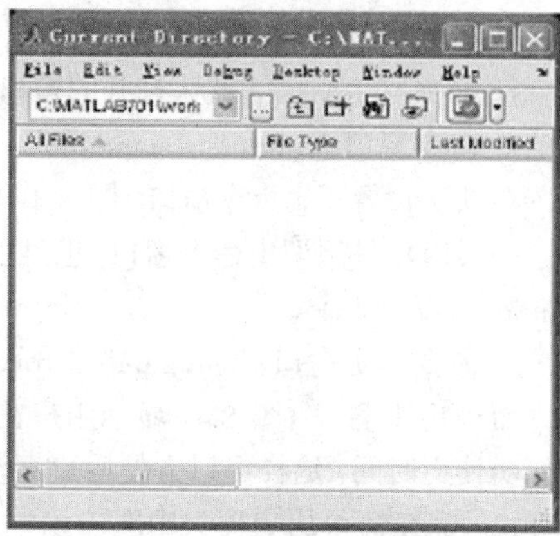

图 8.6

8.2　线性代数基本问题的软件实现

8.2.1　矩阵的生成

MATLAB 软件提供了相当丰富的关于矩阵与向量的函数命令，对向量与矩阵的运算是非常便捷的。

1. 直接定义

直接输入向量或矩阵的元素，同一行的元素以逗号或空格来分隔，不同行用分号或回车分隔。

例 8.1　$\boldsymbol{a}$=[1,2,3;4,5,6;7,7,10]。

```
a=
    1    2    3
    4    5    6
    7    7   10
    x=[2,3]
x=
    2  3
    y=[4;5]
y=
    4
    5
```

2. 向量的冒号定义

a:d:b形式的语句生成一个行向量，范围在 a 与 b 之间，a 为第一个元素，d 为间隔，d 的取值不能为 0。

例 8.2　z=12:-3:1

```
z=
    12  9  6  3
```

3. 语句定义

(1) zeros(m,n)产生 m 行 n 列的元素全为 0 的矩阵。

(2) ones(m,n)产生 m 行 n 列的元素全为 1 的矩阵。

(3) eye(n)产生 n 阶单位矩阵。

(4) diag(u)产生一个对角矩阵，其对角线元素与向量 $\boldsymbol{u}$ 的元素一致。

例 8.3　diag([2,6])

```
ans=
    2  0
    0  6
```

8.2.2　矩阵的基本运算

矩阵基本运算的相关 MATLAB 命令如表 8.1 所示。

表 8.1　矩阵基本运算的相关 MATLAB 命令

运　算	命　令
矩阵的加、减、乘与乘方	+, -, *, A^n .*, A.^n
矩阵的转置	A'
求矩阵的行列式	det(A)
求方阵的逆	inv(A), A^ − 1, A\eye(n)
矩阵的除法	A/B, A\B, A./B A.\B

1. 矩阵的加、减、乘与乘方运算

(1) 矩阵的加减法是对相同维数的矩阵的对应元素进行加减，与一般的理解一致。如果是矩阵和标量进行加减，则该矩阵的所有元素与该标量进行运算。

例 8.4　$\boldsymbol{x}$=[1,2,3;4,5,6];$\boldsymbol{y}$=[7,7,9;4,3,2];$\boldsymbol{z}=\boldsymbol{x}+\boldsymbol{y},\boldsymbol{w}=\boldsymbol{x}-\mathbf{5}$。

运行结果：

```
z=
      8    9    12
      8    8     8
```

```
w=
     -4    -3    -2
     -1     0     1
```

(2) 矩阵 $\boldsymbol{A}$ 与 $\boldsymbol{B}$ 相乘`C=A*B`，此时，要求 $\boldsymbol{A}$ 的列数等于 $\boldsymbol{B}$ 的行数，其结果与代数中矩阵相乘也是一致的。

在 MATLAB 中，对矩阵还有另一种乘法：`A.*B`，此时要求 $\boldsymbol{A}$ 与 $\boldsymbol{B}$ 有相同的维数，其结果为 $\boldsymbol{A}$ 与 $\boldsymbol{B}$ 的对应元素相乘。

例 8.5 已知矩阵 $\boldsymbol{a}$=[1,2,3;4,5,6;7,7, 0]，$\boldsymbol{b}$=[1,2;3,4;5,6]，试求`a*b`。

解

```
a=[1,2,3;4,5,6;7,7, 0];
b=[1,2;3,4;5,6];
a*b
```

运行结果：

```
ans =
     22    28
     49    64
     28    42
```

例 8.6 已知矩阵 $\boldsymbol{a}$=[1,2,3;4,5,6;7,7, 0]，$\boldsymbol{b}$=[1,2,2;3,4,1;5,6,2]，试求`a.*b`。

解

```
a=[1,2,3;4,5,6;7,7, 0];
b=[1,2,2;3,4,1;5,6,2];
a.*b
```

运行结果：

```
ans =
      1     4     6
     12    20     6
     35    42     0
```

例 8.7 已知矩阵 $\boldsymbol{a}$=[1,2,3;4,5,6;7,7,0]，试求`a^3`。

解

```
a=[1 2 3;4 5 6;7 7 0];
a3=a^3;
a3
```

运行结果：

```
a3 =
    267    330    288
    660    801    648
    672    756    399
```

在 MATLAB 中，对矩阵还有一种乘方运算。若 $\boldsymbol{A}$ 为一个一般的矩阵或向量，`A.^n`表示对 $\boldsymbol{A}$ 的每个元素求 n 次方。

例 8.8　已知矩阵 $\boldsymbol{a}$=[1,2,3;4,5,6;7,7, 0]，试求`a.^3`。

解

```
a=[1 2 3;4 5 6;7 7 0];
a3=a.^3;
a3
```

运行结果：

```
a3 =
     1     8    27
    64   125   216
   343   343     0
```

2. 矩阵的转置运算

例 8.9　已知矩阵 $\boldsymbol{a}$1=[1,2,3;4,5,6;7,7, 0]，$\boldsymbol{b}$1=[1,3,5;2,6,10]，试求它们的转置矩阵，并将其分别记为 $\boldsymbol{aa}$，$\boldsymbol{bb}$。

解

```
a1=[1,2,3;4,5,6;7,7, 0];
b1=[1,3,5;2,6,10];
aa= a1',bb= b1'
```

运行结果：

```
aa =
     1     4     7
     2     5     7
     3     6     0
bb =
     1     2
     3     6
     5    10
```

3. 矩阵的行列式

只有方阵才有行列式。

例 8.10　已知方阵 $\boldsymbol{a}$1=[1,2,3;4,5,6;7,7, 0]，$\boldsymbol{a}$2=[1,2,3;4,5,6;7,7, 9]，$\boldsymbol{a}$3=[1,2,3;4,5,6;7,7,c]，试求它们的行列式，并将行列式分别记为 $\boldsymbol{a}$10，$\boldsymbol{a}$20，$\boldsymbol{a}$30。

解

```
a1=[1,2,3;4,5,6;7,7,0];
a10= det(a1)
```

运行结果：

```
a10 =

     21

a2=[1,2,3;4,5,6;7,7,9];
a20= det(a2)
```

运行结果:

```
a20 =

    -6
```

$\boldsymbol{a}30$ 是一个含有变量 c 的矩阵，即符号矩阵，必须首先定义其中的符号变量 c。

```
syms c
a3=[1,2,3;4,5,6;7,7,c];
a30= det(a3)
```

运行结果:

```
a30 =

   -3*c+21
```

4. 求矩阵的逆

只有矩阵 $\boldsymbol{A}$ 是满秩方阵时，$\boldsymbol{A}$ 的逆才存在。

例 8.11　已知矩阵 $\boldsymbol{a}$ =[1,2,3;4,5,6;7,7, 0]，试求 $\boldsymbol{a}$ 的逆矩阵 $\boldsymbol{a}^{-1}$。

解　a=[1 2 3;4 5 6;7 7 0];

```
inv(sym(a))
```

运行结果:

```
ans =

       -2      1    -1/7
        2     -1     2/7
     -1/3    1/3    -1/7
```

例 8.12　已知矩阵 $\boldsymbol{A} = [3, 0, 3, -6; 5, -1, -5; 1, -3, 1, 4, -9; 1, -3, 4, -4]$，试求矩阵 $\boldsymbol{A}$ 的逆矩阵。

解　A=[3 0 3 -6;5 -1 1 -5;-3 1 4 -9;1 -3 4 -4];

方法一: `A^-1`

方法二: `inv(A)`

方法三: `A\eye(4)`

方法四: `U=rref([A,eye(4)]);U(:,5:7)`

运行结果:

```
ans =

    0.2323  -0.0101  -0.1313  -0.0404
```

```
0.5354  -0.3131  -0.0707  -0.2525
0.5859  -0.4747  -0.1717   0.1010
0.2424  -0.2424  -0.1515   0.0303
```

5. 矩阵的除法运算

在 MATLAB 中引进了矩阵除法的概念，包括矩阵的左除与右除。

(1) 左除：`A\B=inv(A)*B`　　其中，$\boldsymbol{A}$ 必须是满秩方阵。

(2) 右除：`A/B=A*inv(B)`　　其中，$\boldsymbol{B}$ 必须是满秩方阵。

矩阵方程组 $\boldsymbol{AX}=\boldsymbol{B}$ 以及 $\boldsymbol{XA}=\boldsymbol{B}$ 的解可以分别用`A\B`与`A/B`来表示。

例 8.13　求解方程组 $\begin{cases} x+y+\ \ z=6 \\ 2x-y+3z=9 \\ 5x+y-\ \ z=4 \end{cases}$。

解　若 $\boldsymbol{A}$ 满秩，则方程组 $\boldsymbol{AX}=\boldsymbol{b}$ 有解，且 $\boldsymbol{X}=\boldsymbol{A}^{-1}\boldsymbol{b}$，即`X=A\ b`。

```
a=[1,1,1;2,-1,3;5,1,-1];b=[6;9;4];
inv(a)*b
```

运行结果：

```
ans =
     1.0000
     2.0000
     3.0000
```

例 8.14　求解方程组 $\boldsymbol{XA}=\boldsymbol{b}$，其中，$\boldsymbol{A}=[1,-1;1,1],\boldsymbol{b}=[5;1]'$。

解　若 $\boldsymbol{A}$ 满秩，则解方程组 $\boldsymbol{XA}=\boldsymbol{b}$ 有解，且 $\boldsymbol{X}=\boldsymbol{bA}^{-1}$，即`X=b/A`。

```
A=[1 -1; 1 1];
b=[5;1]';
b*inv(A)
```

运行结果：

```
ans =
     2     3
```

在 MATLAB 中，对矩阵还有另一种除法：`A./B`与`A.\B`表示 $\boldsymbol{A}$ 与 $\boldsymbol{B}$ 的对应元素相除得到的矩阵。

8.2.3　向量组的线性相关性与线性方程组的通解

在线性代数中，我们常通过行初等变换把矩阵化为行最简形。利用矩阵的行最简形，可以求出矩阵的秩、逆、向量组的极大线性无关组等。MATLAB 软件中的相关命令见表 8.2。

表 8.2　MATLAB 相关命令

运　算	命　令
矩阵化为最简形	rref(A)
求矩阵 A 的秩	rank(A)
求齐次线性方程组的基础解系	null(A,'r')

1. 矩阵的初等变换与矩阵的秩

例 8.15　利用初等变换求矩阵 $\boldsymbol{A}=[2,1,1,2;1,2,2,1;1,2,1,2;2,2,1,1]$ 的秩。

解
```
A=[2,1,1,2;1,2,2,1;1,2,1,2;2,2,1,1];
rank(A)
```
运行结果:
```
ans =
    4
```

例 8.16　将矩阵 $\boldsymbol{A}=[1,1,1;1,2,\text{-}5;2,3,4]$ 化为行最简形。

解
```
A=[1,1,1;1,2,-5;2,3,4];
rref(A)
```
运行结果:
```
ans =
    1    0    0
    0    1    0
    0    0    1
```

2. 求向量组的极大无关组

例 8.17　求向量组 $\boldsymbol{a}1$=[1,2,-2,1]，$\boldsymbol{a}2$=[2,-3,2,1]，$\boldsymbol{a}3$=[3,-1,0,2]，$\boldsymbol{a}4$=[3,2,1,2] 的一个极大无关组。

解
```
a1=[1 2 -2 1]';
a2=[2 -3 2 1]';
a3=[3 -1 0 2]';
a4=[3 2 1 2]';
A= [a1, a2 ,a3 ,a4]
```
运行结果:
```
A =
     1     2     3     3
     2    -3    -1     2
    -2     2     0     1
     1     1     2     2
```

```
[R jb]=rref(A)
R =
    1        0        1        0
    0        1        1        0
    0        0        0        1
    0        0        0        0
jb =
    1        2        4
A(:,jb)
ans =
     1        2        3
     2       -3        2
    -2        2        1
     1        1        2
```

结果表明：向量 $\boldsymbol{a}1$=[1,2,-2,1]，$\boldsymbol{a}2$=[2,-3,2,1]，$\boldsymbol{a}4$=[3,2,1,2] 是向量组的一个极大无关组。

3. 求解线性方程组

例 8.18　求解方程组 $\begin{cases} x_1 - x_2 + \quad x_3 + \ x_4 = 0 \\ x_1 - x_2 + \quad x_3 - 2x_4 = 0 \\ x_1 - x_2 - 2x_3 + \ x_4 = 0 \end{cases}$。

解　

```
A=[1 -1 1 1;1 -1 1 -2;1 -1 -2 1];
rank(A)
```

运行结果：

```
ans =
    3
rref(A)
```

运行结果：

```
ans =
    1       -1        0        0
    0        0        1        0
    0        0        0        1
```

程序说明：

(1) 由 rank($\boldsymbol{A}$)=2, 可以得到方程组有无穷多解；

(2) 由 $\boldsymbol{A}$ 的行最简矩阵写出方程组的解是 $[k,k,0,0]^{\mathrm{T}}$。

或

```
A=[1 -1 1 1;1 -1 1 -2;1 -1 -2 1];
    null(A,'r');
```

运行结果:

```
ans =
    1
    1
    0
    0
```

例 8.19 求线性方程组 $\begin{cases} x_1-\ x_2+x_3-x_4=1 \\ -x_1+\ x_2+x_3-x_4=1 \\ 2x_1-2x_2-x_3+x_4=-1 \end{cases}$ 的通解。

解

```
a=[1 -1 1 -1;-1 1 1 -1;2 -2 -1 1];b=[1; 1; -1]';
[rank(a), rank([a,b'])]
```

运行结果:

```
ans =
  2  2
rref([a,b'])
ans =
      1    -1    0    0    0
      0     0    1   -1    1
      0     0    0    0    0
```

从而原方程组等价于 $x_1=x_2, x_3=x_4+1$。令 $x_2=k_1, x_4=k_2$，求得通解

$$x=k_1(1\quad 1\quad 0\quad 0)^{\mathrm{T}}+k_2(0\quad 0\quad 1\quad 1)^{\mathrm{T}}+(0\quad 0\quad 1\quad 0)^{\mathrm{T}}$$

其中，k_1, k_2 是任意常数。

或用下列方法求解:

```
x0=a\b'                    %用矩阵左除运算求得非齐次线性方程组的特解
x=null(a,'r')                 %得到齐次线性方程组Ax=0的基础解系
```

非齐次线性方程组的特解为

```
x0 =
    0
    0
    1
    0
```

齐次线性方程组 $\boldsymbol{Ax}=\boldsymbol{0}$ 的基础解系为

```
x =

     1     0
     1     0
     0     1
     0     1
```

也可以求出方程组的通解。

4. 求过渡矩阵

例 8.20　设 $\mathbf{R}^3$ 中的两组基为 $\boldsymbol{\alpha}_1=\begin{pmatrix}1\\1\\1\end{pmatrix},\boldsymbol{\alpha}_2=\begin{pmatrix}1\\0\\-1\end{pmatrix},\boldsymbol{\alpha}_3=\begin{pmatrix}1\\0\\1\end{pmatrix}$

及 $\boldsymbol{\beta}_1=\begin{pmatrix}0\\1\\1\end{pmatrix},\boldsymbol{\beta}_2=\begin{pmatrix}-1\\1\\0\end{pmatrix},\boldsymbol{\beta}_3=\begin{pmatrix}1\\2\\1\end{pmatrix}$。

求: (1) 基 $\boldsymbol{\alpha}_1,\boldsymbol{\alpha}_2,\boldsymbol{\alpha}_3$ 到基 $\boldsymbol{\beta}_1,\boldsymbol{\beta}_2,\boldsymbol{\beta}_3$ 的过渡矩阵 $\boldsymbol{K}$; (2) 向量 $\boldsymbol{\alpha}=\boldsymbol{\alpha}_1+2\boldsymbol{\alpha}_2-\boldsymbol{\alpha}_3$ 在基 $\boldsymbol{\beta}_1,\boldsymbol{\beta}_2,\boldsymbol{\beta}_3$ 下的坐标。

解　(1) $\boldsymbol{K}=(\boldsymbol{\alpha}_1,\boldsymbol{\alpha}_2,\boldsymbol{\alpha}_3)^{-1}(\boldsymbol{\beta}_1,\boldsymbol{\beta}_2,\boldsymbol{\beta}_3)$; (2) $\boldsymbol{Y}=\boldsymbol{K}^{-1}\boldsymbol{X}$。

```
A=[1 1 1;1 0 0;1 -1 1 ];
B=[0 -1 1;1 1 2;1 0 1];
K=inv(A)*B,X=[1;2;-1],Y=inv(K)*X
```

运行结果:

```
K =
    1.0000    1.0000    2.0000
   -0.5000   -0.5000    0
   -0.5000   -1.5000   -1.0000
X =
    1
    2
   -1
Y =
   -4.5000
    0.5000
    2.5000
```

8.2.4 特征向量与二次型

1. 方阵的特征值与特征向量

在线性代数中，矩阵的特征值与特征向量的计算是一个比较复杂烦琐的过程。在 MATLAB 中提供了相应的调用函数 (表 8.3)，格式如下：

```
[P,R]=eig(A)
```

其中，$\boldsymbol{A}$ 表示输入矩阵，输出量 $\boldsymbol{R}$ 为 $\boldsymbol{A}$ 的特征值构成的矩阵，$\boldsymbol{P}$ 的各列为对应于特征值的特征向量构成的矩阵。

表 8.3　MATLAB 相关命令

运　算	命　令
特征值与特征向量	[P,R]=eig(A)
规范正交化	orth(A)

例 8.21　求矩阵 $\boldsymbol{A}=\begin{pmatrix}5 & -2 & 0\\ -2 & 6 & 2\\ 0 & 2 & 7\end{pmatrix}$ 的特征值与特征向量。

解

```
A=[5 -2 0;-2 6 2 ;0 2 7];
[P,R]=eig(A)
```

运行结果：

```
R =
 3          0          0
 0          6          0
 0          0          9
P =
 2/3          2/3         -1/3
 2/3         -1/3          2/3
-1/3          2/3          2/3
```

由结果可知：$\boldsymbol{A}$ 的三个特征值是

$$r_1=3,\quad r_2=6,\quad r_3=9$$

三个特征值分别对应的特征向量是

$$\boldsymbol{p}_1=\left(\frac{2}{3},\frac{2}{3},-\frac{1}{3}\right)^{\mathrm{T}},\quad \boldsymbol{p}_2=\left(\frac{2}{3},-\frac{1}{3},\frac{2}{3}\right)^{\mathrm{T}},\quad \boldsymbol{p}_3=\left(-\frac{1}{3},\frac{2}{3},\frac{2}{3}\right)^{\mathrm{T}}$$

由于 $\boldsymbol{A}$ 是实对称矩阵，且三个特征值互异，故可以肯定有相应的三个特征向量，且两两正交。

2. 实对称矩阵的对角化

例 8.22　设 $A=\begin{pmatrix}1 & \frac{1}{4} & 0\\ 0 & \frac{1}{2} & 0\\ 0 & \frac{1}{4} & 1\end{pmatrix}$，用相似变换矩阵 P 将 A 相似对角化，并求 $\lim\limits_{n\to\infty} A^n$。

解

```
A=[1 1/4 0;0 1/2 0; 0 1/4 1];
[P,D]=eig(A)
```

运行结果:

```
P =
    1.0000          0               -0.4072
    0               0                0.7165
    0               1.0000          -0.4072
D =
    1.0000          0               0
    0               1.0000          0
    0               0               0.5000
```

求得三个特征值：1，1，0.5。

对应的特征向量为

$$p_1=(1,0,0)^{\mathrm{T}}, p_2=(0,0,1)^{\mathrm{T}},\quad p_3=(-0.4082,0.8175,-0.4082)^{\mathrm{T}}$$

由于三个特征向量线性无关，从而 A 可以相似对角化，即 $P^{-1}AP=D$，从而 $A=PDP^{-1}$。于是得

$$A^n=(PDP^{-1})(PDP^{-1})\cdots(PDP^{-1})=PD^nP^{-1}$$

$$\lim_{n\to\infty} A^n=\lim_{n\to\infty} PD^nP^{-1}=P\begin{pmatrix}1 & & \\ & 1 & \\ & & 0\end{pmatrix}P^{-1}$$

计算得

```
B=P*diag([1,1,0]) * inv(P)
ans =
    1.0000          0.5000          0
    0               0               0
    0               0.5000          1.0000
```

所以 $\lim\limits_{n\to\infty} \boldsymbol{A}^n = \begin{pmatrix} 1 & \frac{1}{2} & 0 \\ 0 & 0 & 0 \\ 0 & \frac{1}{2} & 1 \end{pmatrix}$。

3. 计算标准化二次型的转换矩阵

例 8.23 求一个正交变换 $\boldsymbol{x} = \boldsymbol{P}\boldsymbol{y}$，把二次型 $f = 2x_1^2 + 3x_2^2 + 3x_3^2 + 4x_2x_3$ 化为标准形。

解
```
A=[2 0 0;0 3 2;0 2 3];
syms y1 y2 y3
y=[y1;y2;y3];
[P,D]=eig(A)
```
运行结果：
```
P =
    0          1.0000     0
   -0.7071     0          0.7071
    0.7071     0          0.7071
D =
   1.0000      0          0
   0           2.0000     0
   0           0          5.0000
x=P*y
```
运行结果：
```
x =
                               y2
   -1/2*2 (1/2)*y1+1/2*2 (1/2)*y3
    1/2*2 (1/2)*y1+1/2*2 (1/2)*y3
f=[y1 y2 y3]*D*y
```
运行结果：
```
f =
   y1^2+2*y2^2+5*y3^2
```

4. 判别二次型的正定性

例 8.24 判别二次型 $f = 2x_1^2 + 8x_2^2 - 4x_3^2 + 4x_1x_2 + 2x_1x_3$ 的正定性。

解
```
A=[2 2 1; 2 7 0; 1 0 -4];
[P,D]=eig(A)
```

运行结果:

```
P =
   -0.1676        0.9412        0.2926
    0.0277       -0.2923        0.9559
    0.9753        0.1693        0.0232
D =
   -4.1712    0           0
   0          1.5579      0
   0          0           7.6123
```

由于 $\boldsymbol{A}$ 有负特征值，所以二次型非正定。

8.2.5　几何向量与 MATLAB 作图

1. 计算向量的数量积、向量积与混合积 (表 8.4)

表 8.4　MATLAB 相关命令

运　算	命　令
数量积、向量积	dot, cross
向量的范数 (模)	norm

例 8.25　设 $\boldsymbol{\alpha}=(-3.64\ \ 15.01\ \ 7.07), \boldsymbol{\beta}=(0.16-5.69\ \ 13.25), \boldsymbol{\gamma}=(-7.33\ \ 2.16\ \ 4.05)$，计算 $\boldsymbol{\alpha}\cdot\boldsymbol{\beta}, \boldsymbol{\alpha}\times\boldsymbol{\beta}, (\boldsymbol{\alpha},\boldsymbol{\beta},\boldsymbol{\gamma})$。

解

```
alpha=[-3.64,15.01,7.07];
beta=[0.16,-5.69,13.25];
gama=[-7.33,2.16,4.05];
a=dot(alpha, beta)              %alpha与beta的数量积
b=cross(alpha, beta)            %alpha与beta的向量积
c=dot(b, gama)                  %alpha, beta, gama的混合积
a,b,c
```

运行结果:

```
a=
    17.6257
b=
    243.3773  49.4712  17.3100
c=
    -1.7463e+003
```

2. 计算面积、体积、夹角与距离

例 8.26 已知空间中的四个点 $A(1,-1,3), B(-5,0,2), C(6,2,-7), D(0,4,9)$，求：(1) $\triangle ABC$ 的面积；(2) 四面体 $ABCD$ 的体积；(3) 点 C 到直线 AB 的距离；(4) 点 D 到平面 ABC 的距离。

解
```
A=[1,-1,3];B=[-5,0,-2];C=[6,2,-7];D=[0,4,9];
AB=B-A;AC=C-A;AD=D-A;
S=0.5*norm(cross(AB,AC));                  %三角形ABC的面积
V=abs(dot(cross(AB,AC),AD))/6;             %四面体ABCD的体积
d1=2*S/norm(AB);                           %点C到直线AB的距离
d2=3*V/S;                                  %点D到平面ABC的距离
[S,V,d1,d2]                                %输出最后结果
```
运行结果：
```
ans =
     44.0993   94.6667   11.2012   6.4400
```

例 8.27 已知异面直线L_1：$\dfrac{x-1}{1}=\dfrac{y+5}{2}=\dfrac{z}{-2}$ 与直线 L_2：$x+1=y=z-1$，求两直线的夹角与距离。

解
```
p1=[1,-5,0];p2=- [-1,0,1];p1p2=p2-p1;
s1=[1,2,-2]; s2=[1,1,1];
a=acos(abs(dot(s1,s2))/(norm (s1)*norm (s2)));   %夹角
b=abs(dot(cross(s1,s2),p1p2))/norm(cross(s1,s2));%距离
[a,b]                                             %输出最后结果
```
运行结果：
```
ans =
   1.3771    2.7456
```

3. 二维曲线图的绘制 (表 8.5)

表 8.5 MATLAB 相关命令

运　算	命　令
在 x 轴和 y 轴都按线性比例绘制二维图形	plot(x,y)
设置坐标轴的极限值、标记符号和网格线	axis([0 12 -0.5 1])
输出图形	print
函数绘图	fplot('function', 范围)
符号函数绘图	ezplot(f,[a,b])

例 8.28　绘制函数 $y=\sin x$ 的图形。

解法一

```
x= 0:0.01:10;
y=sin(x);
plot(x,y)
```

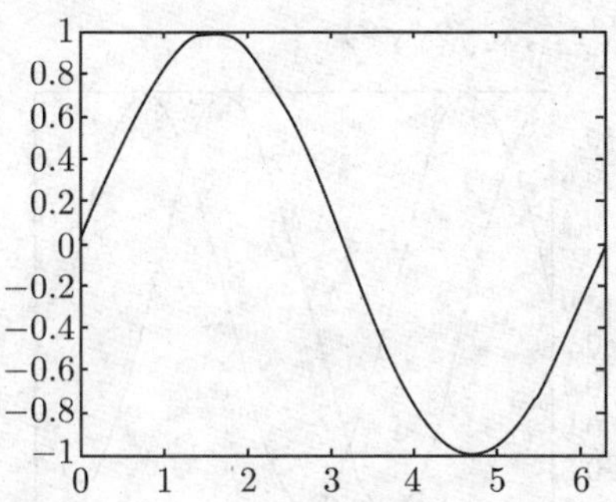

在绘制图形时，允许使用选项对绘制图形的细节提出各种要求和设置。例如：

```
x=0:pi/50:2*pi;y=sin(x);plot(x,y,'k*')
plot(x,y,'r-s')
```

其中，选项 ' '中第一个字母表示图形颜色，后面的是图形线型，“*” 表示由星号 * 组成图形。

这里要注意的是，命令plot采用描点法绘图。

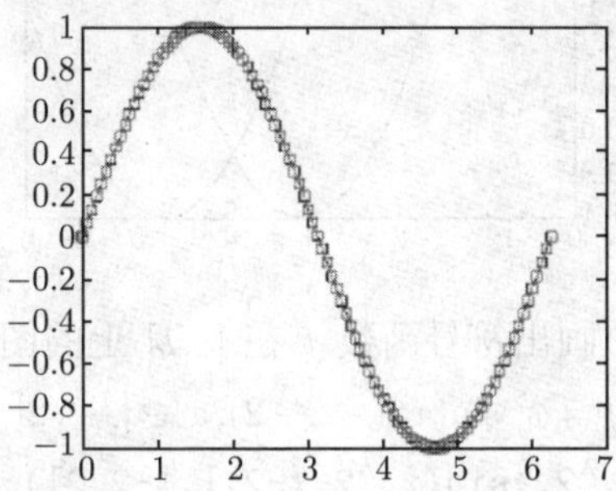

解法二　`fplot('sin(x)',[0,2*pi],'r')`

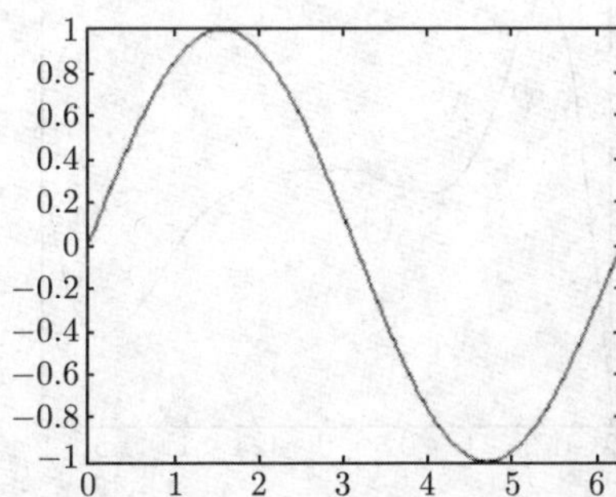

格式plot(x1,y1,x2,y2)将画出两条曲线。

例 8.29　在同一坐标系中同时绘制函数 $y = \sin x, y = \cos x$ 的图形。

解法一

```
x=0:pi/50:3*pi;
y1=sin(x);y2=cos(x);
plot(x,y1,'r.',x,y2,'y*')
```

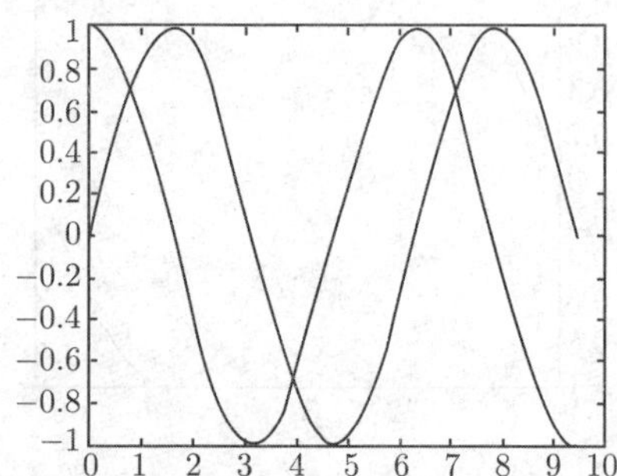

解法二

```
fplot('[sin(x),cos(x)]',[0,2*pi])
```

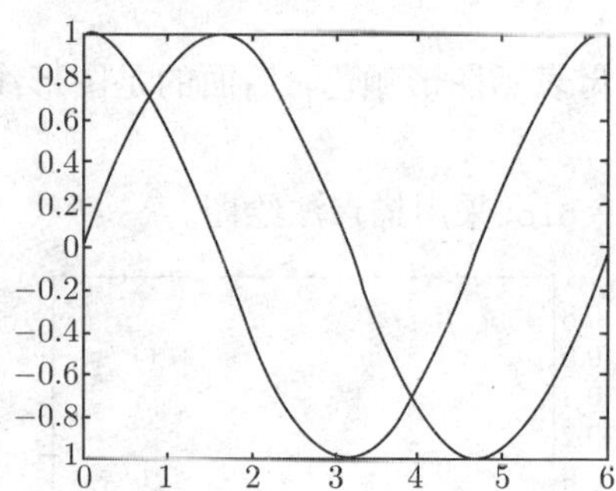

格式ezplot(f,[a,b])画出符号函数 f 在 $[a,b]$ 上的图形。

例 8.30　绘制函数 $y = x^2 \sin(x^2 - x - 2), x \in [-2,2]$ 的图形。

解

```
ezplot(@(x)[x.^2.*sin(x.^2-x-2)],[-2,2]);
```

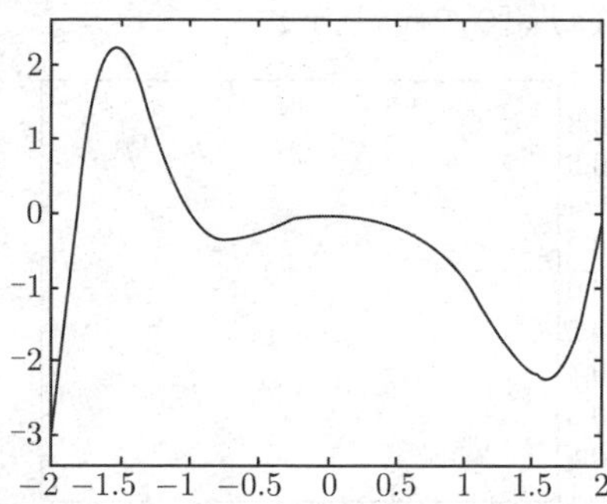

4. 三维图形的绘制 (表 8.6)

表 8.6　MATLAB 相关命令

运　算	命　令
在 x 轴、y 轴、z 轴按线性比例绘制三维曲线	plot3 (x,y,z)
三维曲线	ezplot3(x,y,z)
三维网线图	mesh(X,Y,Z)
三维网线图	ezmesh('f','g','h',[u1,u2,v1,v2])

例 8.31　绘制空间曲线 $\begin{cases} x = 6\cos t \\ y = 6\sin t \\ z = 3t \end{cases}$，　$t \in [-8, 8]$。

解　用命令 plot3 (x,y,z);

```
 t=-7:0.1:7;
 x=6*cos(t);
 y=6*sin(t);
 z=3*t;
plot3(x,y,z);grid on;
```

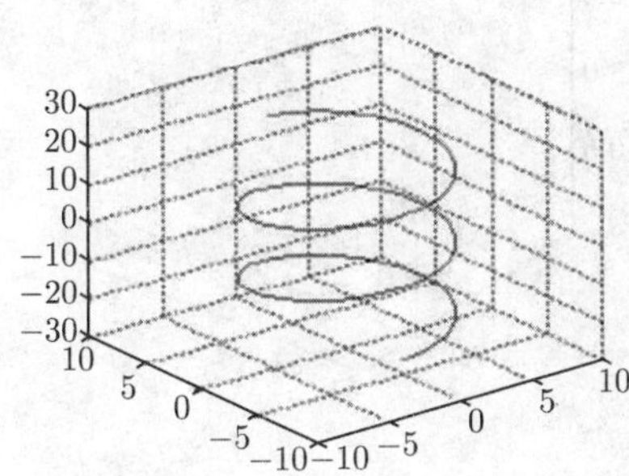

或用命令 ezplot3(x,y,z);

例如:

```
ezplot3('6*cos(t)','6*sin(t)','3*t',[-7,7]);
```

例 8.32　绘制空间曲面 $z = \sin\sqrt{x^2 + y^2}$ 的图形。

解

```
x=-5:0.2:5;y=x;
[X Y]=meshgrid(x,y);           %生成格点矩阵
Z=sin(sqrt(X. 2+Y. 2));
mesh(X,Y,Z);
```

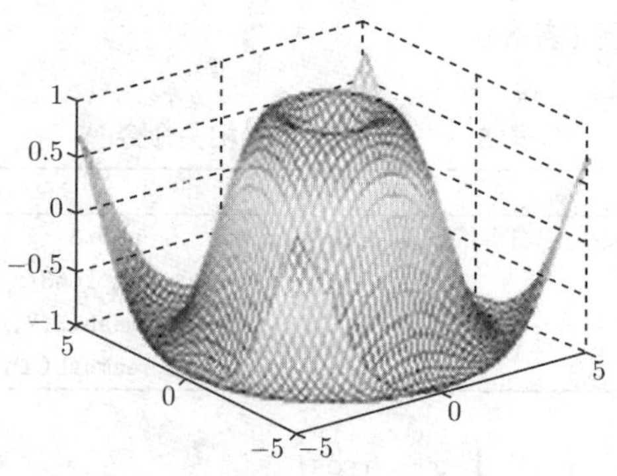

例 8.33　绘制空间曲面 $\begin{cases} x = \cos u \cos v \\ y = \sin u \cos v\,, \\ z = \sin v \end{cases}$　$t \in [0, 2\pi]$ 的图形。

解　`ezmesh('cos(u)*cos(v)','sin(u)*cos(v)','sin(v)',[0,2*pi,-pi,pi]);`

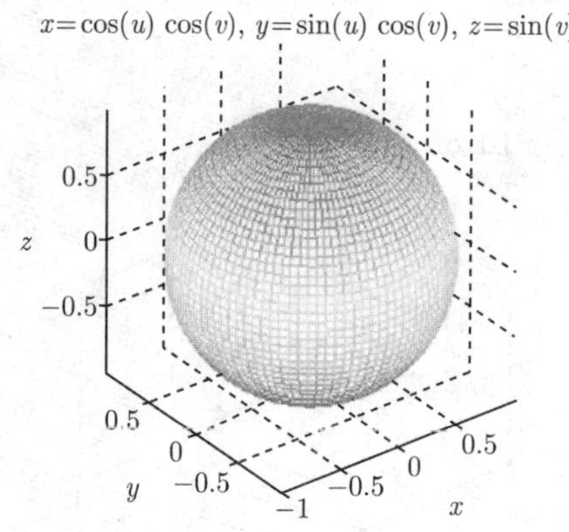

8.3　MATLAB 的应用举例

8.3.1　减肥配方的实现

例 8.34　设三种食物每 100g 中蛋白质、碳水化合物和脂肪的含量如表 8.7，表中还给出了 20 世纪 70 年代美国流行的剑桥大学医学院的减肥营养配方。现在的问题是：如果用这三种食物作为每天的主要食物，那么它们的用量各取多少才能全面准确地满足这个营养要求？

解　设脱脂牛奶的用量为 x_1 个单位，大豆面粉的用量为 x_2 个单位，乳清的用量为 x_3 个单位，1 单位 =100g，且表 8.7 中的三种食物的营养成分列向量为

$$\boldsymbol{a}_1=\begin{pmatrix}36\\52\\0\end{pmatrix},\quad \boldsymbol{a}_2=\begin{pmatrix}51\\34\\7\end{pmatrix},\quad \boldsymbol{a}_3=\begin{pmatrix}13\\74\\1.1\end{pmatrix}$$

表 8.7　剑桥大学医学院的减肥营养配方

营养成分	每 100g 食物所含营养/g			减肥所要求的每日营养量/g
	脱脂牛奶	大豆面粉	乳清	
蛋白质	36	51	13	33
碳水化合物	52	34	74	45
脂肪	0	7	1.1	3

由它们的组合所具有的营养为

$$x_1\boldsymbol{a}_1+x_2\boldsymbol{a}_2+x_3\boldsymbol{a}_3=x_1\begin{pmatrix}36\\52\\0\end{pmatrix}+x_2\begin{pmatrix}51\\34\\7\end{pmatrix}+x_3\begin{pmatrix}13\\74\\1.1\end{pmatrix}$$

使这个合成的营养与剑桥的配方相等，就可以得到以下方程组：

$$\begin{pmatrix}36&51&13\\53&34&74\\0&7&1.1\end{pmatrix}\begin{pmatrix}x_1\\x_2\\x_3\end{pmatrix}=\begin{pmatrix}33\\45\\3\end{pmatrix}\Rightarrow \boldsymbol{AX}=\boldsymbol{b}$$

用 MATLAB 解这个问题非常方便，程序如下：

```
A=[36,51,13;53,34,74;0,7,1.1];
b=[33;45;3];
x=A\b
```

程序执行结果为

$$\boldsymbol{x}=\begin{pmatrix}0.2778\\0.3926\\0.2287\end{pmatrix}$$

即脱脂牛奶的用量为 27.8g，大豆面粉的用量为 39.3g，乳清的用量为 22.9g，就能保证所需的综合营养量。

8.3.2　交通流量的分析

例 8.35　某城市有两组单行道，构成了一个包含四个节点 A，B，C，D 的十字路口，如图 8.7 所示。在交通繁忙时段，汽车从外部进出此十字路口的流量 (每小时的车流数) 标于图上。请计算每两个节点之间路段上的交通流量 x_1,x_2,x_3,x_4。

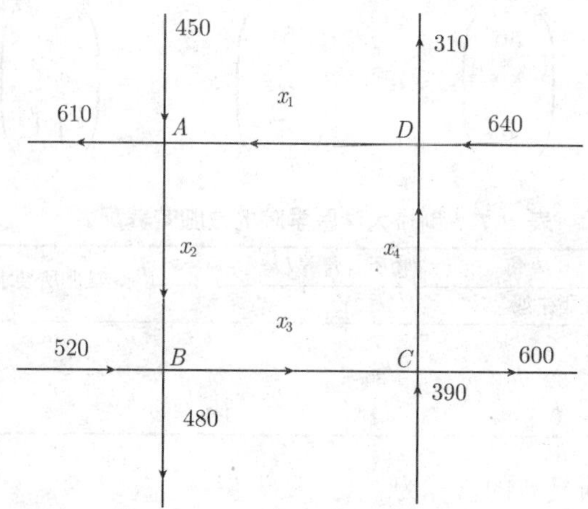

图 8.7 单行线交通流量图

解 在每个节点上，进入与离开的车数应该相等，这就决定了四个节点的流通方程。

节点 A：$x_1+450=x_2+610$。

节点 B：$x_2+520=x_3+480$。

节点 C：$x_3+390=x_4+600$。

节点 D：$x_4+450=x_1+610$。

将这组方程进行整理，写成矩阵形式：

$$\begin{cases} x_1-x_2 \qquad\qquad =160 \\ \qquad x_2-x_3 \qquad =-40 \\ \qquad\qquad x_3-x_4=210 \\ -x_1 \qquad\qquad +x_4=-330 \end{cases}$$

其系数增广矩阵为

$$(\boldsymbol{A} \mid \boldsymbol{b})=\left(\begin{array}{cccc|c} 1 & -1 & 0 & 0 & 160 \\ 0 & 1 & -1 & 0 & -40 \\ 0 & 0 & 1 & -1 & 210 \\ -1 & 0 & 0 & 1 & -330 \end{array}\right)$$

用消元法求其阶梯型矩阵，或者直接用命令reef([A,b])。

```
A=[ 1,-1,0,0;0,1,-1,0;0,0,1,-1;-1,0,0,1]
b=[160;-40;210;-330]
U0=rref([A,b])
```

可以得出其最简行阶梯形矩阵的形式为

$$
\boldsymbol{U}_0=\begin{pmatrix} 1 & 0 & 0 & -1 & 330\\ 0 & 1 & 0 & -1 & 170\\ 0 & 0 & 1 & -1 & 210\\ 0 & 0 & 0 & 0 & 0 \end{pmatrix}
$$

所以原方程组的解是

$$
\begin{cases} x_1=x_4+330\\ x_2=x_4+170\\ x_3=x_4+210\\ 0=0 \end{cases}
$$

这个方程组有无穷多解，即没有足够的信息来唯一确定 x_1,x_2,x_3,x_4，其原因也不难从物理上理解。

由于题目中给出的只是进入与离开这个十字路口的流量，如果有些车沿着这四个方向的单行道绕圈，在不影响总的输入输出流量的同时，可全面增加四条路上的流量。所以 x_4 被称为自由变量。实际上，它的取值也不能完全自由，因为规定了这些路段都是单行道，所以 x_1,x_2,x_3,x_4 都不能取负值。

所以要准确了解这里的交通流量情况，还应该在 x_1,x_2,x_3,x_4 中再监测一个变量。

8.3.3　人口迁徙模型

例 8.36　假设在一个大城市中的总人口是固定的，人口的分布因居民在市区与郊区之间迁徙而变化。每年有 6%的市区居民搬到郊区去住，而有 2%的郊区居民搬到市区。假如开始时有 30%的居民住在市区，70%的居民住在郊区，问十年后市区与郊区的人口比例是多少？30 年后、50 年后又如何？

解　这个问题用矩阵乘法来描述。

把人口变量用市区和郊区两个分量表示，即 $\boldsymbol{x}_k=\begin{pmatrix} x_{ck}\\ x_{sk}\end{pmatrix}$，其中，下标 c 为市区，下标 s 为郊区，k 表示年份的次序。在 $k=0$ 的初始状态：$\boldsymbol{x}_0=\begin{pmatrix} x_{c0}\\ x_{s0}\end{pmatrix}=\begin{pmatrix} 0.3\\ 0.7\end{pmatrix}$。

一年后，市区人口为 $x_{c1}=(1-0.06)x_{c0}+0.02x_{s0}$，郊区人口为 $x_{s1}=0.06x_{c0}+(1-0.02)x_{s0}$，用矩阵乘法来描述，可写成

$$
\boldsymbol{x}_1=\begin{pmatrix} x_{c1}\\ x_{s1}\end{pmatrix}=\begin{pmatrix} (1-0.06)x_{c0}+0.02x_{s0}\\ 0.06x_{c0}+(1-0.02)x_{s0}\end{pmatrix}=\begin{pmatrix} 0.94 & 0.02\\ 0.06 & 0.98\end{pmatrix}\begin{pmatrix} x_{c0}\\ x_{s0}\end{pmatrix}
$$

$$=\begin{pmatrix}0.94 & 0.02\\0.06 & 0.98\end{pmatrix}\begin{pmatrix}0.3\\0.7\end{pmatrix}=\boldsymbol{A}\boldsymbol{x}_0=\begin{pmatrix}0.2960\\0.7040\end{pmatrix}$$

即 $\boldsymbol{x}_1=\boldsymbol{A}\boldsymbol{x}_0$。

从初始时间到 k 年，此关系保持不变，因此上述算式可扩展为

$$\boldsymbol{x}_2=\boldsymbol{A}\boldsymbol{x}_1=\boldsymbol{A}^2\boldsymbol{x}_0,\quad \boldsymbol{x}_3=\boldsymbol{A}\boldsymbol{x}_2=\cdots=\boldsymbol{A}^3\boldsymbol{x}_0,\quad \cdots,\quad \boldsymbol{x}_k=\boldsymbol{A}\boldsymbol{x}_{k-1}=\cdots=\boldsymbol{A}^k\boldsymbol{x}_0$$

用 MATLAB 求解这个问题也非常方便，程序如下：

```
A=[0.94,0.02;0.06,0.97];
x0=[0.3,0.7];
x1=A*x0';
x10=A 10*x0';
x30=A 30*x0';
x50=A 50*x0';
```

运行结果：

$$\boldsymbol{x}_1=\begin{pmatrix}0.2960\\0.7040\end{pmatrix},\quad \boldsymbol{x}_{10}=\begin{pmatrix}0.2717\\0.7283\end{pmatrix},\quad \boldsymbol{x}_{30}=\begin{pmatrix}0.2541\\0.7459\end{pmatrix},\quad \boldsymbol{x}_{50}=\begin{pmatrix}0.2508\\0.7492\end{pmatrix}$$

若无限增加时间 k，市区与郊区的人口之比例将趋向一组常数 $\begin{pmatrix}0.25\\0.75\end{pmatrix}$。

为了弄清为什么这个过程趋向于一个稳态值，我们改变一下坐标系统。在这个坐标系统中可以更清楚地看到乘以矩阵 $\boldsymbol{A}$ 的效果，先求 $\boldsymbol{A}$ 的特征值与特征向量，输入`[e,lamda]=eig(A)`，得到

$$\boldsymbol{e}=\begin{pmatrix}-0.7071 & -0.3162\\0.7071 & -0.9487\end{pmatrix},\quad \text{lamda}=\begin{pmatrix}0.9200 & 0\\0 & 1.0000\end{pmatrix}$$

令 $\boldsymbol{u}_1=\begin{pmatrix}-1\\1\end{pmatrix},\boldsymbol{u}_2=\begin{pmatrix}1\\3\end{pmatrix}$，它们分别与两个特征向量 $\boldsymbol{e}_1,\boldsymbol{e}_2$ 成比例并构成整数。可以看出用 $\boldsymbol{A}$ 乘以这两个向量的结果不过是改变向量的长度，不影响其相角 (方向)，改变的比例分别对应于其特征值 0.92 和 1。

$$\boldsymbol{A}\boldsymbol{u}_1=\begin{pmatrix}0.94 & 0.02\\0.06 & 0.98\end{pmatrix}\begin{pmatrix}-1\\1\end{pmatrix}=\begin{pmatrix}-0.92\\0.92\end{pmatrix}=0.92\boldsymbol{u}_2$$

$$\boldsymbol{A}\boldsymbol{u}_2=\begin{pmatrix}0.94 & 0.02\\0.06 & 0.98\end{pmatrix}\begin{pmatrix}1\\3\end{pmatrix}=\begin{pmatrix}1\\3\end{pmatrix}=\boldsymbol{u}_2$$

初始向量 $\boldsymbol{x}_0$ 可以写成这两个基向量 $\boldsymbol{u}_1$ 和 $\boldsymbol{u}_2$ 的线性组合：

$$\boldsymbol{x}_0 = \begin{pmatrix} 0.3 \\ 0.7 \end{pmatrix} = 0.25 \begin{pmatrix} 1 \\ 3 \end{pmatrix} - 0.05 \begin{pmatrix} -1 \\ 1 \end{pmatrix} = 0.25\boldsymbol{u}_2 - 0.05\boldsymbol{u}_1$$

因此 $\boldsymbol{x}_k = \boldsymbol{A}^k \boldsymbol{x}_0 = 0.25\boldsymbol{u}_2 - 0.05(0.92)^k \boldsymbol{u}_1$

式中的第二项会随着 k 的增大而趋向于零。如果只取小数点后两位，则只要 $k > 27$，这第二项就可以忽略不计而得到

$$\boldsymbol{x}_k|_{k>27} = \boldsymbol{A}^k \boldsymbol{x}_0 = 0.25\boldsymbol{u}_2 = \begin{pmatrix} 0.25 \\ 0.75 \end{pmatrix}$$

适当选择基向量可以使矩阵乘法结果等价于一个简单的实数乘子，避免相交项出现，使得问题简单化，这也是方阵求特征值的基本思想。

这个应用问题实际上是所谓马尔可夫过程的一个类型，所得到的向量序列 $\boldsymbol{x}_1, \boldsymbol{x}_2, \cdots, \boldsymbol{x}_k, \cdots$ 称为马尔可夫链。马尔可夫过程的特点是 k 时刻的系统状态 $\boldsymbol{x}_k$ 完全可由前一时刻的状态 $\boldsymbol{x}_{k-1}$ 所决定，而与 $k-1$ 时刻之前的系统状态无关。

参考答案

习题 1.1

1. 24135, 24153,34125,34152,54123,54132。 2. $i=3, j=2$。 3. $\dfrac{n(n-1)}{2}-k$。

4. (1)+；(2)−。 5. (1)1；(2) a^4-b^4；(3) $(ah-gb)(cf-de)$。

6. 至少有一行元素全为零，所以行列式值为零。

习题 1.2

1. (1) 27；(2) 5。 2. (1) -3；(2) $(a+b+c)^3$；(3) 0；(4) $abc\left(1+\dfrac{x}{a}+\dfrac{x}{b}+\dfrac{x}{c}\right)$。

3. (1) $b_1b_2\cdots b_{n-1}$；(2) $(-1)^{n-1}na_1a_2\cdots a_{n-1}$。 5. (1) $\pm1,\pm2$；(2) $0,1,2,\cdots,n-2$。

6. $(a+b+c)(a-b)(b-c)(c-a)$。

习题 1.3

1. (1) $uvxyz$；(2) 160；(3) $12(x-1)(x-2)(x+2)$。

2. (1) $(x-1)(x-2)\cdots(x-n+1)$；(2) $1+\sum\limits_{i=1}^{n}a_i$。

3. a,b,c,d 的代数余子式分别等于 -24，15，24，-3。

4. (1) 0；(2) 86。

习题 1.4

1. $x_1=1, x_2=2, x_3=3$。 2. $a=1$ 或 $a=-2$。

第1章总习题

一、1. 负号。 2. 24。 3. 8，-8。 4. 0。 二、1. B；2. A；3. D；4. D；5. A。

三、1. $(x+3y)(x-y)^3$。 2. $-9, 18$。 3. (1) 2880；(2) $-2(n-2)!$。 4. $(ad-bc)^n$。

习题 2.1

1. (1) $\begin{pmatrix} 2 & 0 & 1 \\ 0 & 2 & -1 \end{pmatrix}$；(2) $\begin{pmatrix} 8 & -2 & 1 \\ 6 & 2 & -3 \end{pmatrix}$；(3) $\begin{pmatrix} 30 & -8 & 3 \\ 24 & 6 & -11 \end{pmatrix}$；(4) $\begin{pmatrix} -16 & -14 \\ -7 & -11 \end{pmatrix}$；

(5) $\begin{pmatrix} -16 & -7 \\ -14 & -11 \end{pmatrix}$。 2. $\boldsymbol{I}_n$。 3. (1) $\begin{pmatrix} 1 & n \\ 0 & 1 \end{pmatrix}$；(2) $\begin{pmatrix} \cos n\theta & -\sin n\theta \\ \sin n\theta & \cos n\theta \end{pmatrix}$。

4. $\begin{pmatrix} 0 & 0 \\ 0 & 0 \end{pmatrix}$。

习题 2.2

1. (1) $\begin{pmatrix} -7 & 4 \\ -5 & 3 \end{pmatrix}$；(2) $\begin{pmatrix} \cos\theta & -\sin\theta \\ \sin\theta & \cos\theta \end{pmatrix}$；(3) $\begin{pmatrix} 1 & \frac{1}{2} & -3 \\ 0 & \frac{1}{2} & -2 \\ 0 & 0 & 1 \end{pmatrix}$。

2. (1) 不正确; (2) 正确; (3) 正确; (4) 正确。　　3. $(\boldsymbol{I}-\boldsymbol{A})^{-1}=\boldsymbol{I}+\boldsymbol{A}+\cdots+\boldsymbol{A}^{k-1}$。

4. $-\dfrac{1}{8}$。　　5. 由 $(\boldsymbol{A}-3\boldsymbol{I})(\boldsymbol{A}+\boldsymbol{I})=\boldsymbol{I}$，知它们互为逆矩阵。

6. (1) $\begin{pmatrix}1&2&3\\3&5&4\\5&4&3\end{pmatrix}$; (2) $\begin{pmatrix}3&-10&4\\4&-17&6\\7&-33&13\end{pmatrix}$; (3) $\begin{pmatrix}2&0&-1\\1&-4&3\\2&-6&3\end{pmatrix}$。

7. (1) $(\boldsymbol{A}-\boldsymbol{I}_n)^{-1}=\boldsymbol{B}-\boldsymbol{I}_n$; (2) $\begin{pmatrix}1&\frac{1}{2}&0\\-\frac{1}{3}&1&0\\0&0&2\end{pmatrix}$; (3) $\boldsymbol{X}=\begin{pmatrix}0&\frac{1}{2}&0\\-\frac{1}{3}&0&0\\0&0&1\end{pmatrix}$。

8. $\boldsymbol{X}=\begin{pmatrix}1&2&3\\0&1&2\\0&0&1\end{pmatrix}$。

习题 2.3

1. $\begin{pmatrix}1&0&3&0&0\\0&4&3&0&0\\3&2&0&0&0\\0&0&0&-2&-4\\0&0&0&7&-2\end{pmatrix}$。　　2. $\begin{pmatrix}-5&3&5&14\\2&-1&-2&-5\\0&0&1&-1\\0&0&0&1\end{pmatrix}$。

3. $\boldsymbol{A}^{-1}=\begin{pmatrix}\boldsymbol{0}&\boldsymbol{B}^{-1}\\\boldsymbol{C}^{-1}&\boldsymbol{0}\end{pmatrix}$。　　4. $\boldsymbol{A}^{-1}=\begin{pmatrix}0&0&0&\frac{1}{a_4}\\\frac{1}{a_1}&0&0&0\\0&\frac{1}{a_2}&0&0\\0&0&\frac{1}{a_3}&0\end{pmatrix}$。　　5. -1。

习题 2.4

1. $\begin{pmatrix}1&0&0&0\\0&1&0&0\\0&0&1&0\end{pmatrix}$。　　2. (1) 2; (2)3　　4. $a=3$，最小秩是 2。

5. $\boldsymbol{P}=\begin{pmatrix}0&1&3\\1&0&0\\0&0&1\end{pmatrix}$。　　6. $\boldsymbol{B}=\begin{pmatrix}0&3&3\\-1&2&3\\1&1&0\end{pmatrix}$。　　7. $a=1$ 时，$\mathrm{r}(\boldsymbol{A})=1$; $a=-\dfrac{1}{n-1}$ 时，$\mathrm{r}(\boldsymbol{A})=n-1$; $a\neq-\dfrac{1}{n-1}$ 且 $a\neq1$ 时，$\mathrm{r}(\boldsymbol{A})=n$。

习题 2.5

1. (1) 无解；(2) 唯一解 $\begin{pmatrix} x_1 \\ x_2 \\ x_3 \end{pmatrix} = \begin{pmatrix} -1 \\ 3 \\ 2 \end{pmatrix}$；(3) $\begin{pmatrix} x_1 \\ x_2 \\ x_3 \\ x_4 \end{pmatrix} = k_1 \begin{pmatrix} -2 \\ 3 \\ 1 \\ 0 \end{pmatrix} + k_2 \begin{pmatrix} -2 \\ 3 \\ 0 \\ 1 \end{pmatrix}$ $+ \begin{pmatrix} 3 \\ -2 \\ 0 \\ 0 \end{pmatrix}$，其中，$k_1, k_2$ 为任意常数。 2. (1) 只有零解；(2) $\begin{pmatrix} x_1 \\ x_2 \\ x_3 \\ x_4 \end{pmatrix} = k \begin{pmatrix} -1 \\ 1 \\ 0 \\ 0 \end{pmatrix}$，其中，$k_1, k_2$ 为任意常数。

3. 对。 4. $k \neq -1$ 且 $k \neq 4$。

5. (1) $\lambda \neq -2$ 且 $\lambda \neq 1$，有唯一解；(2) $\lambda = -2$，无解；(3) $\lambda = 1$，有无穷多解。

第2章总习题

一、1. 500。 2. $\boldsymbol{AB} = \begin{pmatrix} 2 & -2 & 1 \\ 4 & -4 & 2 \\ 6 & -6 & 3 \end{pmatrix}$，$\boldsymbol{BA} = (1)$。 3. $\begin{pmatrix} 1 & 2 \\ 2 & 3 \end{pmatrix}$。 4. $\begin{pmatrix} 1 & -1 & 1 \\ 3 & -3 & 3 \\ 3 & -3 & 3 \end{pmatrix}$。

5. a, b, c 中至少有两个相等。 6. $a = 3$。

二、1. B; 2. C; 3. D; 4. A; 5. B; 6. A; 7. C。

三、1. $\lambda = 7$ 或 $\lambda = 4$。 2. $\frac{1}{24}A$。 3. $\boldsymbol{X} = (\boldsymbol{I} - \boldsymbol{A})^{-1}\boldsymbol{B} = \begin{pmatrix} 9 & -3 \\ 8 & -2 \\ 7 & -3 \end{pmatrix}$。

4. $\begin{pmatrix} 2^{12}+1 & 2^{12}+2 \\ -2^{11}-1 & -2^{11}-2 \end{pmatrix}$。

5. (1) -24; (2) $\frac{1}{24}$；(3)9; (4) $\frac{343}{3}$；(5) $-\frac{1}{6}$；(6) 3^k；(7) $-\frac{3}{2}$。

6. $|\boldsymbol{A}| = 1$。

四、1. 由 $\boldsymbol{AA}^* = \boldsymbol{A}^*\boldsymbol{A} = |\boldsymbol{A}|\,\boldsymbol{I}_n$ 可推得。

2. $\begin{pmatrix} \boldsymbol{A}^{-1} & \boldsymbol{0} \\ -\boldsymbol{B}^{-1}\boldsymbol{C}\boldsymbol{A}^{-1} & \boldsymbol{B}^{-1} \end{pmatrix}$。

3. $(\boldsymbol{A}^{-1} + \boldsymbol{B}^{-1})^{-1} = \boldsymbol{A}(\boldsymbol{A} + \boldsymbol{B})^{-1}\boldsymbol{B}$ 或 $(\boldsymbol{A}^{-1} + \boldsymbol{B}^{-1})^{-1} = \boldsymbol{B}(\boldsymbol{A} + \boldsymbol{B})^{-1}\boldsymbol{A}$。

4. $-\boldsymbol{A}^2 + \boldsymbol{A} - \boldsymbol{I}$。

习题 3.1

1. $5\boldsymbol{\alpha} - 11\boldsymbol{\beta} + 7\boldsymbol{\gamma}$。

2. $\overrightarrow{AC} = \boldsymbol{\alpha} + \boldsymbol{\beta}, \overrightarrow{BD} = \boldsymbol{\beta} - \boldsymbol{\alpha}, \overrightarrow{MA} = -\frac{1}{2}(\boldsymbol{\alpha} + \boldsymbol{\beta}), \overrightarrow{MB} = \frac{1}{2}(\boldsymbol{\alpha} - \boldsymbol{\beta}), \overrightarrow{MC} = \frac{1}{2}(\boldsymbol{\alpha} + \boldsymbol{\beta})$。

4. (1)$(-2, 0, 2)$; (2)$(-3, 8, 3)$;(3)$\boldsymbol{\alpha}^0 = \frac{1}{\sqrt{14}}(-1, 2, 3), \boldsymbol{\beta}^0 = \frac{1}{\sqrt{14}}(2, 1, 3), \boldsymbol{\gamma}^0 = \frac{1}{\sqrt{6}}(1, -1, 2)$。

5. Ⅳ，Ⅴ，Ⅷ，Ⅲ。

6. (1)$(a,b,-c),(-a,b,c),(a,-b,c)$;(2)$(a,-b,-c),(-a,b,-c),(-a,-b,c)$；(3) $(-a,-b,-c)$。 7. 到 x 轴的距离为 $\sqrt{34}$; 到 y 轴的距离 $\sqrt{41}$。 8. $(0,1,-2)$。 9. $|\overrightarrow{AB}|=2$。 10. 2。 11. $A(-2,3,0)$。

习题 3.2

1. (1)3; (2)7; (3)$\dfrac{3}{2\sqrt{21}}$。 2. $-\dfrac{3}{2}$。 3. 22。 6. $2\sqrt{22}$。 7. $\pm\dfrac{1}{\sqrt{17}}(3,-2,-2)$。

10. 1。 13. (1)$\dfrac{\sqrt{1106}}{2}$; (2)$\dfrac{68}{3}$。

习题 3.3

1. (1) $3x-7y+5z-4=0$；(2) $x-3y-2z=0$;(3)$y+5=0$；(4) $9y-z-2=0$。

2. $(1,-1,3)$。 3. $-16x+14y+11z+120=0$。 4. $2x+y+2z\pm 2.\sqrt[3]{3}=0$。

5. (1) 两平面斜交；(2) 平行但不重合；(3) 垂直。 6. $\dfrac{1}{3},\dfrac{2}{3},\dfrac{2}{3}$。 7. $\arccos\dfrac{2}{15}$。

8. $\dfrac{2}{3}$。 9. $4x+10y+2z-25=0$ 或 $14x-10y+22z-5=0$。

习题 3.4

1. $\dfrac{x-4}{2}=\dfrac{y+1}{1}=\dfrac{z-3}{5}$。 2. $\dfrac{x-3}{-1}=\dfrac{y-5}{-1}=\dfrac{z+2}{3}$。

3. $\dfrac{x}{9}=\dfrac{y-1}{7}=\dfrac{z-4}{10}$；$\begin{cases}x=9t\\y=7t+1\\z=10t+4\end{cases}$。

4. $-16x+14y+11z+65=0$。 5. $8x-9y-22z-59=0$。 6. $\dfrac{x}{-2}=\dfrac{y-2}{3}=\dfrac{z-4}{1}$。

7. $(0,-1,1)$；$\arcsin\dfrac{15}{19}$。 8. (1) 相交; (2) 直线在平面上。 9. $x-y+z=0$。

10. $\dfrac{3\sqrt{2}}{2}$。 11. $\begin{cases}2x+2y-4z-4=0\\x+y+z=0\end{cases}$。 12*. 异面；$\begin{cases}x+y+z-15=0\\3x+y+3z+7=0\end{cases}$，$d=2\sqrt{2}$。

习题 3.5

1. $\left(x+\dfrac{2}{3}\right)^2+(y+1)^2+\left(z+\dfrac{4}{3}\right)^2=\dfrac{116}{9}$，它表示一个球面，球心为 $\left(-\dfrac{2}{3},-1,-\dfrac{4}{3}\right)$，半径为 $\dfrac{2\sqrt{29}}{3}$。 2. $(x-1)^2+(y-3)^2+(z+2)^2=14$。

3. (1) 母线平行于 z 轴的椭圆柱面；(2) 母线平行于 x 轴的双曲柱面；(3) 母线平行于 y 轴的抛物柱面；(4) 两张平行于 xOz 面的平面；(5) 以 $(1,0,-2)$ 为球心，以 2 为半径的球面。

4. (1) $y^2+z^2=5x$；(2) $4x^2-9y^2+4z^2=36$；(3) $\dfrac{x^2+y^2}{b^2}+\dfrac{z^2}{c^2}=1$。

8. $\begin{cases} x^2+y^2+(1-x)^2=9 \\ z=0 \end{cases}$。

9. (1) $\begin{cases} x=\dfrac{3}{\sqrt{2}}\cos t \\ y=\dfrac{3}{\sqrt{2}}\cos t \\ z=3\sin t \end{cases}$，$0\leqslant t\leqslant 2\pi$；(2) $\begin{cases} x=1+\sqrt{3}\cos t \\ y=\sqrt{3}\sin t \\ z=0 \end{cases}$，$0\leqslant t\leqslant 2\pi$。

10. (1) 表示平面 $x=3$ 上的一个圆：$y^2+z^2=16$; (2) 表示平面 $y=1$ 上的一个椭圆：$x^2+9z^2=32$。

11. $\begin{cases} x^2+z^2\leqslant a^2\ (x\geqslant 0, z\geqslant 0) \\ y=0 \end{cases}$。

第3章总习题

一、1. C; 2. A; 3. B; 4. D; 5. B; 6. D。

二、1. $d=\dfrac{1}{(\vec{a},\vec{b},\vec{c})}[(\vec{d},\vec{b},\vec{c})\vec{a}+(\vec{d},\vec{c},\vec{a})\vec{b}+(\vec{d},\vec{a},\vec{b})\vec{c}]$。

2. $t=2, \mathrm{Prj}_{\vec{b}}\vec{a}=3$。 4. $\dfrac{\pi}{3}$。 5. $\pm\dfrac{1}{\sqrt{93}}(5\boldsymbol{i}+8\boldsymbol{j}-2\boldsymbol{k})$。 6. 交点分别为 $\left(\dfrac{1}{3},0,0\right)$，$\left(0,\dfrac{1}{3},0\right)$，$\left(0,-\dfrac{3}{4},-\dfrac{1}{8}\right)$；夹角为 $\cos\alpha=\dfrac{8}{\sqrt{397}},\cos\beta=\dfrac{18}{\sqrt{397}},\cos\gamma=\dfrac{3}{\sqrt{397}}$。

7. $\dfrac{x+1}{12}=\dfrac{4y}{37}=z-4$。 8. $x+y+2z-4=0$。 9. $2x-y-z=0$。

10. $\dfrac{x+3}{1}=\dfrac{y-5}{22}=\dfrac{z+9}{2}$。 11*. $\dfrac{x+2}{3}=\dfrac{y-2}{2}=\dfrac{z-4}{-6}$。 12. $\dfrac{x}{1}+\dfrac{y}{2}+\dfrac{z}{6}=1$ 和 $\dfrac{x}{1}+\dfrac{y}{2}-\dfrac{z}{6}=1$。 13. (1) π_1: $4z=x^2+y^2, \pi_2$: $x^2+y^2+z=5$; (2) 投影曲线方程：$x^2+y^2=4$，$z=0$。 14. $\begin{cases} 4a^2y^2+(z^2+a^2)^2=4a^4 \\ x=0 \end{cases}$ $(z\geqslant 0)$。

习题 4.1

$(1,0,-1)^{\mathrm{T}},(0,1,2)^{\mathrm{T}}$。

习题 4.2

1. (1) 错；(2) 错；(3) 错；(4) 对；(5) 错。 2. $\boldsymbol{\beta}=-\boldsymbol{\alpha}_1-2\boldsymbol{\alpha}_2+4\boldsymbol{\alpha}_3$。

3. $a=\dfrac{3}{2}(1-b)$ 且 $b\neq 1$。 4. (1) 相关；(2) 无关；(3) 无关。

习题 4.3

1. (1) 秩为 3；$\boldsymbol{\alpha}_1,\boldsymbol{\alpha}_2,\boldsymbol{\alpha}_4$ 是一个极大无关组, 且 $\boldsymbol{\alpha}_3=3\boldsymbol{\alpha}_1+\boldsymbol{\alpha}_2, \boldsymbol{\alpha}_5=-\dfrac{1}{2}\boldsymbol{\alpha}_1+\boldsymbol{\alpha}_2+\dfrac{5}{2}\boldsymbol{\alpha}_4$; (2) 秩为 2；$\boldsymbol{\alpha}_1,\boldsymbol{\alpha}_2$ 是一个极大无关组, 且 $\boldsymbol{\alpha}_3=\boldsymbol{\alpha}_1-5\boldsymbol{\alpha}_2$。

2. 提示：如果任意 n 维向量都可由它们线性表示，那么 n 维基本向量组 $\varepsilon_1,\varepsilon_2,\cdots,\varepsilon_n$ 能由它们线性表示。

3. 提示：利用向量组的秩与向量组的线性相关性的关系及定理 4.4。

4. 提示：考察向量组 $\boldsymbol{\alpha}_1,\boldsymbol{\alpha}_2,\boldsymbol{\alpha}_3,\boldsymbol{\alpha}_4$ 的秩，再结合定理 4.11。

习题 4.4

1. (1) 是向量空间；(2) 不是向量空间。　3. $(2,3,-1)^{\mathrm{T}},(3,-3,-2)^{\mathrm{T}}$。

4. V 的维数是 $n-1$，$\varepsilon_2=\begin{pmatrix}0\\1\\0\\\vdots\\0\end{pmatrix},\varepsilon_3=\begin{pmatrix}0\\0\\1\\\vdots\\0\end{pmatrix},\cdots,\varepsilon_n=\begin{pmatrix}0\\0\\0\\\vdots\\1\end{pmatrix}$ 为 V 的一个基。

5. (1) 过渡矩阵 $\boldsymbol{C}=\begin{pmatrix}1&0&0&1\\1&1&0&1\\0&1&1&1\\0&0&1&0\end{pmatrix}$，基变换公式为 $(\boldsymbol{\beta}_1,\boldsymbol{\beta}_2,\boldsymbol{\beta}_3,\boldsymbol{\beta}_4)=(\boldsymbol{\alpha}_1,\boldsymbol{\alpha}_2,\boldsymbol{\alpha}_3,\boldsymbol{\alpha}_4)\boldsymbol{C}$；(2) 坐标变换公式 $\boldsymbol{X}=\boldsymbol{C}\boldsymbol{Y}$。

习题 4.5

1. $\boldsymbol{\alpha}_3=(-1,0,1)^{\mathrm{T}}$，$\boldsymbol{e}_1=\dfrac{1}{\sqrt{3}}(1,1,1)^{\mathrm{T}},\boldsymbol{e}_2=\dfrac{1}{\sqrt{6}}(1,-2,1)^{\mathrm{T}},\boldsymbol{e}_3=\dfrac{1}{\sqrt{2}}(-1,0,1)^{\mathrm{T}}$。

2. $\boldsymbol{e}_1=\dfrac{1}{\sqrt{2}}(1,1,0,0)^{\mathrm{T}},\boldsymbol{e}_2=\dfrac{1}{\sqrt{10}}(1,-1,2,2)^{\mathrm{T}},\boldsymbol{e}_3=\dfrac{1}{\sqrt{10}}(-2,2,1,1)^{\mathrm{T}}$。

3. $a=-\dfrac{1}{\sqrt{2}},b=\dfrac{1}{\sqrt{2}}$，或者 $a=\dfrac{1}{\sqrt{2}},b=-\dfrac{1}{\sqrt{2}}$。

第4章总习题

一、1. C；2. B；3. C；4. B；5. C；6. A。

二、1. (1) 当 $a=-1,b\neq 0$ 时，$\boldsymbol{\beta}$ 不能由 $\boldsymbol{\alpha}_1$, $\boldsymbol{\alpha}_2$, $\boldsymbol{\alpha}_3$, $\boldsymbol{\alpha}_4$ 线性表示；

(2) 当 $a\neq -1$ 时，$\boldsymbol{\beta}$ 可表示为 $\boldsymbol{\beta}=-\dfrac{2b}{a+1}\boldsymbol{\alpha}_1+\dfrac{a+b+1}{a+1}\boldsymbol{\alpha}_2+\dfrac{b}{a+1}\boldsymbol{\alpha}_3$。

2. $x\neq 5$, $\boldsymbol{\alpha}_1,\boldsymbol{\alpha}_2,\boldsymbol{\alpha}_3$ 线性无关；$x=5$, $\boldsymbol{\alpha}_1,\boldsymbol{\alpha}_2,\boldsymbol{\alpha}_3$ 线性相关。

3. 证明：三条直线交于一点 $\Leftrightarrow\begin{cases}a_1x+b_1y=-c_1\\a_2x+b_2y=-c_2\\a_3x+b_3y=-c_3\end{cases}$ 有唯一解 $\Leftrightarrow \mathrm{r}(\boldsymbol{A})=\mathrm{r}(\boldsymbol{B})=2$，其中，$\boldsymbol{A}=(\boldsymbol{\alpha}_1,\boldsymbol{\alpha}_2)$，$\boldsymbol{B}=(\boldsymbol{\alpha}_1,\boldsymbol{\alpha}_2,\boldsymbol{\alpha}_3)\Leftrightarrow\boldsymbol{\alpha}_1,\boldsymbol{\alpha}_2$ 线性无关，$\boldsymbol{\alpha}_1,\boldsymbol{\alpha}_2,\boldsymbol{\alpha}_3$ 线性相关。

4. $\boldsymbol{C}=\begin{pmatrix}1&0&-1\\0&1&1\\-2&1&0\end{pmatrix}$。

5. (1)$a=6$，$b=-2$；(2) $\boldsymbol{\alpha}_1,\boldsymbol{\alpha}_2$ 是 V 的一个基且 $\boldsymbol{\beta}=3\boldsymbol{\alpha}_1-\boldsymbol{\alpha}_2$。

习题 5.1

1. (1) 只有零解，无基础解系；(2) $\boldsymbol{\xi}_1=(-2,1,0,0)^{\mathrm{T}},\boldsymbol{\xi}_2=(1,0,0,1)^{\mathrm{T}}$ 为一个基础解系，通解为 $\boldsymbol{\eta}=k_1\boldsymbol{\xi}_1+k_2\boldsymbol{\xi}_2$，其中，$k_1,k_2$ 为任意常数。

2. 不能构成基础解系，去掉第二、第四列，取 $\boldsymbol{\xi}_1=(1,-2,1,0,0)^{\mathrm{T}},\boldsymbol{\xi}_2=(3,-4,0,1,0)^{\mathrm{T}}$，补充 $\boldsymbol{\xi}_3=(1,-2,0,0,1)^{\mathrm{T}}$，则 $\boldsymbol{\xi}_1,\boldsymbol{\xi}_2,\boldsymbol{\xi}_3$ 构成基础解系。

3. 解题思路：$\boldsymbol{Ax}=\boldsymbol{0}$ 的解显然是 $\boldsymbol{A}^{\mathrm{T}}\boldsymbol{Ax}=\boldsymbol{0}$ 的解；反之，设 $\boldsymbol{x}_0$ 是 $\boldsymbol{A}^{\mathrm{T}}\boldsymbol{Ax}=\boldsymbol{0}$ 的任意解，则 $\boldsymbol{x}_0^{\mathrm{T}}\boldsymbol{A}^{\mathrm{T}}\boldsymbol{Ax}_0=\boldsymbol{0}$，所以 $(\boldsymbol{Ax}_0)^{\mathrm{T}}(\boldsymbol{Ax}_0)=\boldsymbol{0}$，从而 $\boldsymbol{Ax}_0=\boldsymbol{0}$。

4. $\begin{cases}-2x_1+x_2+x_3=0\\-3x_1-x_2+x_4=0\end{cases}$。

5. 略

6. 解题思路：令 $\boldsymbol{C}=\begin{pmatrix}\boldsymbol{A}\\\boldsymbol{B}\end{pmatrix}$，则 $\mathrm{r}(\boldsymbol{C})\leqslant\mathrm{r}(\boldsymbol{A})+\mathrm{r}(\boldsymbol{B})<n$，故齐次线性方程组 $\boldsymbol{Cx}=\boldsymbol{0}$ 有非零解，也即齐次线性方程组 $\boldsymbol{Ax}=\boldsymbol{0}$ 与 $\boldsymbol{Bx}=\boldsymbol{0}$ 有公共非零解。

习题 5.2

1. (1) 无解；(2) $\begin{pmatrix}x_1\\x_2\\x_3\\x_4\end{pmatrix}=k_1\begin{pmatrix}1\\0\\2\\0\end{pmatrix}+k_2\begin{pmatrix}0\\1\\1\\0\end{pmatrix}+\begin{pmatrix}0\\0\\-1\\0\end{pmatrix}$，其中，$k_1,k_2$ 为任意常数；

(3) $\begin{pmatrix}x_1\\x_2\\x_3\\x_4\\x_5\end{pmatrix}=k_1\begin{pmatrix}1\\-2\\1\\0\\0\end{pmatrix}+k_2\begin{pmatrix}1\\-2\\0\\1\\0\end{pmatrix}+k_3\begin{pmatrix}5\\-6\\0\\0\\1\end{pmatrix}+\begin{pmatrix}-2\\3\\0\\0\\0\end{pmatrix}$，其中，$k_1,k_2,k_3$ 为任意常数。

2. 通解为 $\boldsymbol{\eta}=k\,(3,4,5,6)^{\mathrm{T}}+(2,3,4,5)^{\mathrm{T}}$，其中，$k$ 为任意常数。

3. $k(1,-2,3,0)^{\mathrm{T}}+(1,1,1,1)^{\mathrm{T}}$，其中，$k$ 为任意常数。

5. 设 $x_1\boldsymbol{\alpha}_1+x_2\boldsymbol{\alpha}_2+x_3\boldsymbol{\alpha}_3=\boldsymbol{\beta}$，(1) $b\neq2$ 时，$\boldsymbol{\beta}$ 不能由 $\boldsymbol{\alpha}_1,\boldsymbol{\alpha}_2,\boldsymbol{\alpha}_3$ 线性表示；(2) $b=2,a=1$ 时，有无穷多解，$\begin{pmatrix}x_1\\x_2\\x_3\end{pmatrix}=k\begin{pmatrix}-1\\1\\1\end{pmatrix}+\begin{pmatrix}-1\\2\\0\end{pmatrix}$；$b=2,a\neq1$ 时，有唯一解，$\boldsymbol{\beta}=-\boldsymbol{\alpha}_1+2\boldsymbol{\alpha}_2$。

6. 行向量生成的子空间维数为 4，一组基为 $\boldsymbol{\alpha}_1=(1,2,1,0,-1)$，$\boldsymbol{\alpha}_2=(2,-2,3,1,4)$，$\boldsymbol{\alpha}_3=(3,0,4,1,3)$，$\boldsymbol{\alpha}_4=(1,-4,3,1,5)$；列向量生成的子空间维数为 4，一组基为 $\boldsymbol{\beta}_1=(1,2,3,1)^{\mathrm{T}}$，$\boldsymbol{\beta}_2=(2,-2,0,4)^{\mathrm{T}}$，$\boldsymbol{\beta}_3=(1,3,4,3)^{\mathrm{T}}$，$\boldsymbol{\beta}_4=(0,1,1,1)^{\mathrm{T}}$；$\boldsymbol{Ax}=\boldsymbol{0}$ 的解空间的维数为 1，一组基为 $(1,0,0,-6,1)^{\mathrm{T}}$。

7. $\lambda=-2$ 时，$\boldsymbol{x}=k(1,1,1)^{\mathrm{T}}+(2,2,0)^{\mathrm{T}}$；$\lambda=1$ 时，$\boldsymbol{x}=k(1,1,1)^{\mathrm{T}}+(1,0,0)^{\mathrm{T}}$。

习题 5.3

1. (1) 平行，所求平面方程为 $12x-3y+8z=0$；(2) 异面。

2. (1) $\lambda\neq 3$ 时，三平面交于一点；(2) $\lambda=3,\mu\neq-10$ 时，两两相交；(3) $\lambda=3,\mu=-10$，交于同一条直线，直线方程为 $\dfrac{x-2}{-1}=\dfrac{y-2}{0}=\dfrac{z}{1}$。

第5章总习题

一、1. C；2. B；3. C；4. B。

二、1. $n-1$。2. $k(1,1,1,1)^{\mathrm{T}}+(1,2,3,4)^{\mathrm{T}}$，其中，$k$ 为任意常数。

三、1. $\boldsymbol{\alpha}_1=(a_{11},a_{12},\cdots,a_{1,2n})^{\mathrm{T}},\boldsymbol{\alpha}_2=(a_{21},a_{22},\cdots,a_{2,2n})^{\mathrm{T}},\cdots,\boldsymbol{\alpha}_n=(a_{n1},a_{n2},\cdots,a_{n,2n})^{\mathrm{T}}$。

2.(1) $\begin{pmatrix}x_1\\x_2\\x_3\\x_4\end{pmatrix}=k\begin{pmatrix}1\\1\\2\\1\end{pmatrix}+\begin{pmatrix}-2\\-4\\-5\\0\end{pmatrix}$，其中，$k$ 为任意常数；(2)$m=2,n=4,t=6$。

3. (1) $t\neq-2$ 时，无解；

(2) $t=-2$ 时，若 $p=-8$，有无穷多解 $\begin{pmatrix}x_1\\x_2\\x_3\\x_4\end{pmatrix}=k_1\begin{pmatrix}4\\-2\\1\\0\end{pmatrix}+k_2\begin{pmatrix}-1\\-2\\0\\1\end{pmatrix}+\begin{pmatrix}-1\\1\\0\\0\end{pmatrix}$，其中，$k_1,k_2$ 为任意常数；若 $p\neq-8$，也有无穷多解 $\begin{pmatrix}x_1\\x_2\\x_3\\x_4\end{pmatrix}=k\begin{pmatrix}-1\\-2\\0\\1\end{pmatrix}+\begin{pmatrix}-1\\1\\0\\0\end{pmatrix}$，其中，$k$ 为任意常数。

4. (1) $a=0$ 或 $b=1$ 或 $a\neq\dfrac{3}{2}(1-b)$ 且 $a\neq0$ 且 $b\neq1$；(2) $a=\dfrac{3}{2}(1-b)$ 且 $a\neq0$ 且 $b\neq1,\boldsymbol{\beta}=-5\boldsymbol{\alpha}_1+\boldsymbol{\alpha}_2+3\boldsymbol{\alpha}_3$。

习题 6.1

1. (1) $\lambda_1=3,\lambda_2=2$，$\lambda_1=3$ 的特征向量为 $k\,(1,-2)^{\mathrm{T}}$，其中，k 为任意常数；$\lambda_2=2$ 的特征向量为 $k\,(1,-1)^{\mathrm{T}}$，其中，k 为任意常数；

(2) $\lambda_1=\lambda_2=\lambda_3=2$，它的特征向量为 $k_1\,(-2,1,0)^{\mathrm{T}}+k_2\,(1,0,1)^{\mathrm{T}}$，其中，$k_1,k_2$ 为任意常数；

(3) $\lambda_1=-1,\lambda_2=1,\lambda_3=2$，$\lambda_1=-1$ 的特征向量为 $k\,(0,1,-1)^{\mathrm{T}}$，其中，k 为任意非零常数；$\lambda_2=1$ 的特征向量为 $k\,(-2,-1,7)^{\mathrm{T}}$，其中，$k$ 为任意非零常数；$\lambda_3=2$ 的特征向量为 $k\,(0,0,1)^{\mathrm{T}}$，其中，k 为任意非零常数。

2. (1) $\dfrac{|\boldsymbol{A}|}{\lambda_0}$，$\boldsymbol{\xi}$；(2) λ_0，$\boldsymbol{P}^{-1}\boldsymbol{\xi}$。

习题 6.2

1. (1) 矩阵可对角化，相似变换矩阵 $\boldsymbol{P}=\begin{pmatrix}4&1\\1&-1\end{pmatrix}$，$\boldsymbol{P}^{-1}\boldsymbol{AP}=\begin{pmatrix}2&\\&-3\end{pmatrix}$；

(2) 矩阵可对角化，相似变换矩阵 $\boldsymbol{P}=\begin{pmatrix}-1&1&-1\\1&0&-1\\0&1&1\end{pmatrix}$，$\boldsymbol{P}^{-1}\boldsymbol{AP}=\begin{pmatrix}1&&\\&1&\\&&-2\end{pmatrix}$；

(3) 不可对角化。

2. $x=4,y=5,\boldsymbol{P}=\begin{pmatrix}1&0&2\\-2&-2&1\\0&1&2\end{pmatrix}$。

3. (1) $|\lambda\boldsymbol{I}-\boldsymbol{A}|=(\lambda-1)(\lambda-2)(\lambda+1)$；(2) $\lambda_1=-1,\lambda_2=2,\lambda_3=1$；(3) $|\boldsymbol{A}|=-2$；(4) $\mathrm{r}(\boldsymbol{A})=3$。

4. $\boldsymbol{A}^{100}=\begin{pmatrix}1&0&5^{100}-1\\0&5^{100}&0\\0&0&5^{100}\end{pmatrix}$。

习题 6.3

1. (1) 正交矩阵 $\boldsymbol{Q}=\begin{pmatrix}\dfrac{1}{\sqrt{2}}&\dfrac{1}{\sqrt{2}}\\-\dfrac{1}{\sqrt{2}}&\dfrac{1}{\sqrt{2}}\end{pmatrix}$，$\boldsymbol{Q}^{-1}\boldsymbol{AQ}=\begin{pmatrix}1&\\&3\end{pmatrix}$；

(2) 正交矩阵 $\boldsymbol{Q}=\begin{pmatrix}0&\dfrac{1}{\sqrt{2}}&\dfrac{1}{\sqrt{2}}\\1&0&0\\0&\dfrac{1}{\sqrt{2}}&-\dfrac{1}{\sqrt{2}}\end{pmatrix}$，$\boldsymbol{Q}^{-1}\boldsymbol{AQ}=\begin{pmatrix}0&&\\&1&\\&&-1\end{pmatrix}$；

(3) 正交矩阵 $\boldsymbol{Q}=\begin{pmatrix}\frac{1}{\sqrt{2}} & \frac{1}{\sqrt{6}} & \frac{1}{\sqrt{3}}\\ -\frac{1}{\sqrt{2}} & \frac{1}{\sqrt{6}} & \frac{1}{\sqrt{3}}\\ 0 & -\frac{2}{\sqrt{6}} & \frac{1}{\sqrt{3}}\end{pmatrix}$, $\boldsymbol{Q}^{-1}\boldsymbol{AQ}=\begin{pmatrix}1 & & \\ & 1 & \\ & & 4\end{pmatrix}$。

2. $\boldsymbol{A}=\begin{pmatrix}0 & -1 & 1\\ -1 & 0 & 1\\ 1 & 1 & 0\end{pmatrix}$。 3. $a=1, \boldsymbol{A}=6\begin{pmatrix}2 & -4 & 4\\ -4 & 2 & 4\\ 4 & 4 & 2\end{pmatrix}$。

4. $a=-2, \boldsymbol{Q}=\begin{pmatrix}\frac{1}{\sqrt{2}} & \frac{1}{\sqrt{6}} & \frac{1}{\sqrt{3}}\\ 0 & -\frac{2}{\sqrt{6}} & \frac{1}{\sqrt{3}}\\ -\frac{1}{\sqrt{2}} & \frac{1}{\sqrt{6}} & \frac{1}{\sqrt{3}}\end{pmatrix}$, $\boldsymbol{Q}^{\mathrm{T}}\boldsymbol{AQ}=\begin{pmatrix}3 & & \\ & -3 & \\ & & 0\end{pmatrix}$。

6. $|\boldsymbol{A}-2\boldsymbol{I}|=(-1)^r(-2)^{n-r}=(-1)^n 2^{n-r}$。

习题 6.4

1. (1) $\begin{pmatrix}x_{n+1}\\ y_{n+1}\end{pmatrix}=\begin{pmatrix}\frac{9}{10} & \frac{2}{5}\\ \frac{1}{10} & \frac{3}{5}\end{pmatrix}\begin{pmatrix}x_n\\ y_n\end{pmatrix}$; (2) $\begin{pmatrix}x_{n+1}\\ y_{n+1}\end{pmatrix}=\frac{1}{10}\begin{pmatrix}8-3\left(\frac{1}{2}\right)^n\\ 2+3\left(\frac{1}{2}\right)^n\end{pmatrix}$。

2. $a_n=-5+6\left(\frac{1}{3}\right)^n$, $\lim\limits_{n\to\infty}a_n=-5$。

第6章总习题

一、1. (1) 特征值为 -1, $a=-3$, $b=0$; (2) $\boldsymbol{A}$ 没有 3 个线性无关的特征向量, 因此 $\boldsymbol{A}$ 不能与对角矩阵相似。 2. $3, (1,1,1)^{\mathrm{T}}$。 3. 24。 4. $\boldsymbol{I}$。 5. $a=0$。

二、1. D; 2. B; 3. A; 4. B; 5. A。

三、1. (1)$f(\boldsymbol{A})=\boldsymbol{A}^{10}-\boldsymbol{A}^6+\boldsymbol{A}^4-\boldsymbol{A}^3-\boldsymbol{I}$; (2) 特征值为 $f(2), f(5), f(-1)$, 对应的特征向量为 $\boldsymbol{\alpha}_1=(2,1,-2)^{\mathrm{T}}, \boldsymbol{\alpha}_2=(2,1,1)^{\mathrm{T}}, \boldsymbol{\alpha}_3=(4,-2,1)^{\mathrm{T}}$。

2. $\boldsymbol{A}$ 可对角化, 相似变换矩阵 $\boldsymbol{P}=\begin{pmatrix}-2 & 0 & -1\\ 1 & 0 & 1\\ 0 & 1 & 1\end{pmatrix}$。

3. (1) $\boldsymbol{\beta}=2\boldsymbol{\alpha}_1-2\boldsymbol{\alpha}_2+\boldsymbol{\alpha}_3$; (2) $\boldsymbol{A}^n\boldsymbol{\beta}=\begin{pmatrix}2-2^{n+1}+3^n\\ 2-2^{n+2}+3^{n+1}\\ 2-2^{n+3}+3^{n+2}\end{pmatrix}$。

4. $\boldsymbol{Q}=\begin{pmatrix}\frac{2}{\sqrt{5}} & \frac{2}{3\sqrt{5}} & \frac{1}{3}\\ \frac{1}{\sqrt{5}} & \frac{4}{3\sqrt{5}} & \frac{2}{3}\\ 0 & \frac{5}{3\sqrt{5}} & -\frac{2}{3}\end{pmatrix}$, $\boldsymbol{Q}^{\mathrm{T}}\boldsymbol{AQ}=\begin{pmatrix}1 & & \\ & 1 & \\ & & 10\end{pmatrix}$。

6. (1) $\boldsymbol{B}=\begin{pmatrix}0&0&0\\1&0&3\\0&1&-2\end{pmatrix}$；(2) $|\boldsymbol{A}+\boldsymbol{I}|=|\boldsymbol{B}+\boldsymbol{I}|=-4$。

7. $\lambda_0=1$, $b=-3$, $a=c=2$

习题 7.1

1. (1) $(x_1,x_2,x_3)\begin{pmatrix}0&3&3\\-1&2&3\\1&1&0\end{pmatrix}\begin{pmatrix}x_1\\x_2\\x_3\end{pmatrix}$；(2) $(x_1,x_2,x_3)\begin{pmatrix}2&\frac{5}{2}&0\\\frac{5}{2}&0&3\\0&3&3\end{pmatrix}\begin{pmatrix}x_1\\x_2\\x_3\end{pmatrix}$；

(3) $(x,y,z)\begin{pmatrix}1&2&0\\2&2&2\\0&2&3\end{pmatrix}\begin{pmatrix}x\\y\\z\end{pmatrix}$。

2. 秩为 3。

习题 7.2

1. (1) $y_1^2-4y_2^2+4y_3^2$，线性变换 $\begin{pmatrix}x_1\\x_2\\x_3\end{pmatrix}=\begin{pmatrix}1&-2&2\\0&1&-1\\0&0&1\end{pmatrix}\begin{pmatrix}y_1\\y_2\\y_3\end{pmatrix}$；

(2) $y_1^2+y_2^2-y_3^2$，线性变换 $\begin{pmatrix}x_1\\x_2\\x_3\end{pmatrix}=\begin{pmatrix}1&0&-1\\0&0&1\\0&1&-1\end{pmatrix}\begin{pmatrix}y_1\\y_2\\y_3\end{pmatrix}$；

(3) $y_1^2+4y_2^2-5y_3^2$，线性变换 $\begin{pmatrix}x_1\\x_2\\x_3\end{pmatrix}=\begin{pmatrix}1&3&-1\\0&1&\frac{1}{2}\\0&0&1\end{pmatrix}\begin{pmatrix}y_1\\y_2\\y_3\end{pmatrix}$。

2. (1) 标准形 $5y_1^2+5y_2^2-4y_3^2$，正交线性变换 $\begin{pmatrix}x_1\\x_2\\x_3\end{pmatrix}=\begin{pmatrix}-\frac{1}{\sqrt{5}}&-\frac{1}{3\sqrt{5}}&\frac{2}{3}\\\frac{1}{\sqrt{5}}&-\frac{2}{3\sqrt{5}}&\frac{1}{3}\\\frac{1}{\sqrt{3}}&\frac{5}{3\sqrt{5}}&\frac{2}{3}\end{pmatrix}\begin{pmatrix}y_1\\y_2\\y_3\end{pmatrix}$；

(2) 标准形 $y_1^2-\frac{1}{2}y_2^2-\frac{1}{2}y_3^2$，正交线性变换 $\begin{pmatrix}x_1\\x_2\\x_3\end{pmatrix}=\begin{pmatrix}\frac{1}{\sqrt{3}}&\frac{1}{\sqrt{2}}&\frac{1}{\sqrt{6}}\\\frac{1}{\sqrt{3}}&-\frac{1}{\sqrt{2}}&\frac{1}{\sqrt{6}}\\\frac{1}{\sqrt{3}}&0&-\frac{2}{\sqrt{6}}\end{pmatrix}\begin{pmatrix}y_1\\y_2\\y_3\end{pmatrix}$。

3. $a=2$，正交线性变换矩阵 $\boldsymbol{Q}=\begin{pmatrix} 0 & 1 & 0 \\ \dfrac{1}{\sqrt{2}} & 0 & \dfrac{1}{\sqrt{2}} \\ -\dfrac{1}{\sqrt{2}} & 0 & \dfrac{1}{\sqrt{2}} \end{pmatrix}$。

4. 作正交线性变换 $\begin{pmatrix} x \\ y \\ z \end{pmatrix}=\begin{pmatrix} 0 & \dfrac{1}{\sqrt{2}} & \dfrac{1}{\sqrt{2}} \\ 1 & 0 & 0 \\ 0 & -\dfrac{1}{\sqrt{2}} & \dfrac{1}{\sqrt{2}} \end{pmatrix}\begin{pmatrix} x' \\ y' \\ z' \end{pmatrix}$，化为 $(x'+1)^2+2(y'-\sqrt{2})^2=10$，再作变换 $\begin{cases} x''=x'+1 \\ y''=y-\sqrt{2} \\ z''=z' \end{cases}$，化为标准形 $x''^2+2y''^2=10$。

5. $c=3$，作正交线性变换 $\begin{pmatrix} x_1 \\ x_2 \\ x_3 \end{pmatrix}=\begin{pmatrix} \dfrac{1}{\sqrt{2}} & \dfrac{1}{\sqrt{3}} & -\dfrac{1}{\sqrt{6}} \\ \dfrac{1}{\sqrt{2}} & -\dfrac{1}{\sqrt{3}} & \dfrac{1}{\sqrt{6}} \\ 0 & \dfrac{1}{\sqrt{3}} & \dfrac{2}{\sqrt{6}} \end{pmatrix}\begin{pmatrix} y_1 \\ y_2 \\ y_3 \end{pmatrix}$，标准形 $4y_1^2+9y_2^2$。

习题 7.3

1. (1) 正定；(2) 不正定；(3) 负定。　2. $-\dfrac{\sqrt{33}}{3}<\lambda<\dfrac{\sqrt{33}}{3}$。

3. $\Lambda=\begin{pmatrix} (k+2)^2 & 0 & 0 \\ 0 & (k+2)^2 & 0 \\ 0 & 0 & k^2 \end{pmatrix}$；$k\neq -2,0$。　4. (1) $\det(\boldsymbol{A}-2\boldsymbol{I})=(-1)^n\cdot 2^{n-r}$；(2) $\det(\boldsymbol{A}+2\boldsymbol{I})=9$。

第7章总习题

一、1. $t=0$。　2. $-\sqrt{2}<t<\sqrt{2}$。　3. $a=2$。　4. $t>n$。

二、1. B; 2. C; 3. A; 4. B; 5. D。

三、1. $c=3$，方程化为 $4\xi^2+9\eta^2=1$，为椭圆柱面。

2. $a=3,b=1$，$\boldsymbol{Q}=\begin{pmatrix} \dfrac{1}{\sqrt{3}} & \dfrac{1}{\sqrt{6}} & \dfrac{1}{\sqrt{2}} \\ -\dfrac{1}{\sqrt{3}} & \dfrac{2}{\sqrt{6}} & 0 \\ \dfrac{1}{\sqrt{3}} & \dfrac{1}{\sqrt{6}} & -\dfrac{1}{\sqrt{2}} \end{pmatrix}$。

3. (1) $a=0$; (2) $\begin{pmatrix} x_1 \\ x_2 \\ x_3 \end{pmatrix} = \begin{pmatrix} 0 & \dfrac{1}{\sqrt{2}} & -\dfrac{1}{\sqrt{2}} \\ 0 & \dfrac{1}{\sqrt{2}} & \dfrac{1}{\sqrt{2}} \\ 1 & 0 & 0 \end{pmatrix} \begin{pmatrix} y_1 \\ y_2 \\ y_3 \end{pmatrix}$, $f(x_1,x_2,x_3)=3y_1^2+2y_2^2$;

(3) $f(x_1,x_2,x_3)=0$ 的解是 $\begin{pmatrix} x_1 \\ x_2 \\ x_3 \end{pmatrix} = \begin{pmatrix} k \\ -k \\ 0 \end{pmatrix}$，其中，$k$ 是任意常数。

4. $t>\dfrac{1}{2}$。

主要参考书目

陈东升，黄守佳，谭瑞梅. 2006. 线性代数与空间解析几何. 北京：中国科学技术出版社.

陈怀琛，龚杰民. 2009. 线性代数实践与 Matlab 入门. 2 版. 北京：电子工业出版社.

陈建龙，周建华，韩瑞珠等. 2007. 线性代数. 北京：科学出版社.

陈维新. 2007. 线性代数. 2 版. 北京：科学出版社.

段清堂. 2004. 线性代数与空间解析几何习题课教程. 北京：兵器工业出版社.

黄廷祝，成孝予. 2008. 线性代数与空间解析几何. 北京：高等教育出版社.

刘琼荪，龚劬，何中市等. 2004. 数学实验. 北京：高等教育出版社.

吕林根，许子道. 2006. 解析几何. 4 版. 北京：高等教育出版社.

孙国正，杜先能. 2008. 线性代数. 2 版. 合肥：安徽大学出版社.

同济大学应用数学系. 2002. 高等数学 (上册). 5 版. 北京：高等教育出版社.

同济大学应用数学系. 2005. 线性代数. 4 版. 北京：高等教育出版社.

许立炜，张爱华. 2002. 线性代数与解析几何. 北京：人民邮电出版社.

薛方津，宋眉眉，苟长义. 2007. 线性代数与空间解析几何. 2 版. 天津：天津大学出版社.

杨威，高淑萍，陈怀琛等. 2009. 线性代数机算与应用指导. 西安：电子科技大学出版社.

杨振华，郦志新. 2010. 数学实验. 北京：科学出版社.

张志让，刘启宽. 2009. 线性代数与空间解析几何. 2 版. 北京：高等教育出版社.

郑广平，裘祖干，陆章基. 2004. 线性代数与解析几何. 上海：复旦大学出版社.

周建华，陈建龙，张小向. 2009. 几何与代数. 北京：科学出版社.